前言

本书是高等职业教育智能制造专业群“三新一融”系列教材之一。本套书的编写过程紧密跟随新时代的步伐，确保内容和教学方法的现代化与创新；以新业态教育为核心，致力于强化工程教育的实践性和前瞻性，以更好地适应技术和产业的快速发展；采用了多样化的新形态来呈现教学资源，充分利用数字化和多媒体技术，以增强学习体验。除此“三新”理念之外，教材还贯彻了“一融”的教育理念，将学生的价值观念塑造、知识体系构建和综合能力培养紧密融合，实现教育的全面性和深远影响，最终设计了本套“三新一融”系列教材。本套书承载着创新教育的使命，致力于强化工程教育的实践性和前瞻性，以更好地适应科技进步和产业发展。

制造业是立国之本、兴国之器、强国之基，是我国国民经济的主体，也是提升综合国力、保障国家安全、建设世界强国的保障。当前，人类在技术革命领域不断开拓创新，大数据、云计算、物联网以及物联网等技术得以成熟应用，工业自动化、数字化的水平不断提高，以信息化和智能化为主导的新工业革命和数字经济正在加速改变世界格局。尽管各个国家在制定相应战略政策时，由于各自工业基础和发展环境的不同，其战略侧重点有所区别，然而智能制造作为工业转型升级和高质量发展的强力引擎一直备受重视，其产业链涵盖智能装备、工业互联网、工业软件和3D 打印等。

随着国家对智能制造产业领域的重视和投入的不断增加，我国智能制造产业得到了快速发展。但智能制造产业领域从业人才的数量和质量都远落后于产业快速发展的需求。随着企业间竞争的日趋严峻，现代企业对具有良好的职业道德、必要的文化知识、熟练的职业技能等综合职业能力的高素质技术技能人才的需求越加迫切，亟须职业院校创新教育理念，改革教学模式，优化专业教材，尽快培养出真正适合智能制造产业需求的高素质技术技能人才。

习近平总书记在党的二十大报告中深刻指出：“加快建设国家战略人才力量，努力培养造就更多大师、战略科学家、一流科技领军人才和创新团队、青年科技人才、卓越工程师、大国工匠、高技能人才。”为了深入贯彻落实党的二十大精神，并根据党的二十大报告和《职业院校教材管理办法》《高等学校课程思政建设指导纲要》《“十四五”职业教育规划教材建设实施方案》等相关文件精神，在行业、企业专家和课程开发专家的指导下编写了本书。在编写过程中，紧紧围绕“培养什么人、怎样培养人、为谁培养人”这一教育的根本问题，以落实立德树人为根本任务，以培养学生综合职业能力为中心，以造就卓越工程师、大国工匠、高技能人才为目标。

根据教学实施的需求，本书从机械产品三维模型设计工程师岗位及相关的证书、技能大赛等工作任务出发，以典型工作项目为引领编写。全书注重理论联系实践，充分体现“岗课赛证”融通，在重点培养识图、制图能力的同时，融入创新设计的理念与意识。

本书包括 6 个项目，每个项目包含若干任务，各任务按照“任务目标”“任务引入”“相关知识”“任务实施”“任务总结”“任务检测”“任务评价”的流程开展教学。

本书图文并茂、学做结合、易学易懂，在案例选择上由易到难，突出典型性与实用性，同时运用了“互联网＋”技术，在书中重要知识点内容附近嵌入二维码，可使用手机扫描二维码，便可观看相应的数字化内容，以方便读者更深入地理解知识内容。

本书由重庆工业职业技术学院裴江红、重庆工业职业技术学院马学知担任主编，重庆工业职业技术学院周渝庆、烟台职业学院邢勤、塔里木职业技术学院高倩担任副主编，参与编写的还有唐山工业职业技术学院张斌、四川工程职业技术大学杨莉、烟台职业学院王仲勋。具体编写分工：裴江红编写项目一简单零件图的识读与绘制；邢勤、王仲勋编写项目二常见形体三视图的绘制；张斌编写项目三常见形体轴测图的绘制；杨莉编写项目四机械图样的表达方法；马学知编写项目五零件图的识读与绘制；高倩编写项目六装配图的识读与绘制。全书由周渝庆统稿，裴江红规划。在本书编写过程中，编者参阅了国内外出版的有关教材和资料，在此对相关编著者一并表示衷心感谢！

由于编者水平有限，书中不妥之处在所难免，恳请读者批评指正。

编者

2024 年 10 月

高等职业教育机械类
新形态一体化教材

机械制图与计算机绘图

组　编
广州中望龙腾软件股份有限公司

主　编
裴江红　马学知

中国教育出版传媒集团
高等教育出版社·北京

内容提要

本书由校企“双元”联合开发，以典型工作任务、实际案例为载体组织教学内容，突出“工学结合”，行业特色鲜明。主要内容包括：简单零件图的识读与绘制、常见形体三视图的绘制、常见形体轴测图的绘制、机械图样的表达方法、零件图的识读与绘制、装配图的识读与绘制。本书注重思政融合、“岗课赛证”融通和数字化教学资源配套。

本书可作为中等职业学校、高等职业院校机械类、非机械类相关专业的课程教学用书，也可作为制造类企业培训教材或机械工程技术人员自学用书。

授课教师如需获取本书配套教学课件，请登录“高等教育出版社产品信息检索系统”（https://xuanshu.hep.com.cn/）免费下载。

图书在版编目（CIP）数据

机械制图与计算机绘图/广州中望龙腾软件股份有限公司组编；裴江红，马学知主编. --北京：高等教育出版社，2025.1

ISBN 978-7-04-062208-9

Ⅰ. ①机… Ⅱ. ①广… ②裴… ③马… Ⅲ. ①机械制图-高等职业教育-教材②自动绘图-高等职业教育-教材 Ⅳ. ①TH126

中国国家版本馆CIP数据核字（2024）第095703号

机械制图与计算机绘图
JIXIE ZHITU YU JISUANJI HUITU

策划编辑 张 璋　责任编辑 张 璋　封面设计 贺雅馨　版式设计 马 云
责任绘图 李沛蓉　责任校对 王 雨　责任印制 存 怡

出版发行 高等教育出版社
社 址 北京市西城区德外大街4号
邮政编码 100120
印 刷 北京华联印刷有限公司
开 本 787mm×1092mm 1/16
印 张 18.75
字 数 450千字
购书热线 010-58581118
咨询电话 400-810-0598

网 址 http://www.hep.edu.cn
http://www.hep.com.cn
网上订购 http://www.hepmall.com.cn
http://www.hepmall.com
http://www.hepmall.cn

版 次 2025年1月第1版
印 次 2025年1月第1次印刷
定 价 48.00元

物 料 号 62208-00

目　录

项目一　简单零件图的识读与绘制

【项目描述】

组成机器的最小单元称为零件。零件图是用来表示零件的结构形状、大小及技术要求的图样，是制造和检验零件的重要技术文件。一张完整的零件图包括一组视图、齐全的尺寸、技术要求、标题栏。本项目通过两个任务的知识点学习与任务实施，掌握制图国家标准的相关规定，初步了解零件图的内容，掌握尺规与中望机械 CAD 绘制零件图的方法与步骤。

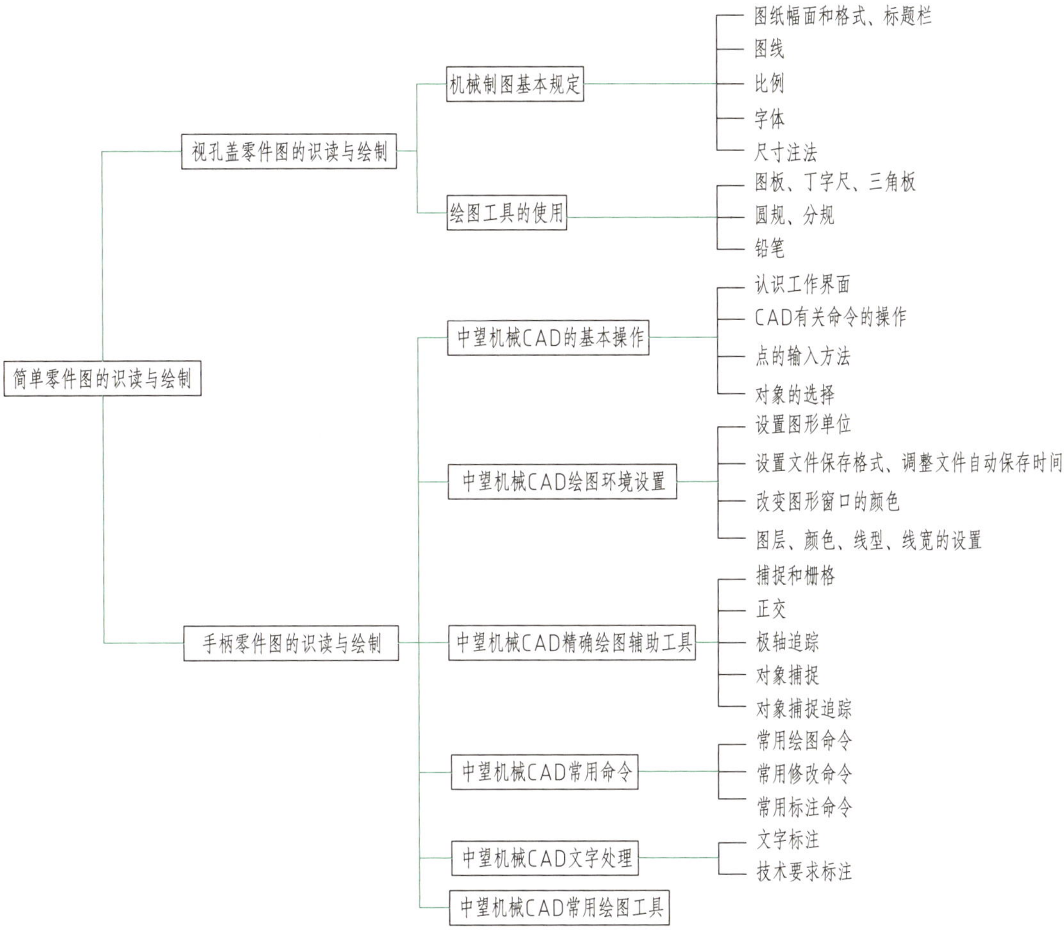

任务一　视孔盖零件图的识读与绘制

【任务目标】

✧ 知识目标

1. 掌握国家标准关于图幅、图线、比例、字体、尺寸标注的基本规定。
2. 掌握尺规绘图的方法与步骤。

✧ 能力目标

1. 能正确运用制图国家标准的相关规定认识简单机械图样。
2. 能正确运用制图国家标准的相关规定尺规绘制视孔盖零件图。

✧ 素养目标

培养标准化意识，自觉遵守国家标准关于图幅、图线、比例、字体、尺寸标注的规定。

【任务引入】

识读零件图是从事机械工程相关工作的技术人员必备的基本技能之一。图 1-1-1 所示为视孔盖，图 1-1-2 所示为其零件图。本任务通过尺规绘制视孔盖零件图，学习制图国家标准中关于图幅、图线、比例、字体、尺寸标注的规定，初步了解零件图的内容，掌握常用绘图工具的使用方法和步骤。绘制图样时，要求图面整洁、线型清晰、尺寸正确、书写规范、布局合理。

视孔盖三维模型文件

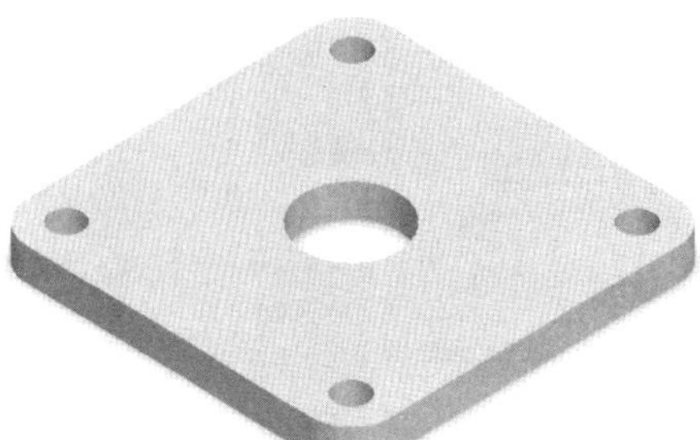

图 1-1-1　视孔盖

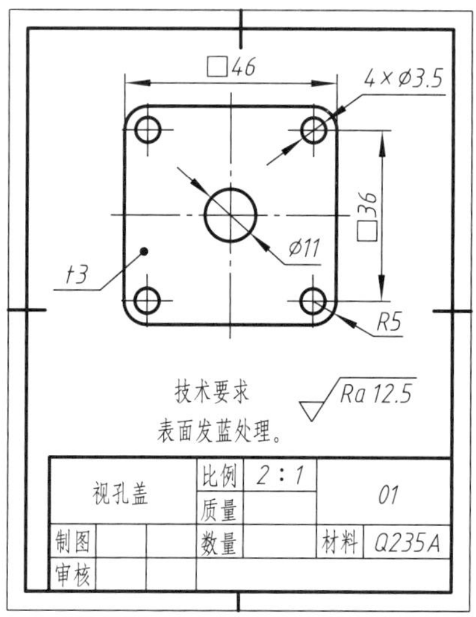

图 1-1-2　视孔盖零件图

【相关知识】

一、机械制图基本规定

1. 图纸幅面和格式、标题栏（GB/T 14689—2008、GB/T 10609.1—2008）

（1）图纸幅面

图纸幅面是指由图纸宽度与长度（$B \times L$）组成的图面。绘制图样时，应优先采用国家标准规定的基本幅面（表 1-1-1）。

表 1-1-1　基本幅面及图框尺寸　mm

幅面代号	A0	A1	A2	A3	A4
$B \times L$（短边 × 长边）	841 × 1 189	594 × 841	420 × 594	297 × 420	210 × 297
e（不留装订边的留边宽度）	20		10		
c（留装订边的非装订边留边宽度）	10			5	
a（留装订边的装订边留边宽度）	25				

（2）图框格式

图纸上限定绘图区域的线框称为图框，用粗实线绘制，格式分为不留装订边和留装订边两种（图 1-1-3），其尺寸按表 1-1-1 规定。

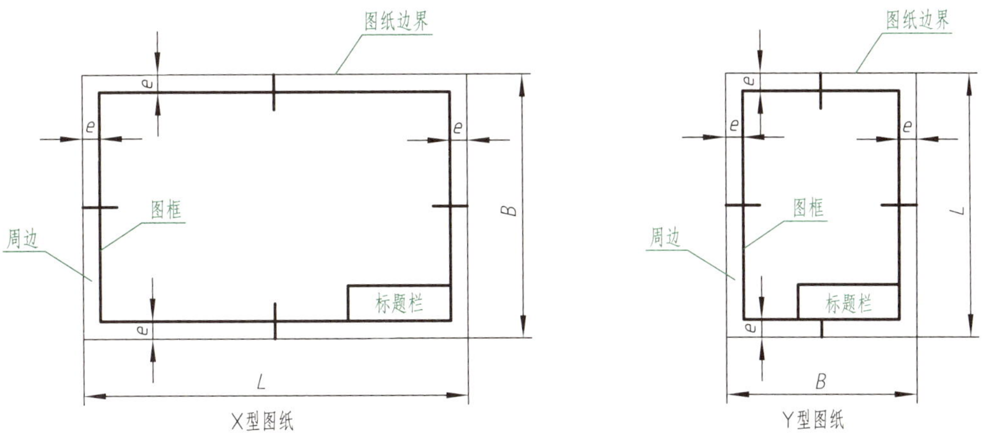

(a) 不留装订边

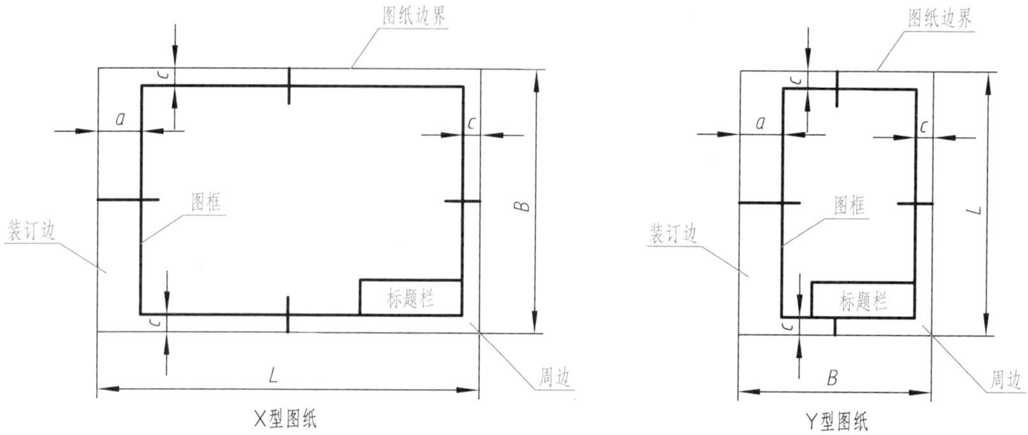

(b) 留装订边

图 1-1-3 图框格式

> **提示：**
>
> 绘制图样时，应优先采用 A0、A1、A2、A3、A4 五种基本幅面，必要时，也允许选用国家标准规定的加长幅面。加长幅面的尺寸由基本幅面的短边成整数倍增加后得出。加长幅面代号记作：基本幅面代号 × 倍数。如 A3×3，表示将 A3 图幅短边 297×3，即加长后图纸尺寸为 420×891。加长幅面的图框尺寸，按比所选用的基本幅面大一号的图框尺寸确定。如 A3×3 的图框尺寸，按 A2 的图框尺寸确定，即 e 为 10（或 c 为 10、a 为 25）。

（3）标题栏

国家标准（GB/T 10609.1—2008）对标题栏的内容、格式和尺寸做了统一规定（图 1-1-4），其一般位于图纸的右下角。本书中，推荐采用图 1-1-5 所示的制图用简化标题栏。标题栏的长边置于水平方向并与图纸的长边平行时，构成 X 型图纸；标题栏的长边与图纸的长边垂直时，构成 Y 型图纸。标题栏中日期有三种写法：20240118、2024-01-18 及 2024 01 18。

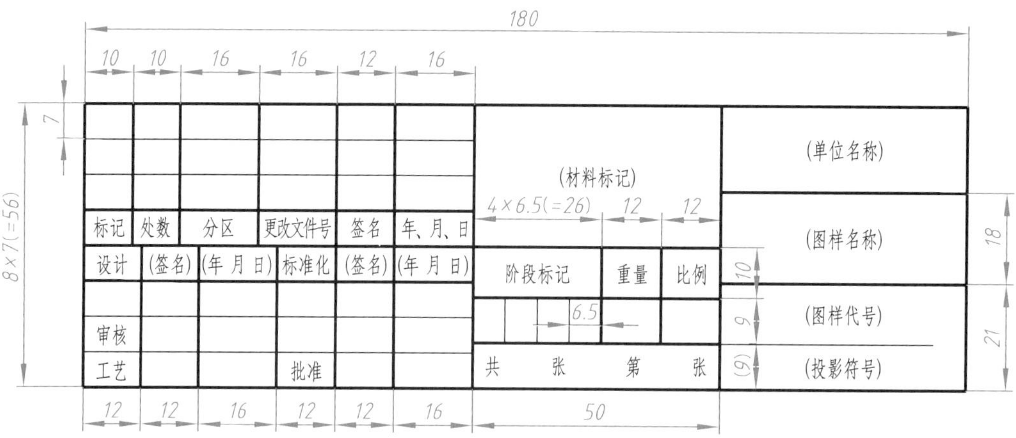

图 1-1-4 国家标准规定标题栏

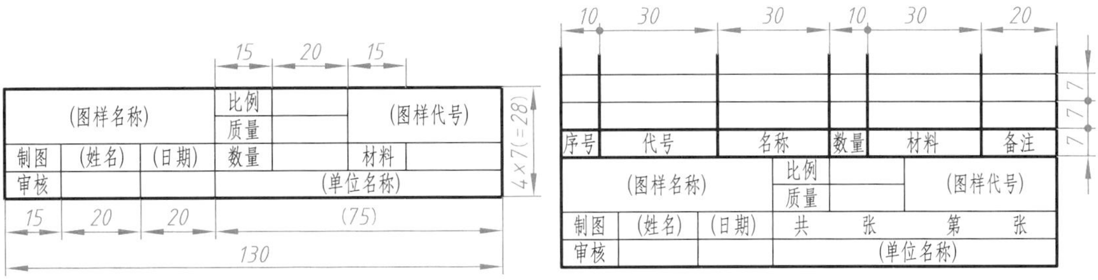

(a) 零件图标题栏　　(b) 装配图标题栏与明细栏

图 1-1-5　制图用简化标题栏

（4）附加符号（图 1-1-6）

为了方便图样复制或缩微摄影时的定位，应在图框各边的中点处分别画出对中符号。

标题栏中的文字方向一般为看图方向。如果使用预先印制的图纸，需要改变标题栏的方位时，应将其旋转至图纸的右上角。此时，为了明确绘图与看图的方向，应在图纸的下边对中符号处画出方向符号。

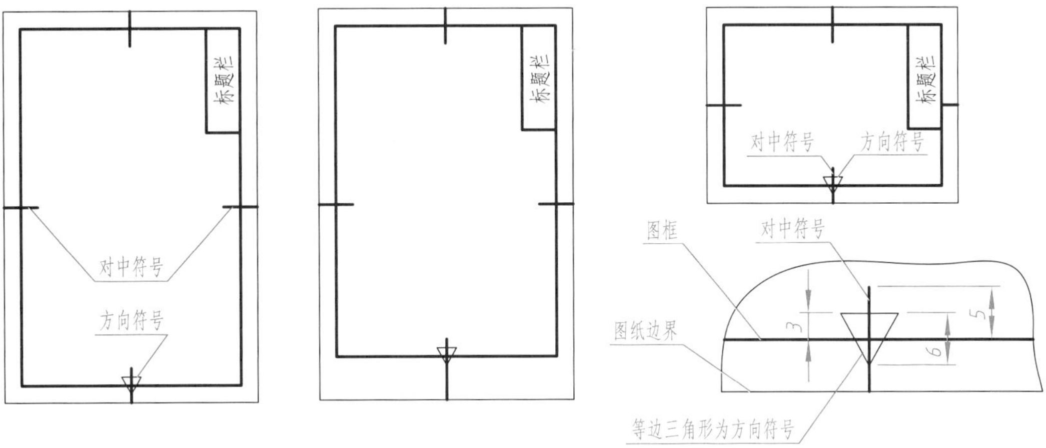

图 1-1-6　对中符号和方向符号

2. 图线（GB/T 17450—1998、GB/T 4457.4—2002）

国家标准规定的绘制机械图样使用的基本图线有 9 种，其名称、型式、宽度及应用见表 1-1-2，图线画法注意事项如图 1-1-7 所示。

表 1-1-2　基 本 图 线

图线名称	图线型式	图线宽度	一般应用举例
粗实线		粗（d）	可见轮廓线
细实线		细（$d/2$）	尺寸线及尺寸界线、剖面线、重合断面的轮廓线、过渡线
细虚线	2~6 mm　≈1 mm	细（$d/2$）	不可见轮廓线

续表

图线名称	图线型式	图线宽度	一般应用举例
细点画线	15~30 mm　≈3 mm	细（d/2）	轴线、对称中心线
粗点画线		粗（d）	限定范围表示线
细双点画线		细（d/2）	相邻辅助零件的轮廓线、轨迹线、可动零件的极限位置的轮廓线
波浪线		细（d/2）	断裂处边界线、视图与剖视图的分界线
双折线		细（d/2）	断裂处边界线、视图与剖视图的分界线
粗虚线		粗（d）	允许表面处理的表示线

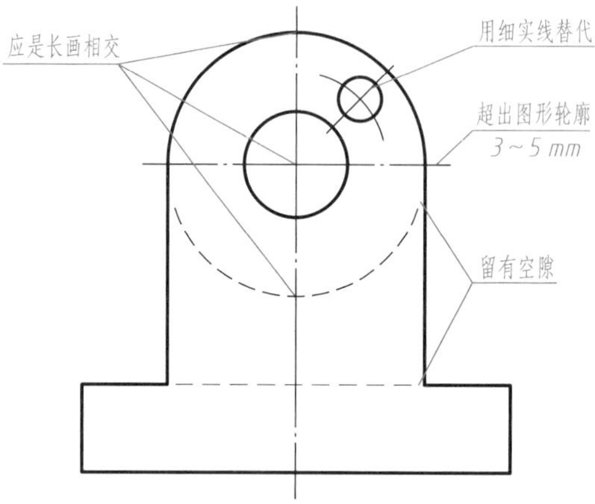

图 1-1-7　图线画法注意事项

提示：

点画线和双点画线的首末端应是长画而不是点；细点画线彼此相交时应该是长画相交；细点画线应超出图形轮廓 3 ~ 5 mm；当图形较小难以绘制细点画线时，可用细实线代替。

细虚线与细虚线、细虚线与粗实线相交应是短画相交；当细虚线处于粗实线的延长线上时，粗实线应画到位，而细虚线在相连处应留有空隙。

当不同图线互相重叠时，应按粗实线、细虚线、细点画线、细实线的优先顺序，只画前一种图线。

机械图样中采用粗、细两种图线宽度，粗、细线的线宽比例为 2∶1。图线宽度 d 在下列数系中选取：0.13，0.18，0.25，0.35，0.5，0.7，1.0，1.4，2 mm。粗线宽度通常采用 d=0.5 mm 或 0.7 mm。

3. 比例（GB/T 14690—1993）

比例是指图中图形与其实物相应要素的线性尺寸之比。国家标准规定，绘图比例分为原值比例、放大比例、缩小比例三种，绘图时应从表 1–1–3 规定的比例系列中选取。图 1–1–8 所示为不同比例绘制的图形。

表 1-1-3 比例系列

种类	定义	优先选择系列	允许选择系列
原值比例	比值为 1 的比例	1∶1	
放大比例	比值大于 1 的比例	5∶1 2∶1 5×10^n∶1 2×10^n∶1 1×10^n∶1	4∶1 2.5∶1 4×10^n∶1 2.5×10^n∶1
缩小比例	比值小于 1 的比例	1∶2 1∶5 1∶10 1∶2×10^n 1∶5×10^n 1∶1×10^n	1∶1.5 1∶2.5 1∶3 1∶4 1∶6 1∶1.5×10^n 1∶2.5×10^n 1∶3×10^n 1∶4×10^n 1∶6×10^n

注：n 为正整数。

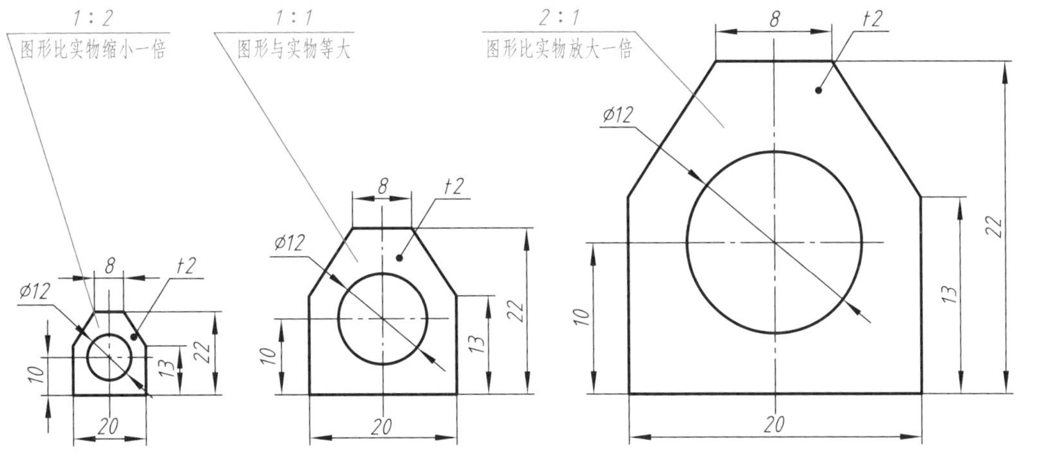

图 1-1-8 不同比例绘制的图形

提示：

绘制图样时优先采用原值比例。无论采用何种比例画图，图上标注的尺寸均为机件的实际尺寸，与所采用的比例无关。另外，角度、斜度和锥度不属于线性尺寸，其大小不随比例发生变化。

4. 字体（GB/T 14691—1993）

字体指图样中汉字、字母、数字的书写形式，绘图时应做到：字体工整、笔画清楚、间隔均匀、排列整齐。字体高度（用 h 表示）的公称尺寸系列为：1.8，2.5，3.5，5，7，10，14，20 mm。字体高度代表字体的号数。如需书写更大的字，其字体高度应按$\sqrt{2}$的比率递增。

汉字应写成长仿宋体，汉字的高度 h 不应小于 3.5 mm，其字宽一般为 $h/\sqrt{2}$。长仿宋体的书写要领为：横平竖直、注意起落、结构匀称、填满方格。

数字和字母分 A 型和 B 型，A 型字体的笔画宽度 d 为字高 h 的 1/14，B 型字体的笔画宽度 d 为字高 h 的 1/10。数字和字母可写成斜体或直体，常用斜体。斜体字字头向右倾斜，与水平基准线成 75°。用作指数、分数、极限偏差等的数字及字母，一般采用小一号字体。

汉字、数字和字母示例见表 1-1-4。

表 1-1-4　汉字、数字和字母示例

字体	书写示例（字高 h 常用 3.5，5，7，10 号）
汉字	h 制图校核审核比例年月日技术要求
阿拉伯数字	*0123456789*
大写拉丁字母	*ABCDEFGHIJKLMNO　PQRSTUVWXYZ*
小写拉丁字母	*abcdefghijklmnopq　rstuvwxyz*
罗马数字	*I II III IV V VI VII VIII IX X*

5. 尺寸注法（GB/T 4458.4—2003、GB/T 19096—2003）

（1）尺寸标注的基本规则

1）机件的真实大小应以图样上所注的尺寸数值为依据，与图形的大小及绘图的准确度无关。

2）图样中所标注的尺寸，以毫米（mm）为单位时，不需标注单位符号（或名称）；采用其他单位时，则必须注明相应的单位符号。

3）图样中所标注的尺寸应为该图样所示机件的最后完工尺寸，否则应另加说明。

4）机件的每一尺寸，一般只标注一次，并应标注在表示该结构最清晰的图形上。

5）标注尺寸时，应尽可能使用符号或缩写词，见表 1-1-5。

表 1-1-5　常用符号或缩写词

序号	含义	符号或缩写词	序号	含义	符号或缩写词	序号	含义	符号或缩写词
1	直径	ϕ	6	均布	EQS	11	埋头孔	⌵
2	半径	R	7	45° 倒角	C	12	弧长	⌒
3	球直径	$S\phi$	8	正方形	□	13	斜度	∠
4	球半径	SR	9	深度	↧	14	锥度	◁
5	厚度	t	10	沉孔或锪平	⌴			

（2）尺寸的组成

一个完整的尺寸由尺寸界线、尺寸线和尺寸数字三要素组成，如图 1–1–9 所示。

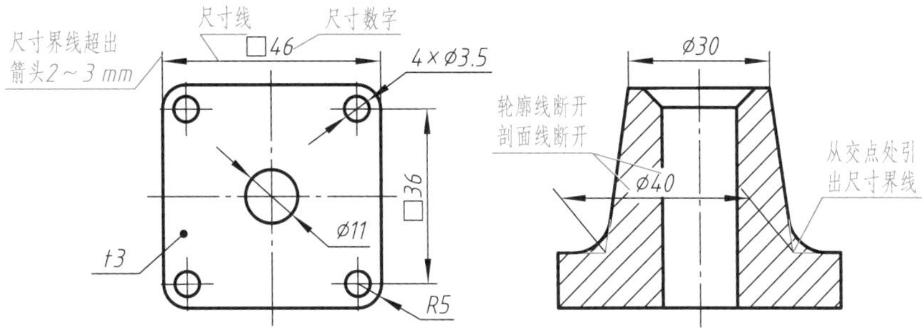

图 1–1–9　尺寸的组成

1）尺寸界线表示尺寸的度量范围，用细实线绘制，由图形的轮廓线、轴线或对称中心线处引出，也可以利用轮廓线、轴线或对称线中心作为尺寸界线。

2）尺寸线表示尺寸的度量方向，用细实线单独画出，不能用其他图线代替，也不得与其他图线重合或画在其他图线的延长线上。尺寸线的终端有箭头和斜线两种形式，如图 1–1–10 所示，d 为粗实线宽度，h 为字高。机械图样中一般采用箭头作为尺寸线的终端，建筑图样中主要采用斜线作为尺寸线的终端。

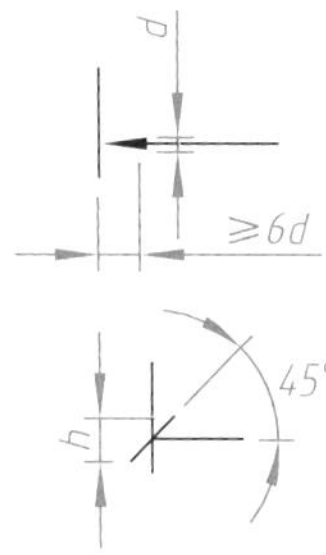

图 1–1–10　尺寸线的终端

3）尺寸数字表示机件尺寸的大小，不可被任何图线所通过，否则应将该图线断开。

（3）尺寸注法示例

尺寸注法示例见表 1–1–6。

表 1–1–6　尺寸注法示例

项目	示例
线性尺寸的注法	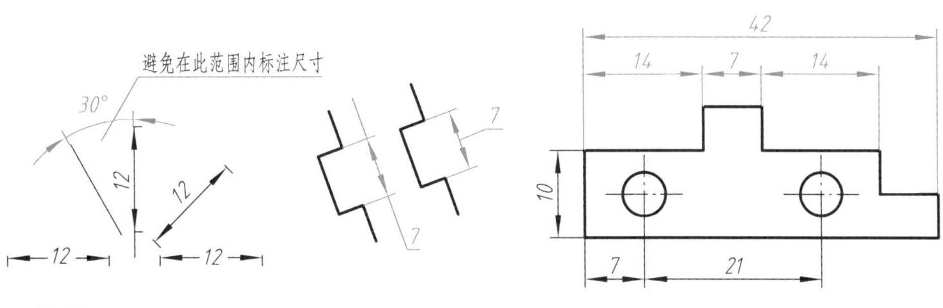 说明： 1. 线性尺寸数字一般应注写在尺寸线的上方，也允许注写在尺寸线的中断处。 2. 线性尺寸数字方向：水平方向字头朝上，竖直方向字头朝左，倾斜方向字头保持朝上的趋势。尽可能避免在图示 30° 范围内标注尺寸；无法避免时，可引出标注。 3. 串列尺寸时，箭头应对齐；并列尺寸时，应小尺寸在内，大尺寸在外，尺寸线间隔为 7 ~ 10 mm，且间隔应均匀一致

续表

项目	示例
角度尺寸的注法	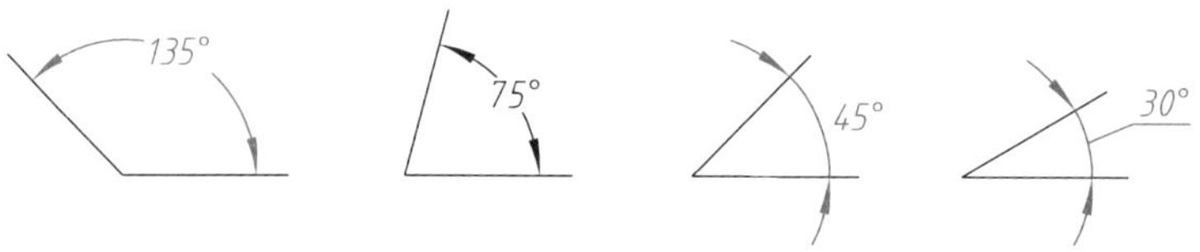 说明：角度尺寸数字一律水平书写，一般注写在尺寸线的中断处，必要时也可注写在尺寸线外侧，或引出标注
直径与半径的注法	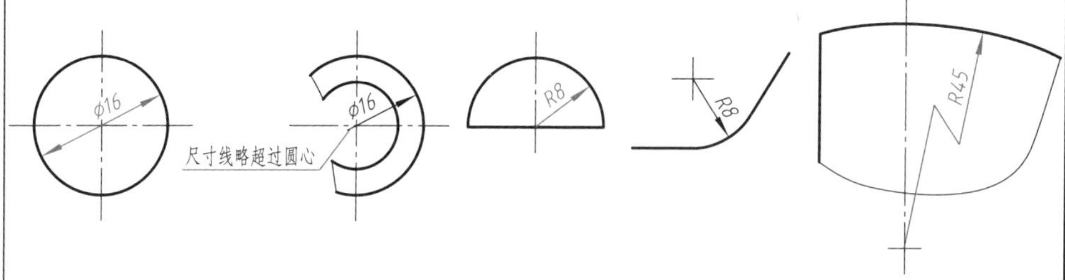 说明： 1. 直径与半径的尺寸线终端应画成箭头，尺寸线通过圆心或箭头指向圆心标注。 2. 整圆或大于半圆的圆弧一般标注直径尺寸，在尺寸数字前加注符号“ϕ”。 3. 半圆或小于半圆的圆弧一般标注半径尺寸，在尺寸数字前加注符号“R”。 4. 当圆弧的半径过大或在图幅范围内无法标出其圆心位置时，可采用折线形式标注。 5. 标注球面的直径或半径时，应在尺寸数字前加注圆球直径符号“$S\phi$”或圆球半径符号“SR”
小尺寸的注法	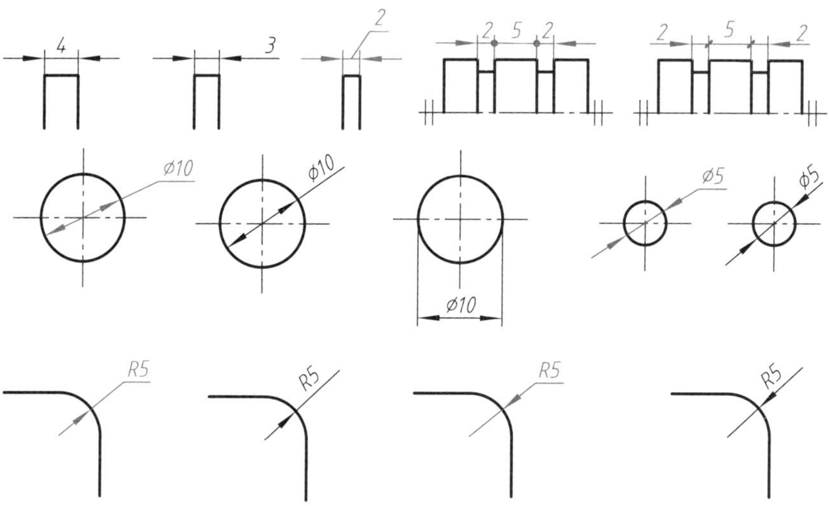 说明：对于小尺寸，没有足够的位置画箭头或注写尺寸数字时，允许用圆点或斜线代替箭头，但最外侧两端箭头仍应画出，尺寸数字可采用旁注或引出标注

二、绘图工具的使用

1. 图板、丁字尺、三角板

图板是固定图纸用的矩形木板，一般用胶合板制成，板面要求光滑平整，图板左侧边为导边，必须平直。图板的规格尺寸有：0 号（900 mm × 1 200 mm）、1 号（600 mm × 900 mm）、2 号（450 mm × 600 mm）。丁字尺由尺头和尺身组成，尺身的上边为工作边，主要用来画水平线。一副三角板由 45°、45°、90° 和 30°、60°、90° 两块三角板组成。

图板、丁字尺与三角板配合使用，可画水平线、垂直线、与水平线成 15° 倍角的斜线，如图 1–1–11 所示。

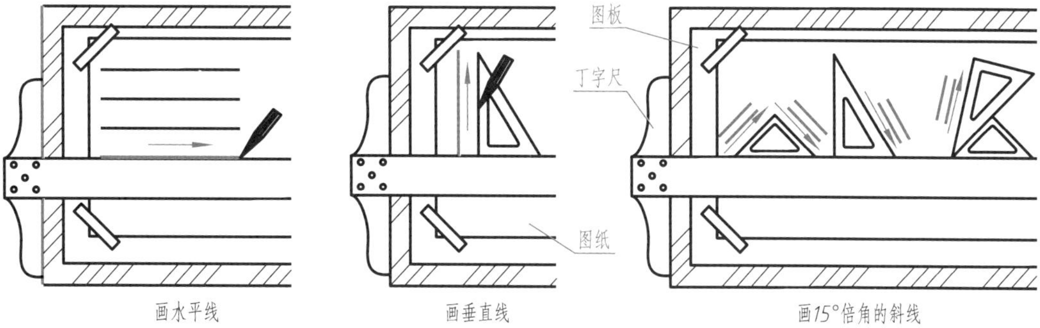

图 1–1–11　图板、丁字尺与三角板配合使用

2. 圆规、分规

圆规是用来画圆和圆弧的工具，其用法如图 1–1–12 所示。

分规是用来量取尺寸、等分线段的工具，其用法如图 1–1–13 所示。

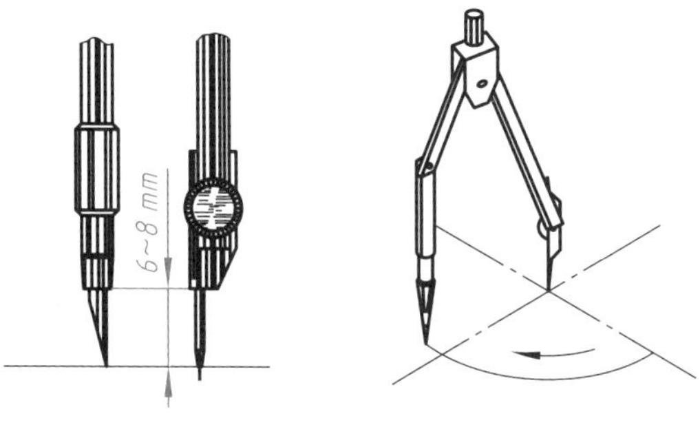

图 1–1–12　圆规的用法

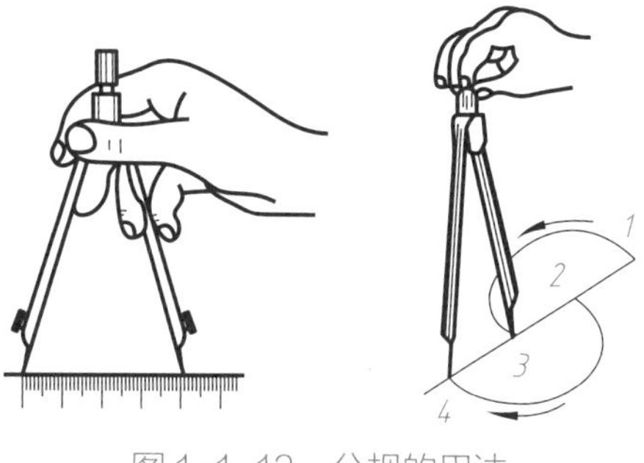

图 1–1–13　分规的用法

3. 铅笔

绘图铅笔的铅芯有软、硬之分，分别用“B”和“H”表示。标号有：6H、5H、4H、3H、2H、H、HB、B、2B、3B、4B、5B、6B 等。B 为软性铅笔，B 前的数字越大，表示铅芯越软；H 为硬性铅笔，H 前的数字越大，表示铅芯越硬；HB 表示铅芯软硬适中。

绘图时，铅笔的削法直接影响所画图线的粗细和光滑程度，铅笔应从没有标号的一端开始使用，以便保留标号，区分铅笔软硬。建议按表 1–1–7 选用绘图铅笔及圆规笔芯。

表 1-1-7　绘图铅笔及圆规笔芯的选用

<table>
<tr><td>类别</td><td colspan="4">绘图铅笔</td><td colspan="3">圆规笔芯</td></tr>
<tr><td>标号</td><td>2H</td><td>H</td><td>HB</td><td>B、2B</td><td>H</td><td>HB</td><td>B、2B</td></tr>
<tr><td>用途</td><td>画底稿线</td><td>画细线</td><td>写尺寸数字、画箭头</td><td>描深粗线</td><td>画底稿线</td><td>画细线圆</td><td>描深粗线圆</td></tr>
<tr><td>笔芯形式</td><td colspan="3">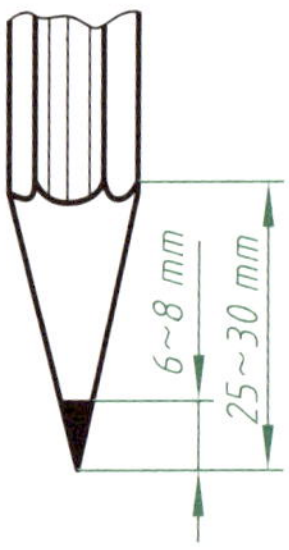（圆锥形）</td><td>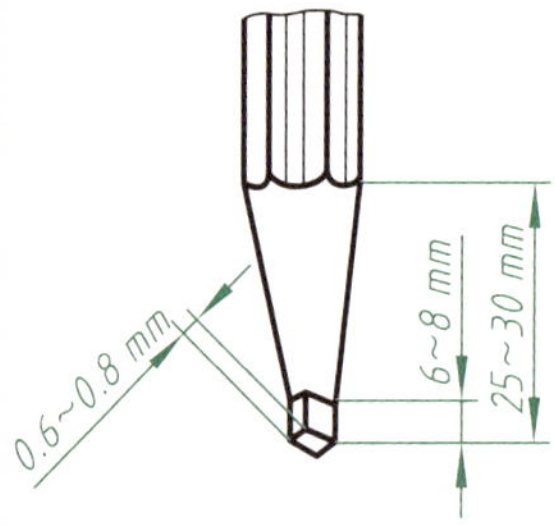（四棱柱磨斜）</td><td colspan="2">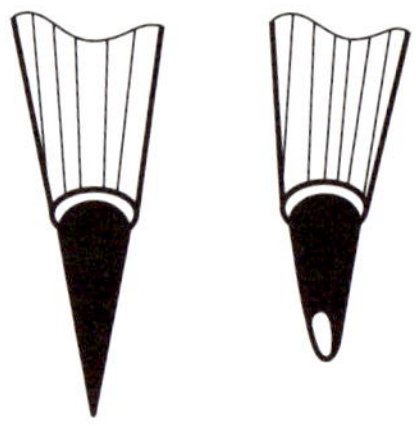（圆柱磨斜）</td><td>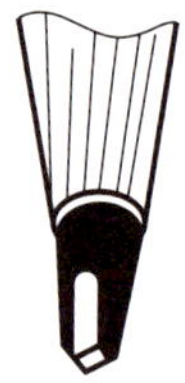（四棱柱磨斜）</td></tr>
</table>

【任务实施】

一、绘图准备

“工欲善其事，必先利其器”，绘图前应准备好绘图工具和用品，擦拭干净图板、丁字尺和三角板，按表 1-1-7 选用并磨削好铅芯，整理好工作地点。

二、图形分析

视孔盖零件图采用一个图形、三种图线表达其结构形状。图形由一个正方形线框、5 个圆及 4 段圆弧组成；三种图线为粗实线、细实线与细点画线。

视孔盖的真实大小以图样上所注的尺寸数值为依据。根据所起的作用，尺寸可分为定形尺寸、定位尺寸和总体尺寸三种。确定图样中几何要素形状的尺寸称为定形尺寸，确定几何要素相互位置的尺寸称为定位尺寸，表示形体总长、总宽和总高的尺寸称为总体尺寸。视孔盖零件图（图 1-1-2）中□ 46、4×ϕ 3.5、$R5$、ϕ 11 为定形尺寸，□ 36 为 4×ϕ 3.5 圆的定位尺寸，□ 46、$t3$ 为总体尺寸。

标题栏附近代号 $\sqrt{Ra\ 12.5}$ 表示视孔盖全部表面有相同的表面结构要求，具体含义为：所有表面是用去除材料的方法获得的，表面粗糙度 Ra 的上限值为 12.5 μm。

三、图形绘制

根据视孔盖的总体尺寸和零件图上图形、尺寸标注、技术要求与标题栏的空间位置，选用 2 : 1 比例、A4 图幅绘图，并按图 1-1-11 所示用胶带纸固定 A4 图纸。

1. 画底稿

画底稿用 2H 或 H 铅笔，铅芯应经常修磨以保持尖锐；底稿上，各种线型均暂不分粗细，且要画得很轻很细；作图力求准确；画错的地方，在不影响画图的情况下，可先作标记，待底稿完成后统一擦掉。

画底稿步骤如下：

1）画图框、对中符号和标题栏。

2）布图：画出基准线及 4×ϕ3.5 圆的中心线。

3）画正方形线框、ϕ11 的大圆和 4 个 ϕ3.5 的小圆。

4）画 4 段 $R5$ 的圆弧。

5）检查底稿，修正错误，擦去画错的线条及作图辅助线，效果如图 1-1-14（a）所示。

2. 加深底稿

用 B 或 2B 铅笔描深粗线，用 H 或 HB 铅笔描深细线。按照“先粗后细、先曲后直、先水平后垂斜”的顺序绘制，效果如图 1-1-14（b）所示。

四、尺寸标注

标注尺寸时，应先画出尺寸界线、尺寸线和箭头，再注写尺寸数字和其他文字说明。仔细检查图纸后，填写标题栏中的各项内容。图样中的汉字、字母、数字一般采用 HB 铅笔书写。“技术要求”、图样名称“视孔盖”、图样代号用 7 号字体，尺寸数字采用 3.5 号字体，其余采用 5 号字体。效果如图 1-1-14（c）所示。

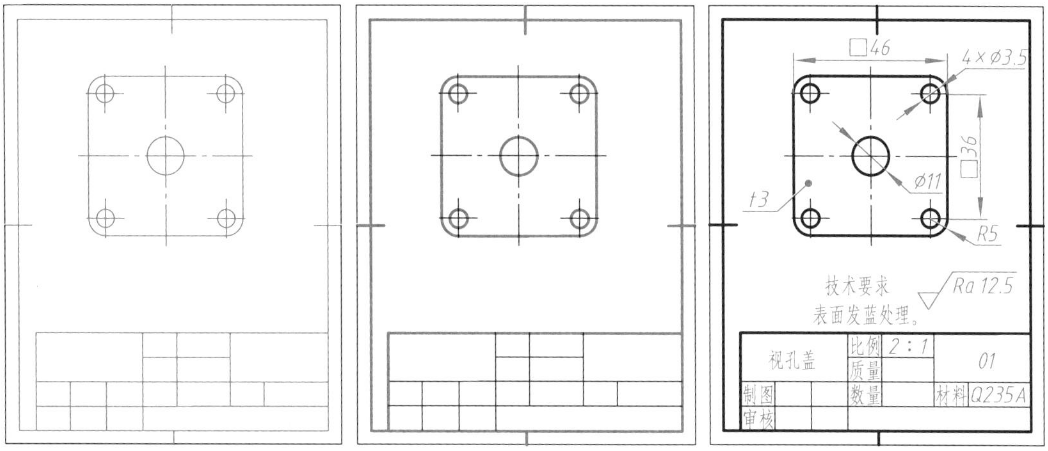

(a) 画底稿　(b) 加深底稿　(c) 标注尺寸，填写技术要求、标题栏

图 1-1-14 视孔盖零件图绘图步骤

【任务总结】

通过尺规绘制视孔盖零件图，学习制图国家标准中的规定，包括图纸幅面和格式、标题栏、图线、比例、字体和尺寸注法；掌握正确使用常用绘图工具绘制机械图样的画法和步骤；在绘图过程中，应严格执行国家标准。

【任务检测】

识读图 1-1-15 所示方形垫片零件图，并在引出位置填写相关答案。

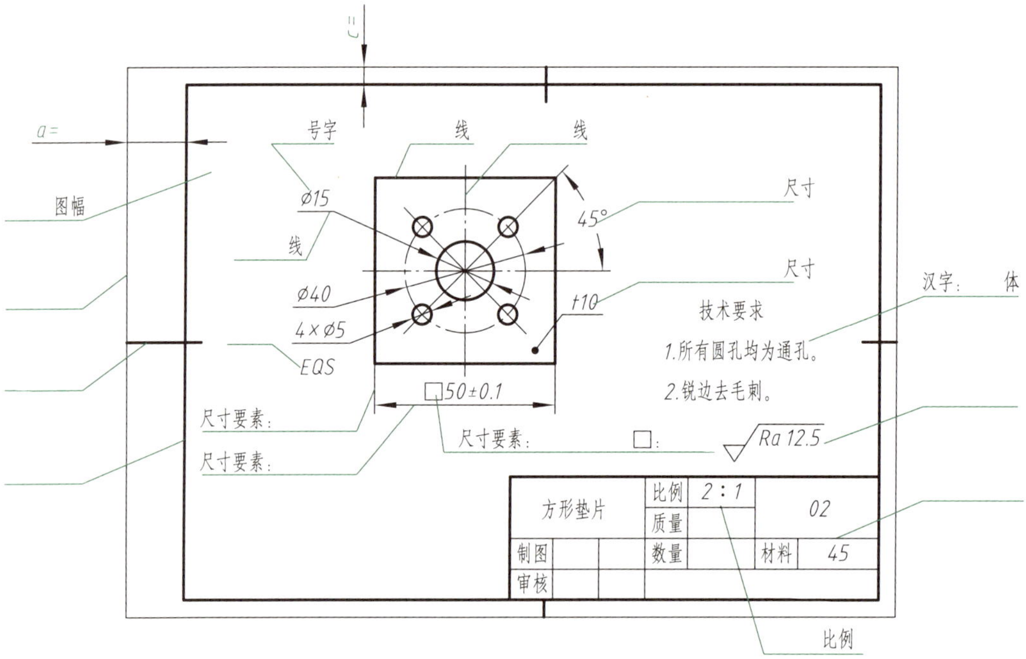

图 1-1-15　方形垫片零件图

【任务评价】

任务评价标准

序号	评价内容	分数	自评分	互评分	教师评分
1	绘图工具的准备与使用	10			
2	图线质量	15			
3	尺寸标注	15			

续表

序号	评价内容	分数	自评分	互评分	教师评分
4	字体规范	15			
5	图框、标题栏	10			
6	图面整洁	10			
7	任务检测	15			
8	课堂表现	10			
总分		100			
综合评价（自评分 ×20%+ 互评分 ×30%+ 教师评分 ×50%）					

任务二　手柄零件图的识读与绘制

【任务目标】

✧ 知识目标

1. 掌握平面图形的尺寸分析和线段分析方法。

2. 掌握中望机械 CAD 工作界面、基本操作、绘图环境的设置及精确绘图辅助工具的使用。

3. 掌握中望机械 CAD 常用命令、文字处理及绘图工具的图标、快捷键与功用。

✧ 能力目标

能按国家标准选择图幅、调用图层，能合理使用绘图辅助工具及绘图、修改与标注命令，准确快速地绘制手柄零件图。

✧ 素养目标

培养按国家标准要求规范绘制图纸的良好学习习惯及严谨工作作风。

【任务引入】

手柄（图 1-2-1）是机器上一种常见的机械配件，由圆柱体、圆孔、旋转体组成，其用手直接操作部分的外轮廓光滑美观。图 1-2-2 所示为手柄零件图，手柄的制造是从绘制其平面图形开始的。中望机械 CAD 是一款基于中望 CAD+ 平台的面向机械行业的专业软件，功能涵盖了制造业二维绘图的全部领域。该软件提供完整的零件库和综合的机械绘图工具，保证了图样绘制的快速准确。本任务通过绘制手柄平面图形快速掌握中望机械 CAD 的基本操作。

手柄三维模型文件

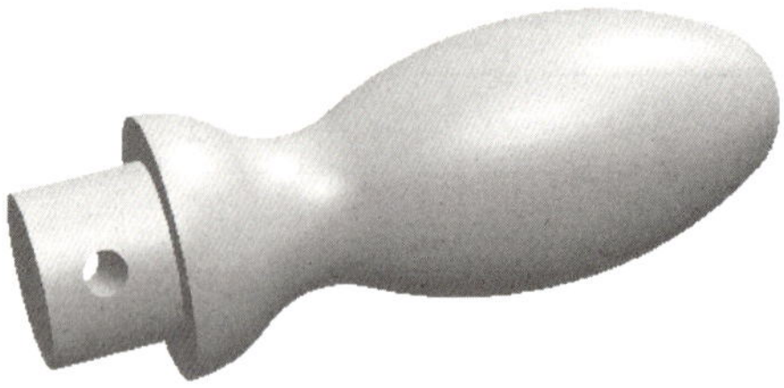

图 1-2-1　手柄

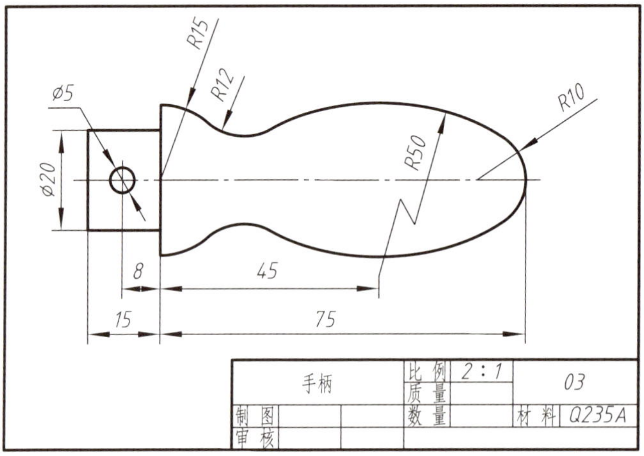

图 1-2-2　手柄零件图

【相关知识】

一、中望机械 CAD 的基本操作

1. 认识工作界面

本书采用中望机械 CAD 教育版 2023 软件，单击软件右下角的设置工作空间图标 ，弹出“界面选择”面板，单击“二维草图与注释”或“ZWCAD 经典”，即可在“二维草图与注释”界面和“ZWCAD 经典”界面之间任意切换。图 1-2-3 所示为“ZWCAD 经典”界面。

2. CAD 有关命令的操作

（1）命令执行方式

直线命令是最常用的绘图命令之一，熟练掌握直线命令执行方式，可对掌握其他命令打下良好基础，图 1-2-4 所示为其命令执行方式。

（2）命令的放弃、重做、中止与重复执行

1）命令的放弃。绘图中出现错误，要取消前次的命令时，可以执行 Undo（U）命令或单击工具栏中的 图标，回到前一步或前几步的状态。

2）命令的重做。当撤销了命令后，又想恢复已撤销的命令时，可以执行 Redo 命令或单击工具栏中的 图标来恢复。

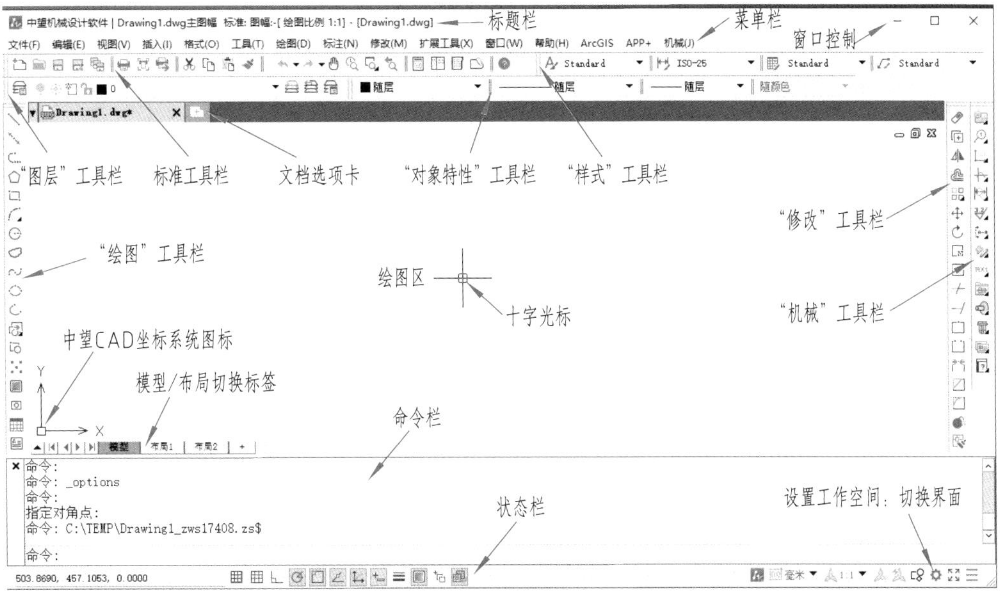

图 1-2-3　“ZWCAD 经典”界面

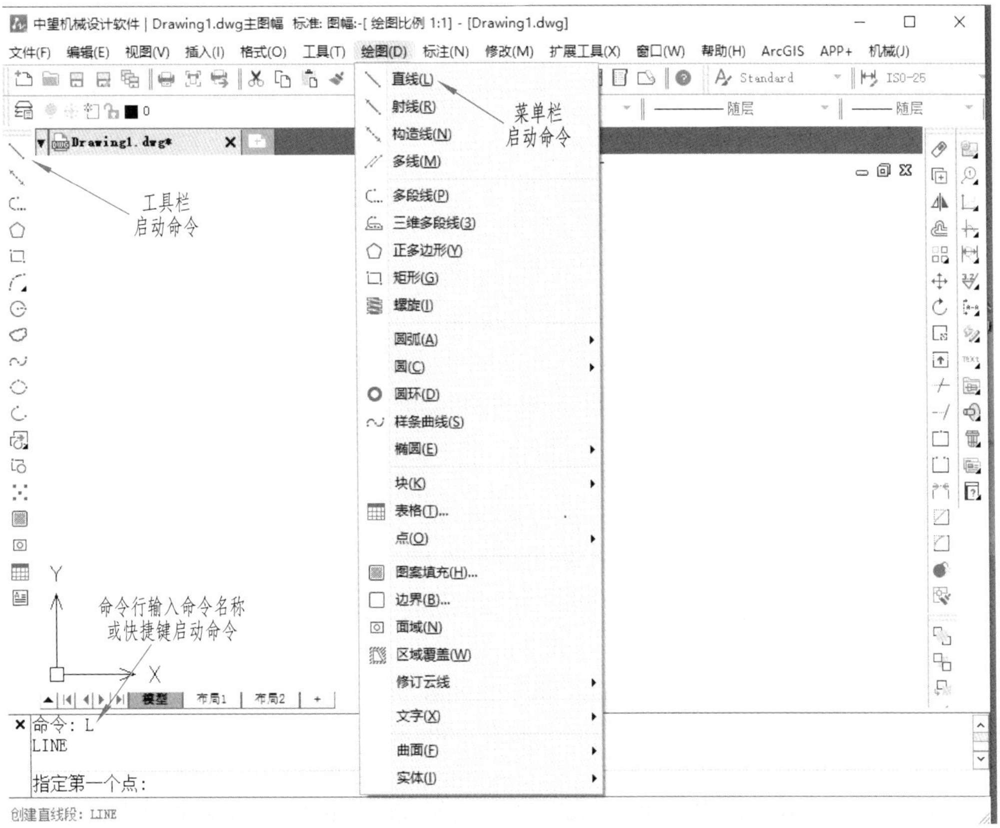

图 1-2-4　命令执行方式

3）命令的中止。绘图中可随时退出正在执行的命令。当执行某命令后，可以按 <Esc> 键退出该命令，也可以按回车键结束某些操作命令。注意：有的操作要按多次 <Esc> 键才能退出。

4）命令的重复执行。当结束了某个操作命令后，又想要再一次执行该命令时，可以按回车键或空格键来重复上一次的命令；也可以在绘图区单击鼠标右键，在弹出的菜单中选择前面执行的数个命令。

3. 点的输入方法

（1）鼠标直接拾取点

通过移动鼠标在屏幕上直接单击拾取点。这种定点方法非常方便快捷，但不能用来精确定点。在实际绘图过程中一般借助“对象捕捉”功能来拾取特殊点。

（2）键盘输入点坐标

键盘输入点坐标可以精确定点，有绝对直角坐标（X, Y）、相对直角坐标（@X, Y）、绝对极坐标（长度 < 角度）、相对极坐标（@ 长度 < 角度）4 种方式。

绘制图 1-2-5 所示平面图形的操作如下：执行直线 Line（L）命令，鼠标在屏幕上单击确定点 A；打开“正交”，鼠标导向输入长度尺寸确定 B、E、F、H 4 点；点 C、点 I 通过输入相对直角坐标“@10, 8”“@-10, -8”确定；点 D、点 G 通过输入相对极坐标“@20<-40”“@15<135”确定；打开“对象捕捉”、“对象捕捉追踪”确定点 J；最后在命令栏中输入“C”或对象捕捉点 A 封闭线框。

点的输入

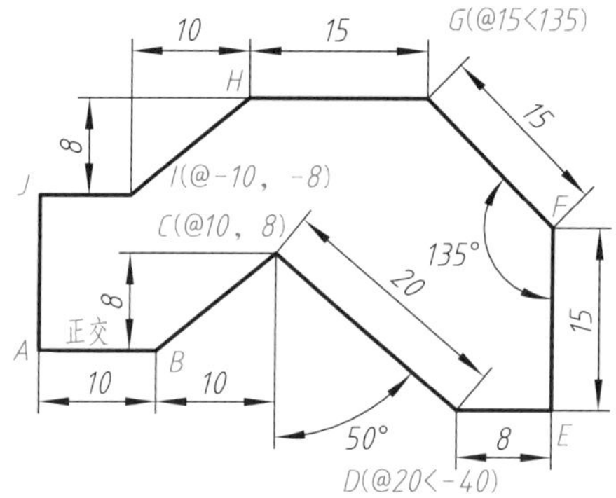

图 1-2-5　点的输入

4. 对象的选择

在编辑图形前，首先要选择需要进行编辑的图形对象，然后再对其进行编辑修改。中望机械 CAD 会将所选择的对象以虚线显示，这些所选择的对象被称为选择集。选择集可以包含单个对象，也可以包含复杂的多个对象。常用的选择方式有 4 种：点选方式、全部方式、窗口方式、窗交方式。

1）点选方式。将拾取框移动到希望选择的对象上，并单击鼠标左键。

2）全部方式。在“选择对象”提示下输入“All”后按回车键，系统将自动选中屏幕上的所有对象。

3）窗口方式。拖动鼠标从左往右框选为窗口方式（图 1-2-6），这种方式需要图形完全在框选范围内才会被选中。

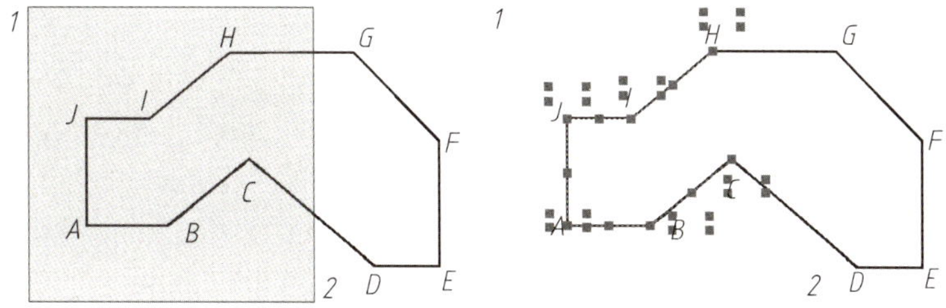

图 1-2-6　窗口方式

4）窗交方式。拖动鼠标从右往左框选为窗交方式（图 1-2-7），这种方式不仅会选中窗口内部的对象，与窗口边界相交的对象也会被选中。

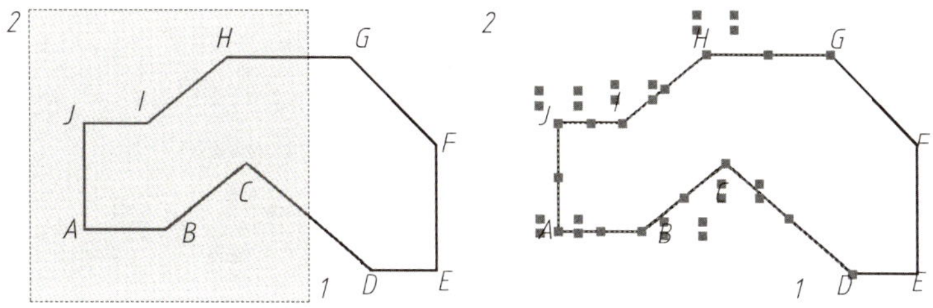

图 1-2-7　窗交方式

二、中望机械 CAD 绘图环境设置

1. 设置图形单位

在命令栏中输入“Units”或选择菜单栏的“格式”→“单位”，系统弹出图 1-2-8 所示“图形单位”对话框，可设置长度单位和角度单位的制式、精度。

2. 设置文件保存格式、调整文件自动保存时间

执行 Options（OP）命令，系统弹出“选项”对话框。选择“打开和保存”选项卡（图 1-2-9），可设置文件默认保存格式；根据所处环境情况设定系统自动保存时间，这样计算机将按设定的时间自动保存以 zw$ 为后缀的临时文件。

3. 改变图形窗口的颜色

默认情况下，系统配色方案为“暗”，屏幕图形的背景色是黑色。选择“显示”选项卡（图 1-2-10），单击“颜色”按钮，系统弹出图 1-2-11 所示“图形窗口颜色”对话框，可以改变屏幕图形的背景色为指定颜色。

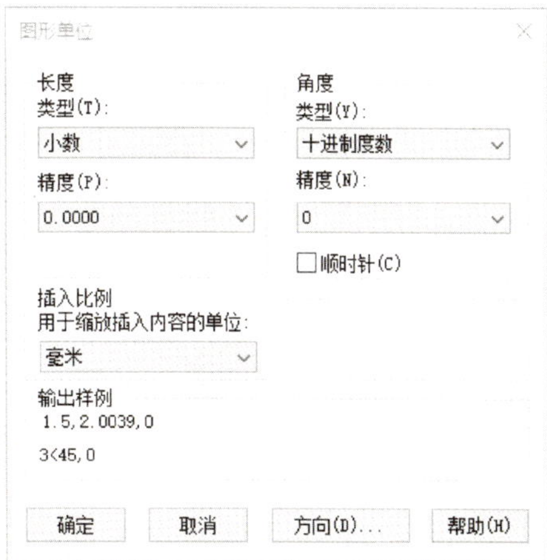

图 1-2-8　“图形单位”对话框

图 1-2-9　“打开和保存”选项卡

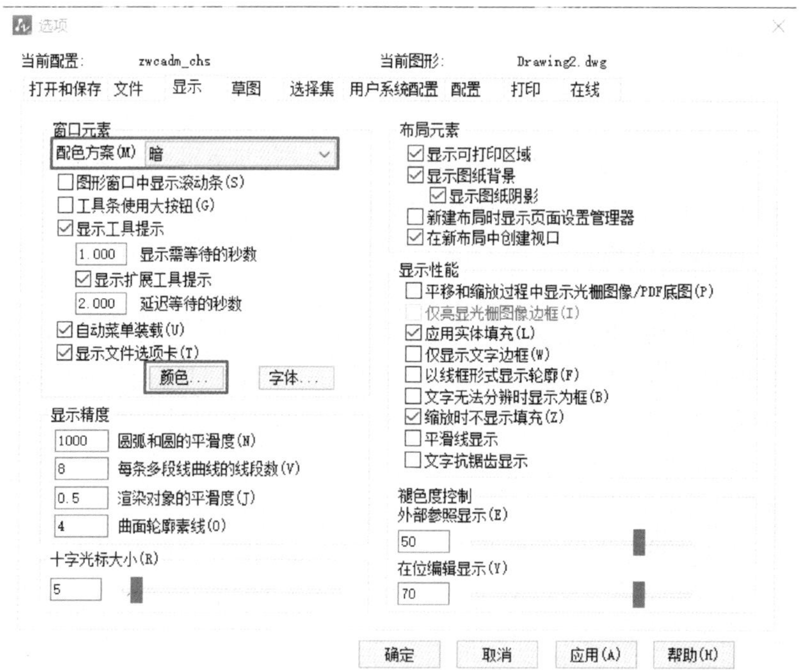

图 1-2-10　“显示”选项卡

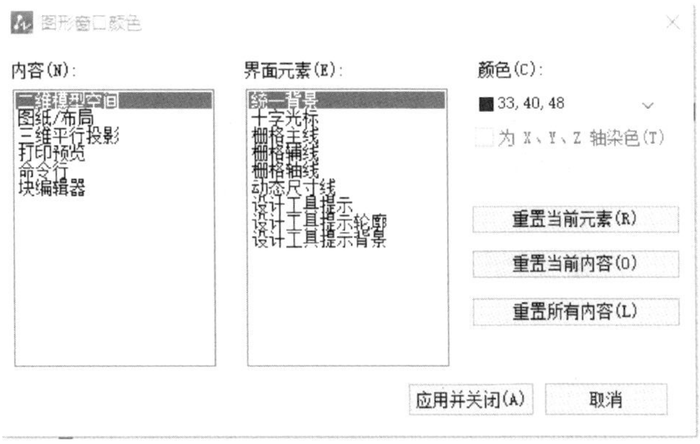

图 1-2-11 “图形窗口颜色”对话框

4. 图层、颜色、线型、线宽的设置

中望机械 CAD 拥有智能图层功能，可以自动创建符合国家标准的图层，包括图层名、线型、颜色等。

新建一个图形文件时，图层并不会自动创建，当执行“机械”菜单里的任意命令（如图幅设置）后，图层才会自动创建。

1）查看图层。单击“图层”工具栏中图标，系统弹出图 1-2-12 所示“图层特性管理器”对话框，即可以在图层特性管理器中查看已自动定义的常用线型图层，如“1 轮廓实线层”“2 细线层”“3 中心线层”“4 虚线层”“5 剖面线层”“6 文字层”等。其中，需将“4 虚线层”重命名为“4 细虚线层”，“9 双点划线层”重命名为“9 细双点画线层”。

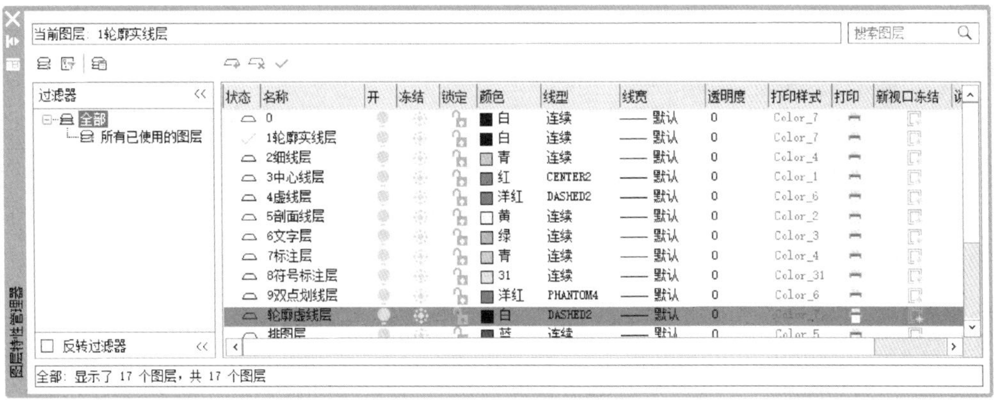

图 1-2-12 “图层特性管理器”对话框

2）颜色设置。如“3 中心线层”颜色的设置，单击该层的颜色“■ 红”，系统弹出图 1-2-13 所示“选择颜色”对话框，单击所要选择的颜色，再单击“确定”按钮，即可完成该层颜色的设置。

3）线型的设置。如修改“3 中心线层”的线型，单击该层的线型“CENTER2”系统，弹出图 1-2-14 所示“线型管理器”对话框，可在其中选择需要的线型；如没有所需的线型，单击下方的“加载”按钮，系统弹出图 1-2-15 所示“添加线型”对话框，添加所需的线型后，单击“确定”按钮，并将全局比例因子改为 0.4 左右，即可完成该层线型的设置。

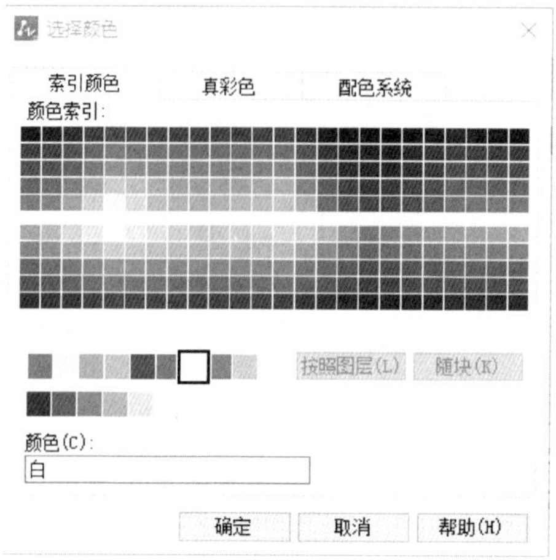

图 1-2-13 “选择颜色”对话框

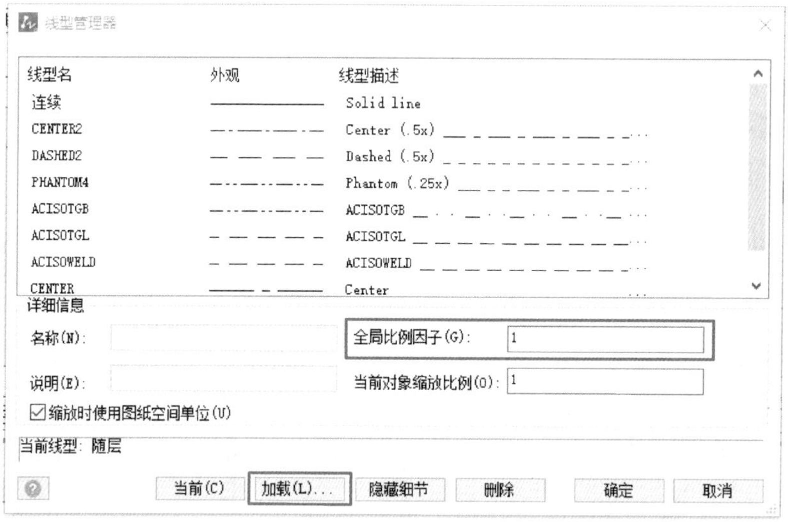

图 1-2-14 “线型管理器”对话框

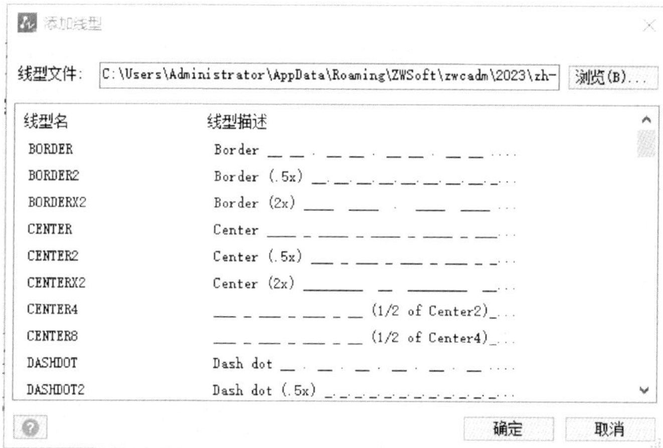

图 1-2-15 “添加线型”对话框

4）线宽设置。如“3 中心线层”线宽的设置，单击该层线宽“—— 默认”，系统弹出图 1-2-16 所示“线宽”对话框，单击所要选择的线宽，再单击“确定”按钮，即可完成该层线宽的设置。

5）图层选择。图层设置完成后，即可选择图层进行图形的绘制，如需绘制中心线，则在当前图层设置中选择“3 中心线层”即可，如图 1-2-17 所示。

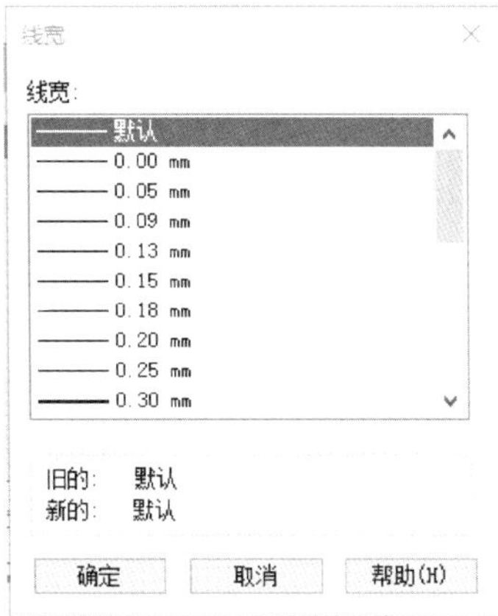

图 1-2-16　“线宽”对话框

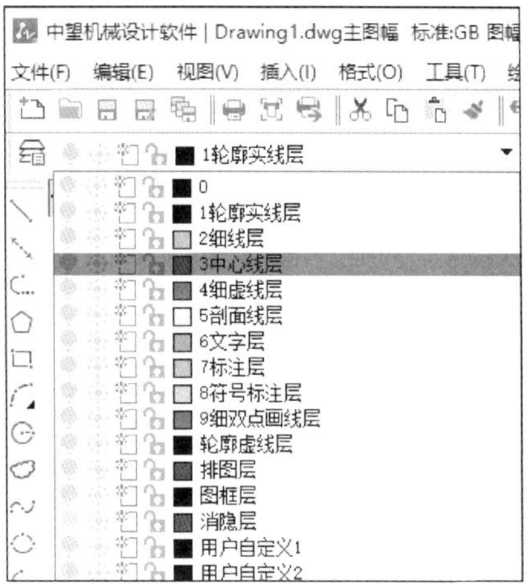

图 1-2-17　图层选择

三、中望机械 CAD 精确绘图辅助工具

中望机械 CAD 为用户提供了多种精确绘图辅助工具，集中位于状态栏上，如图 1-2-18 所示。

图 1-2-18　状态栏

1. 捕捉和栅格

“捕捉”功能用来控制光标移动的最小步距，以便精确定点；“栅格”显示相当于坐标纸上的方格，可以直观地显示对象之间的距离，便于用户定位对象。

在绘图过程中，可以随时单击状态栏中“捕捉”图标 和“栅格”图标 或按功能键 <F9>（捕捉）、<F7>（栅格）键打开或关闭“捕捉”功能和“栅格”显示。

右键单击“捕捉”图标或“栅格”图标，选择“设置”，系统弹出“草图设置”对话框，在图 1-2-19 所示“捕捉和栅格”选项卡中，可设置水平与竖直间距。

2. 正交

当打开“正交”模式后，系统将控制光标只沿当前坐标系的 X、Y 轴平行方向移动，以便于在水平或垂直方向上绘制和编辑图形。

单击状态栏中“正交”图标 或按功能键 <F8> 键可打开或关闭“正交”模式。

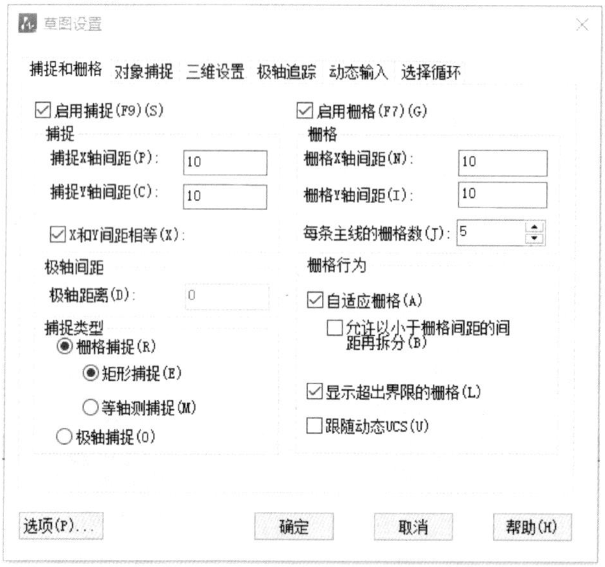

图 1-2-19　“捕捉和栅格”选项卡

3. 极轴追踪

使用“极轴追踪”功能，可沿预先指定的角度增量方向追踪定点，其是非常有效的精确绘图辅助工具。

在绘图过程中，可以随时单击状态栏中“极轴追踪”图标或按功能键 <F10> 键打开或关闭“极轴追踪”功能。

右键单击“极轴追踪”图标，选择“设置”，系统弹出“草图设置”对话框，在图 1-2-20 所示“极轴追踪”选项卡中，可设置增量角度和新建附加角。

图 1-2-20　“极轴追踪”选项卡

4. 对象捕捉

中望机械 CAD 提供了一种自动对象捕捉功能。在图 1-2-21 所示"对象捕捉"选项卡中，系统提供了 13 种对象捕捉模式。绘图前，根据绘图需要将相应的复选框选中即可，当光标放在某个对象上时，系统将自动捕捉到对象上所有符合条件的几何特征点。

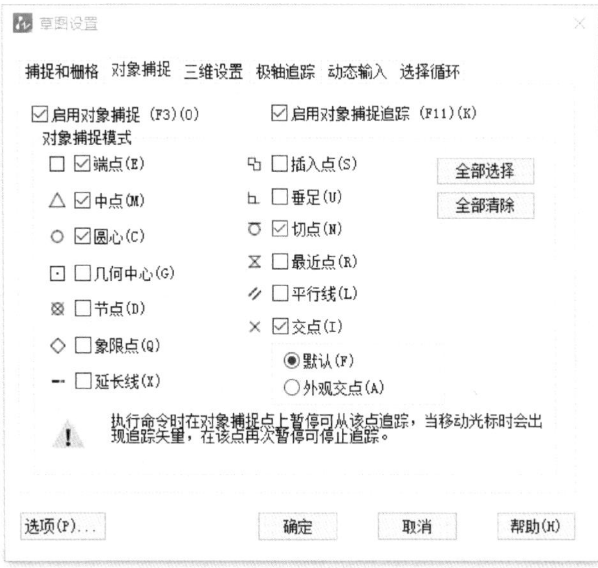

图 1-2-21 "对象捕捉"选项卡

在绘图过程中，可以随时单击状态栏中"对象捕捉"图标 □ 或按功能键 <F3> 键打开或关闭"对象捕捉"功能。

5. 对象捕捉追踪

使用"对象捕捉追踪"功能，可相对于对象捕捉点沿指定的方向追踪定点，其也是非常有效的精确绘图辅助工具。

在绘图过程中，可以随时单击状态栏中"对象捕捉追踪"图标 ∠ 或按功能键 <F11> 键打开或关闭"对象捕捉追踪"功能。

6. 动态输入

在绘图辅助工具中，"动态输入"模式简单、形象，能使绘图更加便捷。在状态栏中单击"动态输入"图标 ⊥ 或按功能键 <F12> 键可打开或关闭"动态输入"模式。打开"动态输入"模式后，在光标附近会显示命令界面，并可用于输入命令及指定选项和值。

右键单击"动态输入"图标，可对动态输入的指针输入、标注输入及动态提示的内容和外观进行设置。

7. 线宽

单击"线宽"图标 ☰ 可显示或隐藏线宽。右键单击"线宽"图标，可设置线宽。

四、中望机械 CAD 常用命令

1. 常用绘图命令

任何复杂的图形都是由基本图元（如点、直线、圆、圆弧等）组成的。中望机械 CAD 为用户提供了丰富的绘图命令，图 1-2-22 所示为“绘图”工具栏，表 1-2-1 中列出了常用绘图命令的图标、命令（快捷键）及功用。

图 1-2-22　“绘图”工具栏

表 1-2-1　常用绘图命令

图标	名称	命令（快捷键）	功用	图标	名称	命令（快捷键）	功用
	直线	Line（L）	绘制直线		圆	Circle（C）	绘制圆。默认情况，中望机械 CAD 提供了 6 种绘制圆的方式，如图 1-2-24 所示
	构造线	Xline（XL）	绘制无限延伸的直线，主要用作辅助线		样条曲线	Spline（SPL）	绘制波浪线
	多段线	Pline（PL）	绘制带宽度的直线或圆弧组合而成的图形对象		椭圆	Ellipse（EL）	绘制椭圆
	正多边形	Polygon（POL）	可以精确绘制 3 ~ 1 024 条边的正多边形		点	Point（PO）	绘制点。中望机械 CAD 提供了 20 种点样式，如图 1-2-25 所示
	矩形	Rectang（REC）	绘制直角矩形、带圆角矩形、带倒角矩形		图案填充	Bhatch、Hatch（BH、H）	绘制剖面符号。金属材料：ANSI31；非金属材料：ANSI37
	圆弧	Arc（A）	绘制圆弧。中望机械 CAD 提供了 11 种绘制圆弧的方式，如图 1-2-23 所示		多行文本	Mtext（MT、T）	输入文本说明

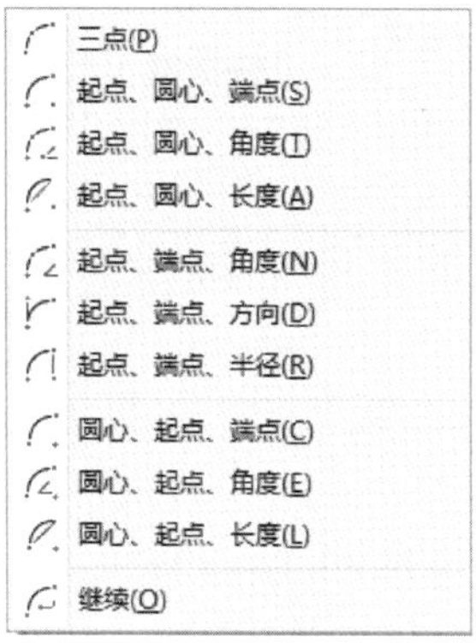

图 1-2-23　11 种绘制圆弧的方式

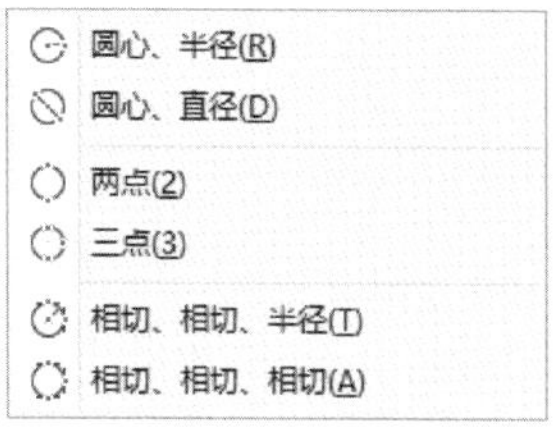

图 1-2-24　6 种绘制圆的方式

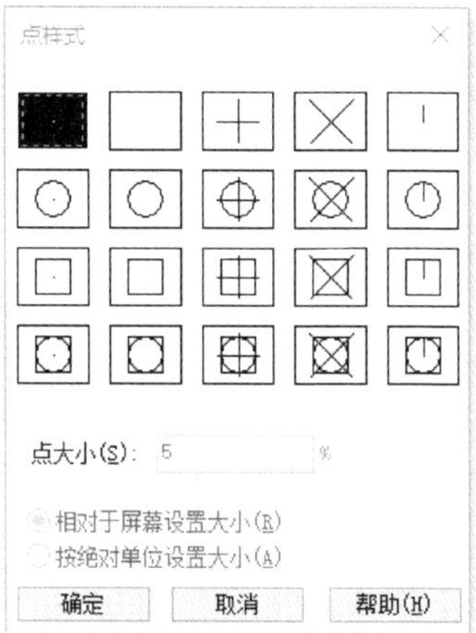

图 1-2-25　点样式

2. 常用修改命令

在使用中望机械 CAD 绘图时，单纯地使用绘图工具只能创建一些简单的图形对象，如果要绘制复杂的机械图样，需要对图形对象不断地进行修改编辑才能达到最终要求，这就要求用户熟练掌握修改命令，从而简化绘图操作，有效提高绘图效率和绘图质量。中望机械 CAD 为用户提供了丰富的修改命令，图 1-2-26 所示为“修改”工具栏，表 1-2-2 中列出了常用修改命令的图标、命令（快捷键）及功用。

图 1-2-26　“修改”工具栏

表1-2-2 常用修改命令

图标	名称	命令（快捷键）	功用	图标	名称	命令（快捷键）	功用
	删除	Erase（E）	删除选取的对象		拉伸	Stretch（S）	用于图形对象的拉长或压缩。注意只能采用“窗交方式”选择对象
	复制	Copy（CO、CP）	将指定的对象复制到指定的位置上		修剪	Trim（TR）	修剪所选对象超出指定边界的部分
	镜像	Mirror（MI）	将选取的对象以指定的两个点的连线为对称轴来创建对称的图形对象		延伸	Extend（EX）	将选取的对象延伸到指定的边界
	偏移	Offset（O）	以指定的点或指定的距离将选取的对象偏移并复制，使对象副本与原对象平行		打断	Break（BR）	将选取的对象在某点打断； 将选取的对象在两点之间打断
	阵列	Array（AR）	将选取的对象进行矩形或环形多重复制		倒角	Chamfer（CHA）	在两条直线或多段线之间创建有斜度的倒角
	移动	Move（M）	将选取的对象以指定的距离从原来的位置移动到新的位置		圆角	Fillet（F）	在直线、圆、圆弧、多段线之间按指定半径创建圆角
	旋转	Rotate（RO）	通过指定的点来旋转选取的对象		分解	Explode（X）	将由多个对象组合而成的合成对象（如图块、多段线等）分解为独立对象
	缩放	Scale（SC）	以一定比例放大或缩小选取的对象		拉长	Lengthen（LEN）	改变线段或圆弧的长度

3. 常用标注命令

中望机械 CAD 为用户提供了多种标注命令，可以对长度、直径、半径、角度等进行标注。在工具栏任意位置单击右键，打开“ZWCAD”→“标注”工具栏与“ZWCADM”→“尺寸标注”工具栏，如图 1-2-27、图 1-2-28 所示。常用标注命令的图标、快捷键及功用见表 1-2-3。

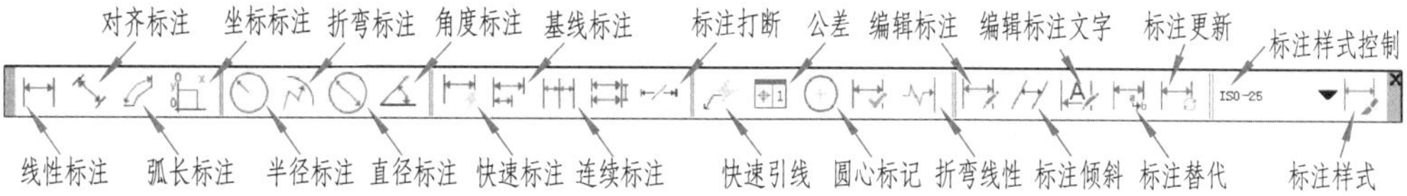

图 1-2-27　“标注”工具栏

图 1-2-28　“尺寸标注”工具栏

表 1-2-3　常用标注命令

图标	名称	快捷键	功用	图标	名称	快捷键	功用
	智能标注	D	根据用户所选实体的不同，自动进行长度、直径或半径标注，标注过程中输入提示关键字可切换不同的标注形式		多重标注	DAU	选取多个需要进行标注的目标和标注形式后自动对目标进行标注，且各个尺寸线之间会以设定的方式进行排列
	长度标注		移动标注的方向，标注会变为水平标注、垂直标注或对齐标注		直径标注	DDI	标注圆或圆弧的直径尺寸与公差
	半径标注	DRA	标注圆或圆弧的半径尺寸与公差		折弯标注		标注大圆弧的半径
	角度标注	DAN	标注角度尺寸		连续标注	DCO	标注串列尺寸
	基线标注	DBA	标注并列尺寸		倒角标注	DB	自动测量倒角的长度和角度，标注倒角尺寸
	引线标注	YX	用于各种孔、板厚的标注		板厚标注		可按指定值进行板厚标注，也可通过测量进行标注

五、中望机械 CAD 文字处理

在机械设计中，文字处理是必不可少的设计过程。掌握文字标注和技术要求标注功能，可使文字处理简单、迅速、方便。

1. 文字标注

在不改变字体样式的情况下，可改变字高、宽度比例、旋转 / 倾斜角度等参数，以自动适应绘图比例，直接调用词句库中的内容。

选择菜单栏的“机械”→“文字处理”→“文字标注”或输入“WZ”，系统弹出图 1-2-29 所示“文字标注”对话框，输入各项内容，单击“确认”按钮，命令栏出现提示：“请选择文字标注的起点：”，鼠标选取文字标注位置起始点；命令栏出现提示：“指定对角点：”，鼠标指定文字标注位置另一对角点。

图 1-2-29　“文字标注”对话框

2. 技术要求标注

技术要求是机械图样必有的内容之一。选择菜单栏的“机械”→“文字处理”→“技术要求”或输入“TJ”，系统弹出图 1-2-30 所示“技术要求”对话框，输入编辑内容后，以窗口的方式选择技术要求的文字范围。

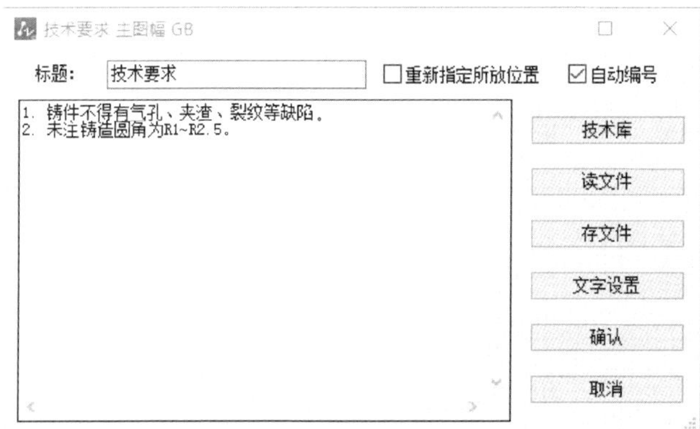

图 1-2-30　“技术要求”对话框

六、中望机械 CAD 常用绘图工具

根据机械图样的特点，中望机械 CAD 提供了丰富的绘图功能，可帮助用户有效地提高绘图速度，可在“机械”→“绘图工具”下选择这些功能，也可以通过工具栏访问。图 1-2-31 所示为“绘图工具”工具栏，表 1-2-4 中列出了常用绘图工具的图标、快捷键及功用。

图 1-2-31 “绘图工具”工具栏

表 1-2-4 常用绘图工具

图标	名称	快捷键	功用	图标	名称	快捷键	功用
	智能画线	SS	是对直线命令的扩充		已知圆心画圆	HY	是指已知圆的圆心分别和圆上一点（端点）、半径、直径、相切实体等组合来确定不同的方法生成圆
	已知端点画圆	HYD	是指已知直径的端点或相切实体分别和半径、直径、端点及相切实体等组合来确定不同的方法生成圆		已知圆心画圆弧	HH	是指以给定的第一点为圆心，由圆心和圆弧的起止点、起止角、夹角、相切实体、弦长、半径等的不同组合来确定不同的方法绘制圆弧
	已知端点画圆弧	HHD	是指通过给定点、相切实体、半径、起始切线角、终止切线角、夹角等的不同组合来确定不同的方法绘制多种类型的圆弧		对称画线	DC	指定对称轴，同时完成基线和对称线，适用于回转体零件的绘制
	剖面线	H、BH	绘制剖面线且所绘剖面线自动随“5 剖面线层”的设置		平行线	PX	绘制单侧或双侧与指定直线平行的直线

续表

图标	名称	快捷键	功用	图标	名称	快捷键	功用
	垂直线	CZ	绘制与指定直线垂直的直线段		切线	QX	绘制圆或圆弧的切线或同切线存在一定角度的直线
	公切线	GQ	绘制两个圆或圆弧的公切线		管道线	GD	根据管道直径和壁厚绘制管道线
	垂分线	CF	绘制与参照线相互垂直且平分的线		角度线	JD	绘制与参照线存在指定角度的线
	平分线	PF	绘制相交两直线的角度平分线		放射线		绘制成放射状的若干条直线段
	中心线	ZX	绘制圆、圆弧或两条平行线间的中心线		锯齿线		绘制锯齿形状的直线段组合
	波浪线	BL	给出波浪线的起点和终点，并给出波段数，即可绘制出两点间的波浪线		矩形	JX	使用闭合多段线绘制矩形

提示：

快捷修剪、延伸方法：执行修剪、延伸命令后，直接按回车键或单击鼠标右键，即可编辑图形对象。

智能标注命令可用于完成80%的标注工作量。

在进行连续标注、基线标注前，必须先创建或选择一个线性标注、角度标注或坐标标注作为基准标注。

【任务实施】

一、绘图准备

1. 熟悉中望机械CAD

安装中望机械CAD软件，熟悉界面，掌握其基本操作和绘图环境的设置，了解常用命令的图标、快捷键及功用，绘制图1-2-32所示模板、图1-2-33所示轮盘、图1-2-34所示摆杆的平面图形，初步掌握中望机械CAD的绘图方法。

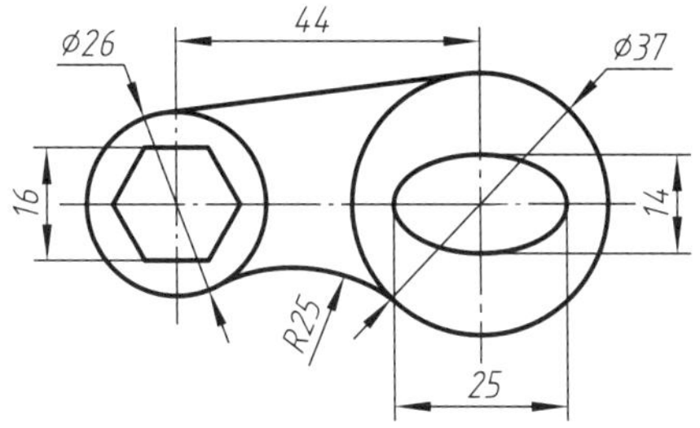

图 1-2-32　模板

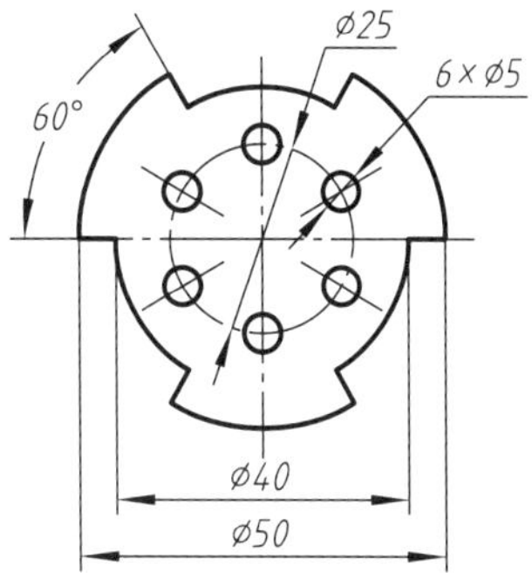

图 1-2-33　轮盘

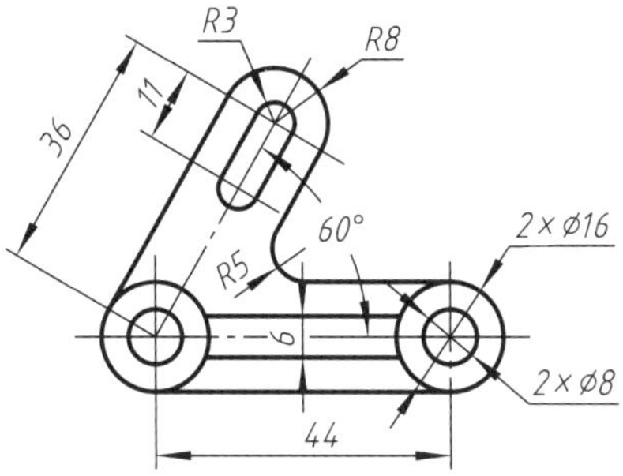

图 1-2-34　摆杆

2. 抄绘手柄零件图准备工作

（1）新建图形文件并保存

执行新建 New 命令，弹出“选择样板”对话框，选择“无样板打开 - 公制”方式快速创建一张新的图形文件。

执行保存 Save 命令，保存创建的图形文件。保存要求：文件名“手柄”、文件类型“*.dwg”。

（2）极轴追踪、对象捕捉、对象捕捉追踪设置

单击状态栏中“极轴追踪”图标、“对象捕捉”图标、“对象捕捉追踪”图标，使相应图标呈蓝色，表示功能打开。

鼠标右键单击“极轴追踪”图标，选择“设置”，进入图 1-2-20 所示“极轴追踪”选项卡，将增量角度设置为合适角度，建议为 45°。完成此设置后，当光标移动到 45° 的倍数时，极轴出现，辅助画图。

鼠标右键单击“对象捕捉”图标，选择“设置”，进入图 1-2-21 所示“对象捕捉”选项卡，建议至少选中“端点”“中点”“圆心”“切点”和“交点”复选框。完成此设置后，当光标移动到相应的捕捉点时，就会出现捕捉光标提示，辅助画图。

（3）图幅设置和标题栏填写

中望机械 CAD 自动进行图幅设置，选择菜单栏的“机械”→“图纸”→“图幅设置”或输入“TF”即可进行图幅设置，如图 1-2-35、图 1-2-36 所示，图幅大小选择 A4，布置方式为横置，绘图比例为 2 : 1。

图 1-2-35　菜单栏启动图幅设置

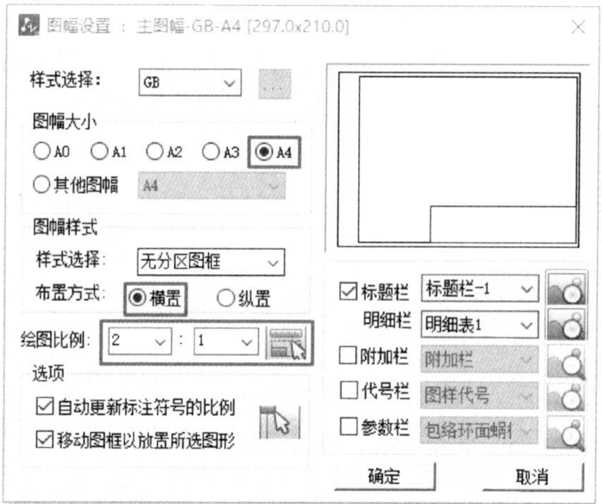

图 1-2-36　“图幅设置”对话框

选择菜单栏的“机械”→“图纸”→“标题栏填充”或双击绘图区标题栏，系统弹出图 1-2-37 所示“标题栏编辑”对话框，即可填写标题栏。

（4）图层设置

完成图幅设置之后，符合国家标准的图层将自动载入。选择“格式”→“图层”、输入“LA”或单击“图层”工具栏中图标 ，在弹出的对话框中重命名图层并设置图层线宽。

选中“1 轮廓实线层”，单击√置为当前层，单击 —— 默认 ，系统弹出“线宽”对话框，选择“0.50 mm”，如图 1-2-38 所示。

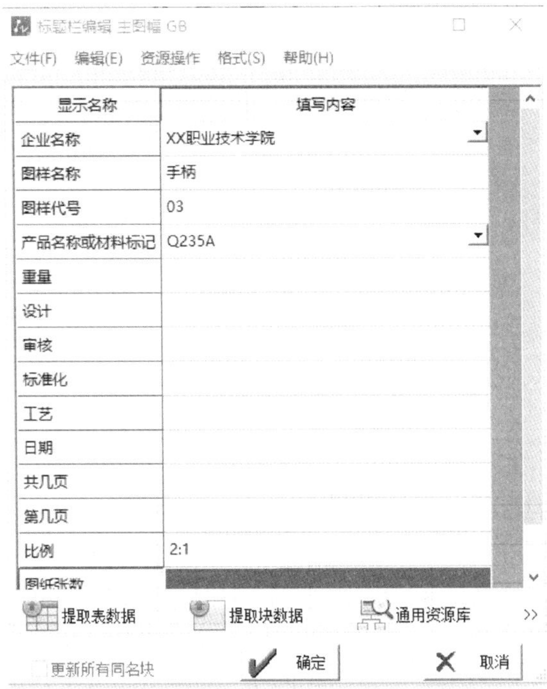

图 1-2-37　“标题栏编辑”对话框

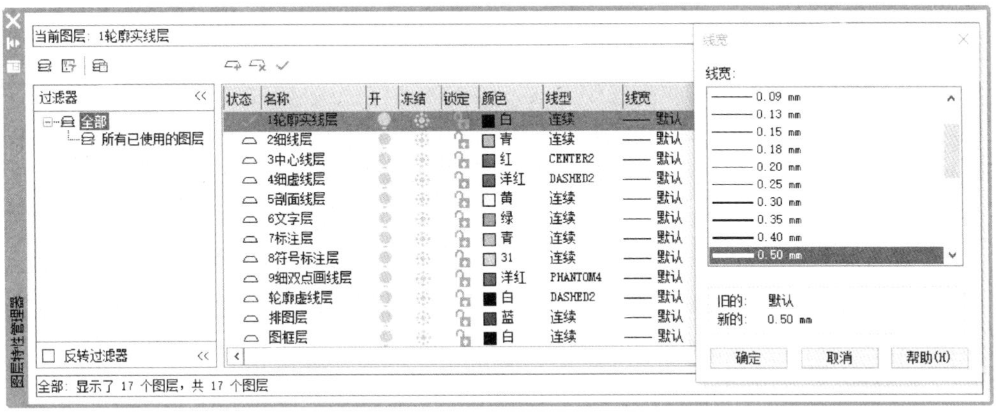

图 1-2-38　“1 轮廓实线层”线宽设置

选中“2 细线层”，按住 <Shift> 键，并同时选中“9 细双点画线层”，单击 —— 默认 ，系统弹出“线宽”对话框，选择“0.25 mm”，如图 1-2-39 所示。

二、图形分析

手柄平面图形由直线段、圆弧连接组成，每条线段又由相应的尺寸来决定其大小和位置。绘制手柄平面图形时应先进行尺寸分析和线段分析，以明确作图步骤。

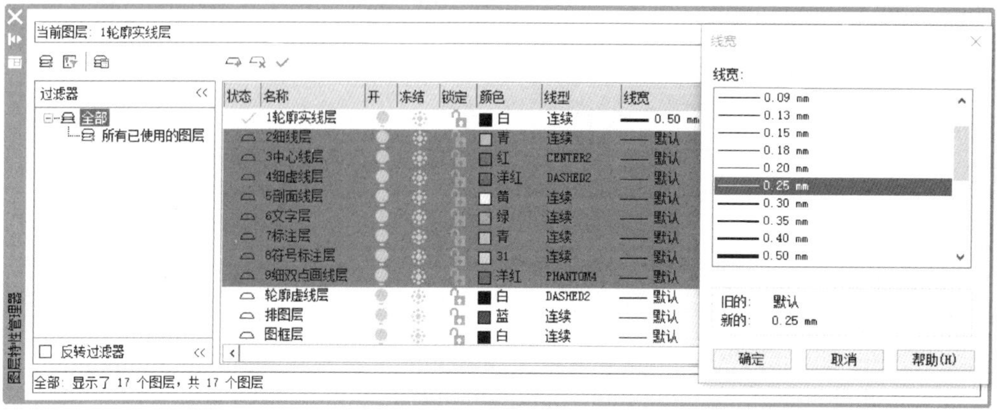

图 1-2-39 “2 细线层” ~ “9 细双点画线层” 线宽设置

1. 尺寸分析

确定图形中线段的长度、圆弧的半径、圆的直径及角度大小等定形尺寸。手柄平面图形中，尺寸 $\phi5$ 确定小圆的大小；尺寸 $\phi20$ 和 15 确定矩形的大小；尺寸 $R10$、$R12$、$R15$、$R50$ 确定圆弧半径的大小。

确定圆心、线段等在图形中所处位置的定位尺寸。手柄平面图形中，尺寸 8 确定了 $\phi5$ 小圆的位置；尺寸 75 以中间的铅垂线为基准间接地确定了 $R10$ 圆弧的位置；尺寸 45 以中间的铅垂线为基准确定了 $R50$ 圆弧圆心水平方向的位置。

2. 线段分析

手柄平面图形由一个矩形、一个圆和 4 个不同半径的圆弧组成。线段（圆弧）按其尺寸标注是否完整分为以下三类。

（1）已知线段（圆弧）

定形、定位尺寸全部注出的线段（圆弧），称为已知线段（圆弧）。手柄平面图形中，$\phi5$ 小圆，$R15$ 和 $R10$ 圆弧，边长为 15、宽为 $\phi20$ 的矩形为已知线段（圆弧）。

（2）中间线段（圆弧）

注出定形尺寸和一个定位尺寸的线段（圆弧），称为中间线段（圆弧）。手柄平面图形中，$R50$ 圆弧为中间圆弧，其圆心水平方向的定位尺寸 45 是已知的，而圆心铅垂方向的定位尺寸则需借助与其相切的已知圆弧（$R10$ 圆弧）才能定出。

（3）连接线段（圆弧）

只注出定形尺寸，未注出定位尺寸的线段（圆弧），称为连接线段（圆弧）。手柄平面图形中，$R12$ 圆弧为连接圆弧，其圆心两个方向的定位尺寸都没有注出，需借助与其两端相切的圆弧（$R15$ 圆弧和 $R50$ 圆弧）的几何关系才能定出。

画图时，先画已知线段（圆弧），再画中间线段（圆弧），最后画连接线段（圆弧）。

三、图形绘制

手柄平面图形由“1 轮廓实线层”和“3 中心线层”构成；绘图主要涉及直线（L）、圆（C）、移动（M）、拉长（LEN）、修剪（TR）、删除（E）、镜像（MI）命令。绘制的难点在于 $R50$

圆弧的绘制,需要找到该圆弧的圆心位置。

1. 绘制矩形

将"1 轮廓实线层"设置为当前层,单击"绘图"工具栏中"直线"图标 或输入"L",执行直线命令,绘制直径为 20、长度为 15 的矩形框,效果如图 1-2-40 所示。

2. 绘制中心线

将"3 中心线层"设置为当前层,执行直线命令绘制长度为 90 的水平中心线和长度为 45 左右的铅垂中心线。单击"修改"工具栏中"移动"图标 或输入"M",执行移动命令,根据命令栏提示,选中铅垂中心线,指定基点,使其向右移动 45,效果如图 1-2-41 所示。

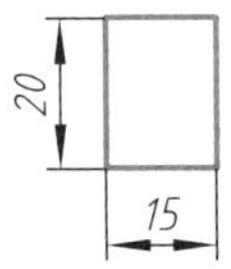

图 1-2-40 绘制矩形

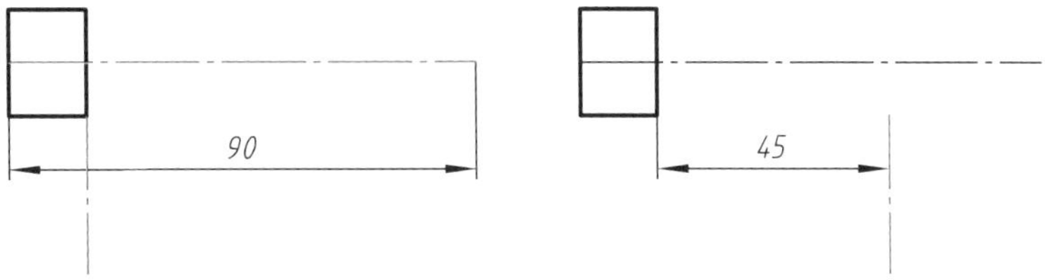

图 1-2-41 绘制中心线

3. 绘制 ϕ5、R10、R15 三个圆

将"1 轮廓实线层"设置为当前层,单击"绘图"工具栏中"圆"图标 或输入"C",执行圆命令,根据命令栏提示,按"圆心、半径"方式,以矩形右边线中点为圆心绘制 ϕ5、R10、R15 三个同心圆。执行两次移动命令,将 ϕ5 圆、R10 圆分别向左、向右移动 8、65,效果如图 1-2-42 所示。

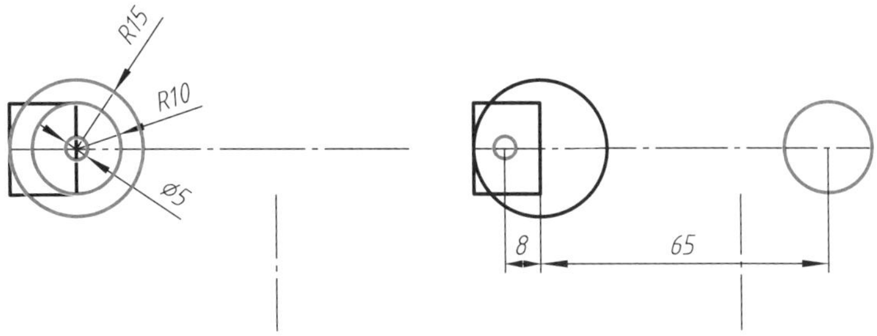

图 1-2-42 绘制 ϕ5、R10、R15 三个圆

4. 拉长直线 AB

选择菜单栏的"修改"→"拉长"或输入"LEN",执行拉长命令,命令栏出现提示:"选取对象长度或[动态(DY)/递增(DE)/百分比(P)/全部(T)]:",输入"DY",按回车键;命令栏出现提示:"选取变化对象或[方式(M)/撤销(U)]:",拾取直线 AB 拉长到与 R15 圆相交的位置,效果如图 1-2-43 所示。

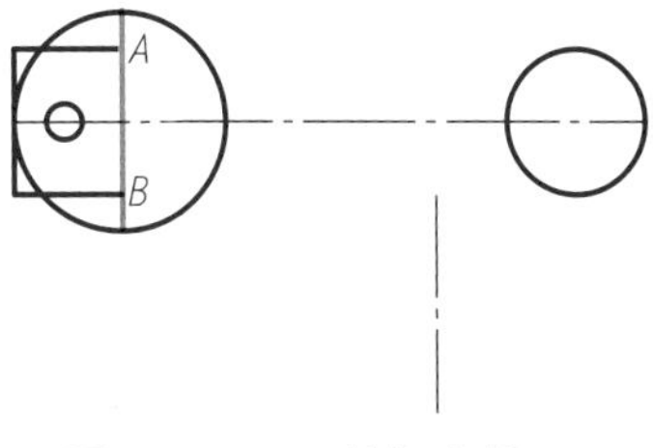

图 1-2-43 拉长直线 AB

5. 绘制 R50 圆

R50 圆弧与 R10 圆弧内切,其圆心距等于两半径差值为

40，以 $R10$ 圆心为圆心，绘制半径为 40 的辅助圆，以 $R40$ 辅助圆与铅垂中心线的交点 O 为圆心，绘制 $R50$ 圆，效果如图 1–2–44 所示。

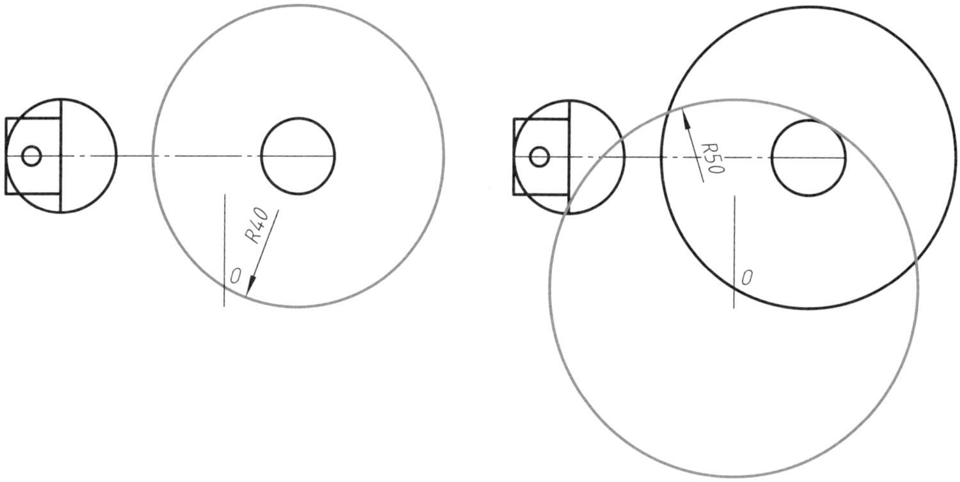

图 1–2–44　绘 R50 圆

6. 删除、修剪多余图线

单击“修改”工具栏中“删除”图标，删除 $R40$ 辅助圆。单击“修改”工具栏中“修剪”图标 或输入“TR”，执行修剪命令，命令栏出现提示：“选取对象来剪切边界 <全选>：”，直接按回车键，选择所有的边界作为剪切边界，命令栏出现提示：“选择要修剪的实体，或按住 Shift 键选择要延伸的实体，或［边缘模式（E）/ 围栏（F）/ 窗交（C）/ 投影（P）/ 删除（R）/ 放弃（U）］：”，选择需要剪切的部分进行剪切，效果如图 1–2–45 所示。

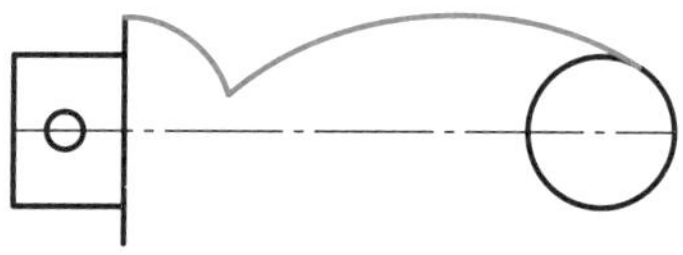

图 1–2–45　删除、修剪多余图线

7. 绘制 $R12$ 圆并修剪多余图线

将“1 轮廓实线层”设置为当前层，执行圆命令，根据命令栏提示，按“切点、切点、半径”方式，绘制 $R12$ 圆；然后执行修剪命令，修剪多余图线，效果如图 1–2–46 所示。

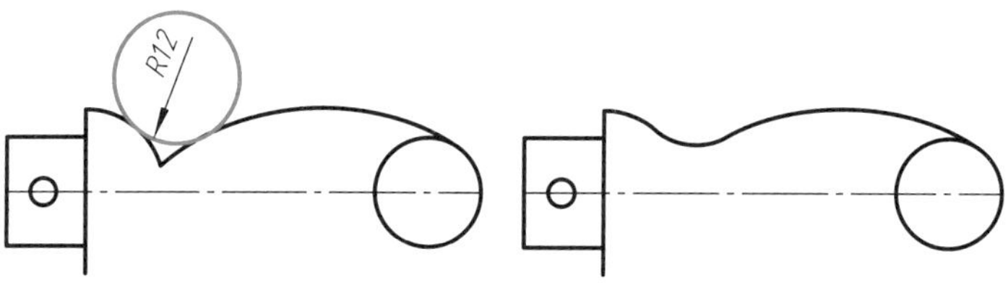

图 1–2–46　绘制 $R12$ 圆并修剪多余图线

8. 镜像图形并修剪多余图线

以水平中心线为对称轴进行镜像，单击“修改”工具栏中“镜像”图标 或输入“MI”，执行镜像命令，命令栏出现提示：“选择对象：”，选中要镜像的 $R15$、$R12$、$R50$ 三段圆弧，按回车键；命令栏出现提示：“指定镜像线的第一点：”，单击水平中心线上一点；命令栏出现提示：“指定镜像线的第二点：”，单击水平中心线上另一点；命令栏出现提示：“是否删除源对象？[是（Y）/否（N）]<否>：”，按回车键，完成镜像；然后执行修剪命令，修剪 *R*10 圆弧的多余图线，效果如图 1–2–47 所示。

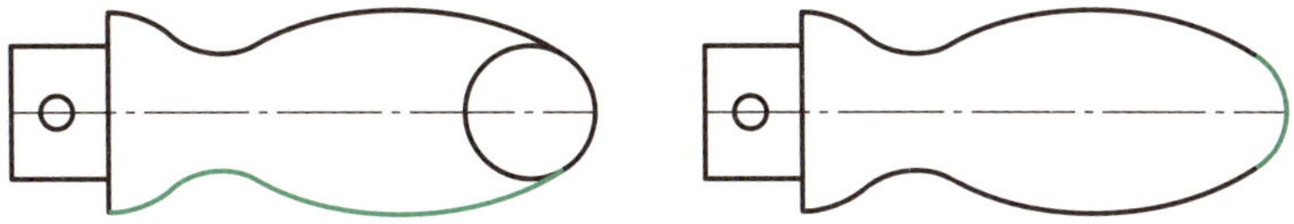

图 1–2–47　镜像图形并修剪多余图线

9. 绘制 ϕ5 中心线、拉长中心线

将“3 中心线层”设为当前层，执行直线命令，绘制 ϕ5 的铅垂中心线；然后执行拉长命令，命令栏出现提示：“选取对象长度或[动态（DY）/递增（DE）/百分比（P）/全部（T）]：”，输入“DE”，按回车键；命令栏出现提示：“输入长度递增量或[角度（A）]<0>：”，输入“3”，按回车键；命令栏出现提示：“选取变化对象或[方式（M）/撤销（U）]：”，选取中心线，使中心线两端拉长，效果如图 1–2–48 所示。

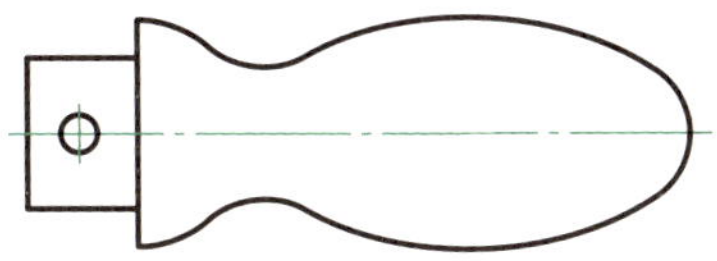

图 1–2–48　绘制 ϕ5 中心线、拉长中心线

绘制手柄平面图形

四、尺寸标注

鼠标移动到工具栏空白处单击右键，选择“ZWCAD”→“标注”，单击勾选，系统调出图 1–2–27 所示“标注”工具栏。分析手柄零件图，执行半径标注、折弯标注与直径标注命令，标注图 1–2–49 所示半径、直径尺寸；执行线性标注与连续标注命令，标注图 1–2–50 所示线性尺寸。

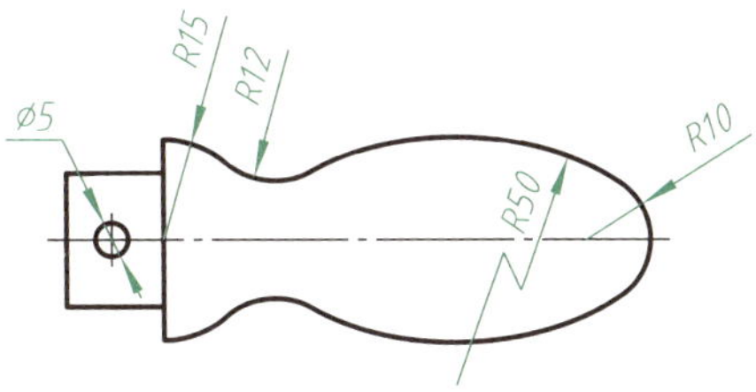

图 1–2–49　标注半径、直径尺寸

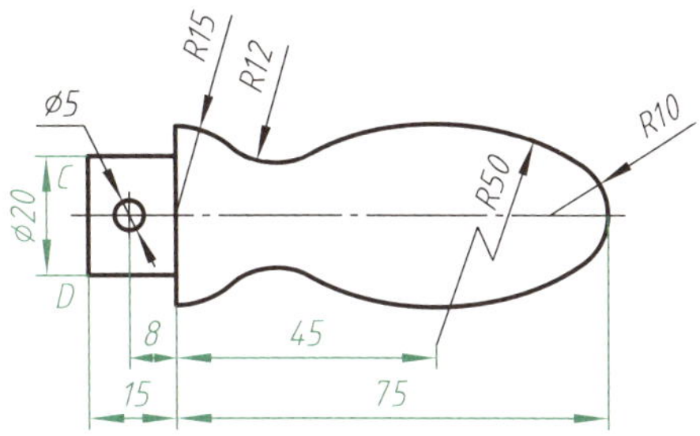

图 1–2–50　标注线性尺寸

以尺寸 ϕ20 为例讲解尺寸标注步骤。将“7 标注层”设置为当前层，单击“线性标注”图标，命令栏出现提示：“（单个）指定第一个尺寸界线原点或[选项（O）/选择（S）/恢复（R）/退出（X）]<选择（S）>：”，选取点 *C*；命令栏出现提示：“指定第二个尺寸界线原点：”，选取点 *D*；命令栏出现提示：“指定尺寸线位置或[拖动（D）/水平（H）/垂直（V）/对齐（A）/已旋转（R）/倾斜（Q）/拾取对象轮廓（S）/方向（O）/配置（C）]<配置（C）>：”，

根据提示输入“C”后按回车键或直接按回车 / 空格键，系统弹出图 1-2-51 所示“增强尺寸标注”对话框，单击尺寸文本编辑区下拉菜单，选择尺寸文本标注组合“ϕ<>”，单击“确定”按钮，在绘图区指定尺寸线位置，完成 ϕ20 尺寸标注。

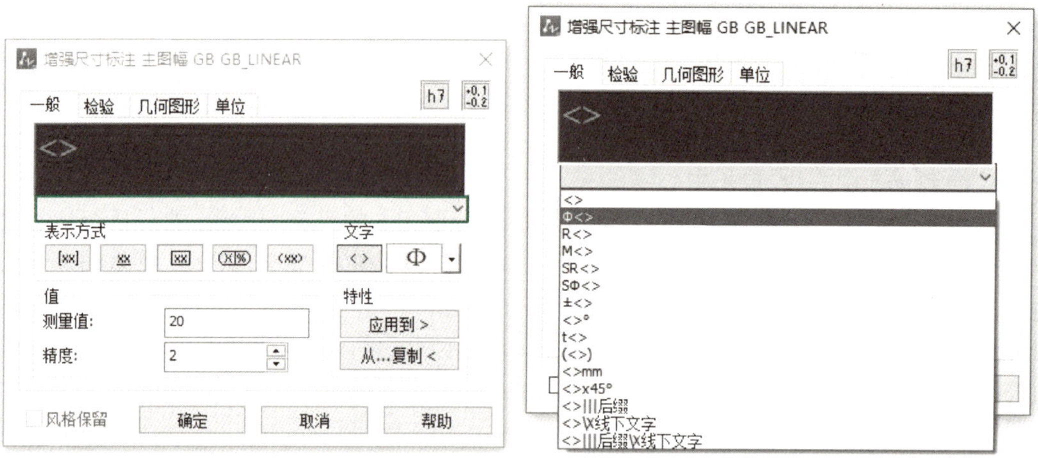

图 1-2-51　“增强尺寸标注”对话框

> **提示：**
>
> 建议尽量使用键盘输入快捷键的方式执行命令。
>
> 前后滚动鼠标中键（滑轮），可对图形进行放大缩小操作；按住鼠标中键（滑轮）不放并拖动鼠标，可对图形进行实时平移；双击鼠标中键（滑轮），所有图形都会显示在当前窗口中。
>
> 为提高绘图效率，可利用矩形（JX）命令绘制手柄左侧矩形，利用圆角命令绘制 $R12$ 连接圆弧，利用中心线（ZX）命令绘制 ϕ5 中心线；并利用智能标注（D）命令标注尺寸。

【任务总结】

学习平面图形尺寸分析和线段分析方法，明确绘制手柄平面图形的作图步骤。熟悉中望机械 CAD 工作界面、基本操作与绘图环境设置，选用合适的图幅，按国家标准调用图层和执行绘图、修改与标注命令，掌握直线、圆、移动、拉长、修剪、删除、镜像命令的操作与运用，能快速准确地绘制手柄平面图形。

【任务检测】

读图 1-2-52 所示手柄零件图，并填空回答问题。

1）该零件图的绘图比例是______，材料是______，图样代号是______。

2）写出图中的定位尺寸____________________，（3.09）为____________尺寸。

3）$R8$ 圆弧是______圆弧，$R20$ 圆弧是______圆弧，$R4$ 圆弧是______圆弧，与 $R8$ 圆弧相连的水平线是______线段。

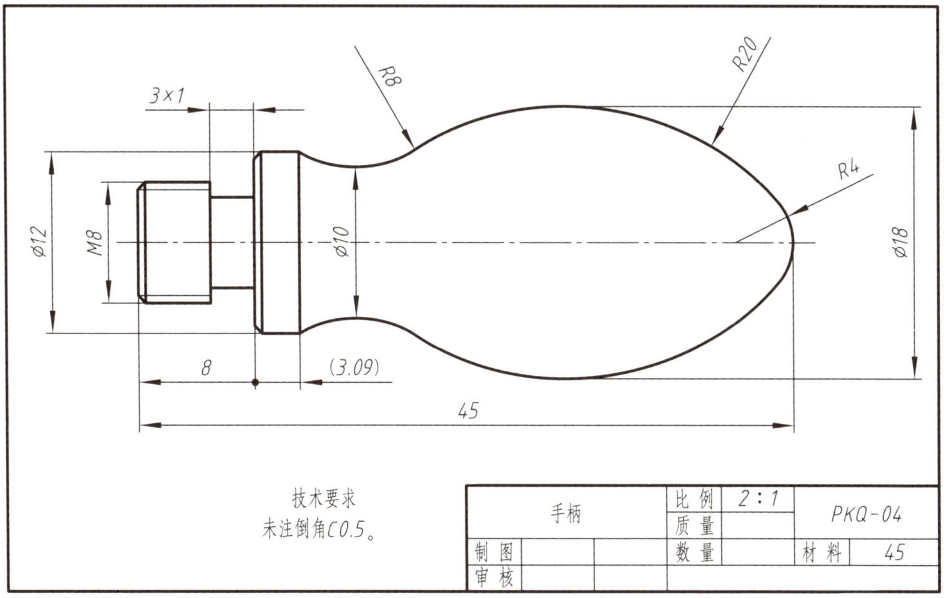

图 1-2-52 手柄零件图

【任务评价】

任务评价标准

序号	评价内容	分数	自评分	互评分	教师评分
1	图形分析	10			
2	工作界面认识	10			
3	点的输入	10			
4	命令的基本操作	10			
5	状态栏的设置	10			
6	图幅设置	5			
7	图形质量	10			
8	尺寸标注	10			
9	图形布局	5			
10	任务检测	10			
11	课堂表现	10			
总分		100			
综合评价（自评分 ×20%+ 互评分 ×30%+ 教师评分 ×50%）					

项目二　常见形体三视图的绘制

【项目描述】

工程制图中，通常把棱柱、棱锥、圆柱、圆锥、圆球、圆环等简单立体称为基本几何体，简称基本体。任何复杂的形体都可以看成是由一些基本体按照一定的连接方式组合而成的，称为组合体。本项目通过两个任务的知识点学习与任务实施，掌握基本体、组合体三视图的绘制及其相关知识。

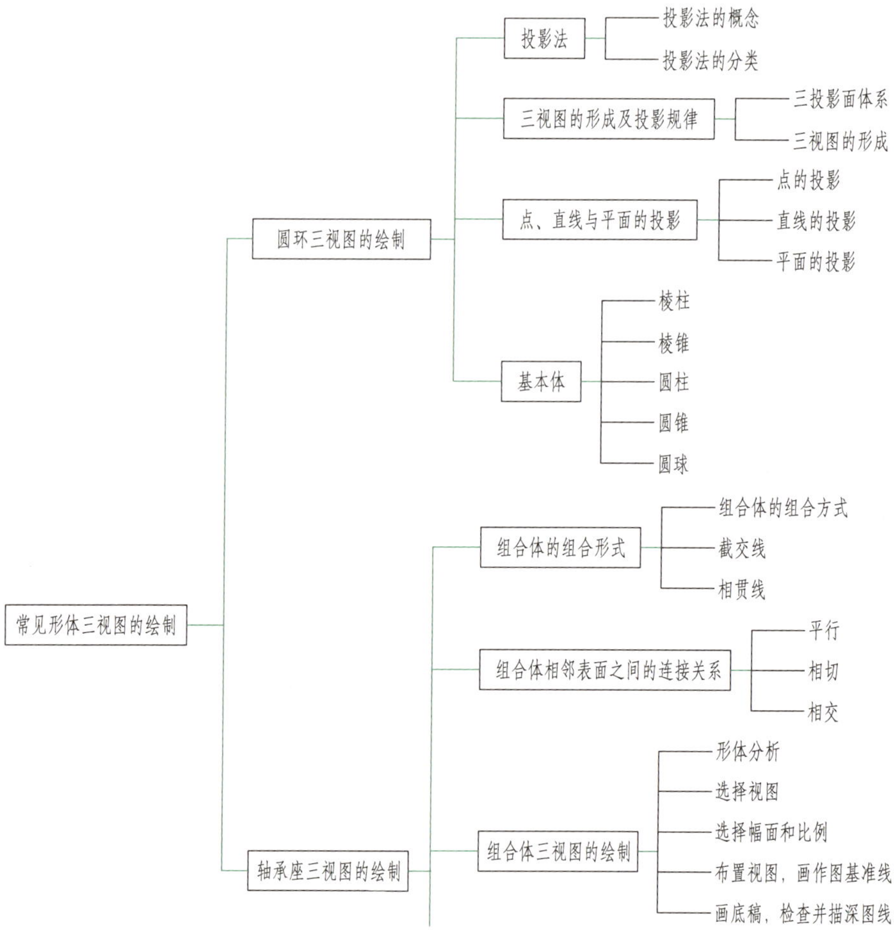

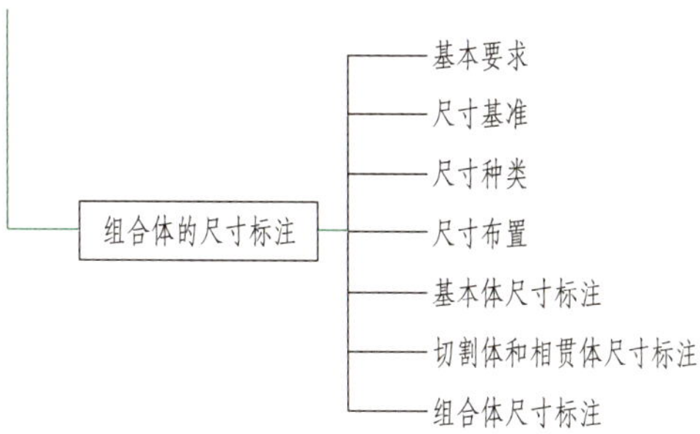

任务一　圆环三视图的绘制

【任务目标】

✧ 知识目标

1. 掌握投影法的概念及分类。
2. 掌握三视图的形成及投影规律。
3. 掌握各种位置点、直线和平面的投影特性及作图方法。
4. 掌握基本体的投影及其表面取点或直线的作图方法。

✧ 能力目标

1. 能正确理解投影法及三视图的投影规律。
2. 能正确运用投影规律绘制圆环的三视图。

✧ 素养目标

1. 培养认真负责的工作态度和严谨细致的工作作风。
2. 培养团队合作与交流能力。
3. 培养逻辑思维能力。

【任务引入】

任一复杂零件都可以看成由基本体按照一定的连接方式组合而成，基本体三视图的绘制是后续绘制复杂零件图的基础，是机械工程技术人员必备的基本功。图 2-1-1 所示为一圆环的直观图，图 2-1-2 所示为圆环的三视图，已知该圆环内环直径为 60，外环直径为 80，环面上点 M 的正面投影 m'，试绘制该圆环的三面投影，并求作点 M 的其他两面投影 m、m''。

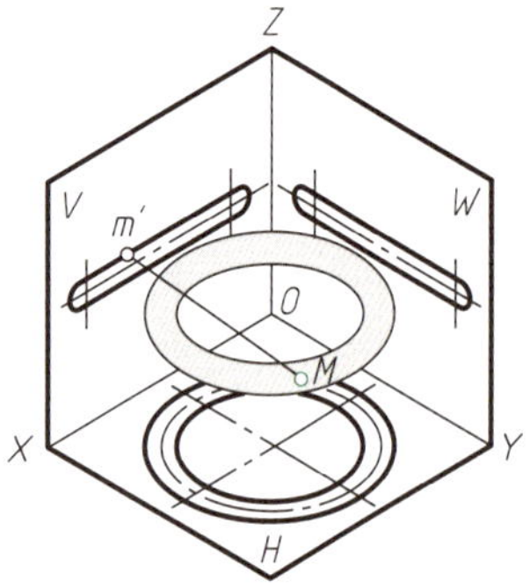

图 2-1-1　圆环的直观图

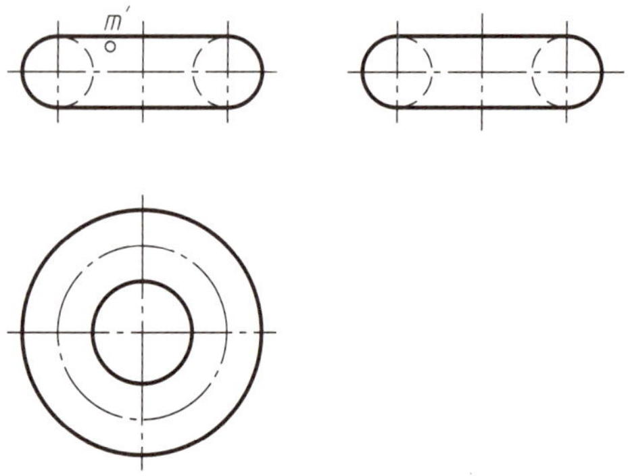

图 2-1-2　圆环的三视图

【相关知识】

一、投影法

1. 投影法的概念

日常生活中，当太阳光或灯光照射物体时，在地面、墙壁上或其他物体表面会出现该物体的影子，这种自然现象就是一种投影。这种由投射线通过物体，向给定的平面进行投射得到图形的方法称为投影法。如图 2-1-3 所示，光源（点 S）称为投射中心，光线（SA、SB、SC）称为投射线（或称投影线），地面、墙壁或其他物体表面（平面 P）称为投影面，影子（△ abc）称为物体（△ ABC）在投影面上的投影。

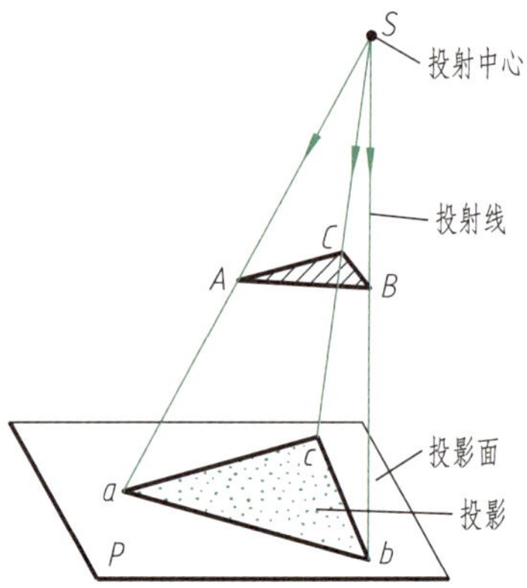

图 2-1-3　投影法

投射线、物体、投影面是形成投影的三要素。

2. 投影法的分类

（1）中心投影法

投射线汇交于一点（投射中心）的投影法，称为中心投影法；所得的投影称为中心投影，如图 2-1-3 所示。

缺点：中心投影不能真实地反映物体的形状和大小，不适用于绘制机械图样。

优点：有立体感，工程上常用这种方法绘制建筑物的透视图。

（2）平行投影法

投射线相互平行的投影法，称为平行投影法。根据投射线与投影面的相互位置关系，平行投影法又分为：

斜投影法——投射线倾斜于投影面，如图 2-1-4 所示。由斜投影法得到的投影称为斜投影。

正投影法——投射线垂直于投影面，如图 2-1-5 所示。由正投影法得到的投影称为正投影。

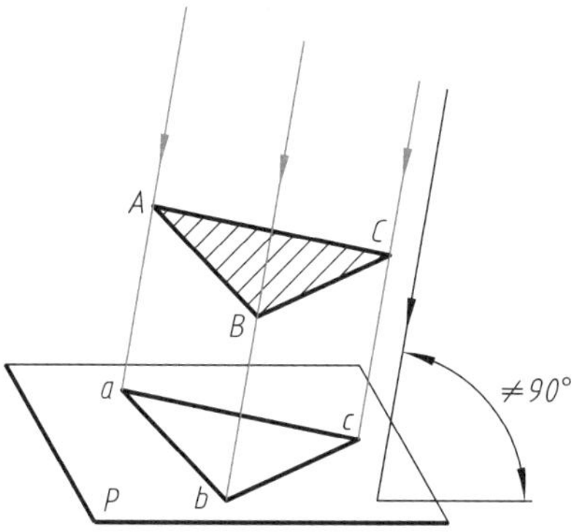

图 2-1-4　斜投影法

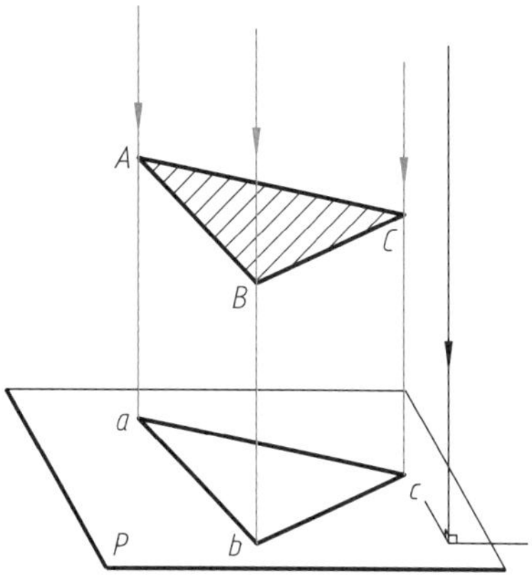

图 2-1-5　正投影法

二、三视图的形成及投影规律

1. 三投影面体系

三投影面体系由三个相互垂直相交的投影面组成，三个平面将空间分成 8 个分角，如图 2–1–6 所示。根据我国国家标准《机械制图》的规定，机械图样是将物体放在第Ⅰ分角进行投射所得的图形。规定如下：

正立投影面，用字母 *V* 标记，简称正面。

水平投影面，用字母 *H* 标记，简称水平面。

侧立投影面，用字母 *W* 标记，简称侧面。

三个投影面的交线 *OX*、*OY*、*OZ* 称为投影轴。三个投影轴互相垂直相交于一点 *O*，称为原点。物体有长、宽、高三个方向的尺寸及上、下、前、后、左、右 6 个方位，通常规定：以原点 *O* 为基准，沿 *OX* 轴方向量取物体的长度，确定左、右方位；沿 *OY* 轴方向量取物体的宽度，确定前、后方位；沿 *OZ* 轴方向量取物体的高度，确定上、下方位。

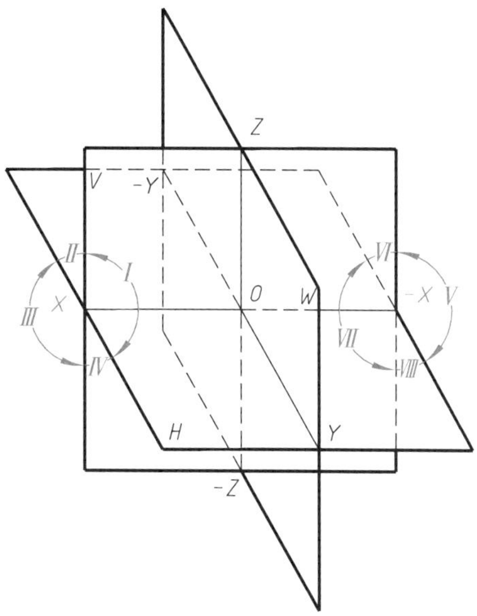

图 2-1-6　三投影面体系

2. 三视图的形成

如图 2–1–7（a）所示，将物体放在三投影面体系第 *I* 分角内，分别向三个投影面投射，可以得到三个不同的视图。为了使所得到的三个视图平齐，可保持 *V* 面不动，假象将 *H* 面绕 *OX* 轴向下旋转 90°，*W* 面绕 *OZ* 轴向右旋转 90°，使它们与 *V* 面共面，图中 *OY* 轴被假象分成两条，随 *H* 面旋转的记为 OY_H 轴，随 *W* 面旋转的记为 OY_W 轴，这样就得到了物体的三视图，如图 2–1–7（b）所示。

从物体的前方向后投射，在 *V* 面上得到的视图称为主视图。

从物体的上方向下投射，在 H 面上得到的视图称为俯视图。

从物体的左侧向右投射，在 W 面上得到的视图称为左视图。

工程上用来表达物体的三视图，一般省略绘制投影轴和投影面，各视图间的距离也可根据需要自行确定，如图 2-1-7（c）所示。

物体有上、下、左、右、前、后 6 个方位，三视图表达的是同一物体在同一位置分别向三个投影面投射所得的投影，所以，三视图间必然具有以下所述的投影规律：

主视图和俯视图都反映物体的长度，即主、俯视图长对正。

主视图和左视图都反映物体的高度，即主、左视图高平齐。

俯视图和左视图都反映物体的宽度，即俯、左视图宽相等。

简单概括为“长对正，高平齐，宽相等”，如图 2-1-7（d）所示。这是画图和读图的基本规律，无论是整个物体还是物体的局部，三视图间都必须符合这个规律。

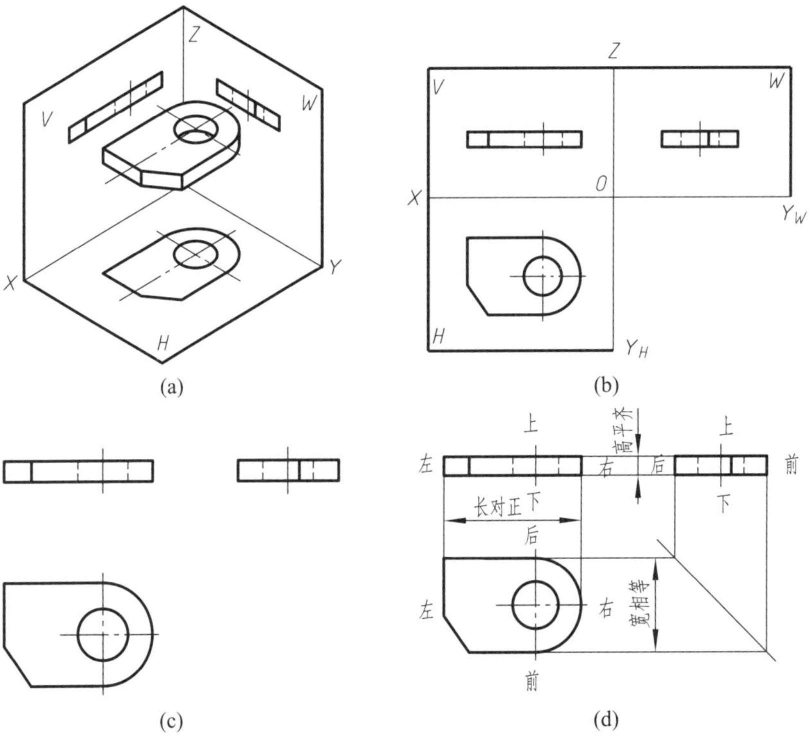

图 2-1-7　三视图的形成

三、点、直线与平面的投影

1. 点的投影

（1）点的三面投影

如图 2-1-8（a）所示，三投影面体系第Ⅰ分角内有一空间点 A，将其分别向 V、H、W 面投射，即得到点 A 的三面投影的直观图。其中，V 面上的投影称为正面投影（V 面投影），记为 a'；H 面上的投影称为水平投影（H 面投影），记为 a；W 面上的投影称为侧面投影（W 面投影），记为 a''。

移去空间点 A，保持 V 面不动，将 H 面绕 OX 轴向下旋转 90°，W 面绕 OZ 轴向右旋转 90°，使它们与 V 面共面，省略绘制投影面，即得到空间点 A 的三面投影，如图 2-1-8（b）所示。

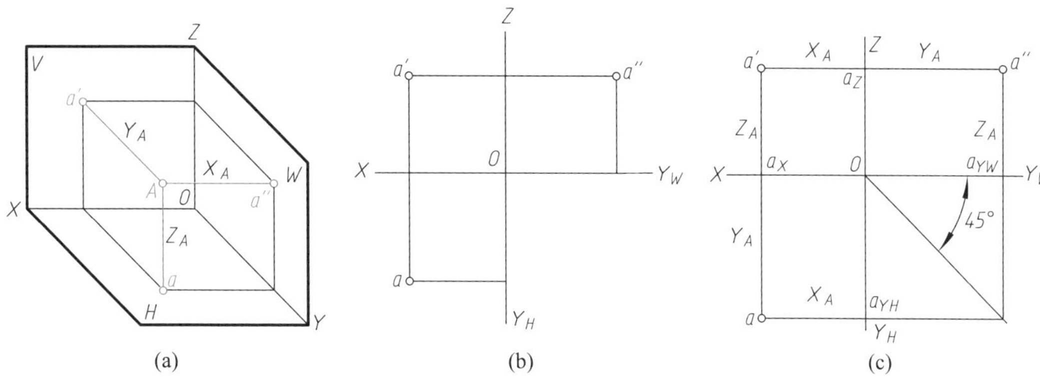

图 2-1-8　点的三面投影

（2）点的直角坐标

若把三投影面体系看成直角坐标系，则投影轴、投影面和原点分别为坐标轴、坐标面和原点，可得出点 $A(X_A、Y_A、Z_A)$ 的坐标与投影 a、a'、a'' 的关系如下：

点 A 的 X_A 坐标，$X_A=a_XO=Aa''$，为点 A 到 W 面的距离。

点 A 的 Y_A 坐标，$Y_A=a_{YH}O=a_{YW}O=Aa'$，为点 A 到 V 面的距离。

点 A 的 Z_A 坐标，$Z_A=a_ZO=Aa$，为点 A 到 H 面的距离。

由此可知：

水平投影 a 由 a_XO、$a_{YH}O$，即点 A 的 X_A、Y_A 两坐标决定。

正面投影 a' 由 a_XO、a_ZO，即点 A 的 X_A、Z_A 两坐标决定。

侧面投影 a'' 由 $a_{YW}O$、a_ZO，即点 A 的 Y_A、Z_A 两坐标决定。

所以点 $A(X_A、Y_A、Z_A)$ 在三投影面体系中有唯一确定的一组投影 a、a'、a''。反之，如已知点 A 的一组投影 a、a'、a''，即可确定该点的坐标值，即确定其空间位置。

（3）点的投影规律

由图 2-1-8 可知，点的投影具有下列投影规律：

1）点 A 的 H 面、V 面投影连线垂直于 OX 轴，即 $aa' \perp OX$（长对正）。

2）点 A 的 V 面、W 面投影连线垂直于 OZ 轴，即 $a'a'' \perp OZ$（高平齐）。

3）点 A 的 H 面投影到 OX 轴的距离等于点 A 的 W 面投影到 OZ 轴的距离，即 $aa_X=a''a_Z$（宽相等）。

为了作图方便，一般在点 O 作 45° 辅助线，以确定 $aa_X=a''a_Z$ 的关系，如图 2-1-8（c）所示。

根据上述投影规律可知：在点的三面投影中，只要知道其中任意两面投影，就可以很方便地求出其第三面投影。

（4）两点间的相对位置

两点间的相对位置是指空间两点的左右、前后、上下位置关系。这种位置关系可以通过两点同面投影的相对位置或坐标大小来判断。

空间两点的上下相对位置通过 *V* 面和 *W* 面投影判断（物体上下看主左），规定 *Z* 坐标值大者为上，小者为下；左右相对位置通过 *V* 面和 *H* 面投影判断（物体左右看主俯），规定 *X* 坐标值大者为左，小者为右；前后相对位置通过 *W* 面和 *H* 面投影判断（物体前后看左俯），规定 *Y* 坐标值大者为前，小者为后。

如图 2–1–9 所示，$X_B>X_A$，因此点 *B* 在点 *A* 的左侧，同理，$Y_B>Y_A$，因此点 *B* 在点 *A* 的前方，$Z_A>Z_B$，因此点 *A* 在点 *B* 的上方。

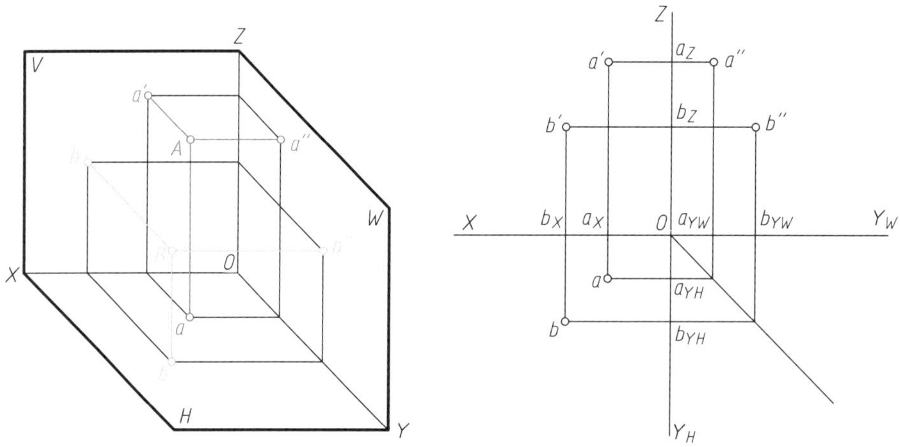

图 2–1–9　两点间的相对位置

（5）重影点及可见性

若空间两个或两个以上的点在某一投影面上的投影重合，则称这些点为对该投影面的重影点。

如图 2–1–10 所示，点 *C* 在点 *D* 的正前方，*C*、*D* 两点在同一条 *V* 面的投射线上，它们的正面投影重合于一点 *c*′（*d*′），则称点 *C*、*D* 为对 *V* 面的重影点。同理，位于同一条 *H* 面投射线上的两点 *A*、*B* 称为对 *H* 面的重影点。

两点重影，有一点被遮挡，按照“前遮后，上遮下，左遮右”来判断，被遮挡的点不可见，其投影应加圆括号“（ ）”表示，如图 2–1–10 所示。

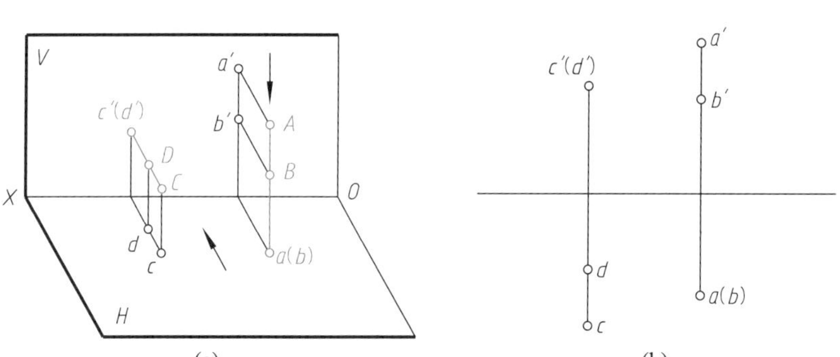

图 2–1–10　重影点及可见性

2. 直线的投影

根据直线在三投影面体系中的相对位置不同，可将直线分为三类：投影面倾斜线（一般位置直线）、投影面平行线、投影面垂直线。后两类直线又称为特殊位置直线。

当直线倾斜于投影面时，如图 2-1-11（a）所示，直线的投影比空间直线的实际长度短；当直线与投影面平行时，如图 2-1-11（b）所示，直线的投影能反映空间直线的实际长度（实形性）；当直线与投影面垂直时，如图 2-1-11（c）所示，直线的投影将表现为一个点（积聚性）。

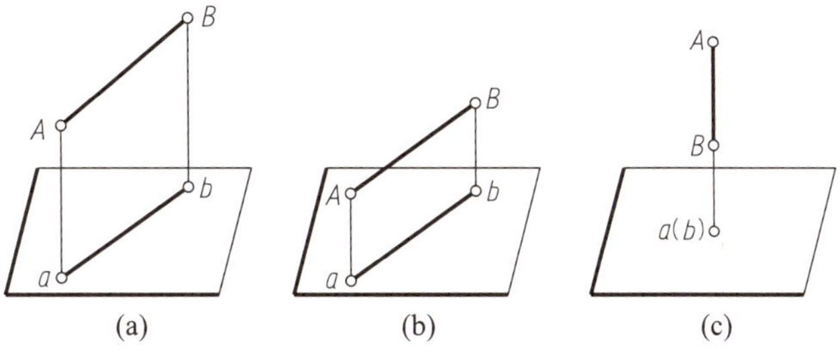

图 2-1-11　重影点及可见性

（1）投影面倾斜线（一般位置直线）

与三个投影面都倾斜的直线称为一般位置直线。如图 2-1-12 所示，直线对 H 面、V 面、W 面的倾角分别用 α 、β 、γ 表示。

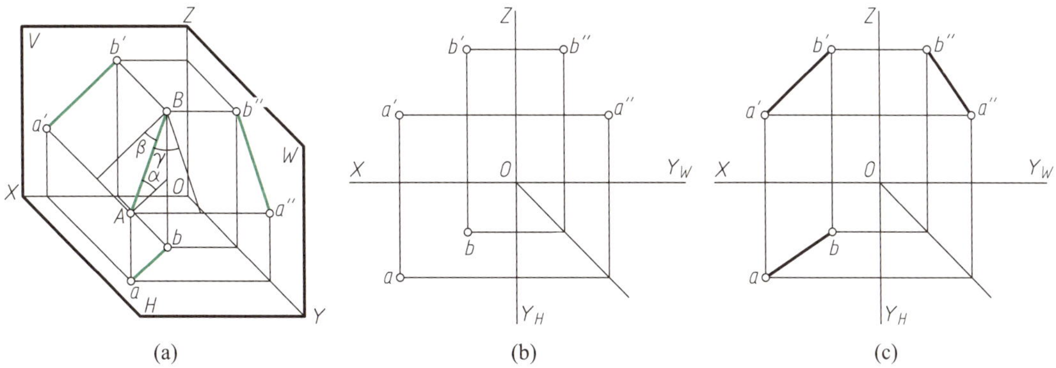

图 2-1-12　一般位置直线投影

从图中可以看出，一般位置直线的三面投影均小于其实际长度，并倾斜于投影轴，不反映实长。三面投影与投影轴的夹角亦不反映空间直线对投影面的真实倾角。

（2）投影面平行线

平行于某一投影面，倾斜于其余两投影面的直线称为投影面平行线。投影面平行线共有以下三种：

水平线：平行于 H 面的直线。

正平线：平行于 V 面的直线。

侧平线：平行于 W 面的直线。

表 2-1-1 列出了三种投影面平行线的直观图、投影图、投影特性。

表 2-1-1　投影面平行线

名称	直观图	投影图	投影特性
水平线（$//H$ 面）	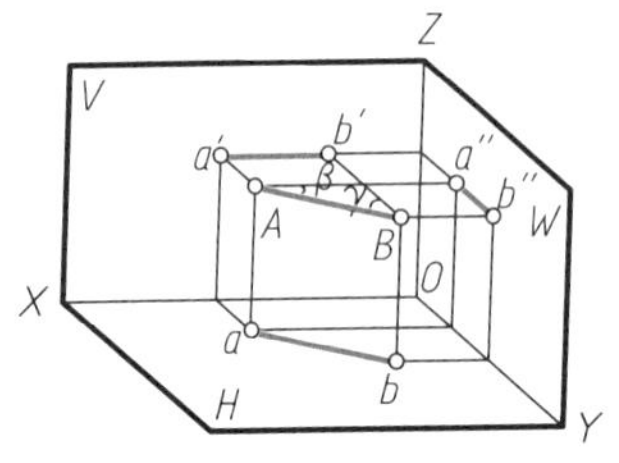	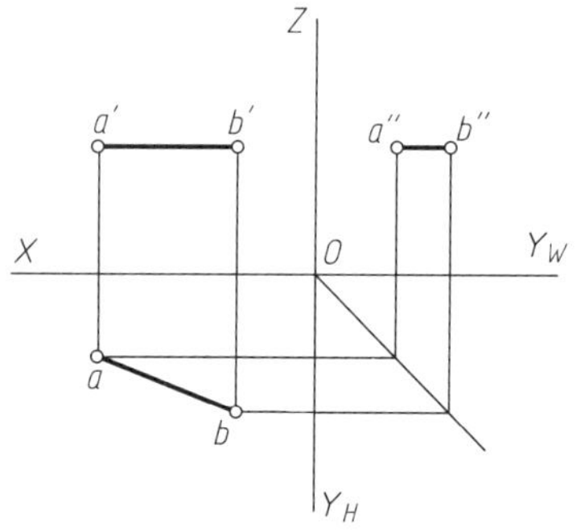	1. $a'b'//OX$，$a''b''//OY_w$； 2. $ab=AB$； 3. 反映 β、γ 的实际大小
正平线（$//V$ 面）	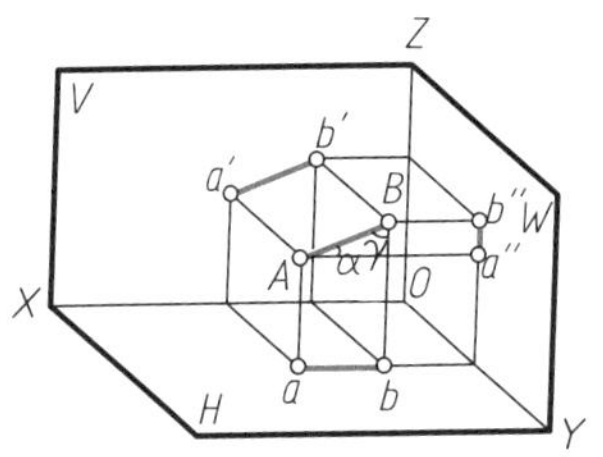	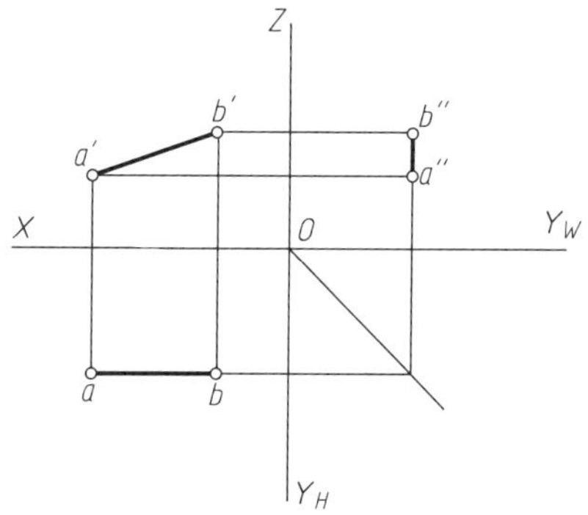	1. $ab//OX$，$a''b''//OZ$； 2. $a'b'=AB$； 3. 反映 α、γ 的实际大小
侧平线（$//W$ 面）	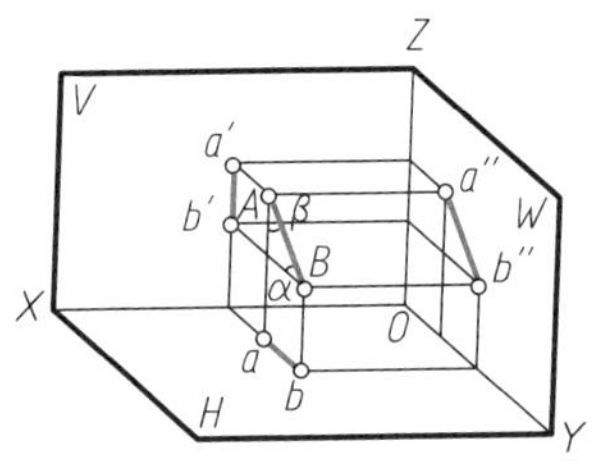	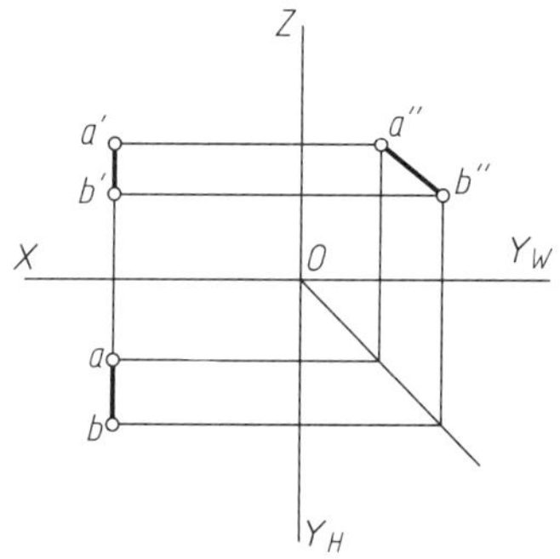	1. $ab//OY_H$，$a'b'//OZ$； 2. $a''b''=AB$； 3. 反映 α、β 的实际大小

如图 2-1-13 所示投影面平行线实例图，AB 为正平线、BC 为水平线、AC 为侧平线。

投影面平行线的投影特性可归结为以下两点：

1）在与空间直线平行的那个投影面上的投影反映实长，并反映其对另外两个投影面的真实倾角。

2）在另外两个投影面上，空间直线的投影为缩短的直线，且分别平行于与直线平行的投影面所包含的两个投影轴。

（3）投影面垂直线

垂直于某一投影面的直线称为投影面垂直线。投影面垂直线共有以下三种：

铅垂线：垂直于 H 面的直线。

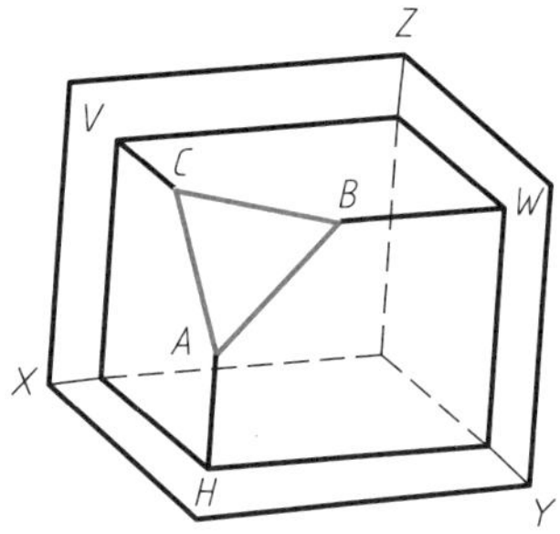

图 2-1-13　投影面平行线实例图

正垂线：垂直于 V 面的直线。

侧垂线：垂直于 W 面的直线。

表 2-1-2 列出了三种投影面垂直线的直观图、投影图、投影特性。

表 2-1-2　投影面垂直线

名称	直观图	投影图	投影特性
铅垂线（⊥ H 面）	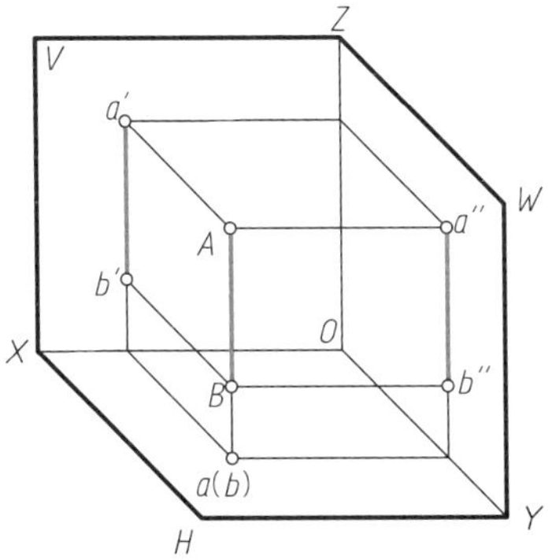	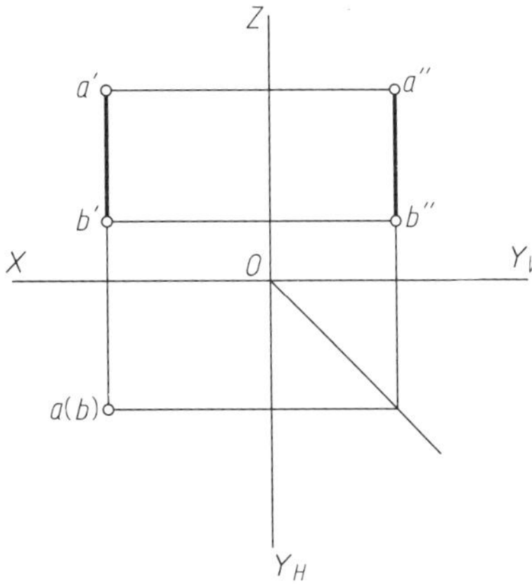	1. H 面投影为一点，有积聚性； 2. $a'b' \perp OX$，$a''b'' \perp OY_W$； 3. $a'b'=a''b''=AB$
正垂线（⊥ V 面）	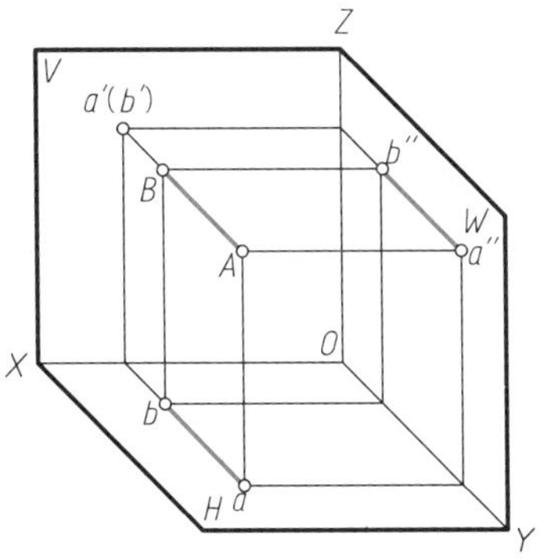	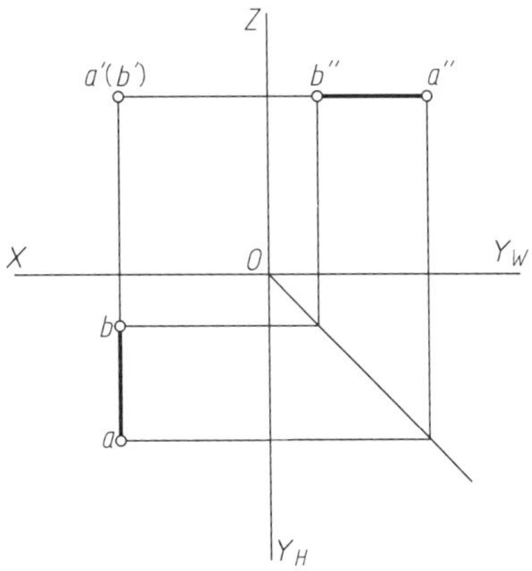	1. V 面投影为一点，有积聚性； 2. $ab \perp OX$，$a''b'' \perp OZ$； 3. $ab=a''b''=AB$
侧垂线（⊥ W 面）	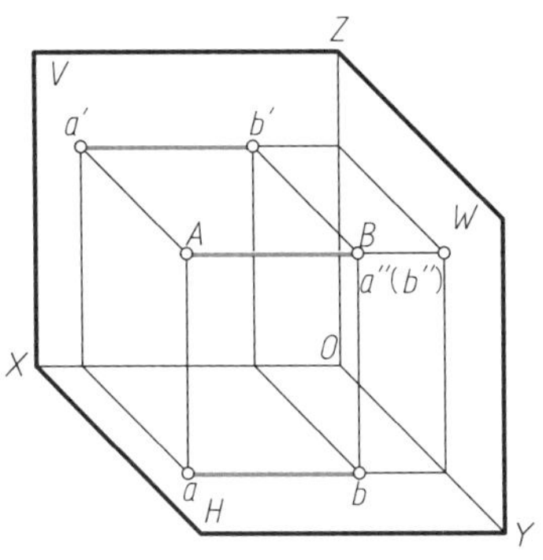	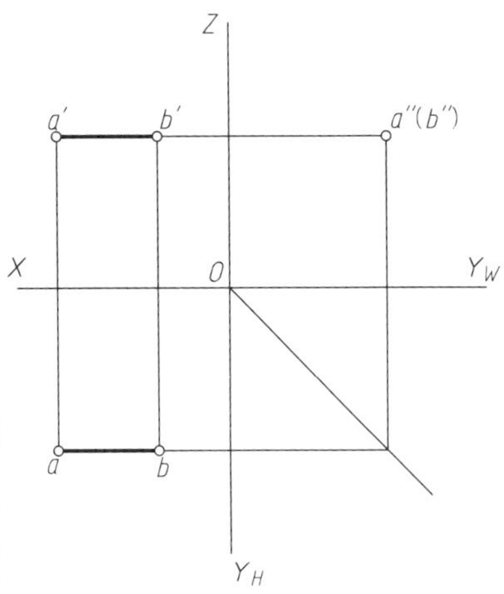	1. W 面投影为一点，有积聚性； 2. $ab \perp OY_H$，$a'b' \perp OZ$； 3. $ab=a'b'=AB$

如图 2–1–14 所示投影面垂直线实例图，DE 为正垂线、FG 为铅垂线、EF 为侧垂线。

投影面垂直线的投影特性可归结为以下两点：

1）在空间直线所垂直的投影面上，其投影积聚为一点。

2）在另外两个投影面上，空间直线的投影反映实长，且分别垂直于与直线垂直的投影面所包含的两个投影轴。

3. 平面的投影。

（1）平面的几何表示法（图 2–1–15）

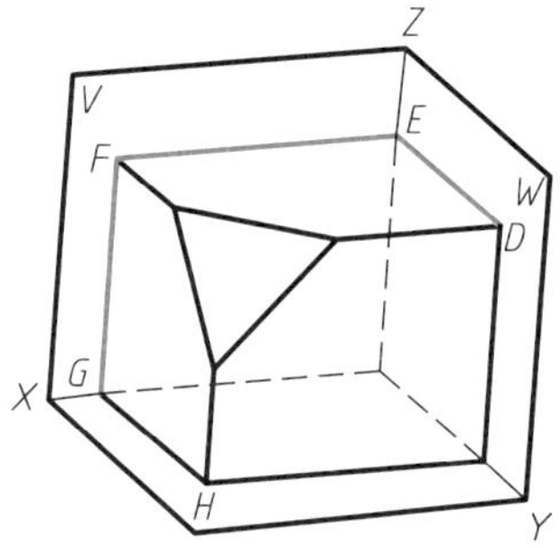

图 2–1–14　投影面垂直线实例图

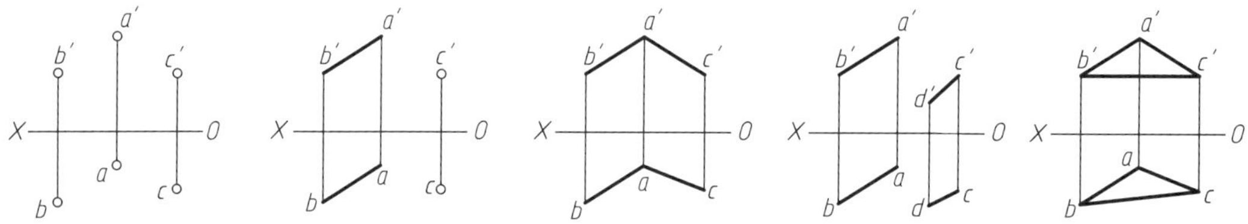

(a) 不在同一直线上的三个点 (b) 一直线和直线外一点 (c) 相交两直线 (d) 平行两直线 (e) 任意平面图形

图 2–1–15　平面的几何表示法

（2）各种位置平面

根据平面在三投影面体系中的相对位置不同，可将平面分为三类：一般位置平面、投影面平行面、投影面垂直面。后两类平面又称为特殊位置平面。

1）一般位置平面：对三个投影面都倾斜的平面。

如图 2–1–16 所示，△ ABC 对 V 面、H 面、W 面都倾斜，其三面投影都是△ ABC 的类似形（即同边数平面多边形），且都不反映平面对投影面的真实倾角。

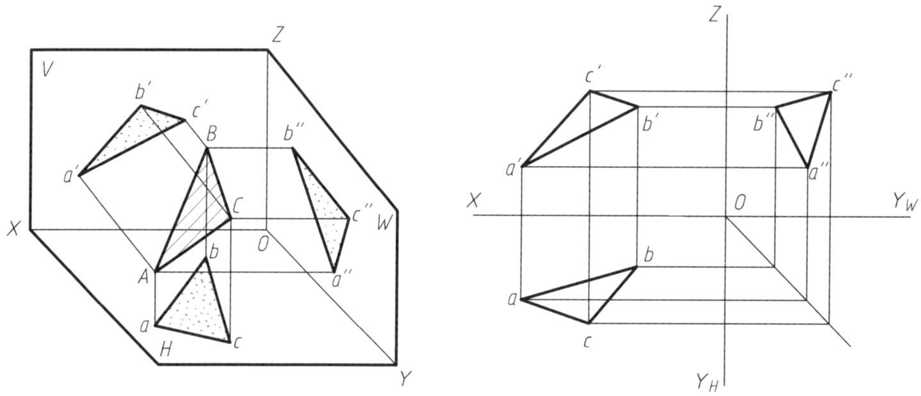

(a)　　(b)

图 2–1–16　一般位置平面

由此得到一般位置平面的投影特性：三面投影都是缩小的类似形；投影都不反映平面对投影面的真实倾角。

2）投影面平行面：平行于某一投影面，而与另外两个投影面垂直的平面。投影面平行面共有以下三种：

水平面：平行于 H 面的平面。

正平面：平行于 V 面的平行面。

侧平面：平行于 W 面的平面。

表 2-1-3 列出了投影面平行面的直观图、投影图、投影特性。

表 2-1-3 投影面平行面

名称	直观图	投影图	投影特性
水平面（//H 面）	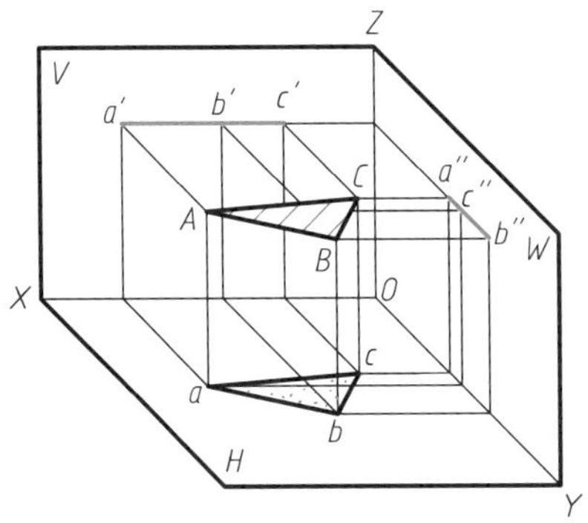	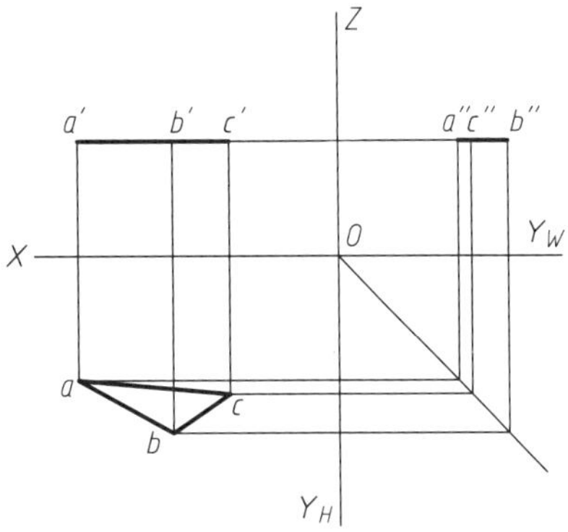	1. H 面投影反映实形； 2. V 面、W 面投影分别为平行于 OX、OY_W 轴的直线段，有积聚性
正平面（//V 面）	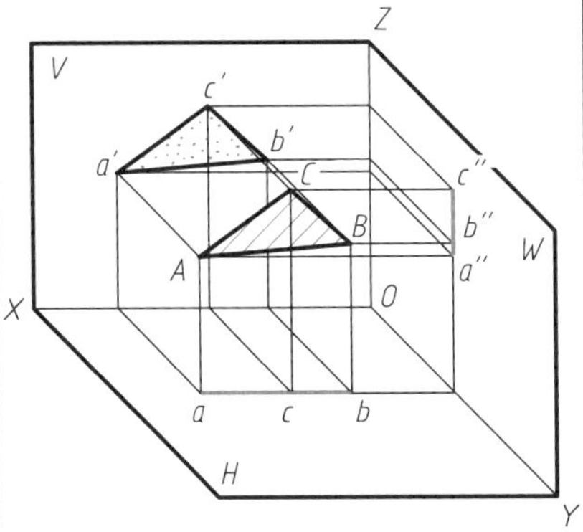	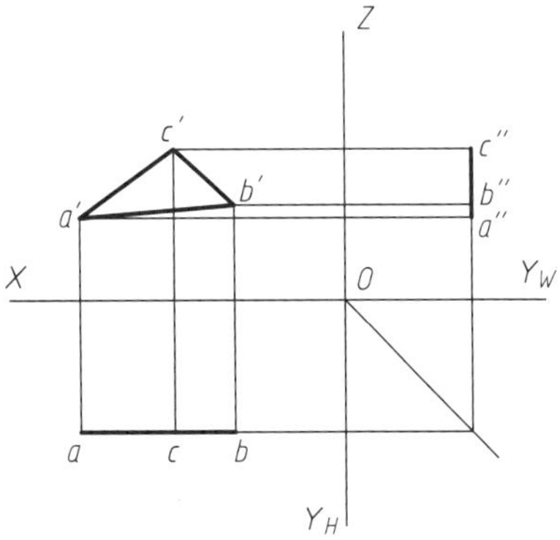	1. V 面投影反映实形； 2. H 面、W 面投影分别为平行于 OX、OZ 轴的直线段，有积聚性
侧平面（//W 面）	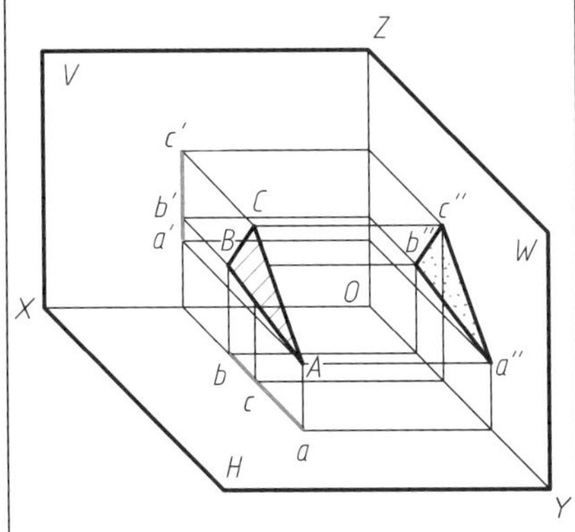	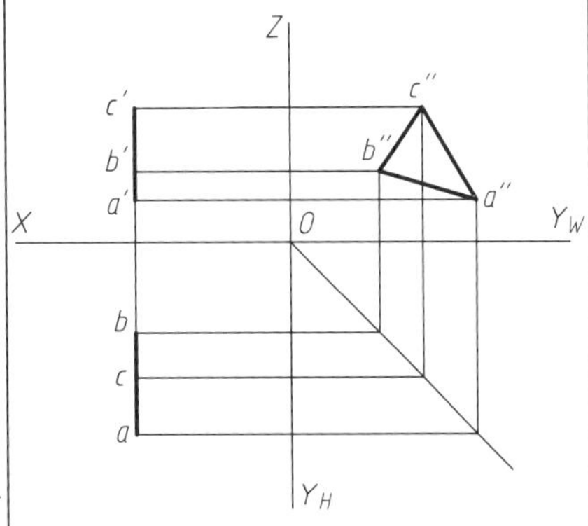	1. W 面投影反映实形； 2. V 面、H 面投影分别为平行于 OZ、OY_H 轴的直线段，有积聚性

如图 2–1–17 所示投影面平行面实例图，平面 R 为水平面，平面 P 为正平面，平面 Q 为侧平面。

投影面平行面的投影性质可归纳为以下两点：

① 在投影面平行面所平行的投影面上，其投影反映平面图形的实形。

② 在另外两个投影面上，投影面平行面的投影均为直线段，有积聚性，且平行（或垂直）于相应的投影轴。

3）投影面垂直面：垂直于某一投影面，而与另外两个投影面倾斜的平面。投影面垂直面共有以下三种：

铅垂面：垂直于 H 面的平面。

正垂面：垂直于 V 面的平行面。

侧垂面：垂直于 W 面的平面。

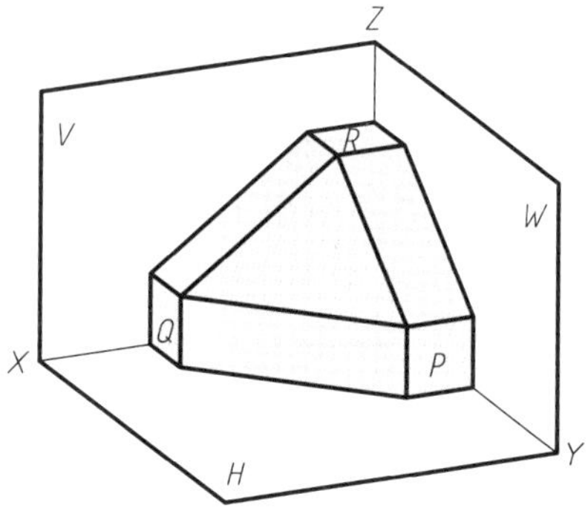

图 2–1–17　投影面平行面实例图

表 2–1–4 列出了投影面垂直面的直观图、投影图、投影特性。

表 2–1–4　投影面垂直面

名称	直观图	投影图	投影特性
铅垂面（⊥ H 面）	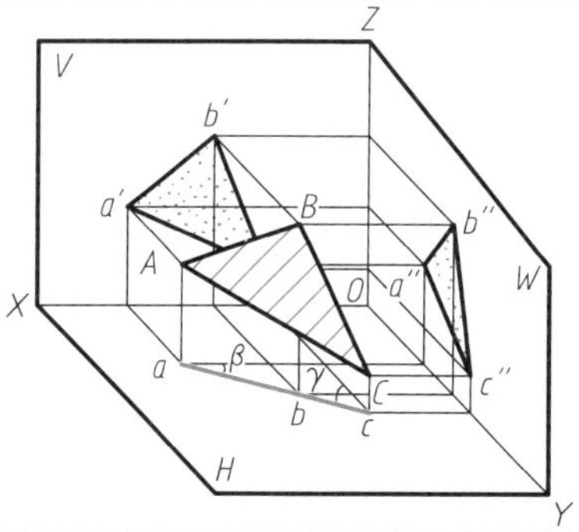	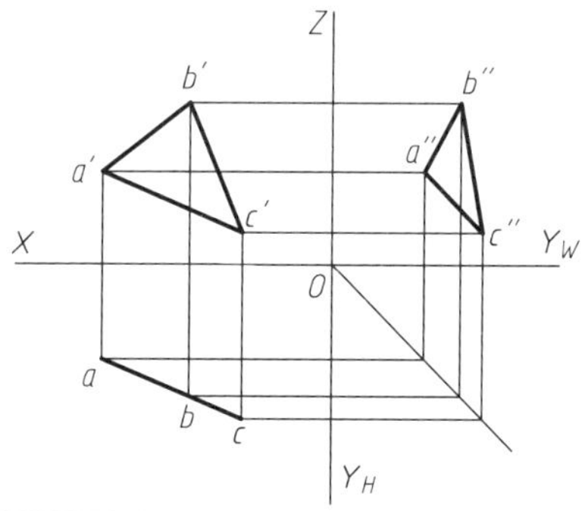	1. H 面投影为斜直线，有积聚性，且反映 β、γ 的实际大小； 2. V 面、W 面投影不反映实形，但有相似性
正垂面（⊥ V 面）	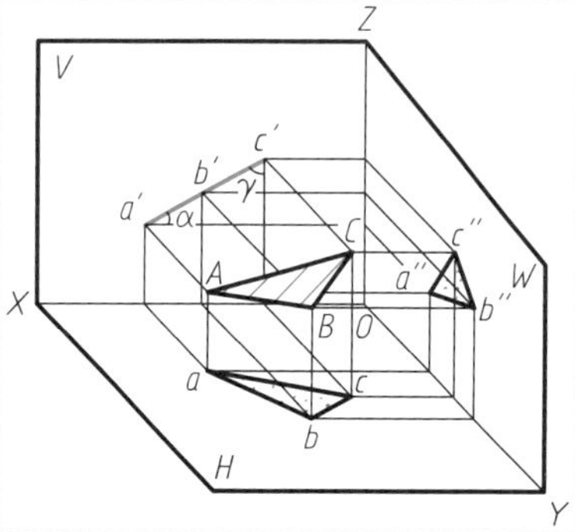	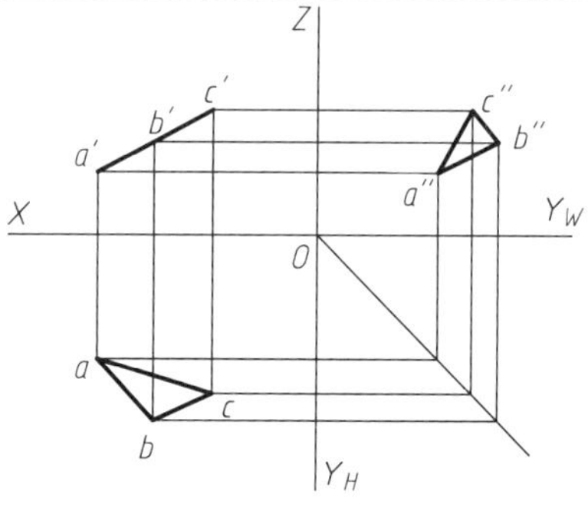	1. V 面投影为斜直线，有积聚性，且反映 α、γ 的实际大小； 2. H 面、W 面投影不反映实形，但有相似性
侧垂面（⊥ W 面）	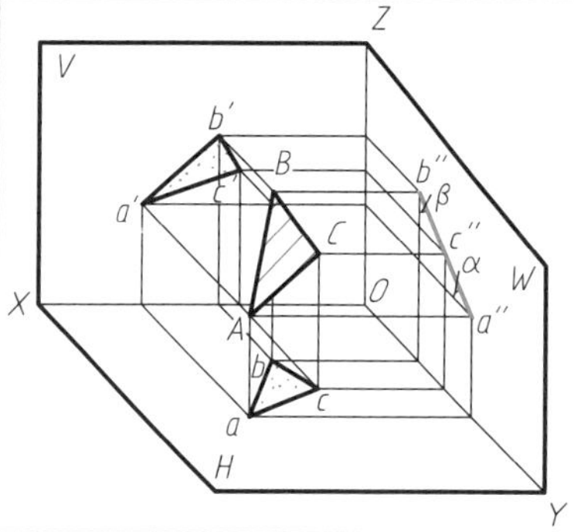	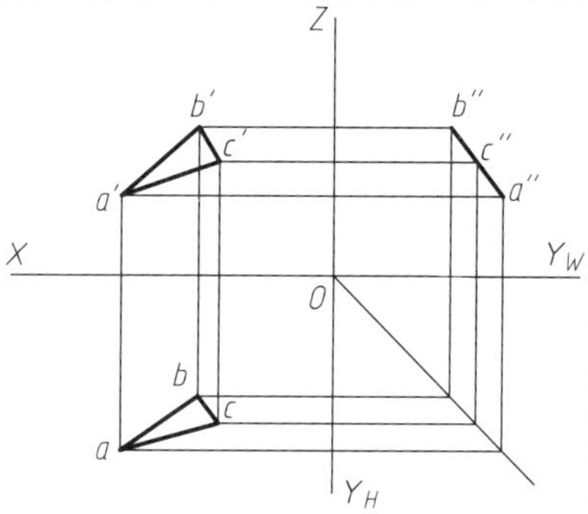	1. W 面投影为斜直线，有积聚性，且反映 α、β 的实际大小； 2. H 面、V 面投影不反映实形，但有相似性

如图 2-1-18 所示投影面垂直面实例图，平面 P 为铅垂面，平面 Q 为正垂面，平面 R 为侧垂面。

投影面垂直面的投影性质可归纳为以下两点：

① 在投影面垂直面所垂直的投影面上，其投影积聚成直线；其与相应投影轴的夹角，分别反映该平面对另外两个投影面的真实倾角。

② 在另外两个投影面上，投影面垂直面的投影为面积缩小的原形的类似形。

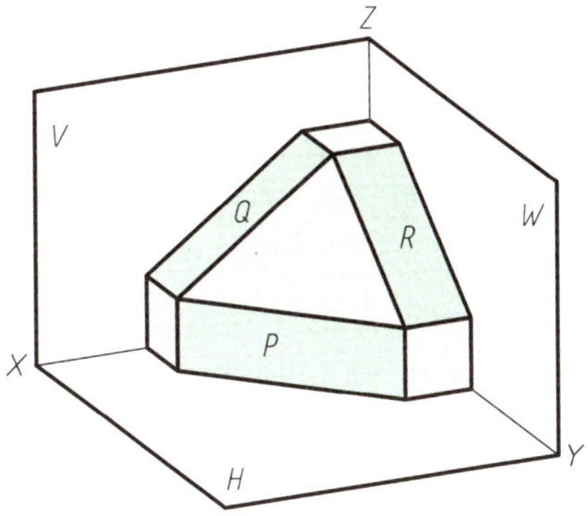

图 2-1-18　投影面垂直面实例图

四、基本体

常见的基本体可分为平面立体和曲面立体。表面全部为平面的立体称为平面立体，如棱柱、棱锥等；表面为曲面或既有曲面又有平面的立体称为曲面立体，常见的曲面立体为回转体，如圆柱、圆锥、圆球和圆环等。

1. 棱柱

如图 2-1-19 所示，棱柱是由棱面和上、下底面围成的，相邻棱面的交线称为棱线。棱柱的棱线相互平行。

（1）棱柱的投影

图 2-1-20 所示为一正六棱柱三面投影的形成，其上、下底面均为水平面，它们的 H 面投影重合并反映实形，为正六边形，V 面及 W 面投影积聚成直线；6 个棱面中，前、后两个为正平面，它们的 V 面投影重合并反映实形，为一矩形，H 面及 W 面投影积聚成直线；其他 4 个棱面均为铅垂面，其 H 面投影积聚成直线，V 面及 W 面投影仍为矩形，但小于实形。

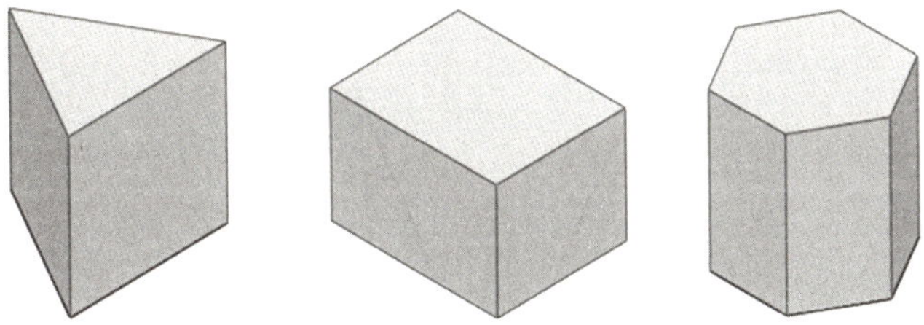

(a) 三棱柱　(b) 四棱柱　(c) 六棱柱

图 2-1-19　棱柱

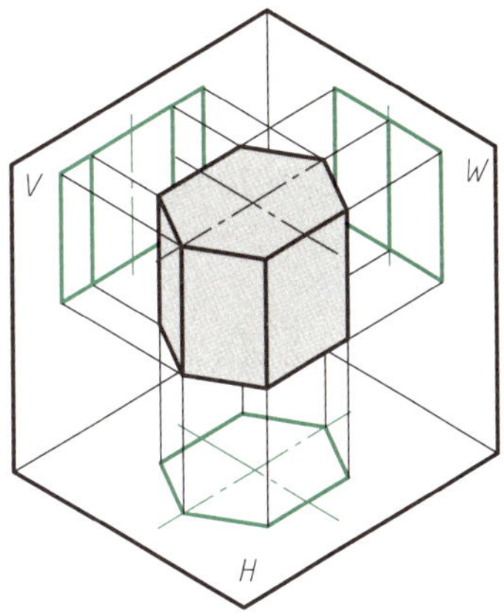

图 2-1-20　正六棱柱的投影

提示：

棱柱投影的特点：一面投影为一多边形（几棱柱就是几边形），其边是各棱面的积聚性投影；另两面投影均为一个或多个矩形线框拼成的矩形。

（2）棱柱表面取点

首先确定点所在的平面，并分析该平面的投影特征，若该平面垂直于某一投影面，则点在该投影面上的投影必定落在这个平面的积聚性投影上。

如图 2-1-21 所示，已知棱柱表面上点 *Ⅰ* 的 *V* 面投影 *1′*，求作点 *Ⅰ* 的其他两面投影 *1*、*1″*。因为 *1′* 可见，所以 *Ⅰ* 点在棱面 *ABCD* 上。此棱面是铅垂面，其 *H* 面投影积聚成直线，点 *Ⅰ* 的 *H* 面投影 *1* 必在其上，便可由 *1′* 和 *1* 根据"高平齐，宽相等"的规律作出 *W* 面投影 *1″*。又已知点 *Ⅱ* 的 *H* 面投影 *2*，求点 *Ⅱ* 的其他两面投影 *2′*、*2″*。因为 *2* 可见，所以点 *Ⅱ* 在正六棱柱上底面上，故 *2′*、*2″* 分别在上底面的积聚性同面投影上，从而就可由 *2* 作出 *2′*，再根据"宽相等，高平齐"的规律确定 *2″*。

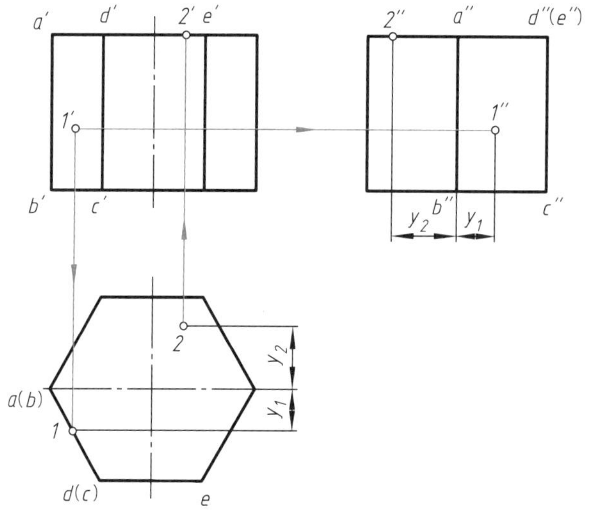

图 2-1-21　正六棱柱表面取点

2. 棱锥

如图 2-1-22 所示，棱锥是由一个多边形底面和多个有公共顶点（锥顶）的三角形侧面围成的。

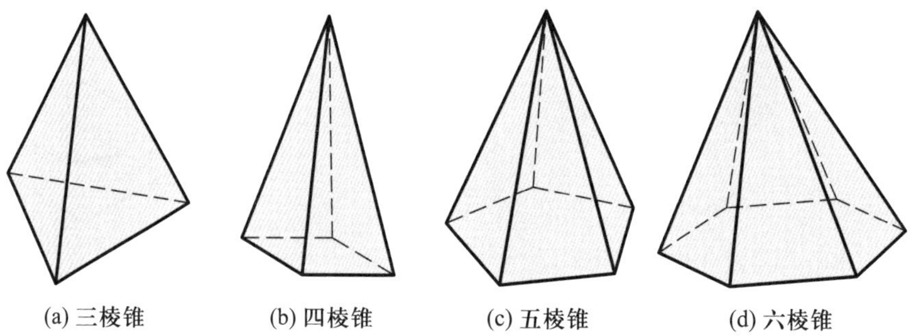

图 2-1-22　棱锥

（1）棱锥的投影

图 2-1-23 所示为正三棱锥三面投影的形成，它由底面与三个棱面组成。其中，底面

△ *ABC* 为水平面，其 *H* 面投影反映实形，为一正三角形，*V* 面及 *W* 面投影积聚成直线；棱面△ *SAB* 为侧垂面，其 *W* 面投影积聚成直线，另两面投影为类似形；棱面△ *SAC* 和△ *SBC* 为一般位置平面，其三面投影均为类似形。

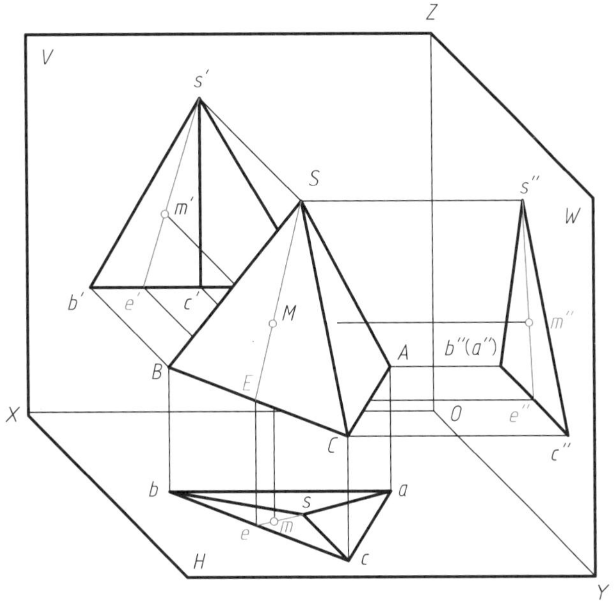

图 2-1-23　正三棱锥的投影

作投影图时先画出底面三角形的各面投影，再作出锥顶的各面投影，然后连接各棱线即得到正三棱锥的三面投影。

（2）棱锥表面取点

首先根据点的可见性，分析该点所在的平面，再利用辅助线的方式确定该点的其余两面投影。

如图 2-1-24 所示，已知点 *M* 的 *V* 面投影 *m′*，求点 *M* 的其他两面投影 *m*、*m″*。因为 *m′* 可见，所以点 *M* 在棱面△ *SBC* 上，△ *SBC* 是一般位置平面，过点 *M* 及锥顶点 *S* 作一条辅助直线 *SE*，与底边 *BC* 交于点 *E*，那么，点 *M* 的投影必在直线 *SE* 的同面投影上。过 *m′* 作直线 *s′e′*，交底边于 *e′*，由 *s′e′* 作出该直线的 *H* 面投影 *se*，根据点的从属关系，*m* 一定在 *se* 上，便可根据“长对正”的规律，由 *m′* 作出 *m*，再由 *m′*、*m*，根据“高平齐，宽相等”的规律作出 *W* 面投影 *m″*。

3. 圆柱

如图 2-1-25 所示，圆柱是由圆柱面、顶圆和底圆围成的。圆柱面是由一条直母线绕与之平行的轴线回转一周形成的。圆柱面上任意位置的母线称为圆柱面的素线。

（1）圆柱的投影

图 2-1-26 所示为圆柱三面投影的形成。该圆柱轴线为铅垂线，顶圆、底圆都是水平面，其 *H* 面投影反映实形，并互相重合，*V* 面投影和 *W* 面投影分别积聚成直线。圆柱面上所有素线都是铅垂线，因此圆柱面的 *H* 面投影积聚为一个圆，与顶圆、底圆的 *H* 面投影轮廓线相重合。圆柱面的 *V* 面和 *W* 面投影应分别画出决定其投影范围的外形轮廓素线，即

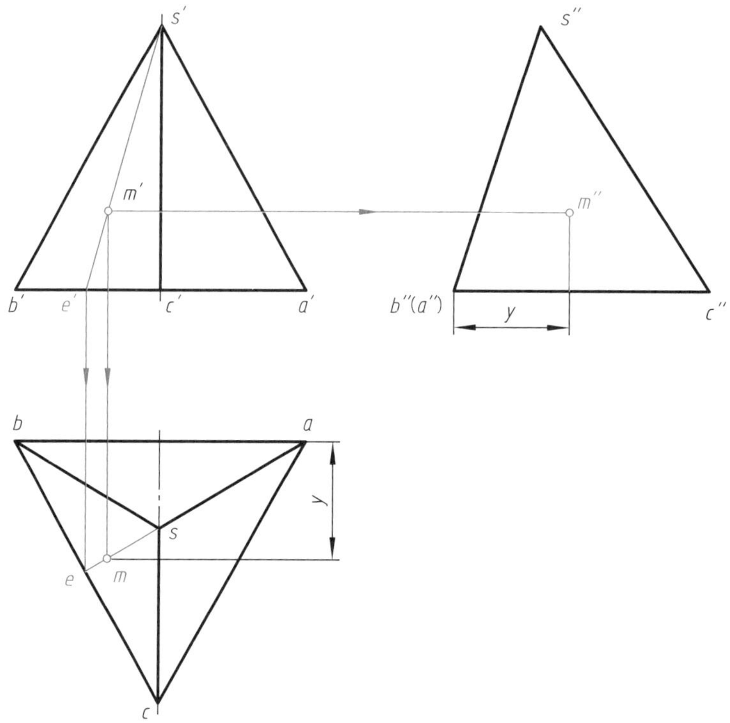

图 2-1-24　正三棱锥表面取点

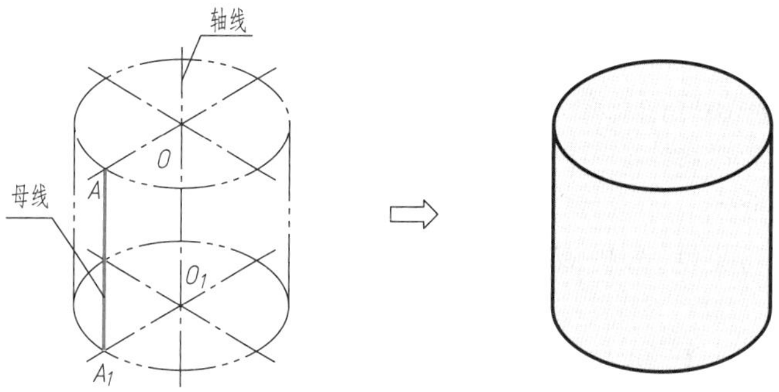

图 2-1-25　圆柱

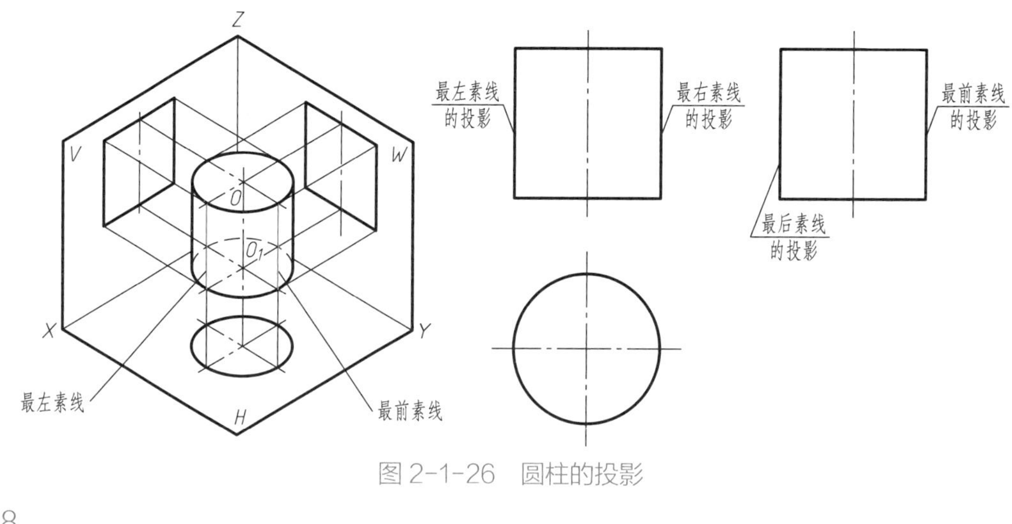

图 2-1-26　圆柱的投影

为圆柱面可见部分与不可见部分的分界线投影。V面投影是最左、最右两条素线的投影，它们是V面投影可见的前半圆柱面和不可见的后半圆柱面的分界线，也称为这个圆柱面V面投影的转向轮廓线；W面投影是最前、最后两条素线的投影，它们是W面投影可见的左半圆柱面和不可见的右半圆柱面的分界线，也称为这个圆柱面W面投影的转向轮廓线。

通过分析可知，圆柱的H面投影是一个圆，V面和W面投影都是矩形，还应画出圆的中心线，其交点为轴线的积聚性投影，再分别画出轴线的V面和W面投影。

（2）圆柱表面取点

如图2–1–27所示，已知圆柱表面上点M的V面投影m'，求作点M的其他两面投影m、m''。因为m'可见，所以点M在前半圆柱面上，根据该圆柱面H面投影具有积聚性的特征，m必定在H面投影圆的前半圆周上，于是就可由m'作出m，再由m、m'根据“长对正，高平齐，宽相等”的规律作出m''，由于点M在左半圆柱面上，故m''可见。

4. 圆锥

如图2–1–28所示，圆锥是由圆锥面和底圆围成的。圆锥面是由一条直母线绕与它相交的轴线回转一周形成的。圆锥面上任意位置的母线称为圆锥面的素线。

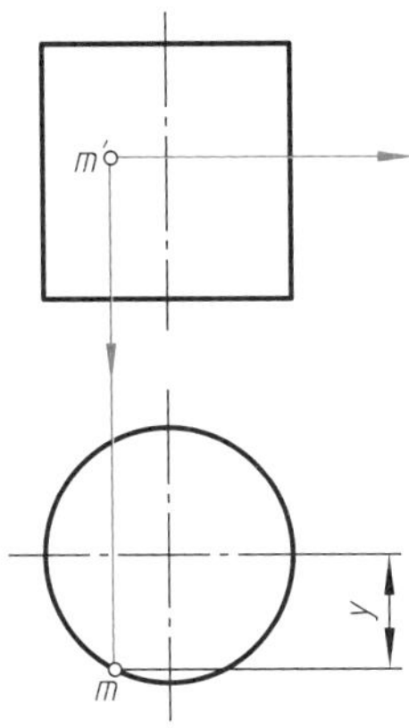

图2–1–27 圆柱表面取点

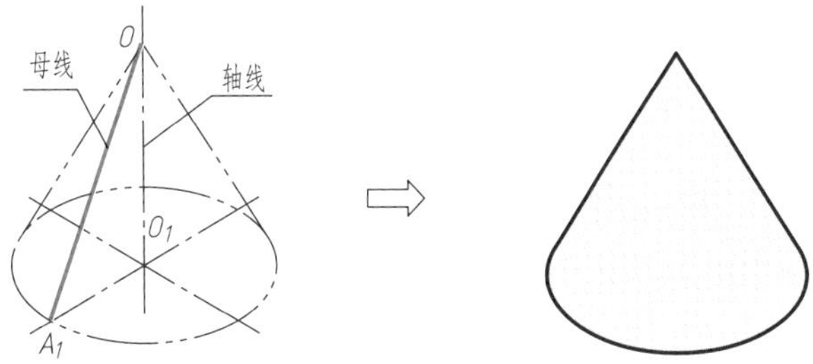

图2–1–28 圆锥

（1）圆锥的投影

图2–1–29所示为圆锥三面投影的形成，该圆锥轴线为铅垂线，底圆为水平面，其H面投影反映实形，V面和W面投影积聚成直线。圆锥面上所有素线均与轴线相交于锥顶。圆锥面的V面和W面投影应分别画出决定其投影范围的外形轮廓素线，V面投影是最左、最右两条素线的投影，它们是V面投影可见的前半圆锥面和不可见的后半圆锥面的分界线，也称为这个圆锥面V面投影的转向轮廓线；W面投影是最前、最后两条素线的投影，它们是W面投影可见的左半圆锥面和不可见的右半圆锥面的分界线，也称为这个圆锥面W面投影的转向轮廓线。

通过分析可知，圆锥的H面投影是一个圆，圆的中心线的交点是轴线的积聚性投影，也是锥顶的投影。其V面和W面投影是形状、大小相同的等腰三角形，再分别画出轴线的投影。

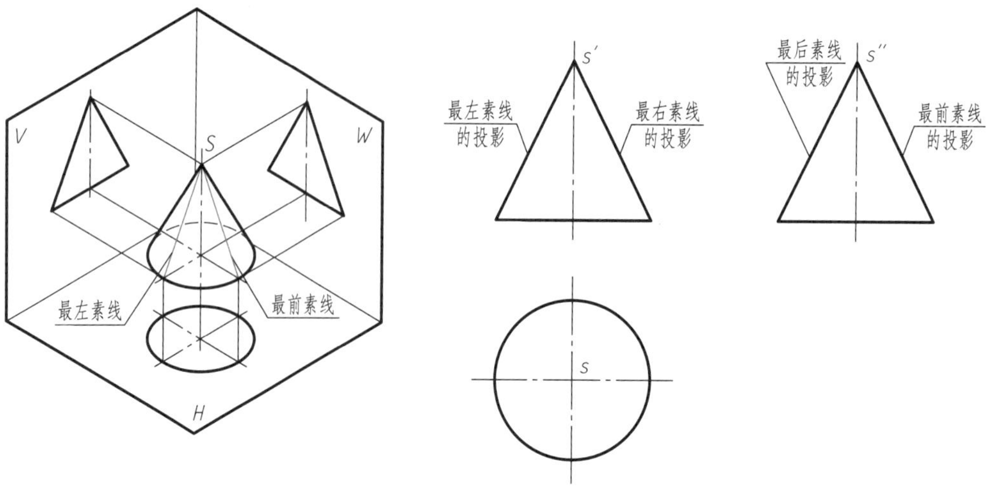

图 2-1-29　圆锥的投影

作投影图时，先画出底圆和轴线的各面投影，再画出锥顶的投影，然后分别画出圆锥面 *V* 面和 *W* 面投影的转向轮廓线，即完成圆锥的各面投影。

（2）圆锥表面取点

已知圆锥表面上点 *M* 的 *V* 面投影 *m*′，求作点 *M* 的其他两面投影 *m*、*m*″。因为 *m*′ 可见，所以点 *M* 在前半圆锥面上，具体作图可采用下列两种方法：

素线法：如图 2-1-30（a）所示，过锥顶点 *S* 和点 *M* 作一辅助线 *SN*，即在 *V* 面投影中连接 *s*′*m*′ 并延长至与底面相交于 *n*′，由 *s*′*n*′ 在前半圆锥面的 *H* 面投影作出 *sn*，根据点在直线上的性质及点的投影规律，通过 *m*′ 在 *sn* 上作出 *m*，再由 *m*′、*m* 根据点的投影规律作出 *m*″。

辅助圆法：如图 2-1-30（b）所示，过点 *M* 作一垂直于回转轴线的水平辅助圆，即在 *V* 面投影中过 *m*′ 作轴线的垂线，交左、右转向轮廓线于 *e*′ 和 *f*′，直线 *e*′*f*′ 即为辅助圆的 *V* 面投

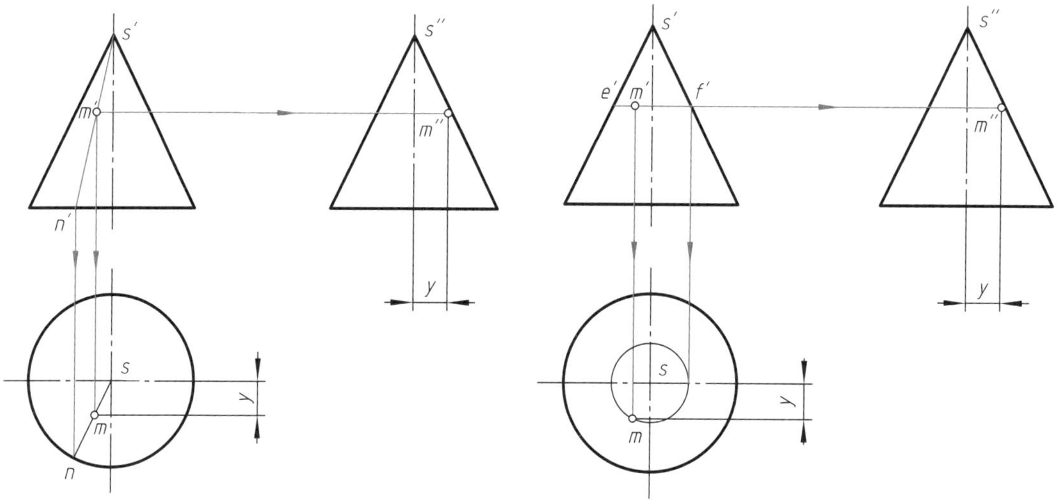

(a) 素线法　　(b) 辅助圆法

图 2-1-30　圆锥表面取点

影，再作出该辅助圆的 H 面投影，为一直径等于 $e'f'$ 的圆，由于 m' 在辅助圆的前半圆周上，可作出 m，再由 m' 和 m 根据点的投影规律作出 m''。

5. 圆球

如图 2-1-31 所示，圆球是由球面围成的，球面是由一条圆母线绕通过其圆心且在同一平面上的轴线回转 360° 形成的。

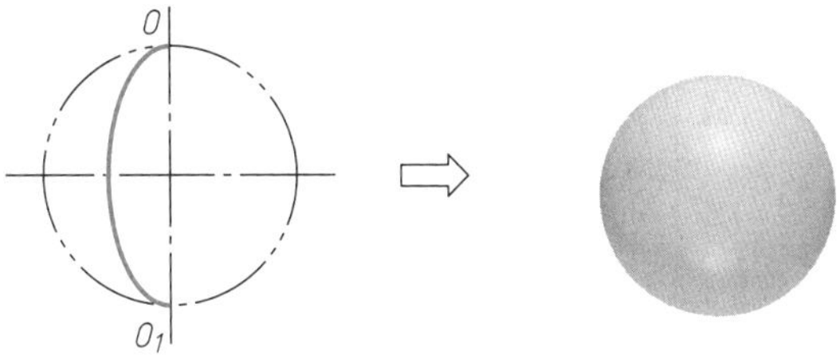

图 2-1-31 圆球

(1) 圆球的投影

图 2-1-32 所示为圆球三面投影的形成，从图中可以看出其投影特征是：三面投影均为圆，且都应画出中心线，中心线的交点是球心的投影，投影圆的直径均相等，分别是球面三面投影的转向轮廓线。其 V 面投影是球面上平行于 V 面的最大圆的投影，是 V 面投影可见的前半球面和不可见的后半球面的分界线；H 面投影是球面上平行于 H 面的最大圆的投影，是 H 面投影可见的上半球面和不可见的下半球面的分界线；W 面投影是球面上平行于 W 面的最大圆的投影，是 W 面投影可见的左半球面和不可见的右半球面的分界线。

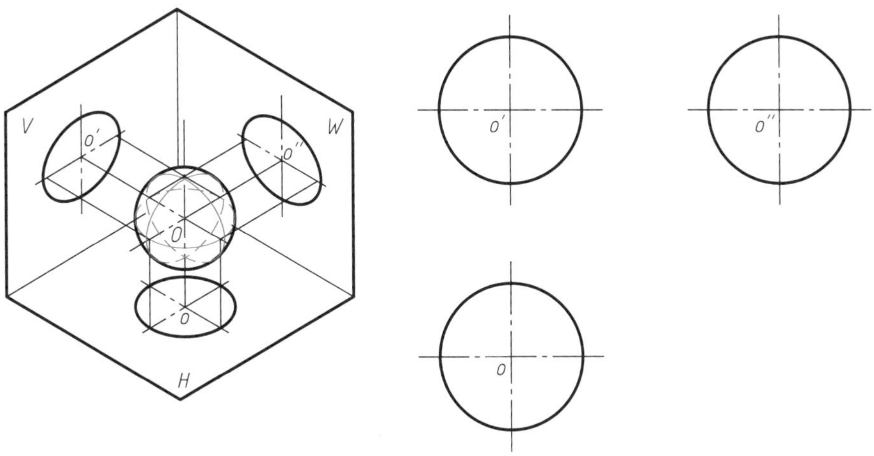

图 2-1-32 圆球的投影

(2) 圆球的表面取点

如图 2-1-33 所示，已知球面上点 M 的 H 面投影 m，求作点 M 的其他两面投影 m'、m''。过点 M 作一平行于 V 面的辅助圆，即过点 m 作 OX 轴平行线，交轮廓线于 e、f，直线 ef 就是

辅助圆的 H 面投影，它的 V 面投影是直径等于 ef 的圆，m' 在该圆周上。因为 m 可见，所以点 M 在上半球面上，可作出 m'，再由 m、m' 按点的投影规律作出 m''。

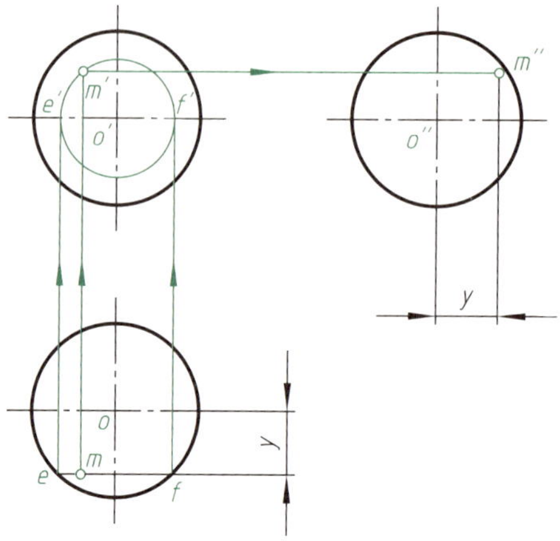

图 2-1-33　圆球的表面取点

【任务实施】

一、绘图准备

绘图前应准备好绘图工具和用品，擦拭干净图板、丁字尺和三角板，按表 1-1-7 选用并磨削好铅芯，整理好工作地点，复习圆柱、圆锥及圆球三面投影的形成过程，并复习曲面（圆球表面）取点的方法。

二、图形分析

圆环是由环面围成的，一条圆母线绕着其所在平面内距离其圆心大于半径值的任一直轴线回转即可得到圆环。靠近轴线的半个圆母线形成的环面称为内环面，远离轴线的半个圆母线形成的环面称为外环面。

圆环投影中的轮廓线都是环面相应转向轮廓线的投影，H 面投影中最大、最小圆是上、下两个半环面的转向轮廓线，细点画线圆是母线圆心的轨迹，圆环中最高、最低水平圆的投影与该点画线重合；V 面投影中左、右两个圆是环面上平行于 V 面的两个圆的投影，它们是前、后两个半环面的分界线；W 面投影中前、后两个圆是环面上平行于 W 面的两个圆的投影，它们是左、右两个半环面的分界线；V 面和 W 面投影中最高、最低的两条水平线是圆环上的最高、最低水平圆的积聚性投影。环面的 V 面投影只有前半外环面可见，W 面投影只有左半外环面可见，H 面投影只有上半外环面可见；由于其他部分环面不可见，所以在 V 面和 W 面投影中作为转向轮廓线画出的在内环面上的半个圆母线应画成细虚线。

圆环表面点的投影，可以参考球表面点的投影，利用辅助圆法，根据点的可见性，确定辅助圆的位置，再利用辅助圆及点的投影规律，确定点的另外两面投影。

三、图形绘制

1. 圆环的三面投影

如图 2-1-34 所示，绘制圆环的三面投影：

1）根据图形尺寸，确定绘图位置。

2）绘制中心线。

3）根据圆环内环、外环直径，绘制圆环 H 面投影（同时，绘制该圆环母线圆心的轨迹）。

4）确定平行于 V 面两个圆的 V 面投影的圆心位置，绘制两个分界圆，根据可见性，内环面半个圆母线画成细虚线。

5）分别连接两个圆母线的最高、最低点（圆环中最高、最低水平圆的积聚性投影）。

6）根据圆环的 V 面、H 面投影，绘制其 W 面投影。

2. 圆环表面取点

如图 2-1-35 所示，绘制圆环表面点的投影：

1）因为 m' 可见，所以该点在前半外环面上，过 m' 作一水平线与轮廓线交于两点 a、b。

2）在 H 面投影上，以 ab 为直径绘制辅助圆。

3）根据"长对正"，找到点 M 的 H 面投影 m。

4）根据点 M 的 V 面、H 面投影，绘制其 W 面投影 m''。

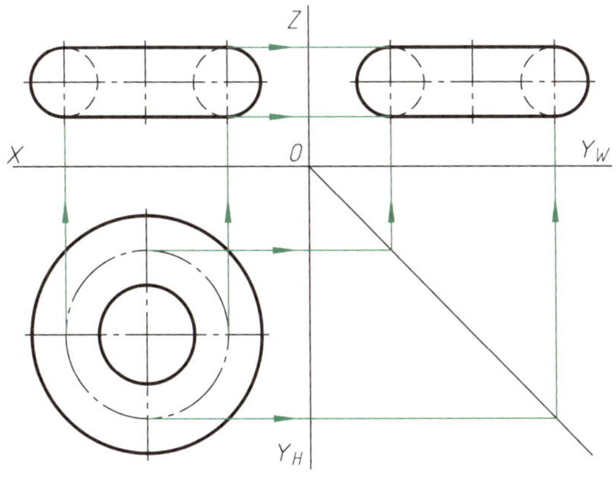

图 2-1-34　圆环的三面投影

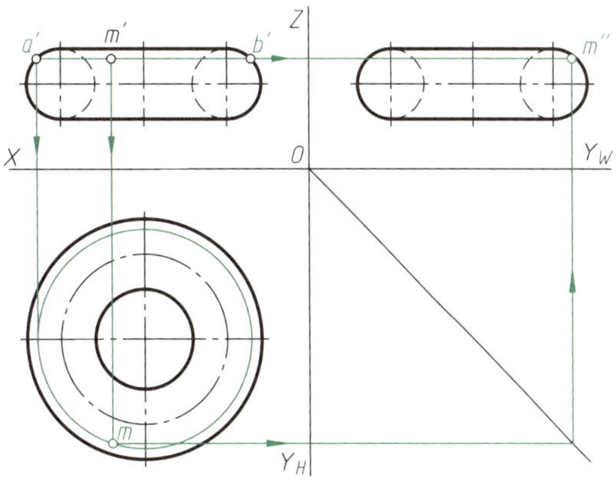

图 2-1-35　圆环表面取点

【任务总结】

通过绘制圆环三面投影及其表面取点，学习投影法、三面投影的形成及投影规律、常见基本体及其投影等，从而熟练掌握绘制三视图的原则。在绘制过程中，应严格执行国家标准。

【任务检测】

如图 2-1-36 所示，已知圆台表面上点 M 的 H 面投影 m，求作点 M 其他两面投影 m'、m''。

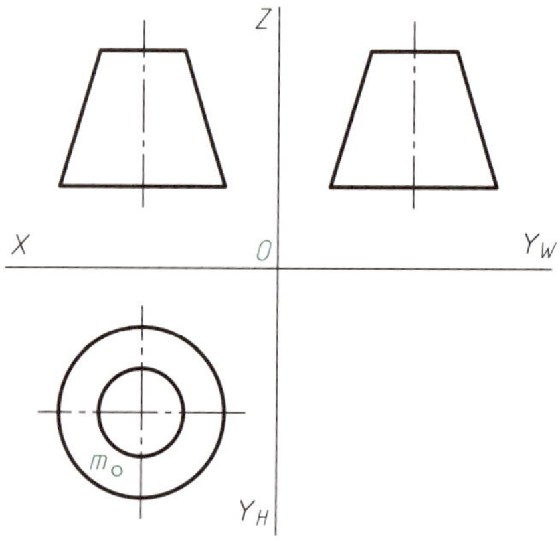

图 2-1-36 圆台表面取点

【任务评价】

任务评价标准

序号	评价内容	分数	自评分	互评分	教师评分
1	图形分析	15			
2	图形质量	25			
3	图面整洁	15			
4	图形布局	15			
5	任务检测	20			
6	课堂表现	10			
总分		100			
综合评价（自评分 ×20%+ 互评分 ×30%+ 教师评分 ×50%）					

任务二　轴承座三视图的绘制

【任务目标】

✧ 知识目标

1. 掌握截交线、相贯线的类型及画法。
2. 掌握组合体的组合形式及相邻表面间的连接关系。
3. 掌握组合体三视图的绘制及其尺寸标注。

✧ 能力目标

1. 能绘制圆柱截交线、相贯线。
2. 能通过形体分析，将复杂形体简单化。
3. 能准确快速地绘制组合体三视图。

✧ 素养目标

1. 培养分析问题、解决问题的能力。
2. 培养逻辑思维能力。
3. 养成严谨、精益求精的工作态度。

【任务引入】

轴承座（图 2-2-1）是机器上常见的零件，该零件由底板、支承板、圆筒和肋板组成（图 2-2-2），属于综合型组合体。对该轴承座进行形体分析，并绘制其三视图，尺寸自估。

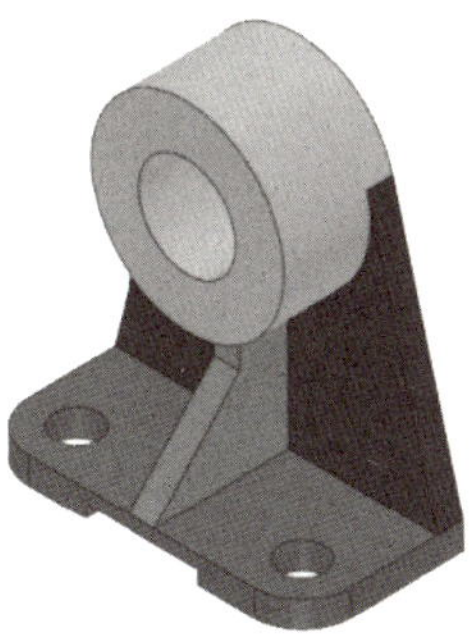

图 2-2-1　轴承座

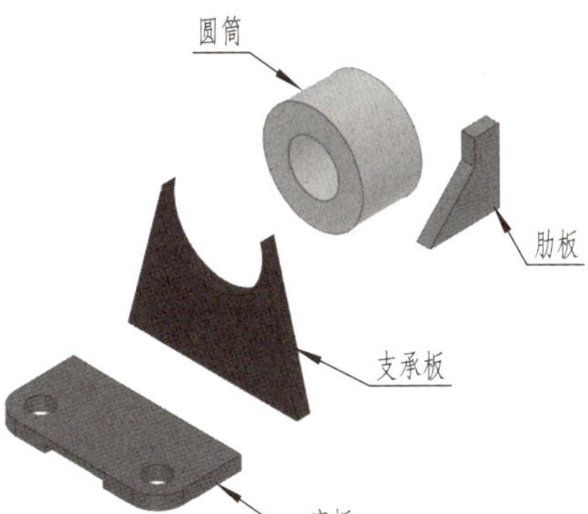

图 2-2-2　轴承座的爆炸图

轴承座三维模型文件

【相关知识】

一、组合体的组合形式

任何复杂的机械零件，从形体角度分析，都可抽象地看成是由基本体（棱柱、棱锥、圆柱、圆锥、圆球等）经叠加或切割组合而成。这种由若干个基本体按一定组合方式组成的物体，称为组合体。

1. 组合体的组成方式

组合体的组成方式有：叠加型、切割型和综合型。

（1）叠加型

由两个或两个以上的基本体叠加而成的组合体，如图 2–2–3（a）所示。

（2）切割型

从一个较大的基本体中切割出较小的基本体后得到的组合体，如图 2–2–3（b）所示。

（3）综合型

既有叠加又有切割而成的组合体，如图 2–2–3（c）所示。

(a) 叠加型　(b) 切割型　(c) 综合型

图 2–2–3　组合体的组成方式

2. 截交线

在切割型组合体中，用来截切物体的平面称为截平面，截平面与立体表面的交线称为截交线，由截交线所围成的平面称为截断面。

截交线具有以下性质：

1）共有性：截交线为截平面与立体表面的共有线，即截交线上的每一点均为截平面与立体表面的共有点。

2）封闭性：立体表面是封闭的，因此其与截平面的交线应是封闭的平面图形。

截交线的形状取决于立体表面的形状和截平面与立体的相对位置，通常为直线线框、曲线线框或直线与曲线组成的线框。

（1）平面立体截交线

平面立体被截切，其截交线是一封闭的多边形线框。如图 2–2–4（a）所示，用正垂面 P 截切正五棱柱，正垂面与正五棱柱的截交线为五边形，其在主视图上的投影积聚为一条直线，在左视图和俯视图上的投影积聚为缩小的五边形。

如图 2–2–4（b）所示，用正垂面 P 截切正四棱锥，得到的截交线为等腰梯形，其在主视图上的投影积聚为一条直线，在左视图和俯视图上的投影积聚为缩小的四边形。

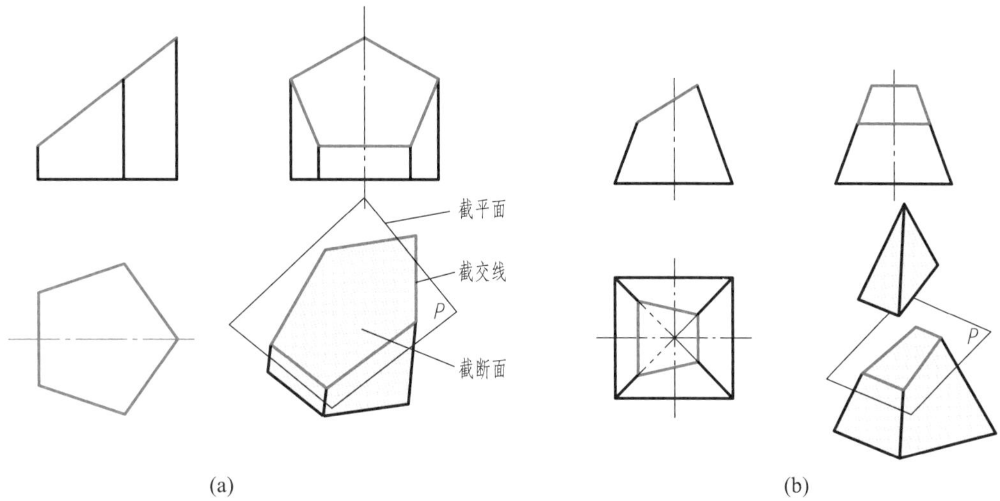

图 2-2-4　平面立体截交线

（2）曲面立体截交线

1）平面截切圆柱产生的截交线的形状有矩形、圆、椭圆等。

① 如图 2-2-5（a）所示，当截平面平行于圆柱轴线截切时，截交线为一矩形。

② 如图 2-2-5（b）所示，当截平面垂直于圆柱轴线截切时，截交线为一圆。

③ 如图 2-2-5（c）所示，当截平面倾斜于圆柱轴线且与圆柱完全相交时，截交线为一椭圆，且椭圆的短轴等于圆柱的直径。

④ 如图 2-2-5（d）所示，当截平面倾斜于圆柱轴线且与圆柱不完全相交时，截交线是

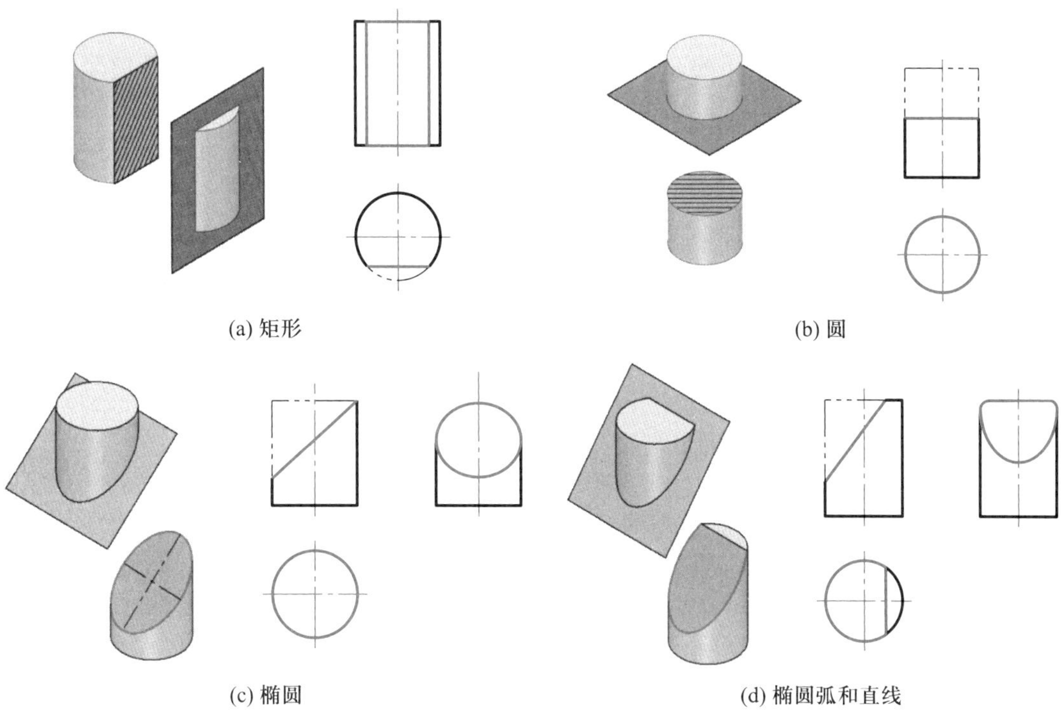

图 2-2-5　平面截切圆柱

由椭圆弧和直线组成的线框。

2）平面截切圆锥产生的截交线的形状有等腰三角形、圆、椭圆等。

① 如图 2-2-6（a）所示，当截平面与圆锥相交且过锥顶时，截交线为一等腰三角形。

② 如图 2-2-6（b）所示，当截平面平行于圆锥底面截切时，截交线为一圆。

③ 如图 2-2-6（c）所示，当截平面与圆锥相交且 $\theta>\alpha$ 时，截交线为一椭圆。

④ 如图 2-2-6（d）所示，当截平面与圆锥相交且 $\theta=\alpha$ 时，截交线是由抛物线和直线组成的线框。

⑤ 如图 2-2-6（e）所示，当截平面与圆锥相交且平行于轴线时，截交线是由双曲线和直线组成的线框。

3）当任何位置的平面截切圆球时，所得到的截交线的形状都是圆，但截交线的投影随截平面位置的不同而不同。

① 如图 2-2-7（a）所示，当截平面为投影面平行面时，截交线在截平面平行的投影面上的投影为一圆，在另外两个投影面上的投影积聚为直线，直线的长度等于截交线圆的直径。

② 如图 2-2-7（b）所示，当截平面为投影面垂直面时，截交线在截平面垂直的投影面上的投影积聚为直线，直线的长度等于截交线圆的直径，在另外两个投影面上的投影为椭圆。

3. 相贯线

两回转体相交时，其表面产生的交线称为相贯线。两相贯回转体合成的整体称为相贯体。相贯线的一般性质如下：

1）相贯线是两回转体表面的共有线，也是两相交立体表面的分界线。相贯线上的所有点都是两回转体表面的共有点。

2）由于立体表面是封闭的，因此相贯线在一般情况下也是封闭的，在特殊情况下也可能是不封闭的。

3）相贯线的形状取决于回转体的形状、大小及两回转体之间的相对位置。在一般情况下相贯线是空间曲线，在特殊情况下相贯线是平面曲线或直线。

求两回转体相贯线的投影时，应先作出相贯线上一些特殊点的投影，如回转体转向轮廓线上的点，对称的相贯线在其对称面上的点，以及最高、最低、最左、最右、最前、最后这些确定相贯线形状和范围的点，然后再求作一般点，从而作出相贯线的投影。具体作图时可采用表面取点法或辅助平面法。需要注意的是一段相贯线只有同时位于两个立体的可见表面上时，这段相贯线的投影才是可见的。

（1）表面取点法（积聚性法）

如图 2-2-8 所示，已知两圆柱正交相贯，求作它们的相贯线。

两圆柱的轴线分别为铅垂线和侧垂线，两轴线垂直相交，它们有共同的前后对称面，小圆柱一端贯进大圆柱，其相贯线是一条闭合的空间曲线，且前后、左右对称。其中小圆柱的 H 面投影积聚成圆，相贯线的 H 面投影就积聚在该圆上；大圆柱的 W 面投影积聚成圆，相贯线的 W 面投影就积聚在该圆有小圆柱贯穿的那段圆弧上，再根据相贯线的两面投影即可按表面取点法求出其 V 面投影。

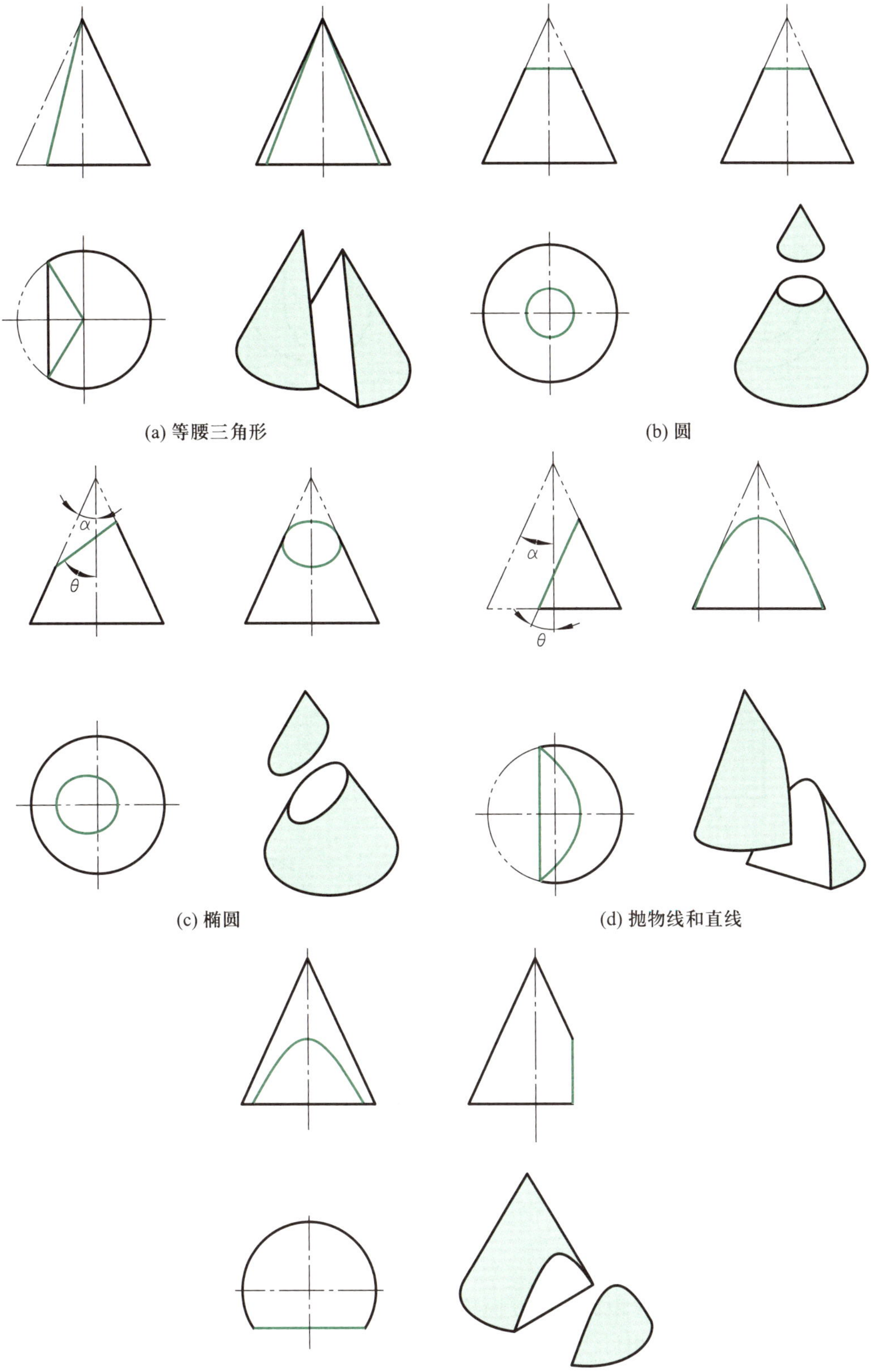

(a) 等腰三角形 (b) 圆 (c) 椭圆 (d) 抛物线和直线 (e) 双曲线和直线

图 2-2-6 平面截切圆锥

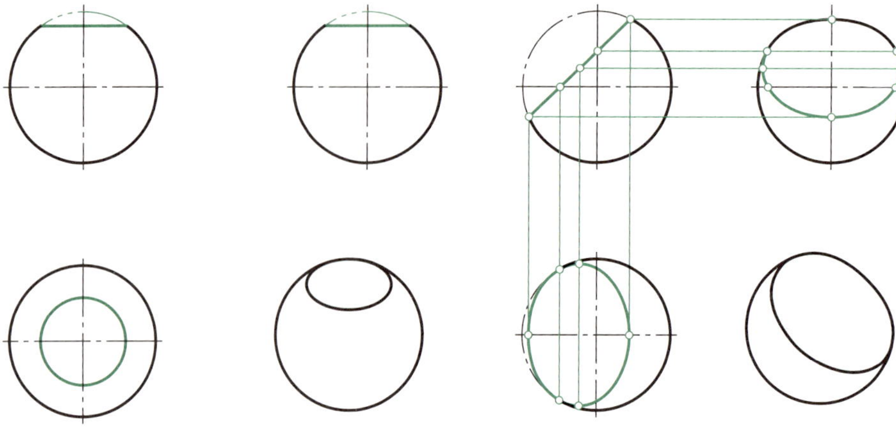

(a)　　　　(b)

图 2-2-7　平面截切圆球

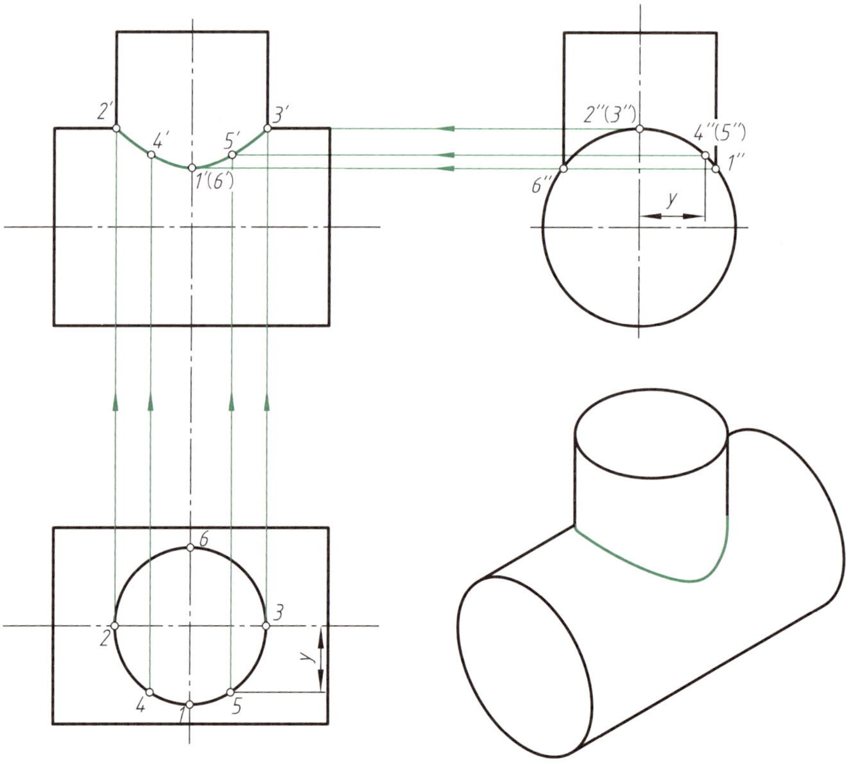

图 2-2-8　两正交圆柱的相贯线

作图过程如下：

① 求作特殊点。先在相贯线的 *H* 面投影上定出最前、最左、最右、最后 4 点 Ⅰ、Ⅱ、Ⅲ、Ⅵ的投影 1、2、3、6，再在相贯线的 *W* 面投影上相应地作出 1″、2″、3″、6″（其中 2″、3″ 为重影点，3″ 应加注圆括号），根据 *H* 面和 *W* 面投影可求出 *V* 面投影 1′、2′、3′、6′。

② 求作一般点。先在已知相贯线的 *W* 面投影上任取一重影点 4″（5″），根据“宽相

等”，找出其 *H* 面投影 4、5，根据 *H* 面和 *W* 面投影可求出 *V* 面投影 4′、5′。

③ 光滑连接相贯线。相贯线的 *V* 面投影左右、前后对称，后面的相贯线与前面的相贯线重影，只需按顺序光滑连接前面可见部分各点的投影，即完成作图。

当两正交圆柱的直径发生变化时，其相贯线的曲线也会相应发生变化，两圆柱的直径差越小，其曲线越弯曲，反之越平直，但曲线始终由小圆柱向大圆柱轴线弯曲，如图 2–2–9（a）、（b）所示；当两圆柱直径相等时，其相贯线为两个互相垂直的椭圆，在主视图中的投影为两正交的直线，在俯视图、左视图中的投影为圆，如图 2–2–9（c）所示。

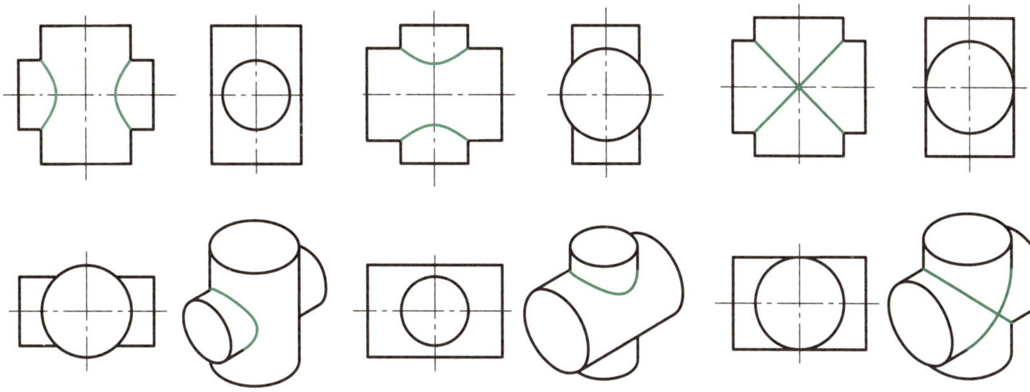

(a)　(b)　(c)

图 2–2–9　两正交圆柱相贯线的常见情况

在工程实际中，相贯线通常采用简化画法，即用一段圆弧代替相贯线的投影，该圆弧的圆心在小圆柱的轴线上，半径为大圆柱的半径 $R=\phi/2$，如图 2–2–10 所示。

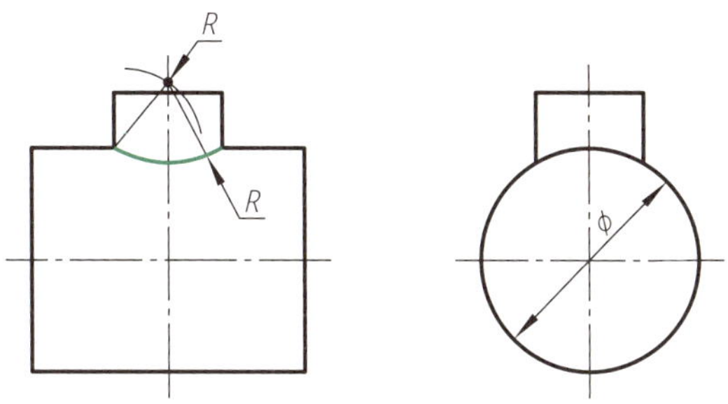

图 2–2–10　相贯线的简化画法

（2）辅助平面法

作一辅助平面与相贯的两回转体相交，分别作出辅助平面与两回转体的截交线，这两条截交线的交点必为两立体表面的共有点，即为相贯线上的点。若作出一系列辅助平面，即可得相贯线上的若干个点，依次连接各点，就可得到相贯线。

选择辅助平面的原则是使辅助平面与两回转面的交线及其投影为简单的图形（圆或直线），这样可以使作图简便。

如图 2–2–11 所示，求作圆柱与圆台的相贯线。

圆柱与圆台两轴线垂直相交，其相贯线是一条闭合的空间曲线，且前后、左右对称。相贯线的 W 面投影与圆柱的 W 面投影（圆）的一部分重合，需利用辅助平面法求出相贯线的 V 面和 H 面投影。

作图过程如下：

① 求作特殊点。根据相贯线的 W 面投影可直接作出最左、最右（也是最高）点，最前、最后（也是最低）点的 V 面和 H 面投影，如图 2-2-11（c）所示。

② 求作一般点。在最高和最低点之间作一辅助平面（辅助平面为水平面，与圆台锥面的轴线垂直，与圆柱面的轴线平行），它与圆台锥面的交线为圆，与圆柱面的交线为两平行

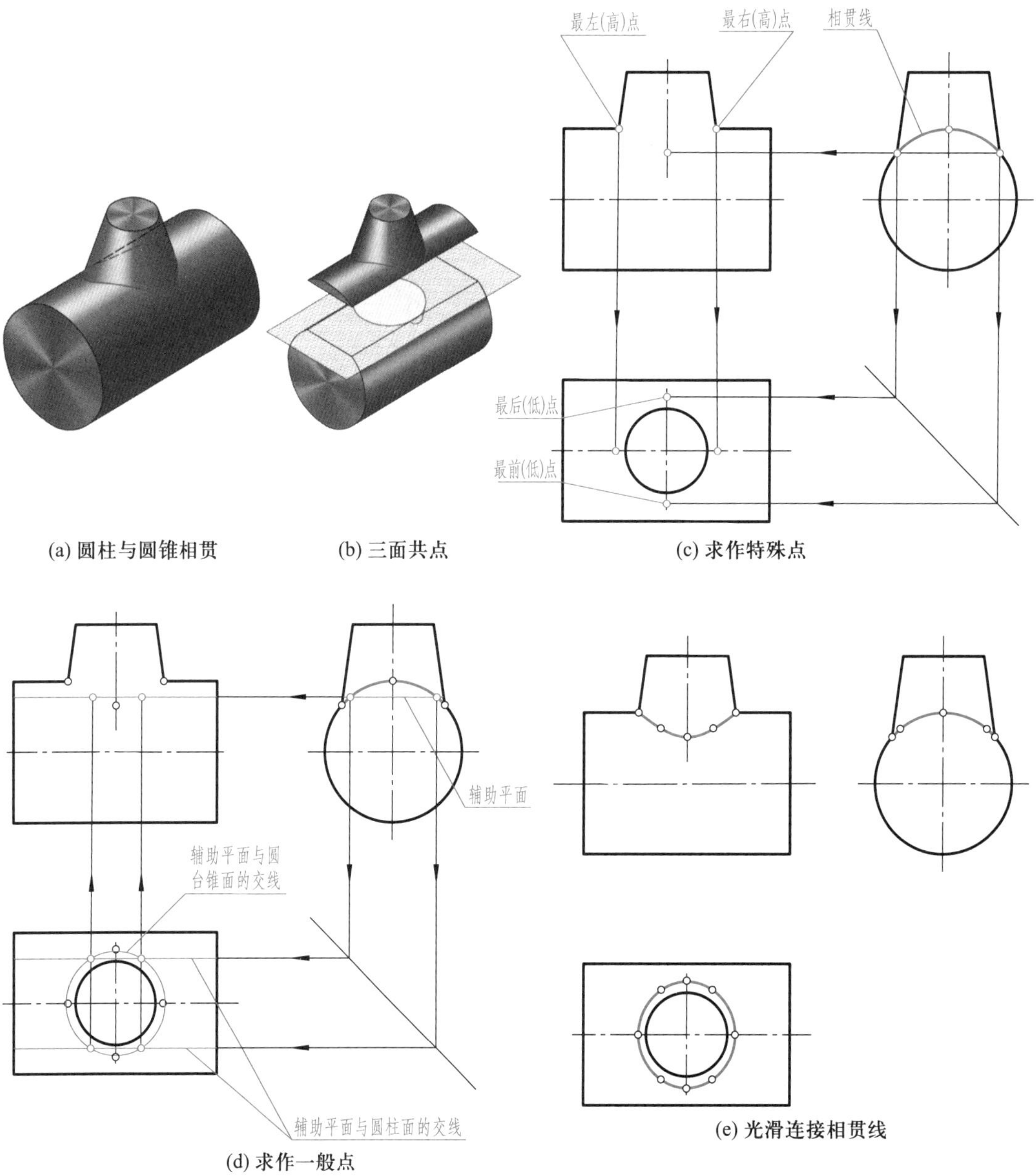

(a) 圆柱与圆锥相贯　(b) 三面共点　(c) 求作特殊点

(d) 求作一般点　(e) 光滑连接相贯线

图 2-2-11　辅助平面法求作相贯线

线，圆与两平行线的交点即为相贯线上的点，如图 2-2-11（d）所示。

③ 光滑连接相贯线。依次光滑连接各点的同面投影，即为相贯线的投影，如图 2-2-11（e）所示。

（3）相贯线的一些特殊情况

1）同轴回转体相贯是指两个回转体以共轴线的形式相交，此时的相贯线已不是空间曲线，而是垂直于回转体轴线的圆，在与轴线平行的投影面上为垂直于轴线的直线，如图 2-2-12 所示。

2）轴线平行的两圆柱相贯，其相贯线是两条平行的直线，如图 2-2-13 所示。

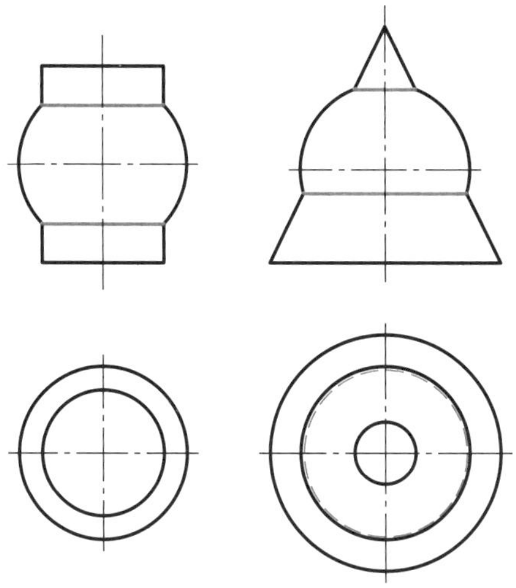

图 2-2-12　同轴回转体相贯

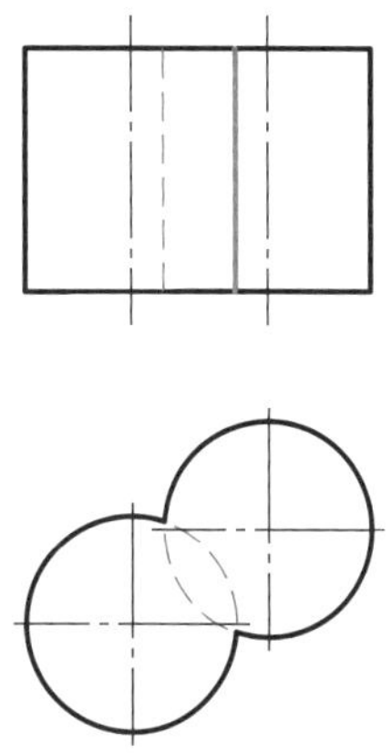

图 2-2-13　轴线平行的两圆柱相贯

二、组合体相邻表面之间的连接关系

无论以何种方式构成组合体，其基本体的相邻表面都存在一定的相互关系，这种关系一般可分为平行、相切、相交等情况。

1. 平行

所谓平行是指两基本体表面间同方向的相互关系。它可以分为两种情况：当两基本体的表面平齐时，即两表面为共面，其视图上两基本体之间无分界线，如图 2-2-14 所示；当两

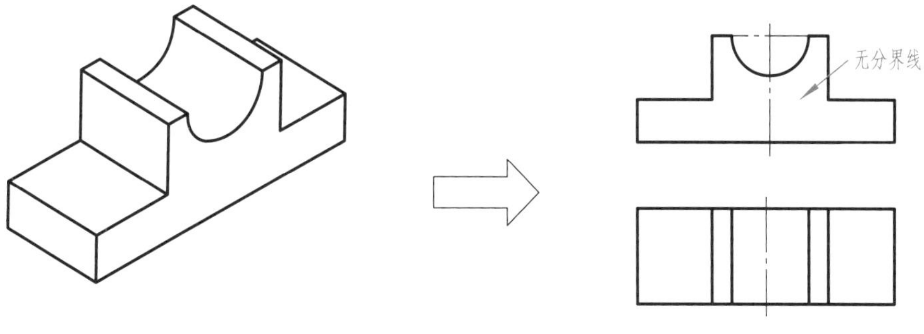

图 2-2-14　表面平齐

基本体的表面不平齐时，则必须画出它们的分界线，如图 2-2-15 所示。

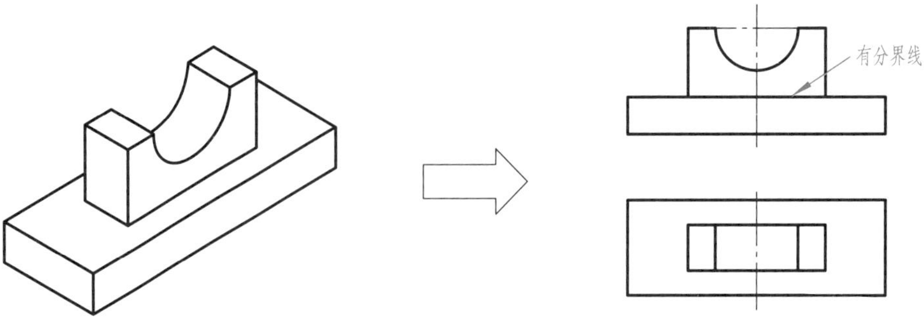

图 2-2-15　表面不平齐

2. 相切

当两基本体的表面相切时，两表面在相切处光滑过渡，不应画出交线，如图 2-2-16 所示。

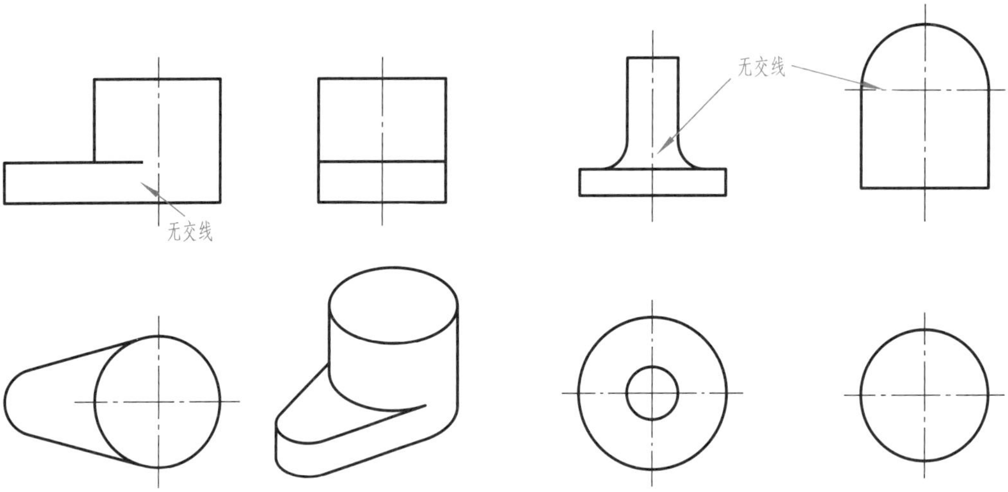

图 2-2-16　表面相切

如图 2-2-17 所示，当两曲面相切时，要看两曲面的公切面是否垂直于投影面，如果公切面垂直于投影面，则在该投影面上相切处要画线，否则不画线，图 2-2-17（a）所示公切面垂直于投影面，图 2-2-17（b）所示公切面不垂直于投影面。

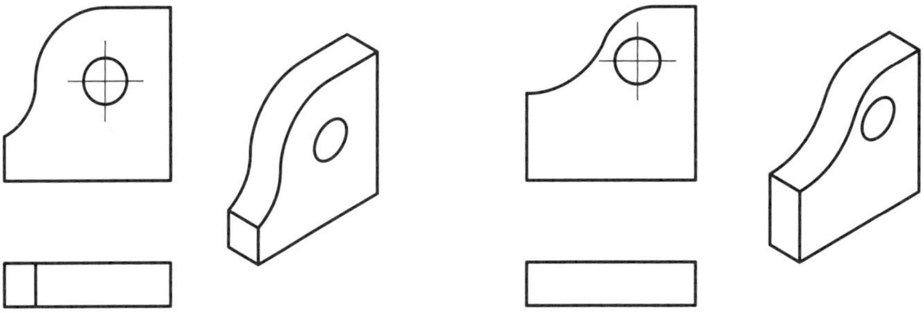

(a)　(b)

图 2-2-17　曲面相切

3. 相交

当两相邻基本体表面相交时，在相交处应画出交线，如图 2-2-18 所示。

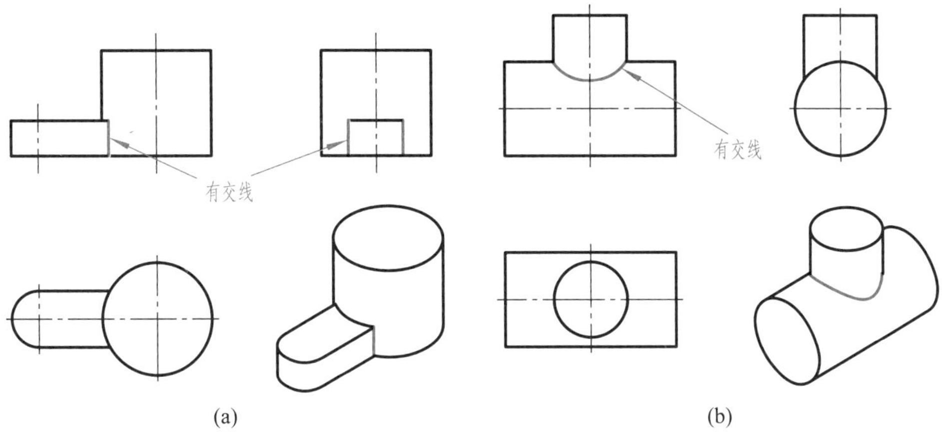

图 2-2-18　表面相交

三、组合体三视图的绘制

画组合体三视图之前要对组合体进行形体分析，即在画图之前，将组合体分解成若干形体，看清楚每个形体的形状，它们之间的相对位置和组合形式，分析表面连接关系和投影特点，为画三视图做好准备。

1. 形体分析

图 2-2-19（a）所示的切割型组合体，其形成过程如图 2-2-19（b）所示，作图时应该由一个基础形体的投影开始，按切割的顺序逐次画出全图。

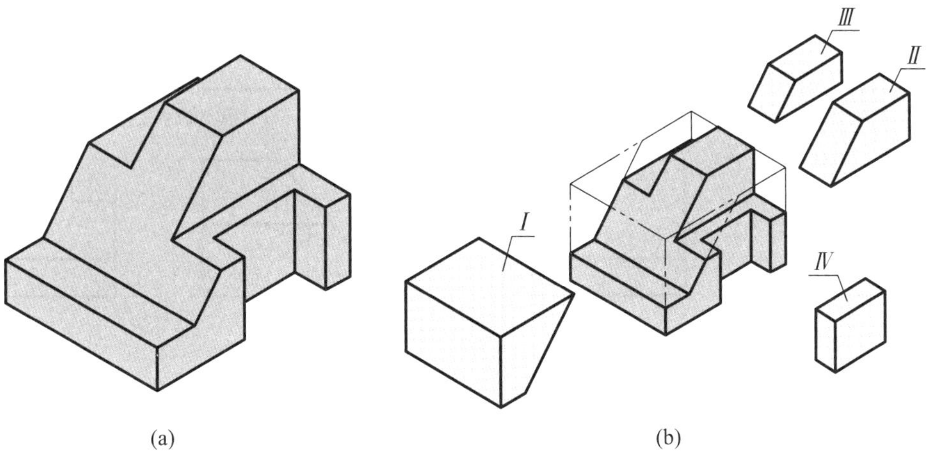

图 2-2-19　切割型组合体及其形成过程

2. 选择视图

首先选择主视图的投射方向，使主视图能较多地表达切割型组合体各部分的形状特征及相对位置，同时还应考虑安装位置，一般选取大平面作为底面，以保证放置稳定。

其次确定其他视图，俯视图主要表达主要切割面的形状，左视图主要表达次要切割面的形状，可见需用三个视图才能表达清楚该组合体的形状。

3. 选择幅面和比例

根据切割型组合体的复杂程度和形体大小，选择国家标准规定的图幅和比例，在选择时应充分考虑到视图、尺寸及标题栏的大小和位置等。

4. 布置视图，画作图基准线

根据切割型组合体的总体尺寸，通过简单计算，将各视图均匀地布置在图框内，视图间预留尺寸标注位置。

5. 画底稿，检查并描深图线

在形体分析的基础上，先画出基础形体的三视图，再逐一画出每个切割面的三视图，检查无误后描深图线，如图 2-2-20 所示。

画切割型组合体三视图的注意事项如下：

1）认真地分析组合体的形成过程，确定每个切割面的位置及切割出的平面图形的形状。

2）作图时应先画出切割面上有积聚性的投影，再画出其他两面投影。

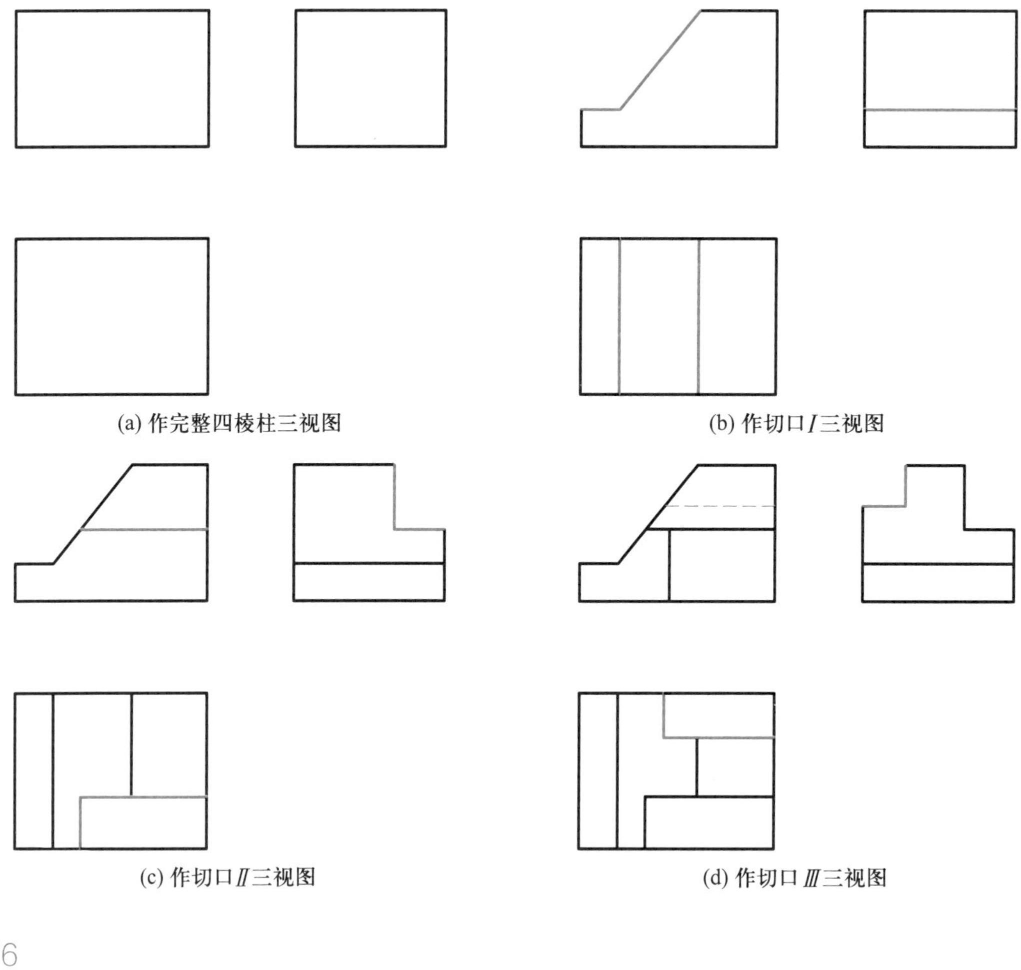

(a) 作完整四棱柱三视图　(b) 作切口 *I* 三视图　(c) 作切口 *II* 三视图　(d) 作切口 *III* 三视图

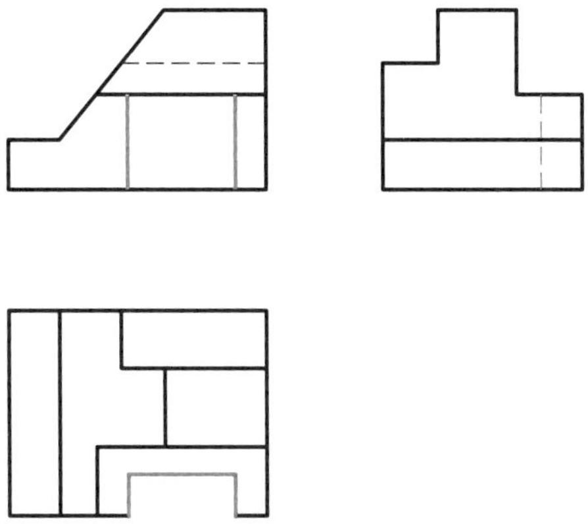

(e) 作切口Ⅳ三视图

图 2-2-20　切割型组合体作图步骤

3）如果切割面为投影面垂直面，该面的另外两面投影应为类似形；如果切割面为投影面平行面，则该面在平行投影面上反映实形，在其他两个投影面上积聚为直线。

四、组合体的尺寸标注

1. 基本要求

尺寸标注应做到正确、完整、清晰。

正确：尺寸数字应正确无误，符合国家标准尺寸标注的规定。

完整：所注各类尺寸应齐全，做到不遗漏、不多余。

清晰：尺寸标注要整齐清晰，便于阅读和查找。

2. 尺寸基准

尺寸基准是标注尺寸的起始位置，或者说是度量尺寸的起点。长、宽、高三个方向应至少各有一个主要基准，有时还有一个或几个辅助基准。通常选组合体上较大的加工面（底面和端面）、对称面、轴线等为基准。

3. 尺寸种类

组合体是由若干基本体按一定的位置和方法组合而成的，因此在视图上除了要标注各基本体的形状大小外，还需要标注它们之间的相对位置和组合体本身的总体尺寸。通常，组合体的尺寸包括下列三种：

定形尺寸：表示各基本体形状大小（长、宽、高）的尺寸。

定位尺寸：表示各基本体之间相对位置（上下、左右、前后）的尺寸。

总体尺寸：表示组合体总长、总宽、总高的尺寸。

4. 尺寸布置

标注尺寸时，除了要求完整、准确地标出上述三类尺寸外，还要注意尺寸的布置，使其标注得清晰，以便阅读。因此在标注尺寸时，除应严格遵守国家标准的有关规定外，还要注意以下几点：

1）各基本体的定形尺寸和有关的定位尺寸，应尽量集中标注在一个或两个视图上，这样便于看图。

2）尺寸应标注在表达形体特征最明显的视图上，并尽量避免标注在细虚线上。

3）对称结构的尺寸，一般应对称标注。

4）尺寸应尽量标注在视图外边，布置在两个视图之间。

5）圆的直径一般标注在投影为非圆的视图上，圆弧的半径则应标注在投影为圆弧的视图上。

6）多个尺寸平行标注时，应使较小的尺寸靠近视图，较大的尺寸依次向外分布，以避免尺寸线与尺寸界线交叉。

7）内形尺寸与外形尺寸最好分别标注在视图的两侧。

5. 基本体尺寸标注

如图 2-2-21（a）~（c）所示，在标注平面立体的尺寸时，要注意定出长、宽、高三个方向的大小。如图 2-2-21（c）所示的六棱柱为正六棱柱，长与宽的尺寸只需注出一个即可，如为了看图方便，两个尺寸也可都注出，但是不能是矛盾尺寸，还应将次要的尺寸数字加括号标注，以作为参考尺寸。

如图 2-2-21（d）~（f）所示，圆柱、圆台、圆球等回转体在标注了尺寸后，只要用一个视图就能确定它们的形状和大小。

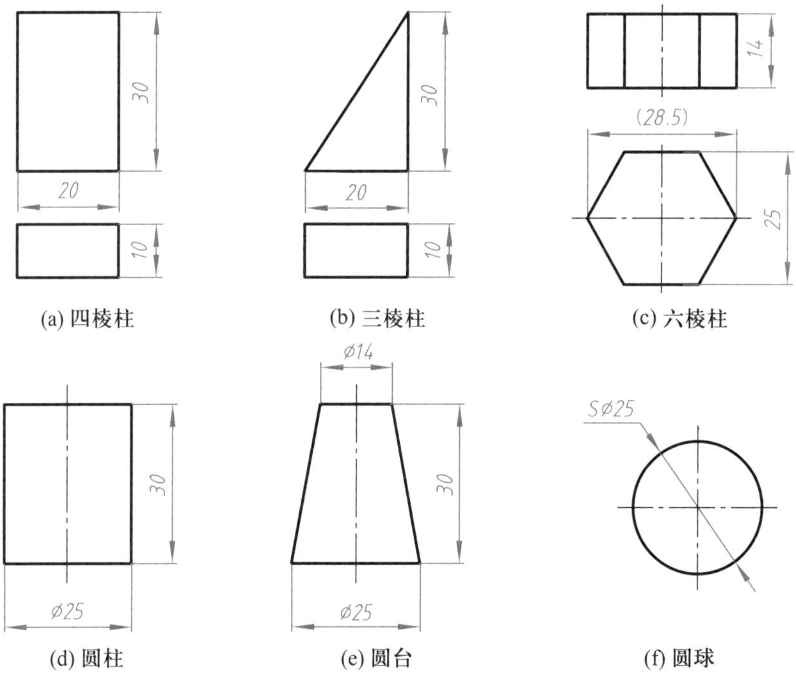

图 2-2-21 基本体尺寸标注

6. 切割体和相贯体尺寸标注

1）在标注切割体的尺寸时，一般只标注截平面的定位尺寸和开槽或穿孔的定形尺寸，截交线是基本体被截切后自然产生的，因此，对截交线不再标注尺寸，如图 2-2-22 所示。

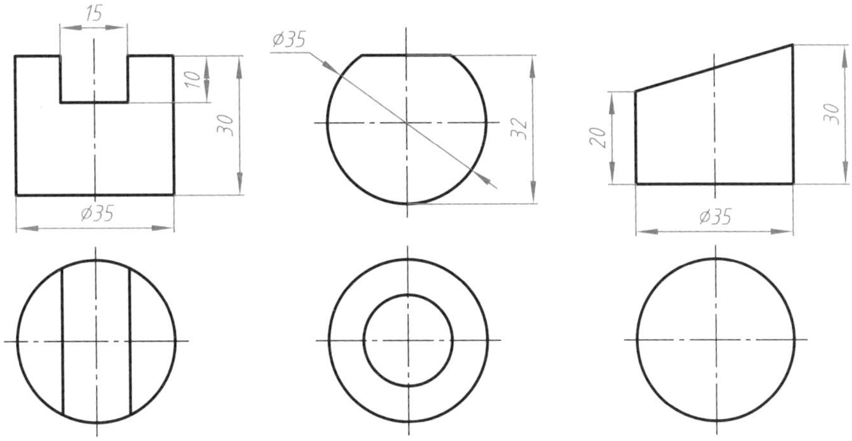

图 2-2-22　切割体尺寸标注

2）两回转体相贯时，应标注两回转体的定形尺寸和表示相对位置的定位尺寸，而不应标注相贯线的尺寸，如图 2-2-23 所示。

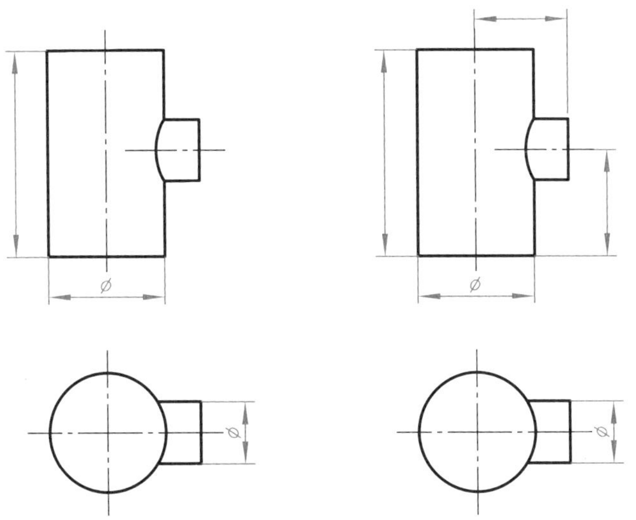

(a) 标定形尺寸　　(b) 标定位尺寸

图 2-2-23　相贯体尺寸标注

7. 组合体尺寸标注

标注组合体的尺寸时，应首先按形体分析法将组合体分解成若干个基本体，再注出表示各个基本体大小的尺寸及确定这些基本体间相对位置的尺寸。按照这样的方法标注尺寸，就比较容易做到既不漏标尺寸，也不重复标注尺寸。

图 2-2-24 所示为典型结构的尺寸标注。

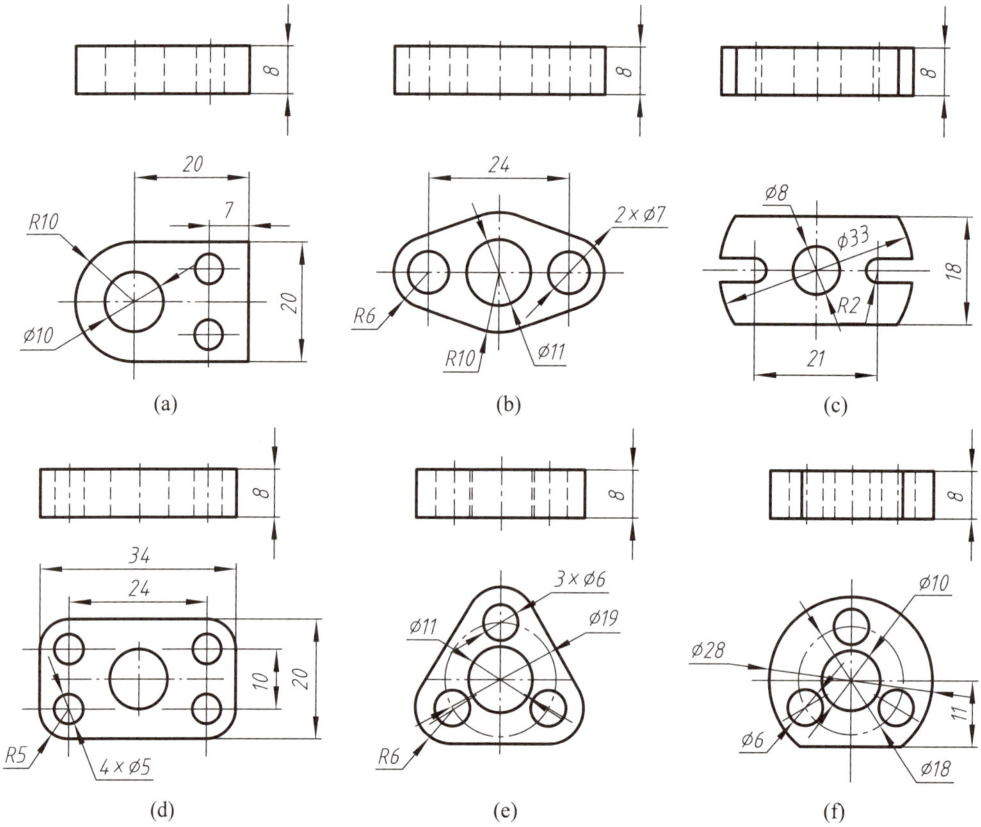

图 2-2-24 典型结构的尺寸标注

【任务实施】

1. 形体分析

如图 2-2-1、图 2-2-2 所示，轴承座由底板、支承板、肋板、圆筒组成。底板、支承板和肋板之间在空间位置两两垂直；支承板侧面和圆筒表面相切；肋板与圆筒相交，相贯线由圆弧和直线围成；底板上有两个圆柱通孔，底面有一矩形凹槽。

2. 选择视图

首先选择主视图的投射方向，使主视图能较多地表达组合体各部分的形状特征及相对位置，同时考虑轴承座的安装位置，选取底板水平放置，以保证轴承座放置稳定。

其次确定其他视图，俯视图主要表达底板的形状和两通孔中心的位置，左视图主要表达肋板的形状，可见需用三个视图才能表达清楚该轴承座的形状。

3. 选择幅面和比例

根据轴承座的复杂程度和形体大小，选择国家标准规定的图幅和比例，在选择时应充分考虑到视图、尺寸及标题栏的大小和位置等。

4. 布置视图，画作图基准线

根据轴承座的总体尺寸，通过简单计算，将各视图均匀地布置在图框内，视图间预留尺寸标注位置。各视图的位置确定后，用细点画线或细实线画出作图基准线。作图基准线一般为底面、对称面、主要端面、主要轴线等，如图 2-2-25（a）所示。

5. 画底稿，检查并描深图线

在形体分析的基础上，逐一画出每一个基本体的三视图：先画出底板的三视图，再画圆筒的三视图，最后画出支承板和肋板的三视图，并补画底板上的圆角、凹槽与孔，如图 2-2-25（b）～（f）所示。

画底稿时应注意以下事项：

在画组合体的视图时，应先画主要形体，后画次要形体，先画可见部分，后画不可见部分，画每一个基本体时，一般应该三个视图对应着一起画，先画反映实形或者特征的视图，再按投影关系画其他视图，尤其是注意必须按投影关系正确地画出平行、相切和相交处的投影。

检查底稿，确定没有错误后描深图线。

(a) 布置视图并画出基准线

(b) 画底板三视图

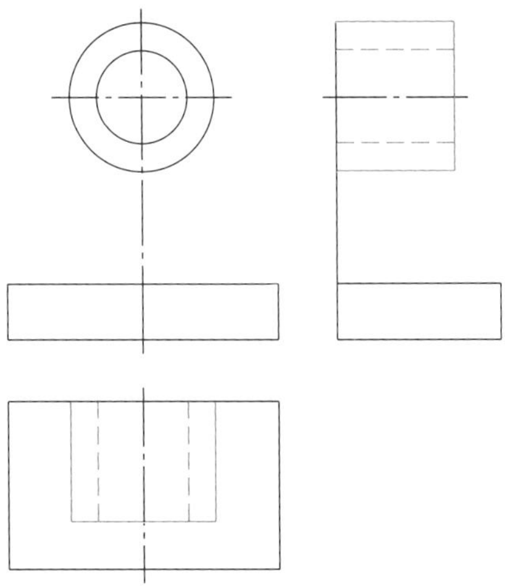

(c) 画圆筒三视图

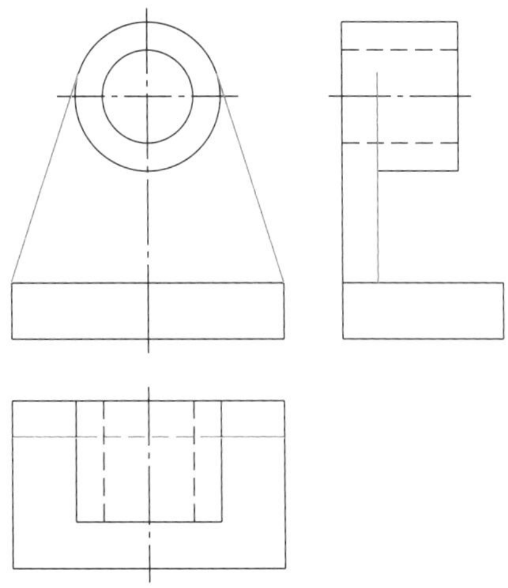

(d) 画支承板三视图

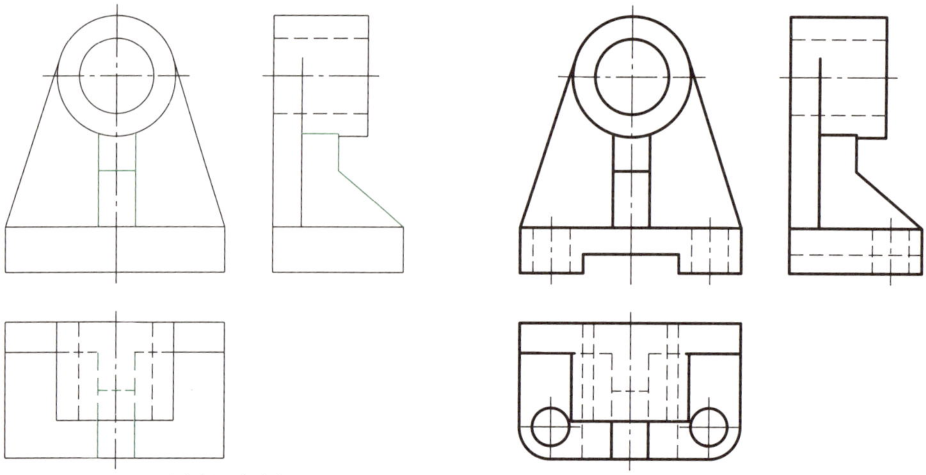

(e) 画肋板三视图　　(f) 画底板细节三视图，检查并描深图线

图 2-2-25　轴承座三视图的作图步骤

6. 标注尺寸

标注尺寸时应考虑定形尺寸、定位尺寸和总体尺寸，并掌握尺寸标注的注意事项，如图 2-2-26 所示。

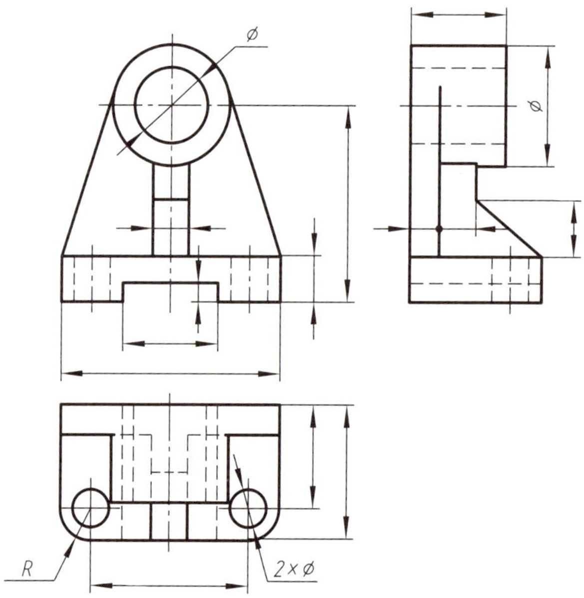

图 2-2-26　轴承座的尺寸标注

【任务总结】

通过绘制轴承座的三视图，了解组合体的组合形式、组合体相邻表面之间的连接关系，掌握绘制组合体三视图的步骤、组合体的尺寸标注等，为后续课程的学习打好基础，培养严谨的工作作风。

【任务检测】

通过形体分析，独立绘制图 2-2-27 所示综合型组合体的三视图，尺寸自估。

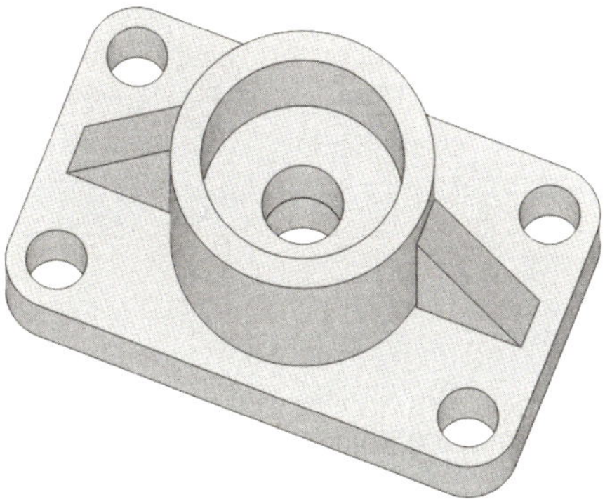

图 2-2-27　综合型组合体

【任务评价】

任务评价标准

序号	评价内容	分数	自评分	互评分	教师评分
1	图形分析	15			
2	图形质量	25			
3	图面整洁	15			
4	图形布局	15			
5	任务检测	20			
6	课堂表现	10			
总分		100			
综合评价（自评分 ×20%+ 互评分 ×30%+ 教师评分 ×50%）					

项目三　常见形体轴测图的绘制

【项目描述】

轴测投影属于单面平行投影，能够同时反映形体的正面、侧面和上表面的特征，其接近人眼的观察习惯，富有立体感，在工程设计和工业生产中常用作辅助图样。本项目通过一个任务的知识点学习与任务实施，掌握制图国家标准的相关规定，初步了解轴测图的相关知识，掌握中望机械 CAD 绘制轴测图的方法与步骤。

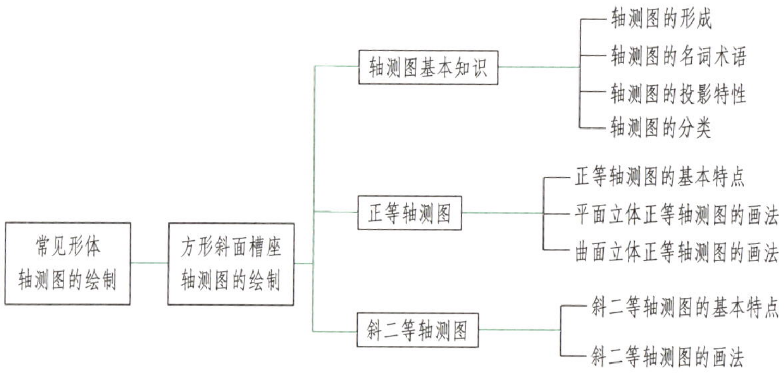

任务　方形斜面槽座轴测图的绘制

【任务目标】

✧ 知识目标

了解轴测图的基本知识，如正等轴测投影和斜二等轴测投影的定义和基本特性。

✧ 能力目标

能正确绘制零件的正等轴测图。

✧ 素养目标

培养空间想象和思维能力，提高画图和识图能力。

【任务引入】

运用项目二中学习的三视图知识，能将物体的每部分形状完整、准确地表达出来，且视图度量性好，作图方便，在工程上得到广泛应用，如将图 3-1-1 所示方形斜面槽座用图 3-1-2 所示零件图表达。但这种图样缺乏直观性和立体感，不能直接呈现机件或部件的立体效果，为了弥补这一不足，工程上常采用富有立体感的轴测图作为辅助图样来说明零部件的立体形状，从而表达设计意图、产品包装等。本任务通过绘制方形斜面槽座正等轴测图掌握中望机械 CAD 的基本操作。

图 3-1-1 方形斜面槽座

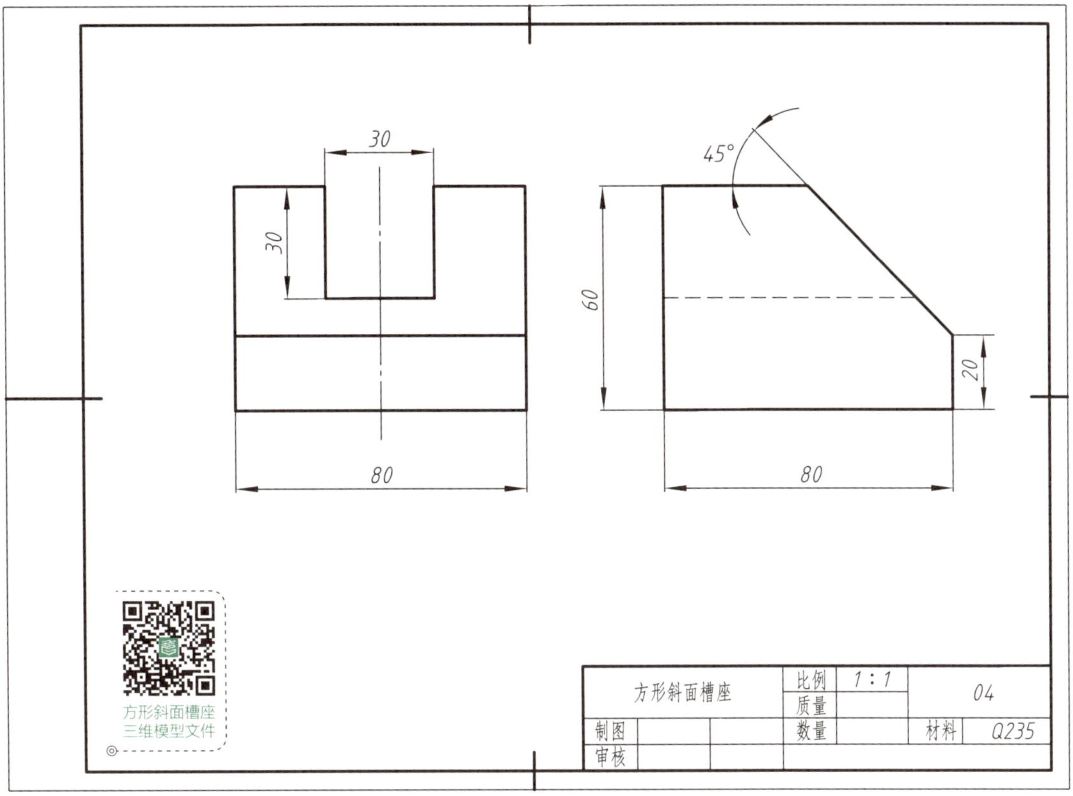

图 3-1-2 方形斜面槽座零件图

【相关知识】

一、轴测图基本知识

1. 轴测图的形成

用平行投影法将物体连同确定该物体的直角坐标系一起沿不平行于任一坐标平面的方

向投射到一投影面上，所得到的图形称为轴测图。

2. 轴测图的名词术语

（1）轴测轴

轴测轴是指确定立体位置的空间直角坐标轴在轴测投影面上的投影，如图 3-1-3 所示的 X_1、Y_1、Z_1 轴。

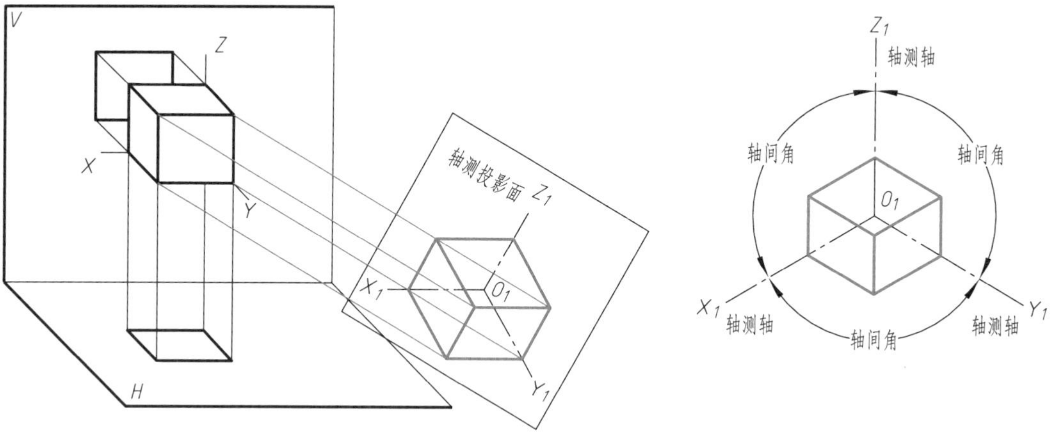

图 3-1-3　轴测图的形成

（2）轴间角

轴间角是轴测图中两个轴测轴的夹角，如图 3-1-3 所示的 $\angle X_1O_1Y_1$、$\angle Y_1O_1Z_1$、$\angle Z_1O_1X_1$。

（3）轴向伸缩系数

轴向伸缩系数是轴测图中的单位长度与相应直角坐标系中的单位长度的比值，不同的轴测图，其轴向伸缩系数不同。

3. 轴测图的投影特性

1）平行性：空间相互平行的线段，其轴测投影也相互平行。

2）等比性：同一方向的轴向线段具有相同的轴向伸缩系数。

4. 轴测图的分类

按国家标准 GB/T 4458.3—2013 规定，工程中常采用下列两种轴测图：

1）正等轴测图（简称为正等测）。投射方向垂直于轴测投影面，三个轴的轴向伸缩系数和轴间角均相等，如图 3-1-4（a）所示。

2）斜二等轴测图（简称为斜二测）。投射方向倾斜于轴测投影面，O_1X_1、O_1Z_1 轴的轴向伸缩系数相等，并且是 O_1Y_1 轴的轴向伸缩系数的 2 倍，如图 3-1-4（b）所示。

二、正等轴测图

1. 正等轴测图的基本特点

正等轴测图的轴间角均为 120°，O_1X_1、O_1Y_1 轴与水平线夹角为 30°，为了作图方便，轴向伸缩系数常采用简化系数 $p=q=r=1$，如图 3-1-4（a）所示。

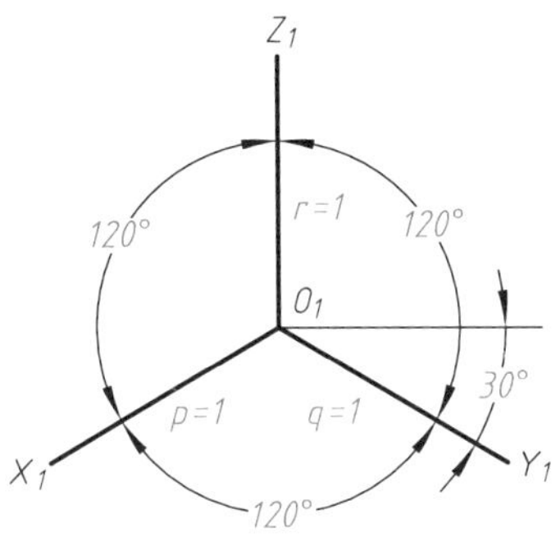

(a) 正等轴测图

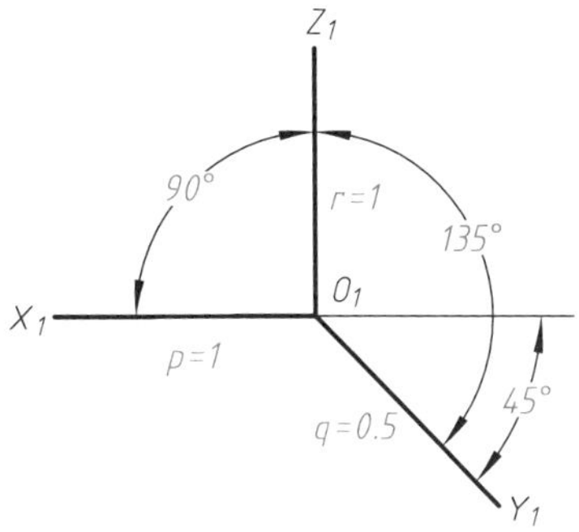

(b) 斜二等轴测图

图 3-1-4 轴测图的分类

2. 平面立体正等轴测图的画法

绘制平面立体正等轴测图的基本方法有坐标法和切割法。根据立体图形的特点，选择合适的坐标轴，并按照平面立体各顶点的坐标，分别作出其轴测投影，然后顺序连线，即可完成平面立体的正等轴测图，这种作图方法称为坐标法，一般适用于表面完整规则的物体，如图 3-1-5（a）所示。对于表面不完整的物体，可以根据立体图形的特点画出假想的完整正等轴测图，再用切割法画出其不完整的部分，如图 3-1-5（b）所示。

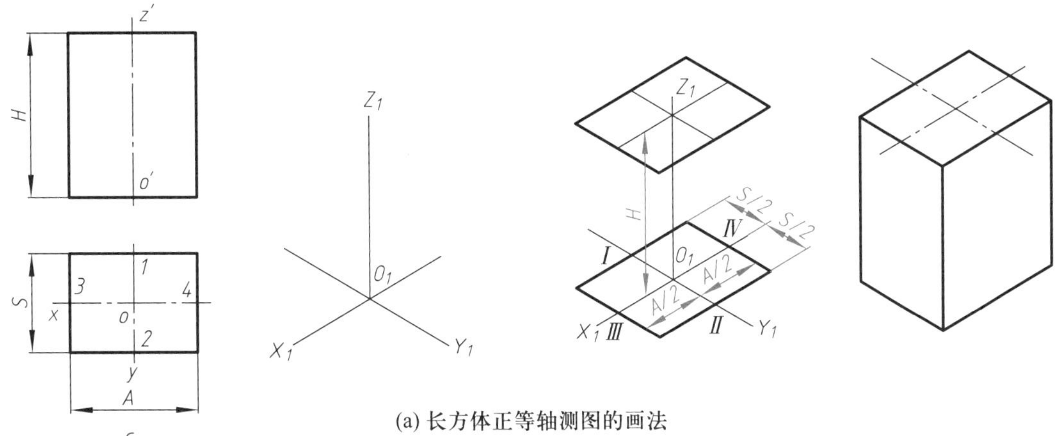

(a) 长方体正等轴测图的画法

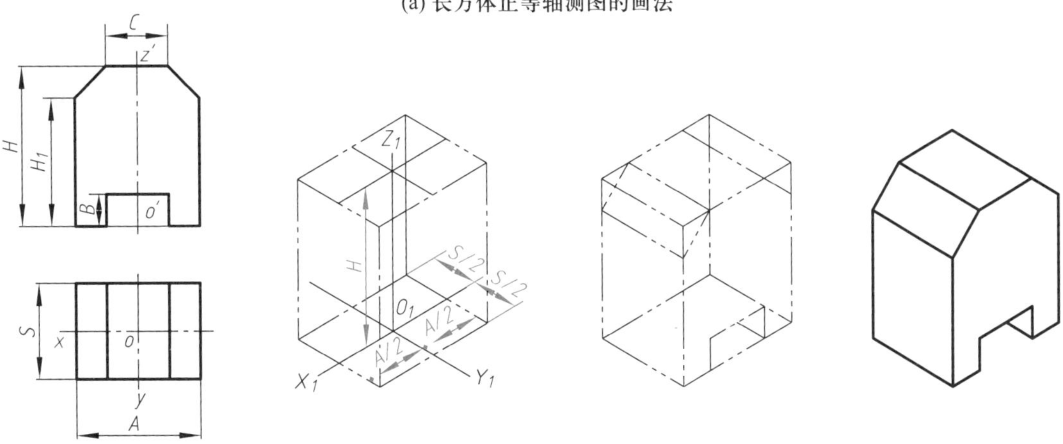

(b) 切割体正等轴测图的画法

图 3-1-5 正等轴测图的画法

3. 曲面立体正等轴测图的画法

（1）圆和圆柱正等轴测图的画法

在正等轴测图中，平行于三个坐标面的圆的轴测投影都是椭圆，如图 3-1-6 所示。这些椭圆除了长、短轴方向不同外，基本的画法都是一致的，各椭圆的长轴约为圆直径的 1.22 倍，各椭圆的短轴约为圆直径的 0.71 倍。

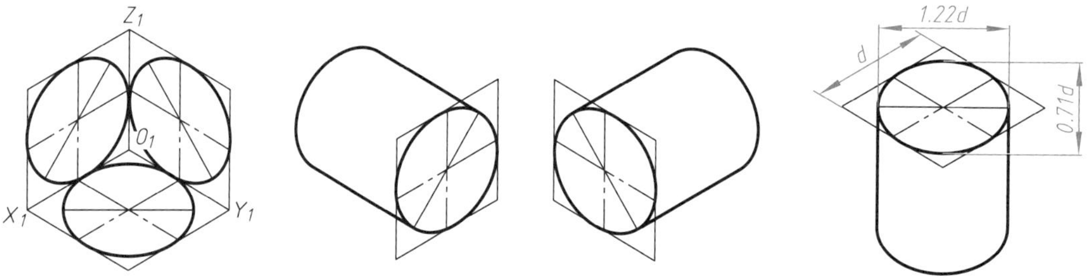

图 3-1-6　不同坐标面上圆的正等轴测图

圆柱正等轴测图的画法：确定好圆柱高度后先作上、下（左、右或者前、后）底面的椭圆投影，然后作两个椭圆的公切线，即可完成圆柱的正等轴测图。

提示：

熟记椭圆的长、短轴分别为 1.22 d 和 0.71 d，在采用计算机绘图时，画圆的正等轴测图会非常便利。

（2）圆角正等轴测图的画法

圆角正等轴测图的画法：先画出长方体的正等轴测图，然后在对应圆角的位置找出圆弧与棱边的切点，过切点作垂直于棱边的垂线，每个圆角的两个切点垂线的交点即为圆心，圆心到切点的距离即为连接圆弧半径，画出圆弧即为一个圆角的正等轴测图，同理可作出另外一个圆角的正等轴测图。最后将上底面的圆角正等轴测图平移到下底面，即完成带圆角平板的正等轴测图，如图 3-1-7 所示。

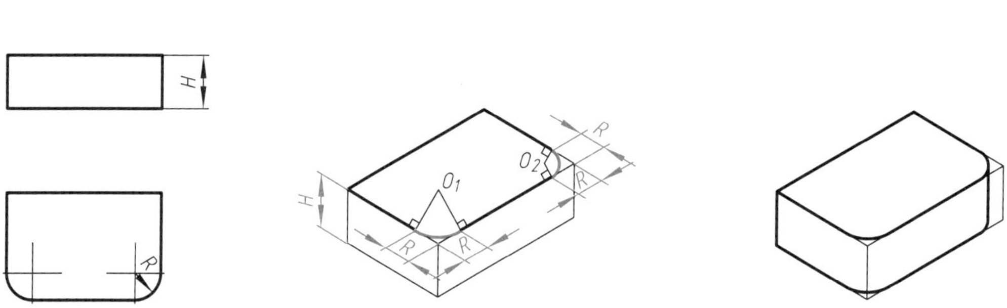

图 3-1-7　带圆角平板的正等轴测图

三、斜二等轴测图

1. 斜二等轴测图的基本特点

斜二等轴测图的坐标面 $X_1O_1Z_1$ 平行于轴测投影面 P，O_1X_1、O_1Z_1 轴的轴向伸缩系数相等 $p=r=1$，轴间角 $\angle X_1O_1Z_1$ 为 90°，为了便于绘图，选取 O_1Y_1 轴的轴向伸缩系数 $q=0.5$，轴间角 $\angle X_1O_1Y_1$ 和 $\angle Y_1O_1Z_1$ 为 135°，如图 3-1-4（b）所示。

2. 斜二等轴测图的画法

平面立体斜二等轴测图的画法参考正等测轴测图的绘图过程，根据斜二等轴测图的特点，使用正确的轴测轴及其参数进行绘图。

下面以曲面立体斜二等轴测图的画法为例，了解其绘图特点。

如图 3-1-8 所示，形体为圆柱组合体。圆柱组合体的前、后端面都是圆，将前、后端面平行于 V 面放置，然后以后端面为 $X_1O_1Z_1$ 坐标面，再根据轴向伸缩系数作图会比较方便。画出轴测轴，在 O_1Y_1 轴上确定各个端面的距离为 $L/2$，画出所有端面的 4 个圆，作出相应端面圆的公切线，根据组合体的实际特征完成其斜二等轴测图的绘制。

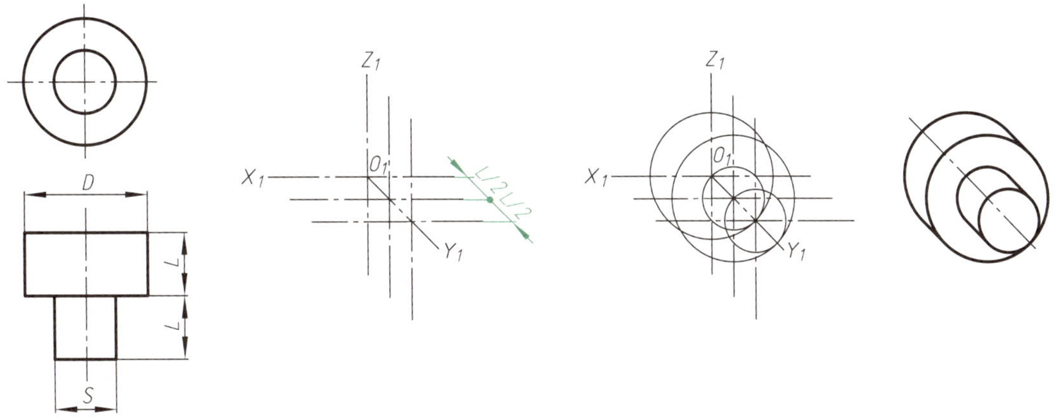

图 3-1-8 曲面立体的斜二等轴测图

【任务实施】

一、绘图准备

1. 新建图形文件并保存

执行新建 New 命令、保存 Save 命令，创建文件名为“方形斜面槽座正等轴测图”、文件类型为“*.dwg”的图形文件。

2. 两种绘制方法的设置

根据不同的绘制方式可以分为两种设置，本任务以 ISOPLANE 命令画正等轴测图的方式进行绘图，感兴趣的读者可以自行尝试以“极轴追踪”功能画正等轴测图的方式进行绘图。

（1）ISOPLANE 命令画正等轴测图

首先单击状态栏中“捕捉”图标 、“对象捕捉”图标 、“正交”图标 、“对象捕捉追踪”图标 ，使相应图标呈蓝色，表示功能打开。

“对象捕捉”功能需在绘图过程或编辑命令的执行过程中，在提示输入点时才能使用。打开方式有：

1）在“对象捕捉”工具栏中选择相应的捕捉类型，如图 3–1–9 所示。

2）在绘图时，按住 <Shift> 键或 <Ctrl> 键的同时右键单击，调出“对象捕捉”快捷菜单，从中选择需要的捕捉类型，如图 3–1–10 所示。

3）对象捕捉设置见项目一中任务二的【相关知识】。

打开“等轴测捕捉”功能：右键单击“捕捉”图标或“栅格”图标，选择“设置”，系统弹出“草图设置”对话框，如图 3–1–11 所示，选中“捕捉类型”下的“栅格捕捉”→“等轴测捕捉”单选按钮，此时光标变为图 3–1–12（a）所示的外形。绘制二维轴测图的过程中，需要绘制三维模型的不同侧面，因此要在不同的视图间进行切换。执行 ISOPLANE 命令，可看到系统提供“左视”“右视”“俯视”三个平面，如图 3–1–13 所示，按 <F5> 键或 <Ctrl+E> 键可在三个平面间快速切换，以绘制不同侧面。绘图时要注意不同视图中坐标的变化，坐标显示的是当前视图中的正交形态，如图 3–1–12 所示。

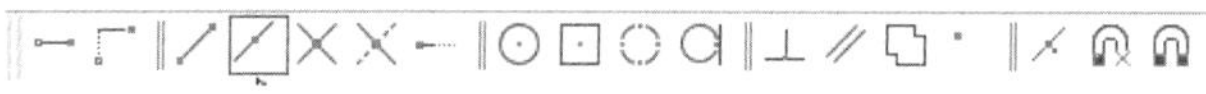

图 3-1-9　“对象捕捉”工具栏

图 3-1-10　“对象捕捉”快捷菜单

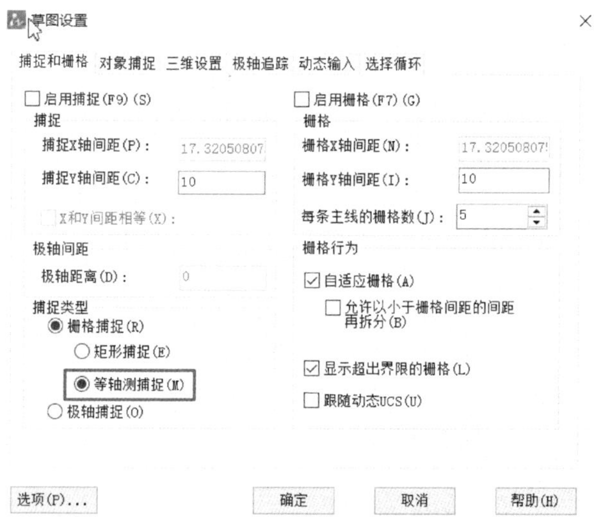

图 3-1-11　“等轴测捕捉”功能

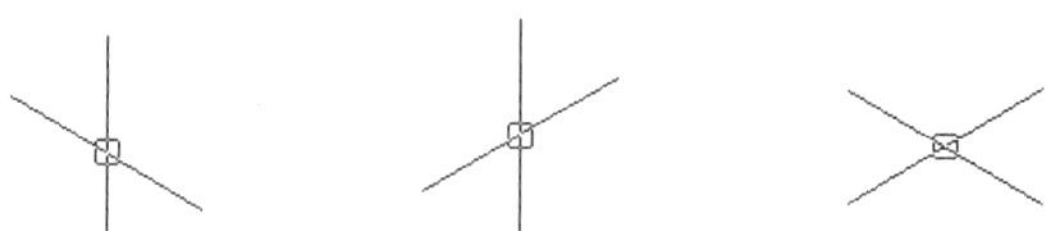

(a) 左视　　(b) 右视　　(c) 俯视

图 3-1-12　等轴测捕捉的三种光标外形

图 3-1-13 ISOPLANE 命令

(2)“极轴追踪”功能画正等轴测图

可采用“极轴追踪”功能绘图,该功能可以沿预先指定的角度增量方向追踪定点,是精确绘图非常有效的辅助工具,有助于在绘制轴测图时更好地把握轴测轴上的尺寸度量。

单击状态栏中“极轴追踪”图标 、“对象捕捉”图标 、“对象捕捉追踪”图标 ,使相应图标呈蓝色,表示功能打开。

右键单击“极轴追踪”图标,选择“设置”,系统弹出“草图设置”对话框,如图 3-1-14 所示,在“极轴追踪”选项卡中将“极轴角设置”的“增量角度”设置为合适角度,建议为“30”。完成此设置后,当光标移动到 30° 角的倍数时,极轴出现,辅助画图。

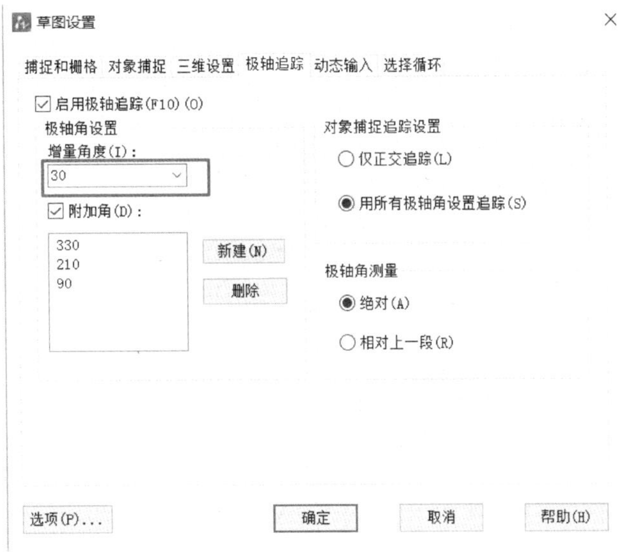

图 3-1-14 “极轴追踪”选项卡

3. 图幅设置、标题栏填写和图层设置

图幅设置、标题栏填写和图层设置见项目一中任务二【任务实施】的绘图准备,注意图幅大小选 A4,布置方式横置,绘图比例设为 1∶2。

二、图形分析

方形斜面槽座具有典型的切割型组合体特征。若从零件图中视图的角度分析,应先读懂视图表达的含义,建立正确的三维立体形象。根据图纸上的三视图投影关系和尺寸分析,可以得到以下结论：

1）零件图所示组合体的原始未切割状态（基础形体）为 80 mm × 80 mm × 60 mm 的长方体，如图 3-1-15（a）所示；

2）在前端面 20 mm 高度位置处，以一 45° 截平面进行了第一次切割，如图 3-1-15（b）所示；

3）在上端面的中心位置，以一深 30 mm、宽 30 mm 的槽型进行了第二次切割，如图 3-1-15（c）所示。

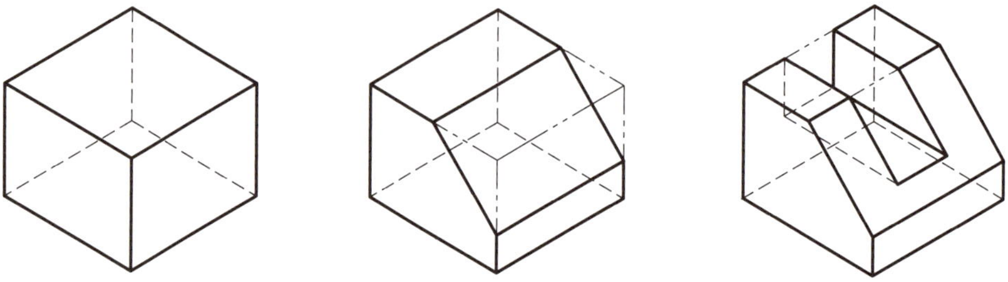

(a) 未切割状态　　(b) 第一次切割　　(c) 第二次切割

图 3-1-15　方形斜面槽座形体分析

绘制组合体轴测图的方法仍然是形体分析法。在完整的原始基础形体上，按切割顺序及切割位置，逐次切去部分形体，从而形成最终的组合体。

方形斜面槽座为一平面立体，在选择轴测图表达方案时，应从直观性和作图简便性来考虑，如图 3-1-16 所示，选择正等轴测图表达。

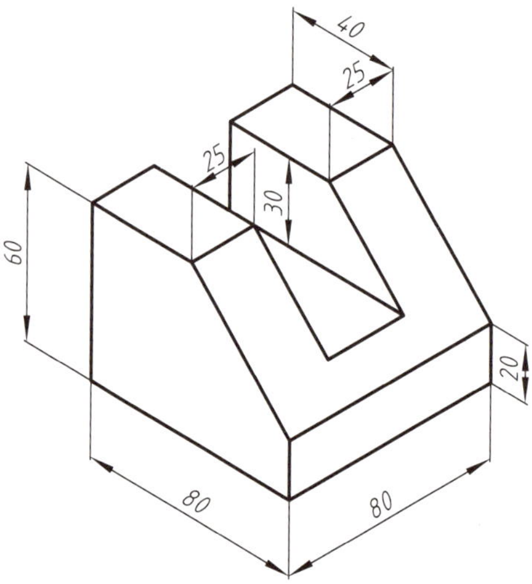

方形斜面槽座正等轴测图绘制

图 3-1-16　方形斜面槽座正等轴测图

三、图形绘制

方形斜面槽座正等轴测图由“1 轮廓实线层”构成，主要涉及直线（L）、修剪（TR）、复制（CP）命令。绘制的难点在于形体的轮廓线与轴测轴的对应关系。

1. 绘制左端面直线一

确定当前等轴测平面为左视，将“1 轮廓实线层”设置为当前层，单击“绘图”工具栏中“直线”图标 ╲ 或输入“L”(中望智能画线 SS)，在绘图区单击鼠标左键确定方形斜面槽座底边直线第一点，向左上移动光标，当显示 150° 的标识时指定下一点，在当前命令行输入“40”，按回车键(或空格键)，完成左端面第一条直线的绘制，效果如图 3-1-17 所示。

2. 绘制左端面直线二

向下移动光标，当显示 90° 的标识时，在当前命令行输入“60”，按回车键(或空格键)，完成左端面第二条直线的绘制，效果如图 3-1-18 所示。

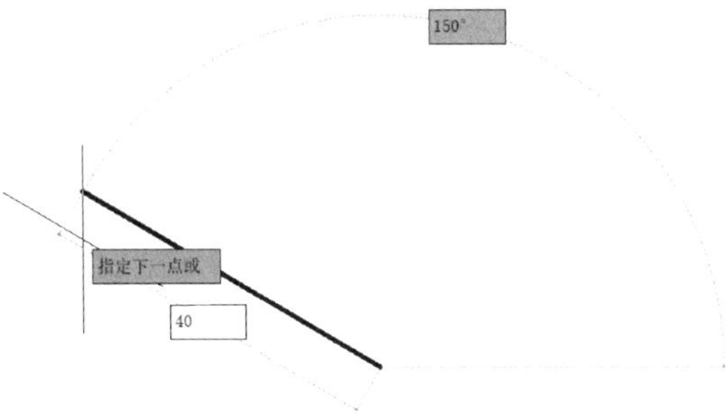

图 3-1-17　绘制左端面直线一

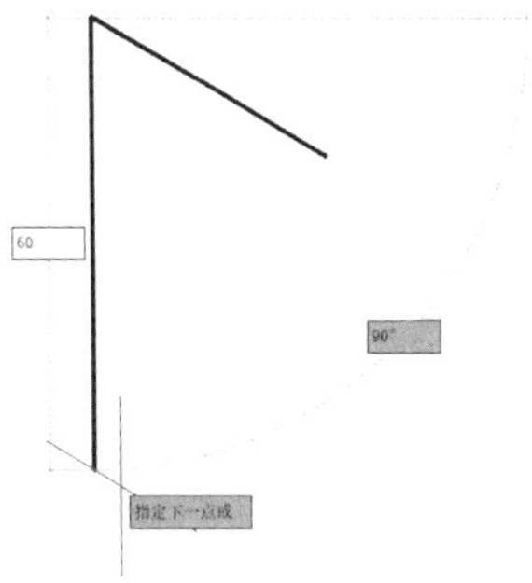

图 3-1-18　绘制左端面直线二

3. 绘制左端面直线三

向右下移动光标，当显示 30° 的标识时，在当前命令行输入“80”，按回车键(或空格键)，完成左端面第三条直线的绘制，效果如图 3-1-19 所示。

4. 绘制左端面直线四

向上移动光标，当显示 90° 的标识时，在当前命令行输入“20”，按回车键(或空格键)，完成左端面第四条直线的绘制，效果如图 3-1-20 所示。

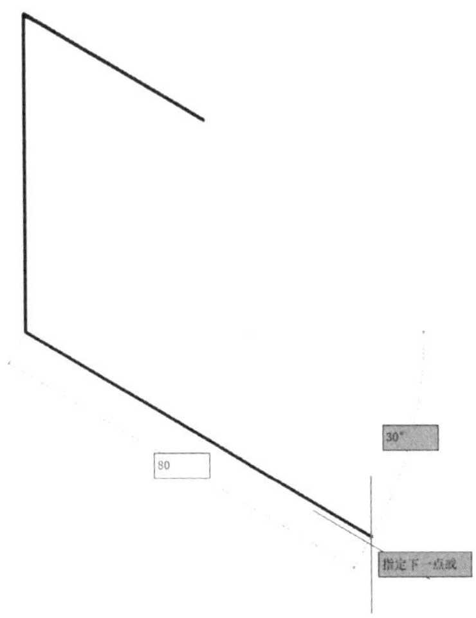

图 3-1-19　绘制左端面直线三

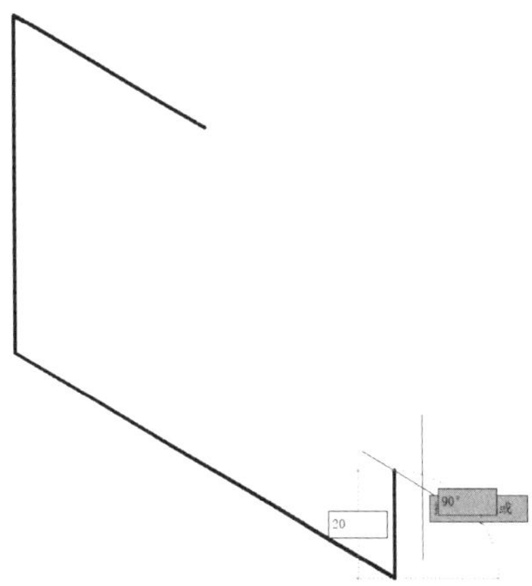

图 3-1-20　绘制左端面直线四

5. 绘制左端面直线五

移动光标至第一条直线的起始点，单击鼠标左键选中该点，按回车键（或空格键），完成第五条直线的绘制，在等轴测平面里如此操作时需要关闭“正交”模式，会比较繁琐，也可以在命令栏显示 指定下一点或 [角度(A)/长度(L)/闭合(C)/放弃(U)]: 时，直接输入“C”，按回车键（或空格键）完成线框闭合，效果如图 3–1–21 所示。

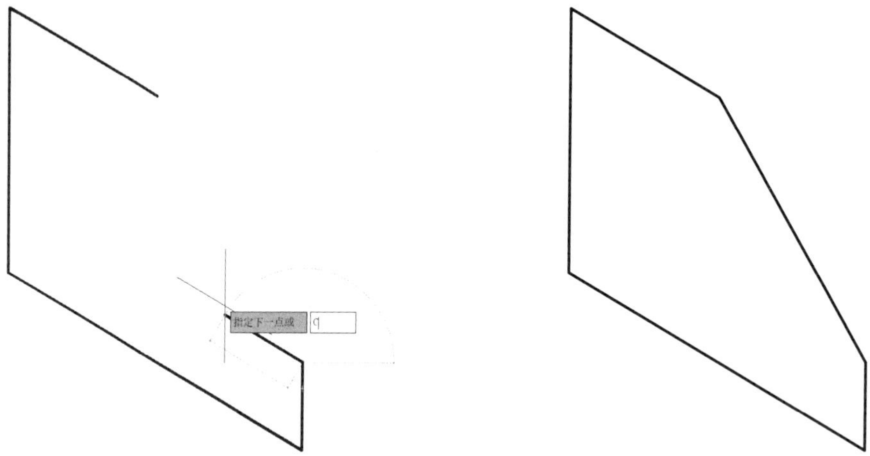

(a)　　(b)

图 3-1-21　绘制左端面直线五

6. 绘制另一条底边直线

按 <F5> 键或 <Ctrl+E> 键切换等轴测平面到俯视，单击“绘图”工具栏中“直线”图标 ＼ 或输入“L”（中望智能画线 SS），或按空格键（执行上一个命令），鼠标左键单击底边左侧端点作为直线的第一点，向右上移动光标，当显示 30° 的标识时，在当前命令行输入“80”，按回车键（或空格键）两次，完成另一条底边直线的绘制，效果如图 3–1–22 所示。

7. 复制左端面至右端面

用鼠标左键单击选中左端面三条直线，如图 3–1–23 所示，单击“绘图”工具栏中“复制”图标 或输入“CP”，鼠标左键单击选中三条直线中最下面的端点，然后移动光标到底边最右侧端点，单击鼠标左键，按回车键（或空格键），完成复制，效果如图 3–1–24 所示。

8. 补齐上表面直线

单击“绘图”工具栏中“直线”图标 ＼ 或输入“L”（中望智能画线 SS），连接如图 3–1–25 所示的直线，也可以采用复制（CP）命令，复制底边直线至上表面完成绘制。

9. 复制切割直线

确定等轴测平面为俯视，选中左端面两条直线，在命令栏中输入“CP”，鼠标左键单击选中两条直线中间端点，然后沿极轴移动光标，当前命令行输入“25”，按回车键（或空格键），效果如图 3–1–26（a）所示；然后继续沿极轴移动光标，当前命令行输入“55”，按回车键（或空格键）两次，效果如图 3–1–26（b）所示。

10. 绘制凹槽直线

按 <F5> 键或 <Ctrl+E> 键切换等轴测平面到左视，执行直线命令，当光标沿极轴 90°

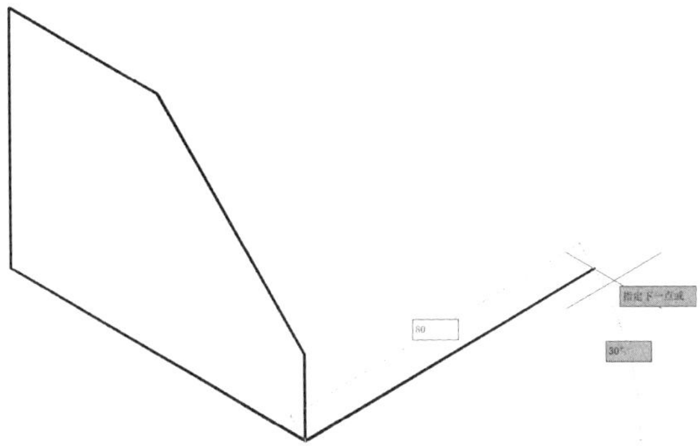

图 3-1-22　绘制另一条底边直线

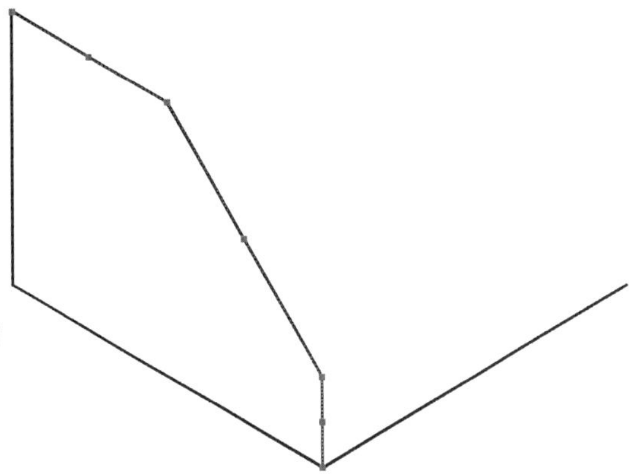

图 3-1-23　选中左端面三条直线

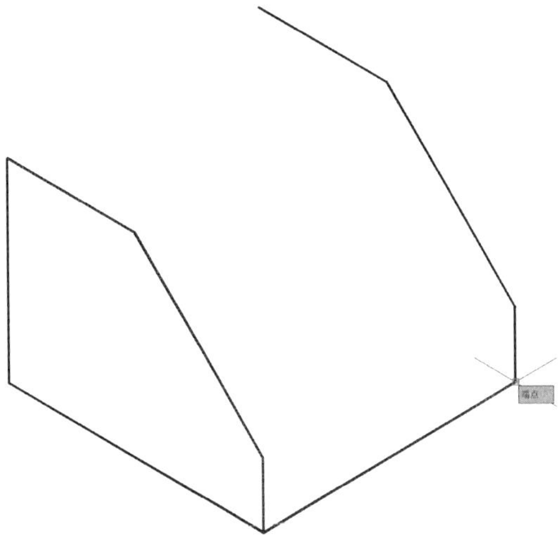

图 3-1-24　复制左端面至右端面

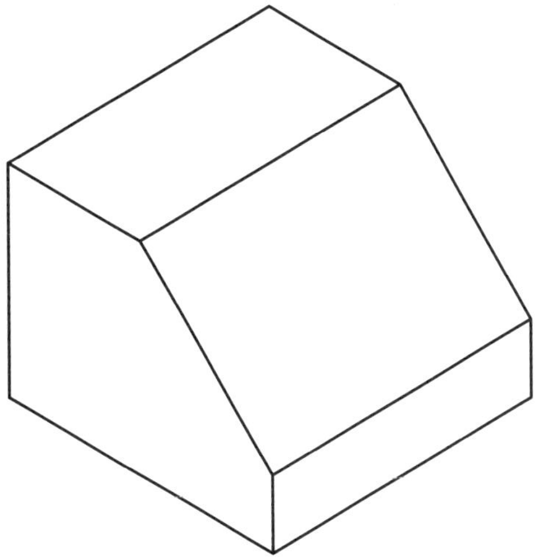

图 3-1-25　补齐上表面直线

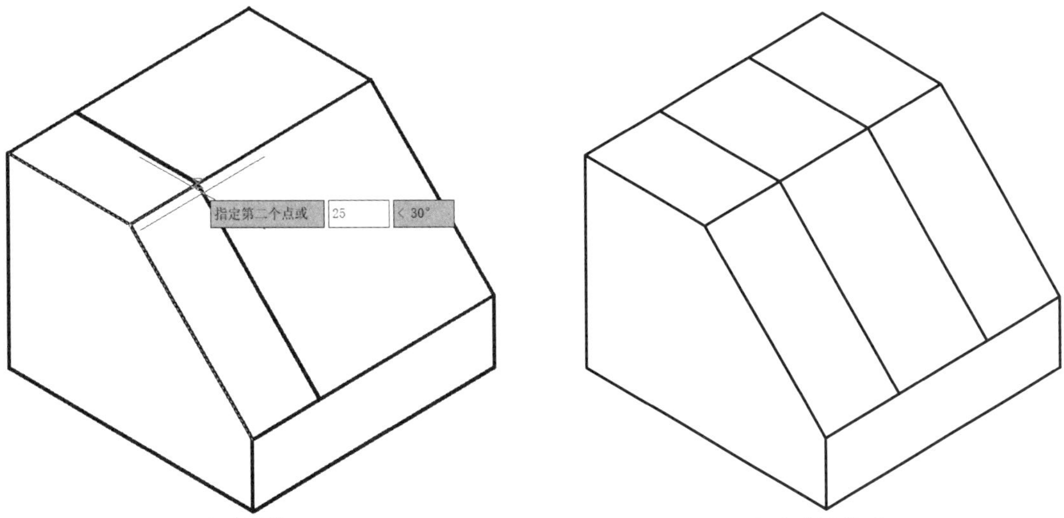

(a) 切割直线一　　(b) 切割直线二

图 3-1-26　复制切割直线

时，当前命令行输入“30”，按回车键（或空格键）；当光标沿极轴 30° 时，画直线与斜边相交，按回车键（或空格键），效果如图 3-1-27 所示。

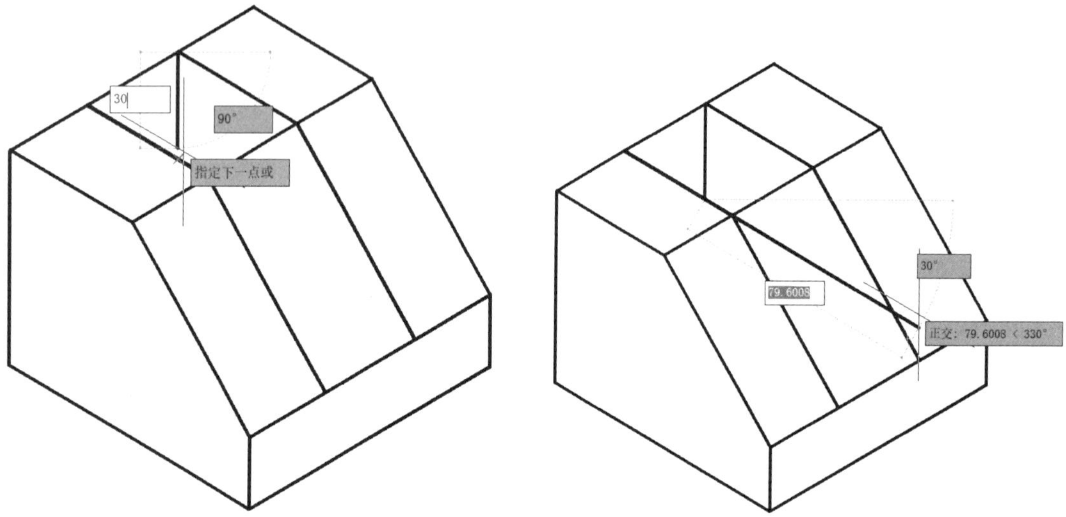

(a) 凹槽直线一　　(b) 凹槽直线二

图 3-1-27　绘制凹槽直线

11. 补齐凹槽底边

按 <F5> 键或 <Ctrl+E> 键切换等轴测平面到俯视，执行直线命令，选中斜边交点为直线的第一点，当光标沿极轴 150° 时，当前命令行输入“30”，按回车键（或空格键），效果如图 3-1-28 所示。

12. 修剪多余线段，完成正等轴测图

单击“绘图”工具栏中“修剪”图标 或输入“TR”，按回车键（或空格键），鼠标左键单击需要修剪的多余线段，按回车键（或空格键），完成最终的正等轴测图绘制，效果如图 3-1-29 所示。

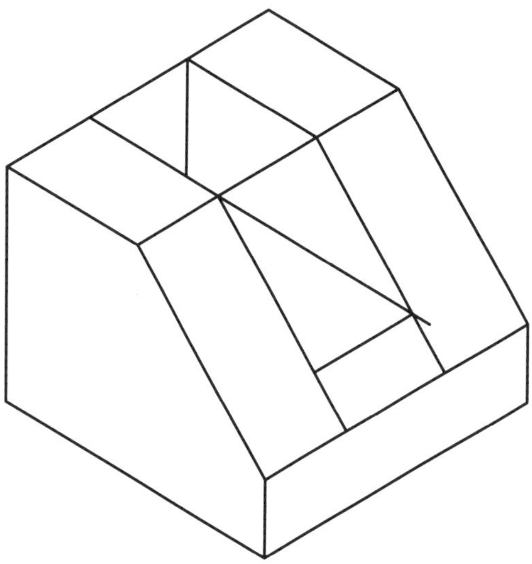

图 3-1-28　补齐凹槽底边

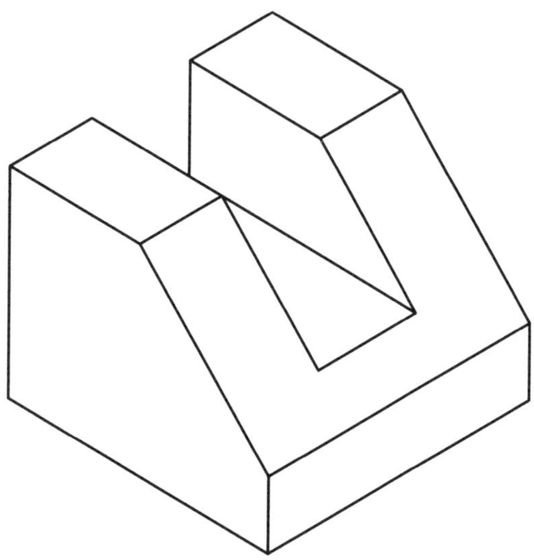

图 3-1-29　方形斜面槽座正等轴测图

【任务总结】

学习轴测图的基本知识，掌握正等轴测图的绘图过程。熟悉中望机械 CAD 工作界面、基本操作，掌握捕捉、对象捕捉、对象捕捉追踪的设置与应用，掌握 ISOPLANE、直线、修剪、复制命令的操作与运用，能正确、快速地绘制方形斜面槽座正等轴测图。

【任务检测】

绘制图 3-1-30 所示组合体轴测图，并填空回答问题。

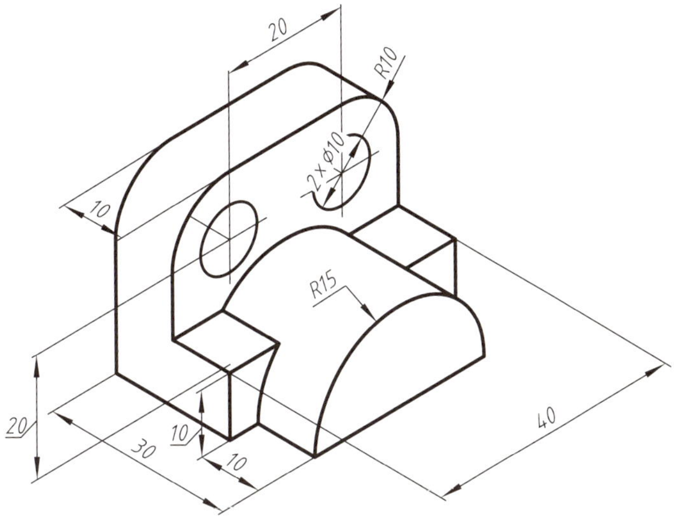

图 3-1-30 组合体轴测图

1）该组合体的轴测图为__________（正等轴测图、斜二等轴测图）。

2）该组合体的总体尺寸：总长为_________，总宽为_________，总高为_________。

3）当前表达该组合体轴测图的方案是否合理，理由：____

【任务评价】

任务评价标准

序号	评价内容	分数	自评分	互评分	教师评分
1	基础知识	10			
2	图形分析	10			

续表

序号	评价内容	分数	自评分	互评分	教师评分
3	对象捕捉	10			
4	等轴测捕捉	5			
5	极轴追踪	10			
6	图层设置	10			
7	图框、标题栏	10			
8	图形绘制	15			
9	任务检测	10			
10	课堂表现	10			
总分		100			
综合评价（自评分 ×20%+ 互评分 ×30%+ 教师评分 ×50%）					

项目四　机械图样的表达方法

【项目描述】

在工程实际中，机件的结构形状多种多样，对于内、外部结构复杂的机件，仅用三视图无法完整、清晰地表达其结构，国家标准《技术制图》和《机械制图》中规定了视图、剖视图、断面图、局部放大图等基本表达方法。本项目通过三个任务的知识点学习与任务实施，掌握制图国家标准关于机件表达方法的相关规定、作图方法与步骤。

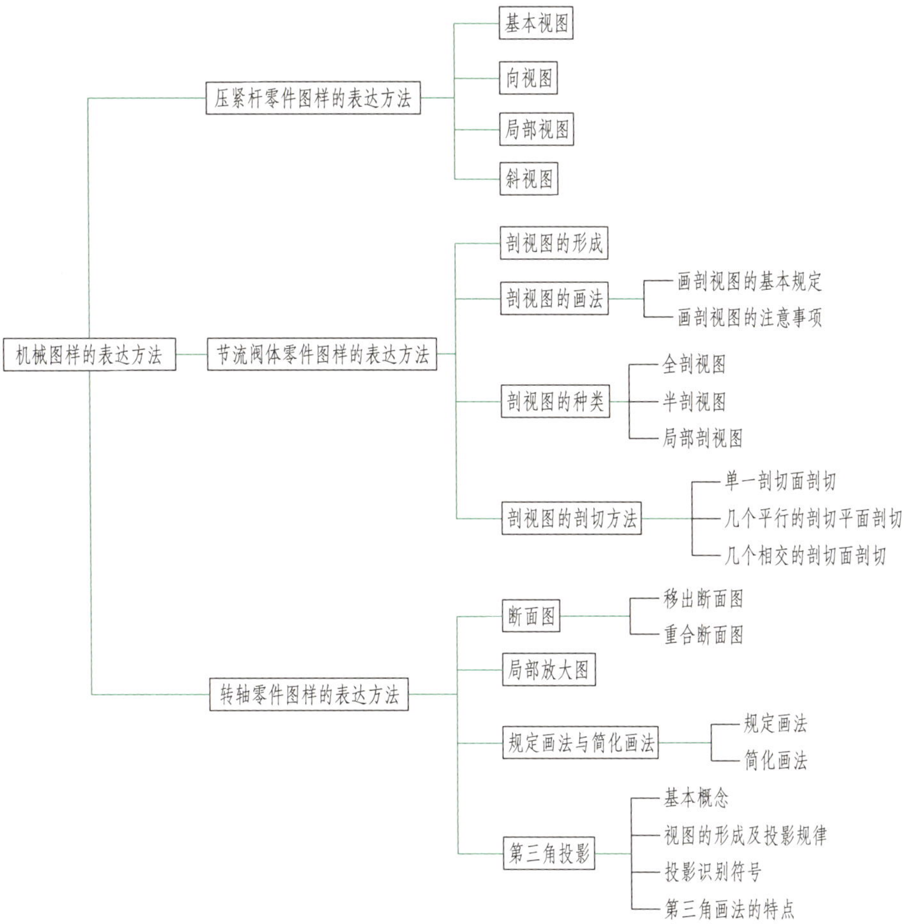

任务一　压紧杆零件图样的表达方法

【任务目标】

✧ 知识目标

1. 掌握国家标准规定的基本视图、向视图、局部视图和斜视图的基本表达方法。
2. 掌握基本视图、向视图、局部视图和斜视图的画法和标注。

✧ 能力目标

1. 能熟练掌握基本视图的形成、名称和配置关系。
2. 能熟练掌握向视图、局部视图和斜视图的画法与标注。

✧ 素养目标

培养规范意识，自觉遵守国家标准关于规范作图的有关规定。

【任务引入】

在工程实际中，机件的结构多种多样，根据机件的结构特点，需要采用合适的视图表达方法。本任务为制订压紧杆（图 4-1-1）视图表达方案，选择合适的图纸，用合适的视图表达方法完成绘图。

图 4-1-1　压紧杆

【相关知识】

一、基本视图

视图是指采用正投影法向基本投影面进行投射得到的图形。复杂机件仅用三视图不能完整、清晰地表达出其各个方向的形状和结构，需要在原本三个投影面的基础上再增加三个投影面，形成六个基本投影面，这六个基本投影面构成一个六面体，将机件放置于六面体中，向六个基本投影面进行投射得到的六个视图称为基本视图，如图 4-1-2（a）所示。

这六个视图分别是由前向后、由上向下、由左向右投射得到的主视图、俯视图和左视图，以及由后向前、由下向上、由右向左投射得到的后视图、仰视图和右视图。将六个视图展开，如图 4-1-2（b）所示，展开后，原三视图位置不变，右视图在主视图的正左方，仰视图在主视图的正上方，后视图在左视图的正右方，六个基本视图的配置关系如图 4-1-3 所示。同一张

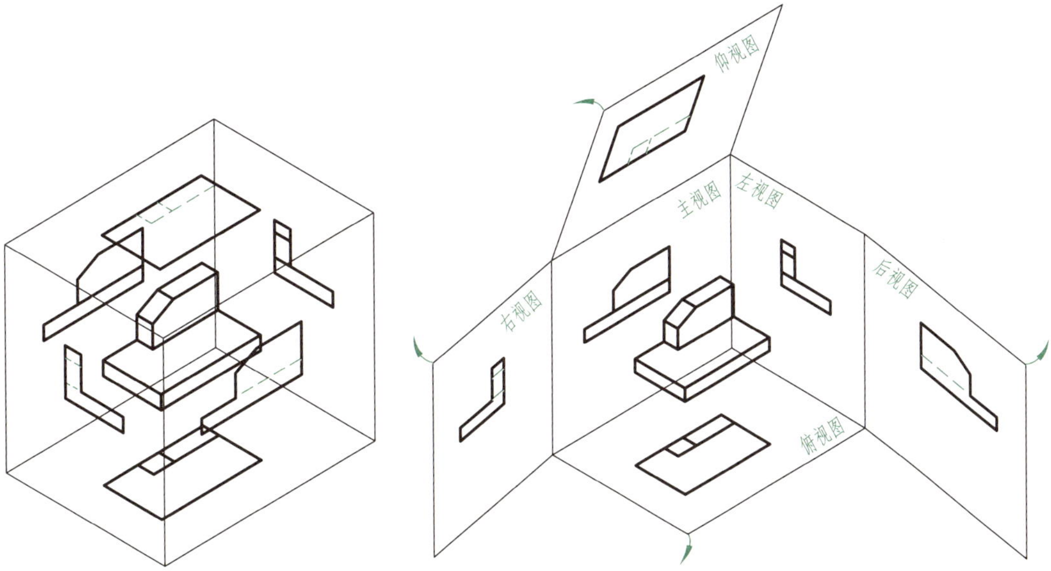

(a) 基本投影面及基本视图　　　　(b) 展开过程

图 4-1-2 基本视图的形成及展开过程

基本视图

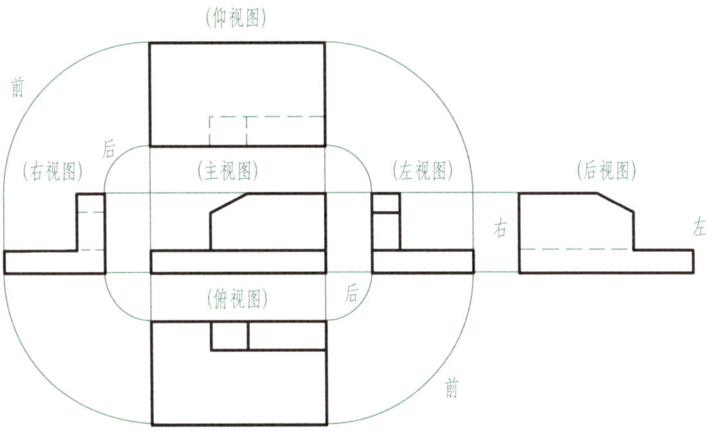

图 4-1-3 基本视图的配置

图纸上，如果表达机件的基本视图按图 4-1-3 所示位置配置时，无须标注视图名称。

基本视图的“三等”投影关系和方位关系：基本视图仍然遵循“长对正，高平齐，宽相等”的“三等”投影关系，即主视图、俯视图和仰视图长对正，主视图、左视图、右视图和后视图高平齐，左视图、右视图、俯视图和仰视图宽相等；方位关系是以主视图为基准，除后视图外，靠近主视图的一侧为机件的后方，远离主视图的一侧为前方。

提示：

国家标准中规定了六个基本视图，但不是每个机件都必须要用六个基本视图表达。实际绘图时，若无特殊情况，一般优先选用主视图、俯视图和左视图。在保证机件的结构形状表达完整、清晰的情况下，视图的数量越少越好。视图一般只画机件的可见部分，必要时才画出其不可见部分。

二、向视图

可以自由配置的基本视图称为向视图。如图 4-1-4 所示，在实际绘图中，考虑图纸的合理布局，无法按照基本视图的位置配置视图时，则基本视图需要按向视图表达，且必须标注视图。在向视图上方对中处用大写拉丁字母标注视图名称，在相应的视图附近用箭头指明投射方向，并注写相同的字母。

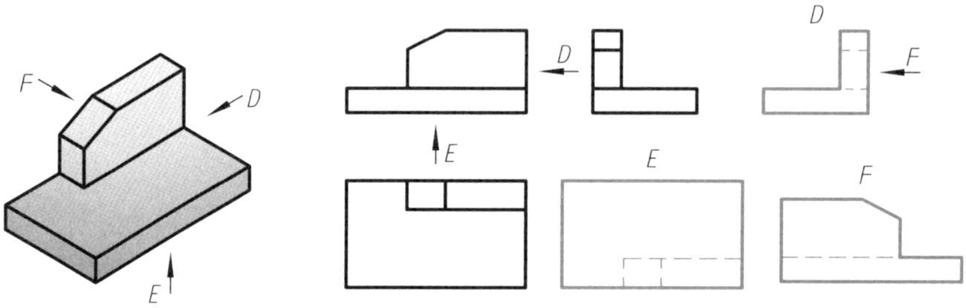

图 4-1-4　向视图

三、局部视图

将机件的某一部分向基本投影面投射所得到的视图称为局部视图。当机件仅有部分形状未表达清楚，且不必画出完整的基本视图时，可以采用局部视图表达。

局部视图可以按基本视图的配置形式配置，也可以按向视图的配置形式配置。一般应在局部视图的上方用大写拉丁字母标注视图名称“×”，在相应的视图附近用箭头指明投射方向，并注写相同的字母，如图 4-1-5 所示。

当局部视图按投影关系配置且无其他图形隔开时，可省略标注，如图 4-1-5 所示的局部视图 *A* 可省略不标注。局部视图断裂处的边界线常用波浪线表示，当所表示的局部结构是完整的且外轮廓线封闭时，表示断裂边界的波浪线可省略不画，如图 4-1-5 所示的局部视图 *B*。

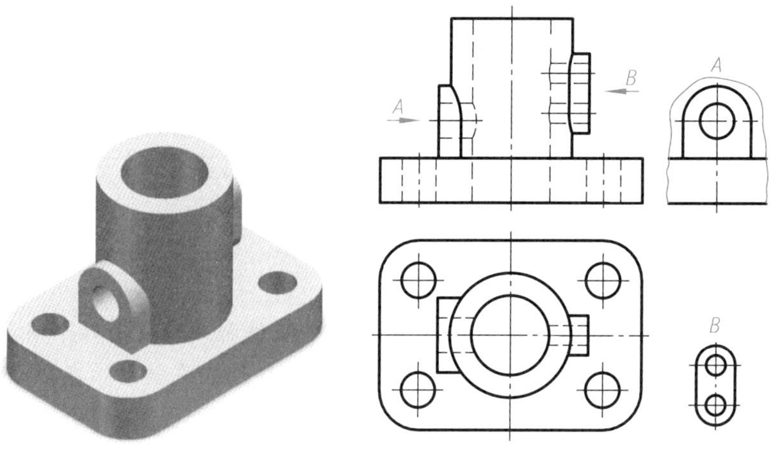

图 4-1-5　局部视图

四、斜视图

将机件向不平行于任何基本投影面的平面投射所得的视图称为斜视图。斜视图主要用于表达机件上倾斜部分的实形。如图 4-1-6 所示，该机件右侧有一倾斜结构，其在基本视图上的投影不反映实形，使画图和标注尺寸都比较困难。若选用一个平行于此倾斜结构的平面作为辅助投影面，将其向辅助投影面投射，则可得到反映倾斜结构实形的图形。

斜视图的画法与标注规定如下：

1）应在斜视图的上方用大写拉丁字母标注视图的名称“×”，在相应的视图附近用箭头垂直指向倾斜表面以表示投射方向，并注写相同的字母，如图 4-1-6（a）所示。

2）斜视图一般按投影关系配置，必要时也可以配置在其他位置。

3）在不致引起误解时，允许将斜视图的倾斜图形旋转配置，但应增加标注旋转符号，如图 4-1-6（b）所示。标注中旋转符号的箭头指明旋转方向，表示视图名称的字母应靠近箭头端标注。

4）画出倾斜结构的斜视图后，为简化作图，通常用波浪线将其他视图中已表达清楚的部分断开不画，如图 4-1-6 所示。

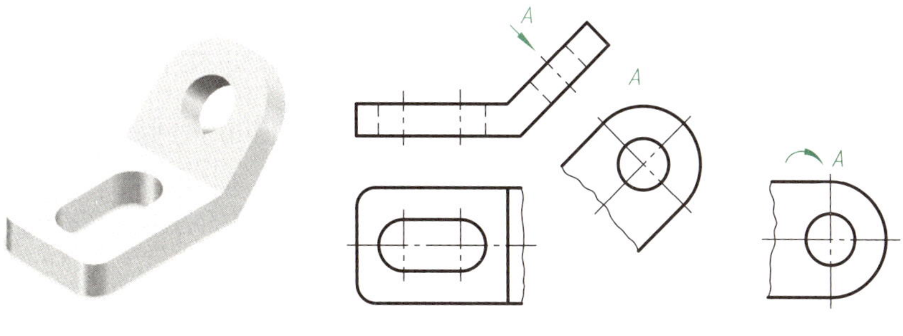

(a)　　(b)

图 4-1-6　斜视图

【任务实施】

1. 机件结构分析

如图 4-1-1 所示，首先分析机件结构，此压紧杆外部结构有回转体、凸台及倾斜结构，为非对称不规则形体，内部结构有圆柱形通孔和凹槽。

2. 视图表达方案

压紧杆视图表达方案一如图 4-1-7 所示，选择一个主视图、两个局部视图和一个斜视图表达，不需要再画出俯视图等其他基本视图。主视图表达压紧杆的主要结构特点，是特征视图，局部视图 *B* 表达右侧回转体结构的主要外形，局部视图 *C* 表达凸台结构的外形，斜视图 *A* 表达倾斜结构的外形。此方案减少了俯视图等其他基本视图，同时能清晰地表达此机件的结构形状。

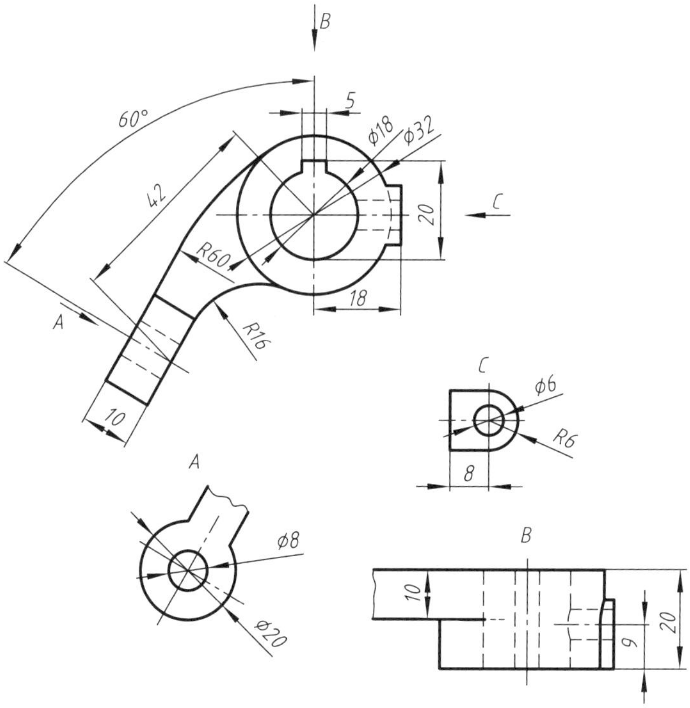

压紧杆视图
表达方案

图 4-1-7　压紧杆视图表达方案一

当然，在绘图中，应取长补短，多角度、全方位地思考和分析问题，以获得合适的表达方案。

此机件还可以选用其他适合的表达方案，如图 4-1-8 所示的方案二，该方案将局部视图按投影关系配置，可以省略标注，并使视图表达更清晰。

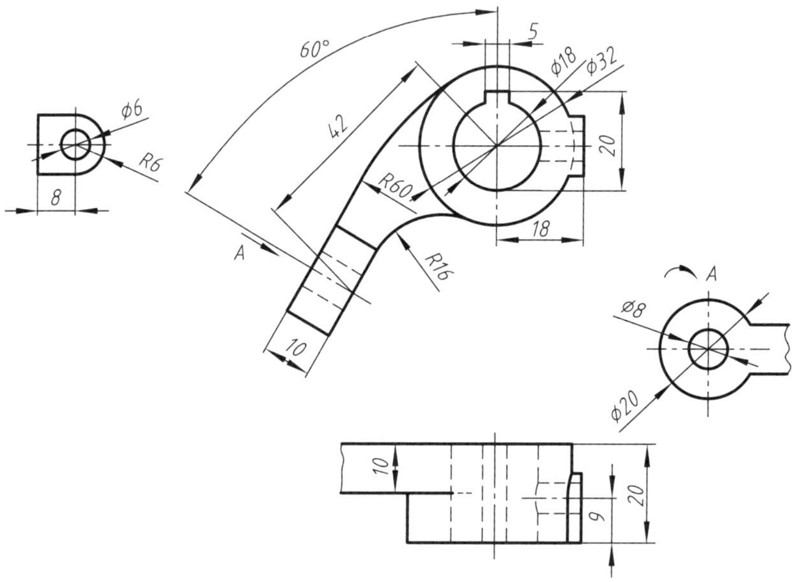

图 4-1-8　压紧杆视图表达方案二

【任务总结】

通过分析压紧杆机件结构及制订视图表达方案，强化实操作图技能，主要学习制图国家标准中视图表达方法的规定和画法，掌握基本视图、向视图、局部视图和斜视图的绘图方法和标注；在绘图过程中，结合机件结构分析，灵活运用机件表达方法，选择合适的视图表达方案，培养会分析、会应用的识读能力和作图能力。

【任务检测】

1. 识读图 4-1-7 所示压紧杆零件图，完成填空。

该表达方案中有________个视图。视图 A 是__________视图，视图 B 是__________视图，视图 C 是__________视图。

2. 分析压紧杆的结构，分析方案一和方案二的视图表达方法，自行选择合适的方法，用 A4 图纸选用合适的比例绘制压紧杆零件图，并标注尺寸，注意规范作图。

【任务评价】

任务评价标准

序号	评价内容	分数	自评分	互评分	教师评分
1	机件结构分析	10			
2	视图表达方案分析	10			
3	视图表达方案绘制合理	15			
4	绘图比例合适	10			
5	图纸布局合理	10			
6	尺寸标注正确	15			
7	图面及标题栏填写	10			
8	任务检测	10			
9	课堂表现	10			
总分		100			
综合评价（自评分 ×20%+ 互评分 ×30%+ 教师评分 ×50%）					

任务二 节流阀体零件图样的表达方法

【任务目标】

✧ 知识目标

1. 掌握国家标准规定的剖视图的形成。
2. 掌握剖视图的画法和标注。

✧ 能力目标

1. 能熟练掌握剖视图的形成和剖面区域的表示法。
2. 能熟练掌握剖视图的画法与标注。

✧ 素养目标

通过学习剖视图规范作图和标注的有关规定，结合实操技能训练的教学过程，培养身正为范，认真踏实、严谨、精益求精的工匠精神，具备全方位思考问题、分析问题，并解决问题的能力。

【任务引入】

节流阀体三维模型文件

当机件内部结构较复杂时，视图上就会出现许多细虚线，使可见和不可见的图线重叠交错，导致图形不清晰，不便于画图、读图和标注尺寸。为了将内部结构表达清楚，国家标准规定了剖视图的表达方法。本任务以图 4-2-1 所示节流阀体为例，选择合适的图纸，用合适的视图表达方法完成其零件图的绘制。

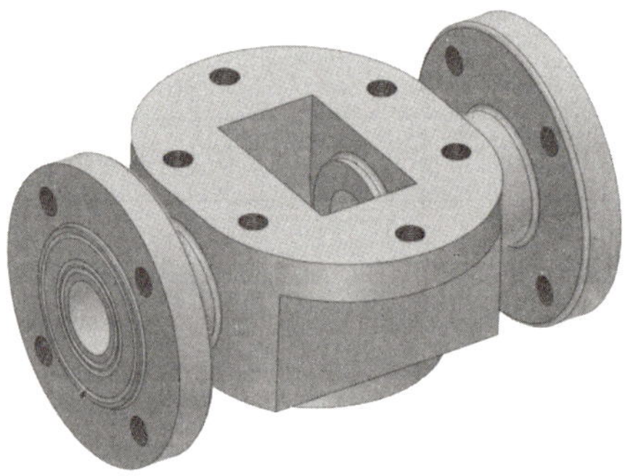

图 4-2-1 节流阀体

【相关知识】

一、剖视图的形成

假想用剖切面将机件剖开，并将剖切面与观察者之间的部分移去，再将剩下的部分用正投影法向投影面投射，所得到的视图称为剖视图，如图 4-2-2 所示。

用剖视图表达机件时，可使其内部结构由不可见变为可见，使得内部结构的表达更加清晰。

二、剖视图的画法

1. 画剖视图的基本规定

（1）画剖视图

先画剖面区域的轮廓线，即剖切面与机件实体接触部分的投影，如图 4-2-2 所示，再画

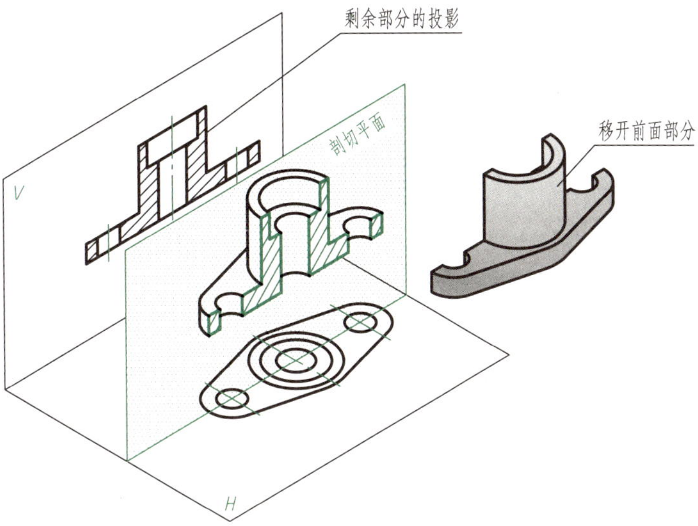

图 4-2-2　剖视图的形成

剖视图的概念及画法

剖切面后未接触部分但投影可见的轮廓线。

（2）剖面符号

在与剖切面接触的实体区域内应绘制剖面符号。常见材料的剖面符号见表 4-2-1。

表 4-2-1　常见材料的剖面符号

材料		剖面符号	材料	剖面符号
金属材料（已有规定剖面符号者除外）			木质胶合板（不分层数）	
线圈绕组元件			基础周围的混土	
转子、电枢、变压器和电抗器等的叠钢片			混凝土	
非金属材料（已有规定剖面符号者除外）			钢筋混凝土	
型砂、填砂、粉末冶金、砂轮、陶瓷刀片、硬质合金刀片等			砖	
玻璃及供观察用的其他透明材料			格网（筛网、过滤网等）	
木材	纵剖面		液体	
	横剖面			

机械零部件中金属材料的剖面符号采用通用剖面线，画成与主要轮廓线向左或向右成45°、间隔均匀且平行的细实线，如图 4-2-3 所示。

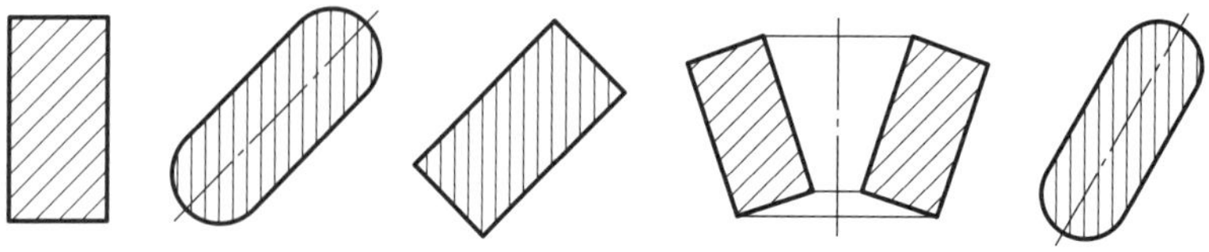

图 4-2-3　金属材料剖面符号画法

若机件存在倾斜结构，在表达结构倾斜角度的视图中，剖面线可画成与主要轮廓线呈适当角度，如 30° 或 60°，但其方向与间隔要与其他视图中一致，如图 4-2-4 所示。

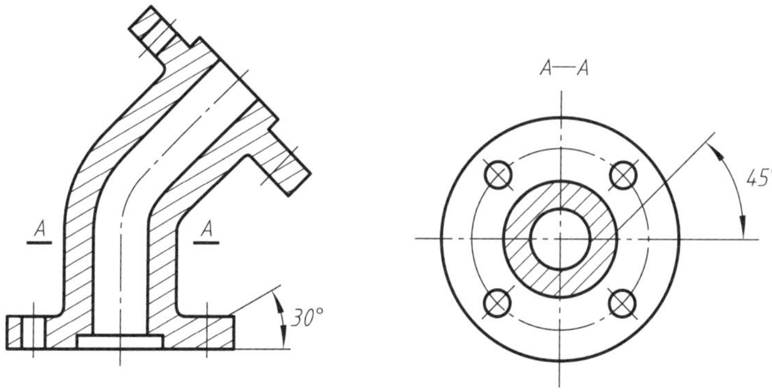

图 4-2-4　剖面线的角度

提示：

同一张图样中，同一机件的所有剖视图中的剖面符号应该相同（方向一致、间隔相同）。

（3）剖视图的标注

1）完整标注：在视图中用剖切符号表示剖切位置和投射方向，如图 4-2-5（a）所示，剖切符号用粗短线绘制，且不与轮廓线相接触，并用箭头表示投射方向。剖切符号一侧标注大写拉丁字母“×”，并在所绘制的剖视图上方用相同的字母标出剖视图名称“×—×”。

2）省略箭头：当剖视图按投影关系配置，中间没有其他图形隔开时，可省略箭头。

3）省略标注：当单一剖切平面通过机件的对称平面或基本对称的平面，且剖视图按投影关系配置，中间没有其他图形隔开时，可以省略标注（包括剖切符号和字母），如图 4-2-5（b）所示。

2. 画剖视图的注意事项

1）剖切面一般选择特殊位置面，使被剖切的实体投影反映实形，有利于画图和标注尺寸，特殊位置面可以选择机件的对称面、通过轴线或中心线等的面。

2）剖切是一种假想过程，未剖切的其他视图仍应完整画出，如图 4-2-6（a）所示。

3）剖切面后面的所有可见部分应全部画出，如图 4-2-6 所示。

4）在剖视图中已表达清楚的内部结构，若在其他视图上的投影为细虚线，则该细虚线应省略不画；没有表达清楚的内部结构，应画出必要的细虚线，如图 4-2-6（b）所示。

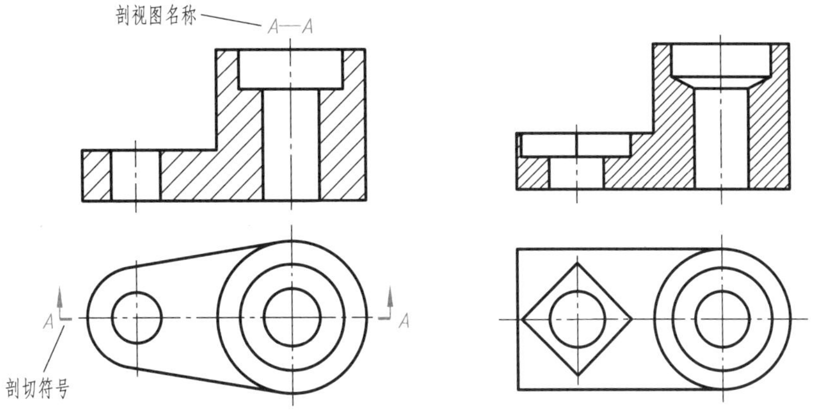

(a) 完整标注　　(b) 省略标注

图 4-2-5　剖视图的标注

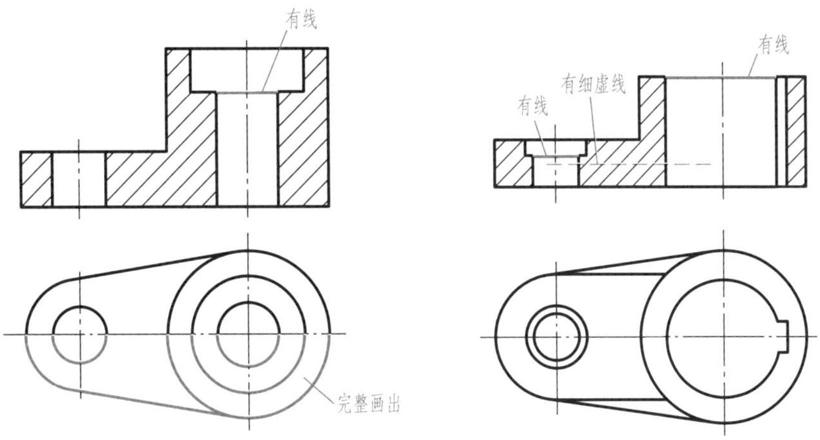

(a)　　(b)

图 4-2-6　画剖视图的注意事项

三、剖视图的种类

剖视图按照剖切的范围分为三类：全剖视图、半剖视图和局部剖视图。

1. 全剖视图

用剖切面将机件完全地剖开所得到的剖视图称为全剖视图，如图 4-2-2 与图 4-2-5 所示。全剖视图按剖视图的标注方法进行标注。其一般用于内、外部结构都比较简单或外部结构简单、内部结构复杂且图形不对称的机件。

2. 半剖视图

当机件具有对称平面，并向垂直于对称平面的投影面上投射时，允许以对称中心线为界，一半画成视图表达外部结构，另一半画成剖视图表达内部结构，如此组合而成的图形称为半剖视图，如图 4-2-7 所示。

半剖视图的标注方法与全剖视图相同。其适用于机件的形状对称或基本对称，且内、外

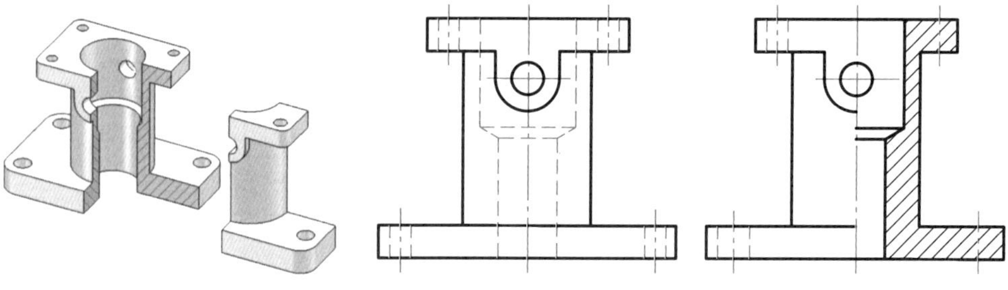

(a) (b)

图 4-2-7 半剖视图的形成

部结构均比较复杂,需要同时表达的场合。

画半剖视图的注意事项:

1)视图与剖视图的分界线只能是对称中心线(细点画线),如图 4-2-7、图 4-2-8 所示。

2)半剖视图中,机件的内部结构在其一半的剖视图中已表达清楚时,在另一半视图中不可见的内部结构投影不必再画出对应的细虚线,但孔或槽等结构应画出中心线表示其位置。

3)对称机件的轮廓线与对称中心线的投影重合时,不宜画成半剖视图。

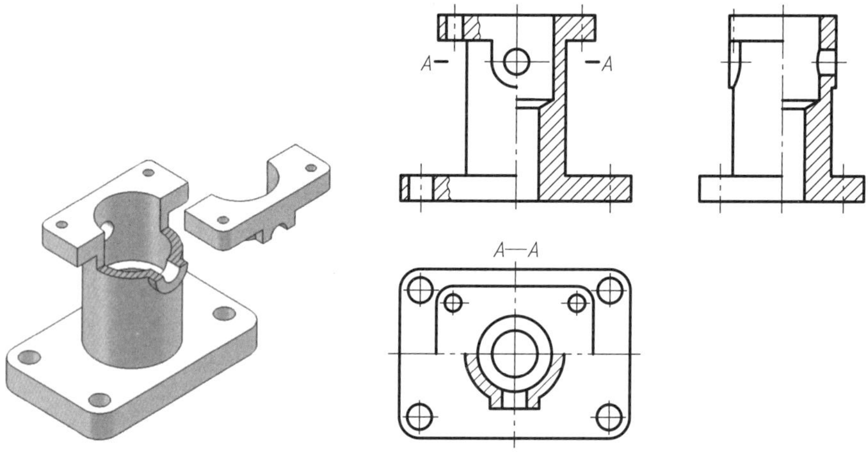

图 4-2-8 半剖视图的画法

3. 局部剖视图

用剖切平面局部地剖开机件所得到的剖视图称为局部剖视图,如图 4-2-9 所示。当剖切平面的剖切位置明显时,局部剖视图的标注可以省略。

局部剖视图的表达方法比较灵活,适用范围较广。

1)表达机件底板、凸缘上的小孔等结构时,可以采用局部剖视图,如图 4-2-9 所示。

2)需要同时表达不对称机件的内、外部结构时,可以采用局部剖视图,如图 4-2-9 所示。

3)实心轴上有孔、槽等结构时,需采用局部剖视图表达,如图 4-2-10(a)所示。

4)当对称机件的轮廓线与中心线重合,不宜采用半剖视图表达时,可以采用局部剖视图表达,如图 4-2-10(b)所示。

画局部剖视图的注意事项：

1）波浪线不能与图上的其他图线重合。

2）在一个视图中，为了图形的清晰表达，局部剖视图的数量不宜过多。

3）波浪线不能穿空而过，也不能超出视图的轮廓线，如图 4-2-11 所示。

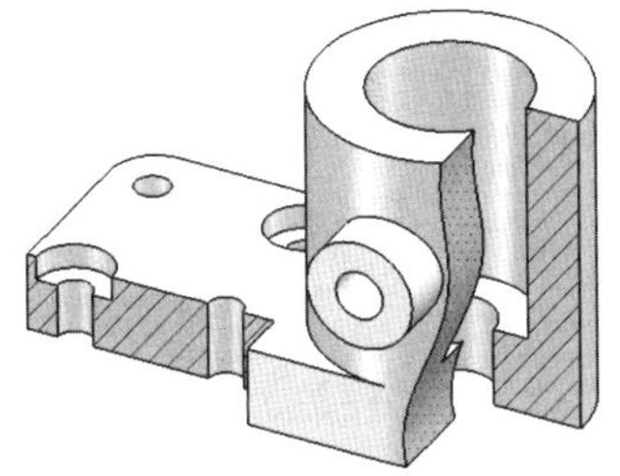

(a) 主视图剖切位置

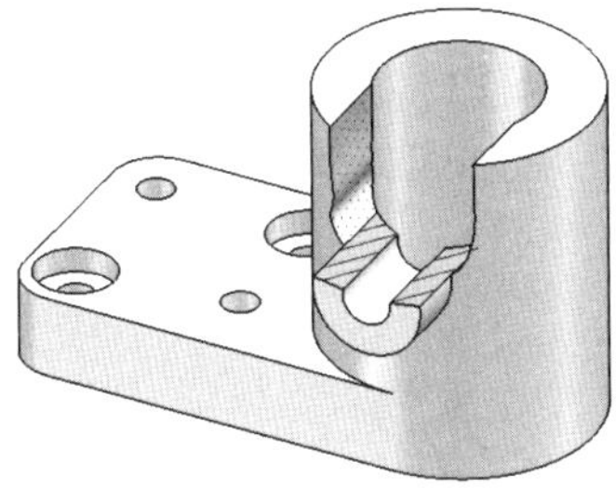

(b) 俯视图剖切位置

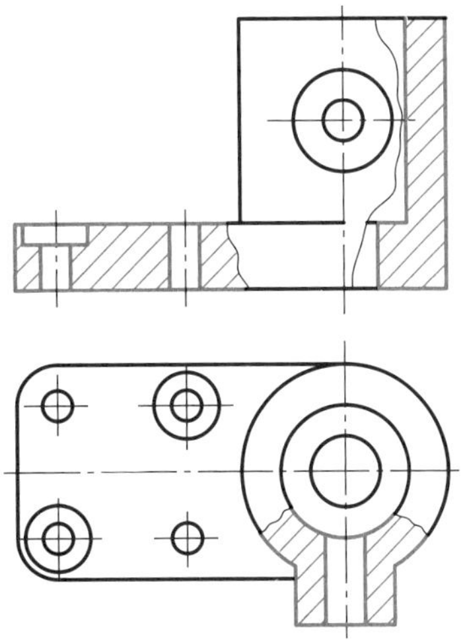

(c) 局部剖视图

图 4-2-9　局部剖视图的画法一

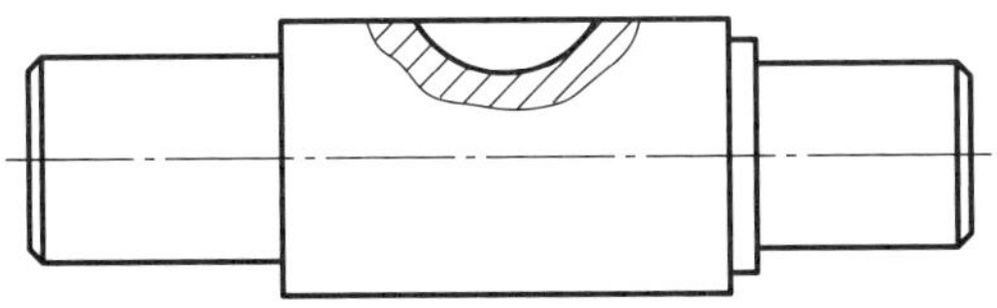

(a)

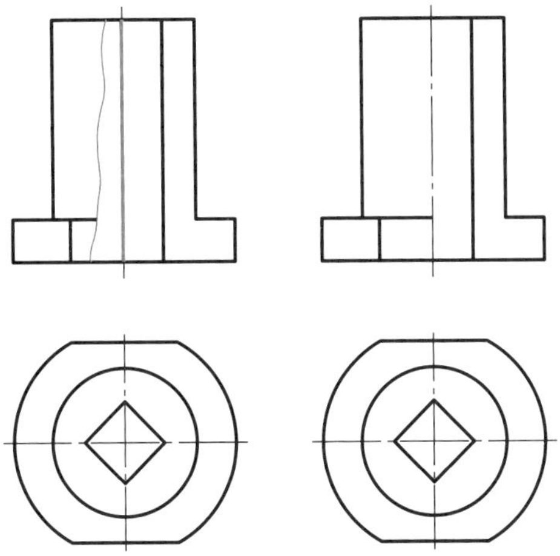

(b)

图 4-2-10　局部剖视图的画法二

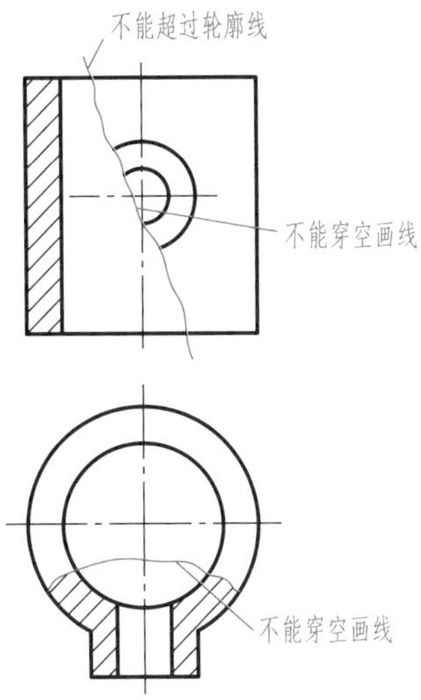

(a) 错误画法

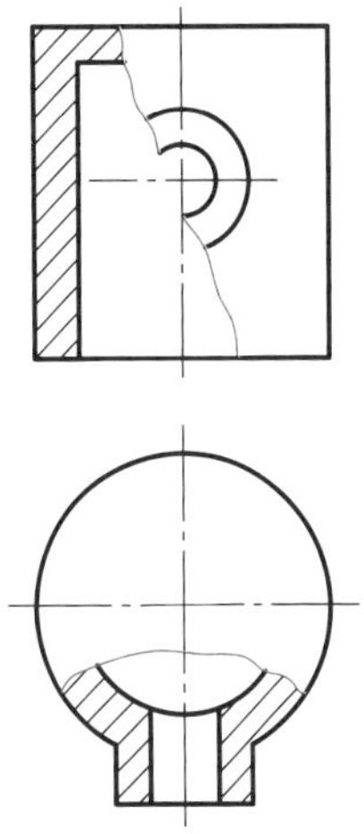

(b) 正确画法

图 4-2-11　局部剖视图的画法三

四、剖视图的剖切方法

在剖视图的表达中，由于物体的结构形状各异，为了充分表达物体的形状，需要根据其结构特点，用不同形式的剖切方法和剖切面剖切，根据国家标准规定，常用的剖切方法和剖切面有以下几种形式。

1. 单一剖切面剖切

仅用一个剖切面剖开机件称为单一剖切面剖切，简称单一剖。

（1）平行于基本投影面的单一剖

这种单一剖是最常见的一种剖切方法，如图 4-2-2 与图 4-2-5 所示。

（2）不平行于基本投影面的单一剖

用不平行于基本投影面的剖切面剖开机件的方法称为斜剖，主要用于表达机件上倾斜的内部结构形状。斜剖视图可以按投影关系配置，也可以将剖视图平移至图纸内的适当位置；必要时允许将图形旋转配置，但必须标注旋转符号，如图 4-2-12 所示。

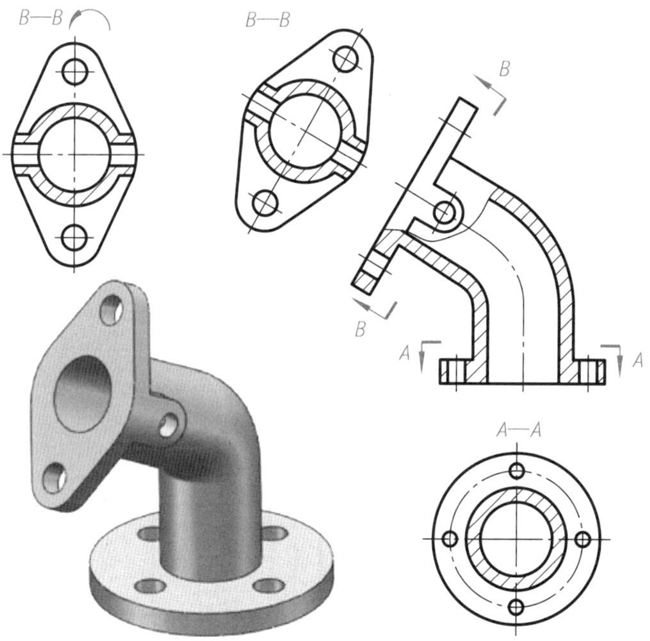

图 4-2-12　斜剖视图

2. 几个平行的剖切平面剖切

当机件上的孔、槽及空腔等内部结构不在同一平面内，而它们的轴线或中心平面又互相平行时，可以用几个平行的剖切平面剖切机件，如图 4-2-13 所示。

采用这种方式画剖视图时的注意事项：

1）在视图上，各剖切平面的起、讫和转折处应画出剖切符号，剖切符号画在中心线或轴线的延长线上，不应与视图中的轮廓线重合，应尽量避免与轮廓线相交，且应画成对齐的直角，如图 4-2-14 所示。

2）画剖视图时，不应画出剖切平面转折处的分界线，如图 4-2-14 所示。

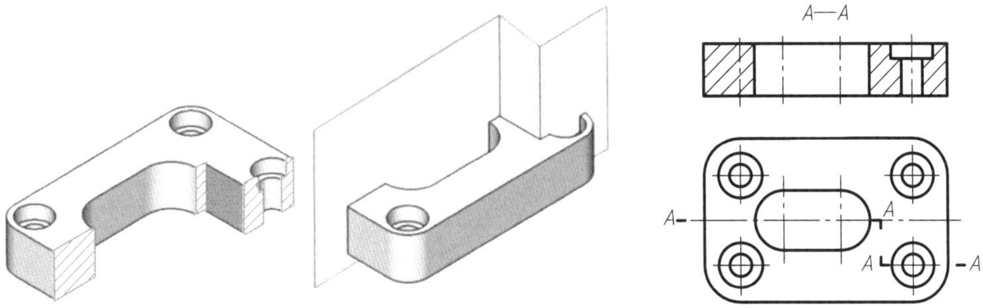

图 4-2-13　几个平行的剖切平面剖切

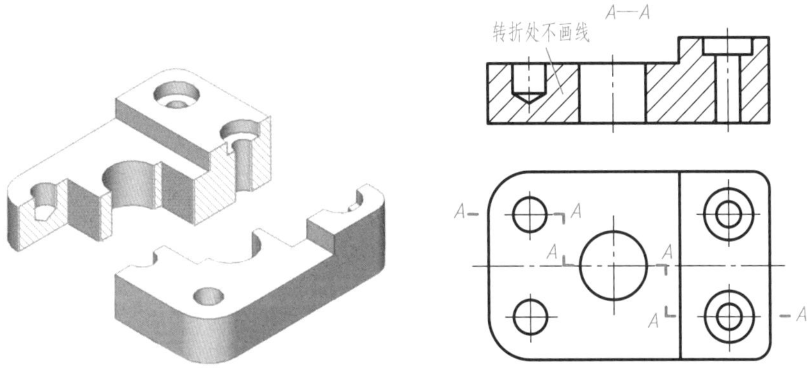

图 4-2-14　几个平行的剖切平面剖切的画法

3）剖视图中的图形必须画完整，不能出现不完整的结构。只有当不同的孔、槽在剖视图中具有公共对称中心时，才允许剖切平面在孔、槽的中心线或轴线处转折，剖切方式为以中心线为界，各剖一半，如图 4-2-15 所示。

3. 几个相交的剖切面剖切

当机件上的孔、槽等不在同一平面，且沿某一回转轴线的周向分布时，可以用几个相交的剖切面剖开机件，以表达具有回转轴机件的内部结构形状。

采用这种剖切方式画剖视图时，先假想按剖切位置剖开机件，然后将被剖开的结构及有关部分旋转到与选定的基本投影面平行后再进行投射，如图 4-2-16 所示。其标注须在剖切面的起、迄和转折处画出剖切符号，在起、迄处画出箭头表示投射方向，并用大写拉丁字母“×”表示视图名称。

采用这种方式画剖视图时的注意事项：

1）这种方法适用于表达具有回转轴的机件，剖切面的交线应与机件的回转轴线重合。

2）位于剖切面之后的其他结构，一般仍按原来位置画出，如图 4-2-16 所示。

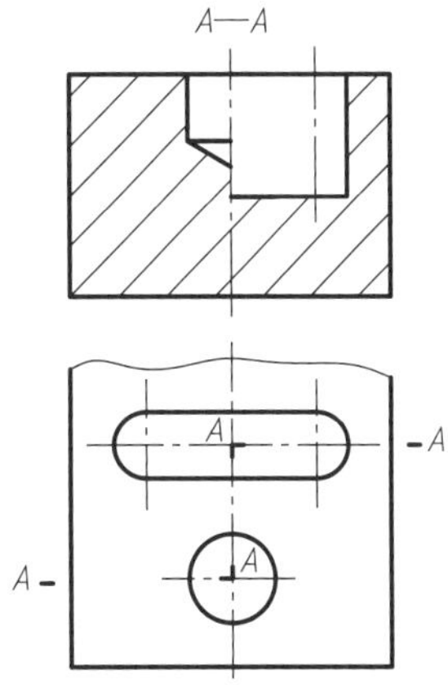

图 4-2-15　具有公共对称中心的剖视图

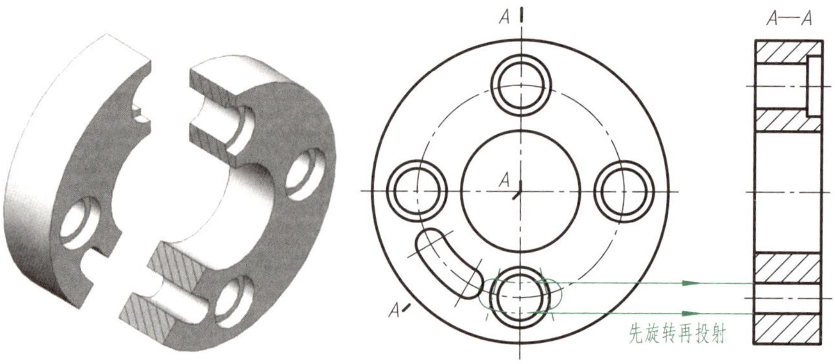

图 4-2-16　几个相交的剖切面剖切的画法

【任务实施】

1. 机件结构分析

节流阀体零件结构对称，主要的结构是回转体，绕圆周均匀分布有螺孔，内部结构主要有柱形通孔和方形凹槽。

2. 视图表达方案

如图 4-2-17 所示，按零件的工作位置和自然摆放位置原则，确定主视图的投射方向。

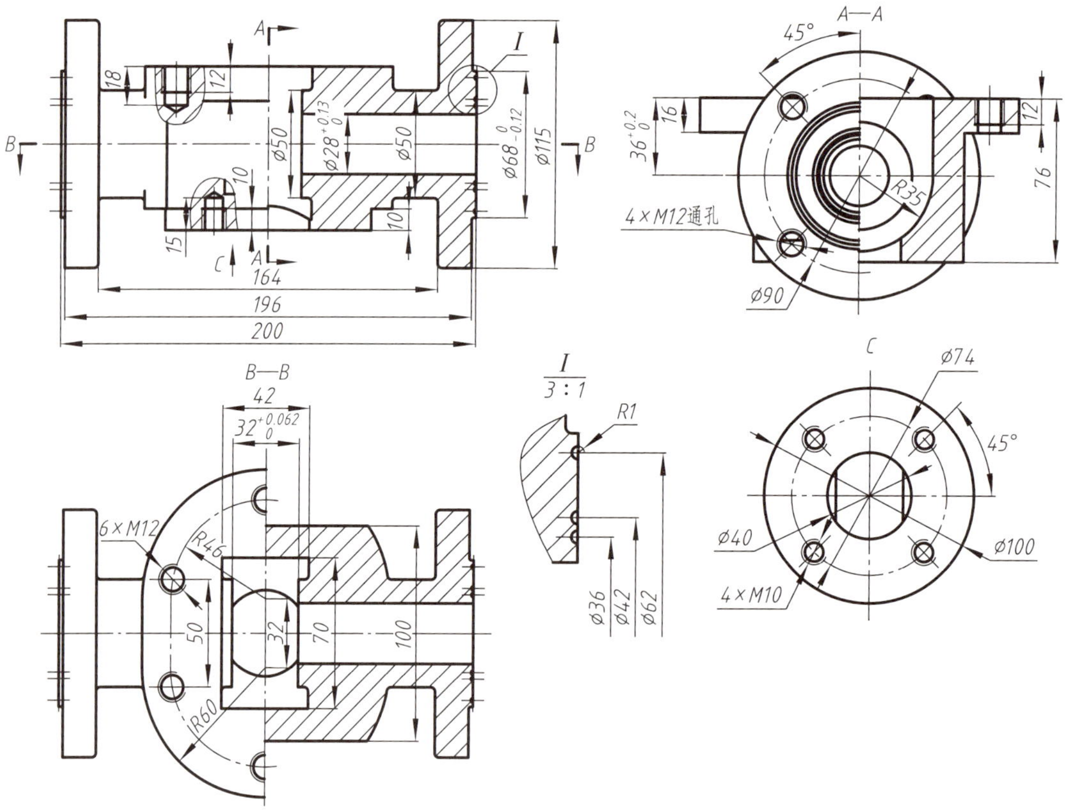

图 4-2-17　节流阀体零件图

由于零件的内、外部结构都需要表达，且结构对称，故可以选择半剖视图的表达方法；局部结构的孔不需要再增加视图表达，可以采用局部剖视图；部分未表达清楚的结构，为了避免不必要的绘图，可以采用局部视图表达；零件局部细小的结构，可以采用局部放大图表达（项目四任务三中讲述）。

【任务总结】

通过分析节流阀体零件结构及制订视图表达方案，强化实操作图技能，主要学习制图国家标准中剖视图表达方法的规定和画法，掌握全剖视图、半剖视图、局部剖视图等的绘图方法和标注；在绘图过程中，通过节流阀体零件的结构分析和作图练习，能将这些视图表达方法灵活地运用于其他机件，实现知识的融会贯通，学以致用。

【任务检测】

1. 识读图 4-2-17 所示节流阀体零件图，完成填空。

节流阀体零件图中有________个视图。主视图用了________视图和两个________视图表达方法；俯视图用了__________视图表达方法；视图 *A*—*A* 是__________视图，用了__________表达方法；视图 *C* 是__________视图；视图 *I* 是__________视图，其绘制比例为________，该视图标注的尺寸是________（放大、缩小、真实）尺寸。

2. 分析并说明节流阀体零件图的其他表达方案，并徒手绘制草图，不标注尺寸。

【任务评价】

任务评价标准

序号	评价内容	分数	自评分	互评分	教师评分
1	机件结构分析	10			
2	视图表达方案分析	10			
3	其他视图表达方案分析	15			
4	视图表达方案绘制合理	20			
5	尺寸标注正确	10			
6	任务检测	25			
7	课堂表现	10			
总分		100			
综合评价（自评分 ×20%+ 互评分 ×30%+ 教师评分 ×50%）					

任务三 转轴零件图样的表达方法

【任务目标】

✧ 知识目标

1. 掌握国家标准规定的断面图、局部放大图和简化画法的概念。
2. 掌握断面图、局部放大图和简化画法的画法和标注。
3. 了解第三角画法和投影识别符号。

✧ 能力目标

1. 能熟练掌握断面图、局部放大图和简化画法的表达方法、画法及标注。
2. 能正确运用制图国家标准的相关规定尺规绘制转轴零件图。

✧ 素养目标

通过学习断面图、局部放大图和简化画法规范作图和标注的有关规定，结合实操技能训练的教学过程，培养全面分析、解决问题的能力，专心致志、一丝不苟的工作态度。通过第三角画法的学习，培养多角度、多方位分析思考的能力，以及通过表象看本质的能力。

【任务引入】

在工程实际中，零部件的形状结构各异，复杂程度不同，对于机件上的肋、键槽、细小结构或数量较多结构等，为了使图形清晰，画图简便，国家标准《技术制图》和《机械制图》中还制定了一些规定画法和简化画法。

本任务以图 4-3-1 所示转轴为例，选择合适的图纸，用合适的视图表达方法完成其零件图的绘制。

转轴三维模型文件

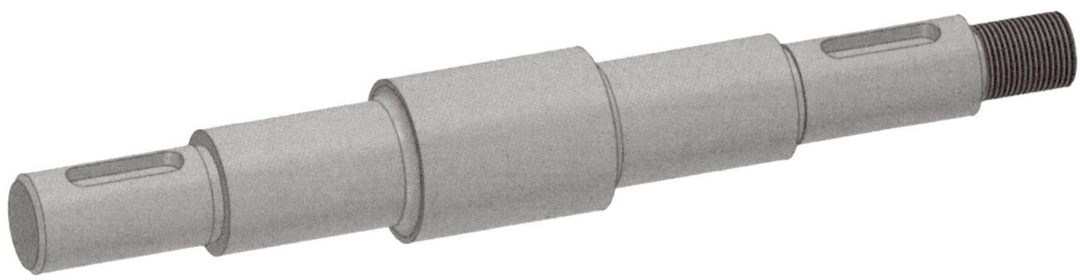

图 4-3-1 转轴

【相关知识】

一、断面图

假设用剖切平面将机件的某处切断，仅画出该剖切平面与机件相接触部分的图形，则该图形称为断面图，如图 4-3-2（b）所示。断面图常用于表达机件某一局部的断面形状，如轴上的键槽、孔或机件上的肋板、轮辐等结构。

剖切平面沿着垂直于机件结构要素的中心线、轴线或主要轮廓线进行剖切，然后将断面图形旋转 90°，再用正投影法画出剖切平面与机件结构要素相接触部分的图形。

剖视图与断面图的区别是断面图只画出断面形状，而剖视图除了画出断面形状外，还应画出位于剖切平面后面的结构投影，如图 4-3-2（a）所示。

断面图分为移出断面图和重合断面图两种。

断面图

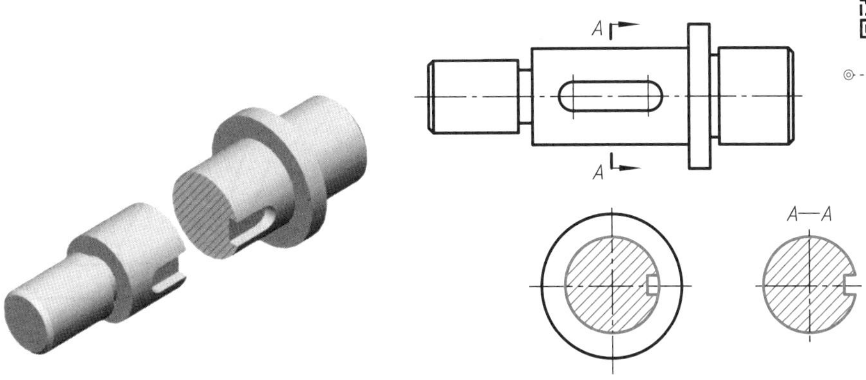

(a) 剖视图　　(b) 断面图

图 4-3-2　断面图的形成及画法

1. 移出断面图

画在视图之外的断面图称为移出断面图。

（1）移出断面图的画法

1）移出断面图画在视图之外，轮廓线用粗实线绘制。其应尽量配置在剖切线的延长线上，如图 4-3-3 所示；也可以配置在其他适当的位置，但需标注名称，如图 4-3-2（b）所示。

2）当断面为对称结构时，可以将断面图画在视图的中断处，如图 4-3-4 所示。

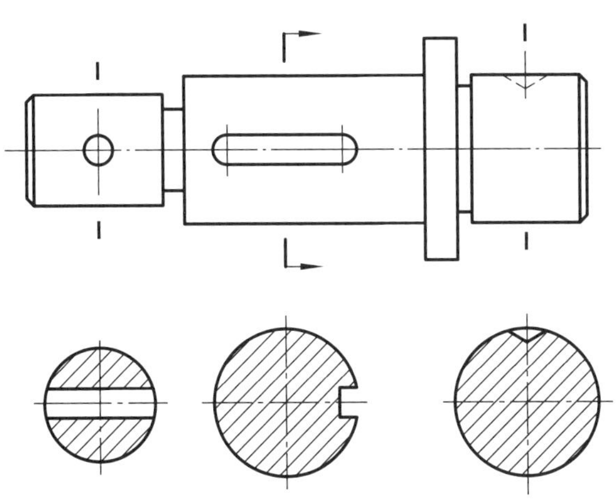

图 4-3-3　移出断面图的画法

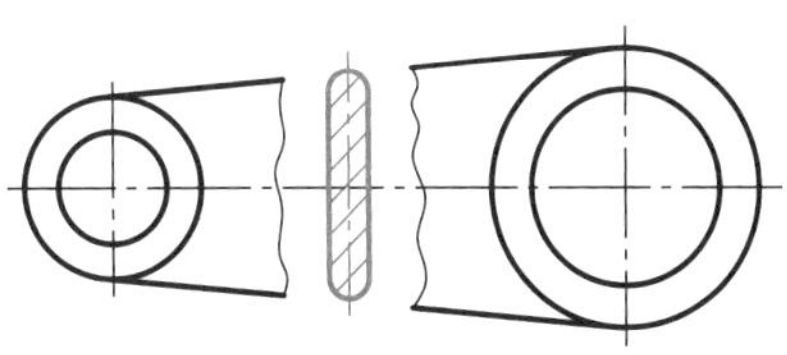

图 4-3-4　对称结构移出断面图的画法

3）当断面为倾斜结构时，在不致引起误解的情况下，允许将断面图进行旋转，但必须标注旋转符号，如图 4-3-5 所示。

4）绘制由两个或多个相交的剖切平面剖切得到的移出断面图时，剖切面应分别垂直于轮廓线，且断面图中间一般断开，用波浪线绘制中断线，如图 4-3-6 所示。

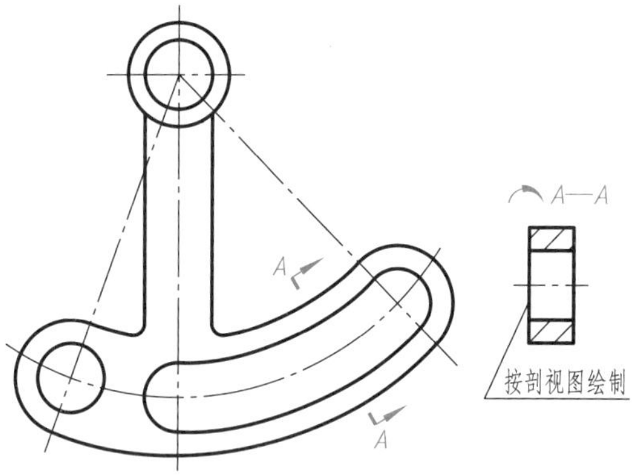

图 4-3-5 倾斜结构移出断面图的画法

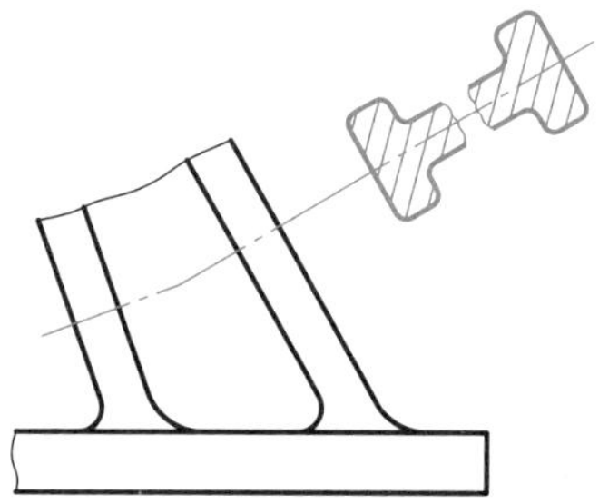

图 4-3-6 两个相交的剖切平面剖切得到的移出断面图的画法

（2）绘制移出断面图时的注意事项

1）当剖切平面通过孔、凹坑等回转结构的轴线时，这些结构均应按剖视图绘制，如图 4-3-7 所示。

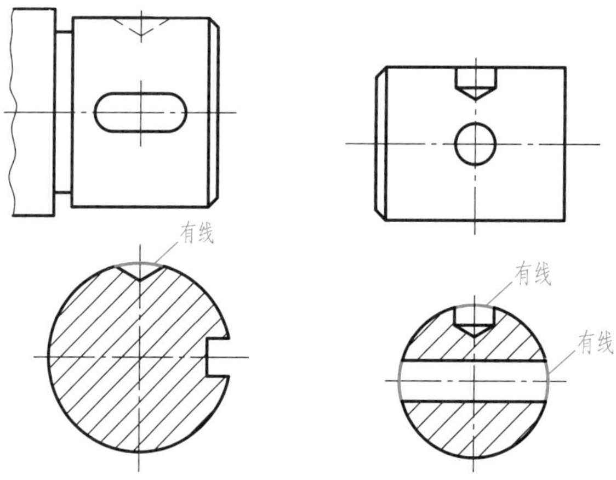

图 4-3-7 带有孔和凹坑的移出断面图的画法

2）当剖切平面通过非圆孔，导致出现完全分离的两个断面时，这些结构应按剖视图绘制，如图 4-3-5 所示。

（3）移出断面图的标注方法

1）一般用大写拉丁字母标注移出断面图的名称“×—×”，在相应视图上用剖切符号注明剖切位置和投射方向，并标注相同字母，如图 4-3-8（b）所示 *A*—*A*。

2）配置在部切线延长线上的移出断面图，均可以省略标注字母。

3）对称的移出断面图和按投影关系配置的移出断面图，均可省略标注箭头，如图 4-3-8（c）所示 *B*—*B*。

4）配置在剖切线延长线上的对称移出断面图，以及配置在视图中断处的对称移出断面图均不必标注，但应用细点画线表示剖切位置，如图 4-3-8（a）所示。

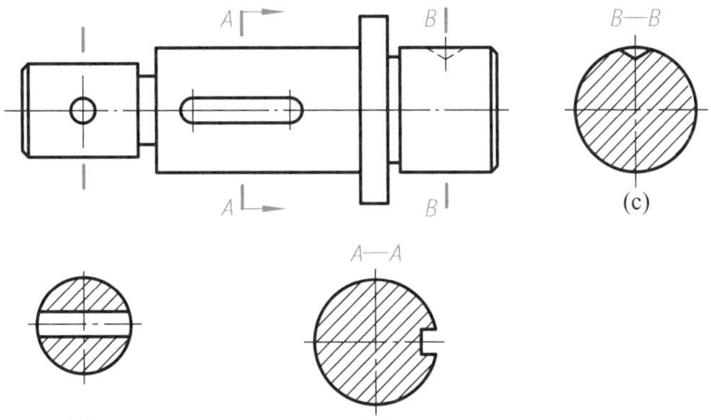

图 4-3-8　移出断面图的标注方法

2. 重合断面图

画在视图之内的断面图称为重合断面图。

（1）重合断面图的画法

重合断面图的轮廓线用细实线绘制，如图 4-3-9 所示。当重合断面图与视图中的轮廓线重合时，视图中的轮廓线应连续画出，不应断开。

（2）重合断面图的标注方法

1）不对称的重合断面图可以省略标注，如图 4-3-9（a）所示。

2）对称的重合断面图不必标注，如图 4-3-9（b）所示。

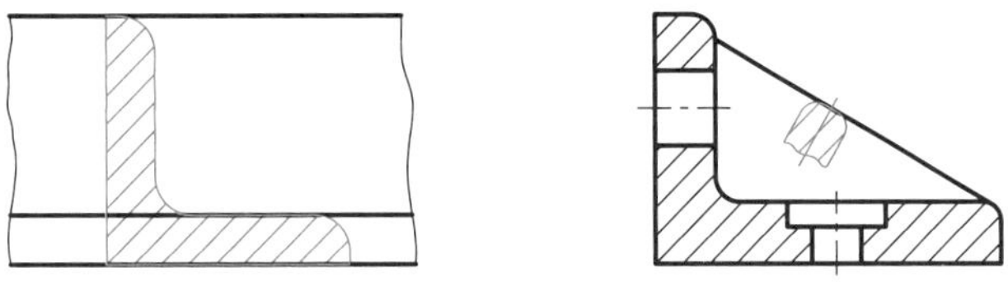

(a) 不对称的重合断面图　(b) 对称的重合断面图

图 4-3-9　重合断面图的画法及标注

二、局部放大图

将图样中所示机件的部分结构，用大于原图形的比例画出，所得的图形称为局部放大图，如图 4-3-10 所示。当机件上的局部细小结构在视图上表达不清楚，或不便于标注尺寸和技术要求时，可以采用局部放大图表达。

画局部放大图时的注意事项：

1）局部放大图根据需要可以画成视图、剖视图或断面图，它与被放大部分的表达方式无关。为看图方便，局部放大图应尽量放在被放大部位的附近，如图 4-3-10 所示。

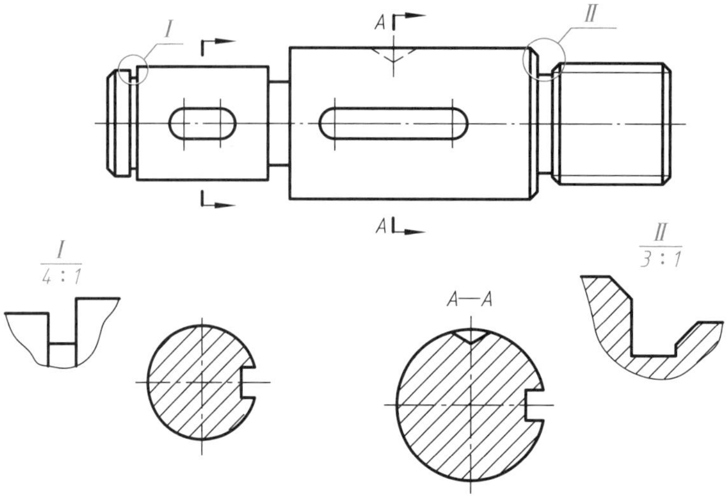

图 4-3-10　局部放大图的画法及标注

2）局部放大图的标注方式为将被放大部位用细实线圈出，在细实线的指引线上用罗马数字编号，如图 4-3-10 所示。当机件上仅有一处被放大的部位时，只需在局部放大图的上方注明所采用的比例即可，无须进行编号；当有多个被放大的部位时，应用罗马数字依次编号，并在局部放大图的上方用分数形式标注相应的罗马数字和使用的比例。

3）当同一机件上不同部位的局部放大图相同或对称时，只需画出一个图形即可，并在相应部位标注相同的编号，如图 4-3-11 所示。

4）局部放大图的比例只是放大图与机件的比例，与原视图的比例无关。在标注局部放大图的尺寸时，仍按机件实际尺寸标注。

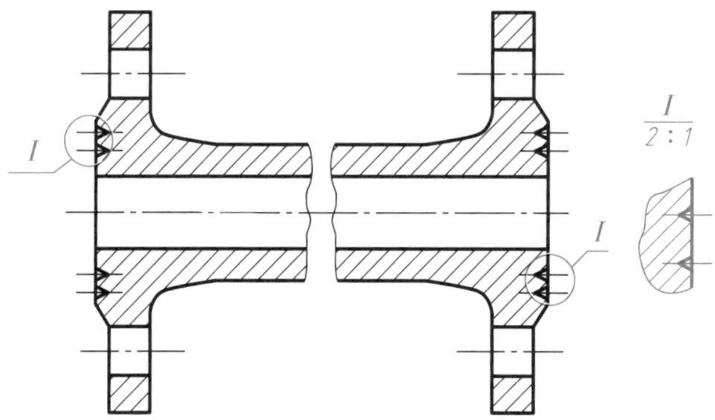

图 4-3-11　相同或对称结构局部放大图的画法及标注

三、规定画法与简化画法

为了使图形既清晰又简单易绘制，制图国家标准规定了一些常用的规定画法和简化画法。

1. 规定画法

对于机件上的肋板、轮辐等结构和轴、螺纹紧固件等，按纵向剖切时，其剖面区域通常不画剖面符号，但按横向剖切时，仍应画出剖面符号，如图 4–3–12 所示。

当回转体上呈均匀分布的肋板、轮辐、孔等结构不处于剖切平面上时，可以将这些结构旋转到剖切平面上画出，如图 4–3–13 所示。

2. 简化画法

1）回转体均匀分布的结构，若在一个视图中能够表达清楚，则不需要再画出其他不必要的视图和剖视图，如图 4–3–14 所示，可以省略俯视图。

2）机件上按一定规律分布的若干相同的结构（如槽、齿等），仅需画出几个完整的结构，其余用细实线连接即可，但在零件图中必须注明该结构的总数，如图 4–3–15（a）所示。

3）若干直径相同且成规律分布的孔（圆孔、螺孔、沉孔等），可以仅画出一个或少量几

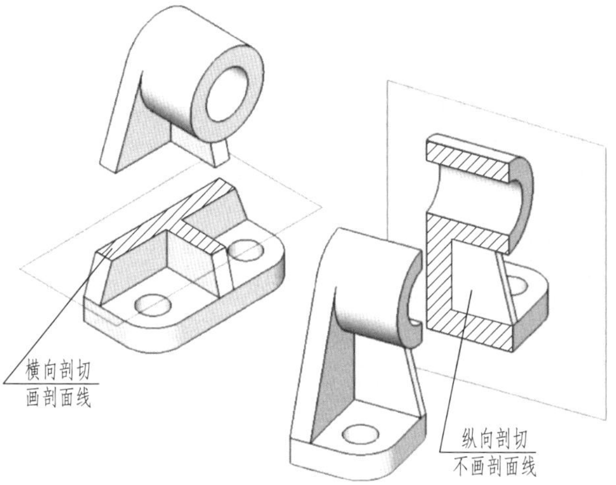

图 4–3–12 肋板的纵向剖切和横向剖切

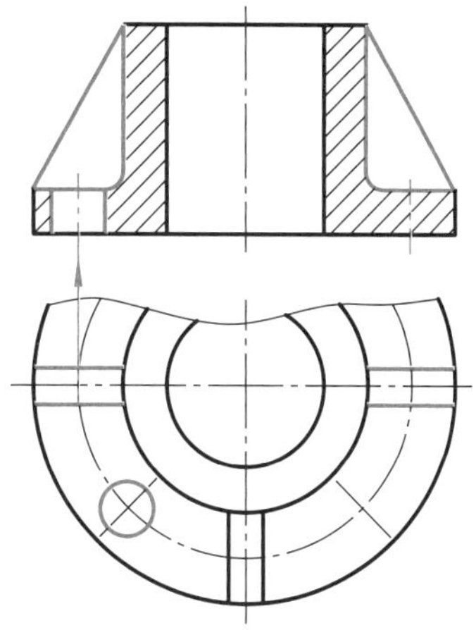

图 4–3–13 均匀分布的肋板及孔的画法

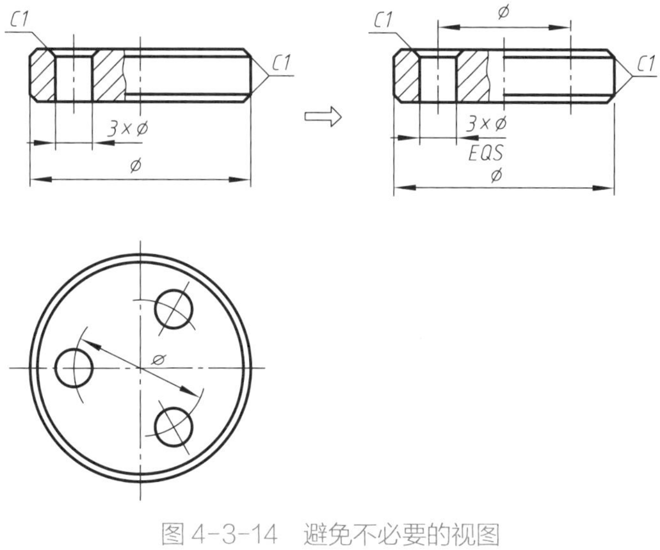

图 4–3–14 避免不必要的视图

个完整的结构，其余只需用细点画线或“+”表示其中心位置即可，但在零件图中应注明孔的总数，如图 4-3-15（b）所示。

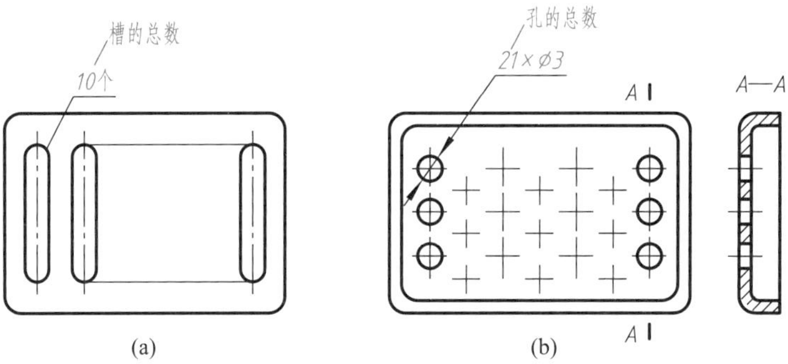

图 4-3-15　规律分布的相同结构的简化画法

4）在不致引起误解的情况下，对称的机件可以只画一半或四分之一，并在对称中心线的两端画出两条与其垂直的平行细实线，如图 4-3-16 所示。

5）较长机件（轴、杆、型材、连杆等）沿长度方向按一定规律变化或形状一致时，允许断开后缩短绘制，但应标注实长，如图 4-3-17 所示。

6）图样中需要表达的某些圆角、倒角正常画出［图 4-3-18（a）］，其他圆角、倒角在零件图中均可省略不画，但必须注明尺寸或在技术要求中加以说明，如图 4-3-18（b）、（c）所示。

7）零件上的平面可以用两条相交的细实线表达，如图 4-3-19 所示。

8）当机件上较小的结构及斜度等在一个视图中已表达清楚时，其他视图中应简化或省略表达，如图 4-3-20 所示。

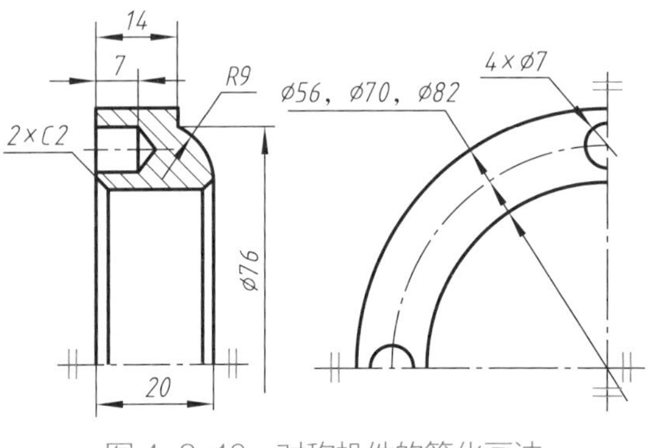

图 4-3-16　对称机件的简化画法

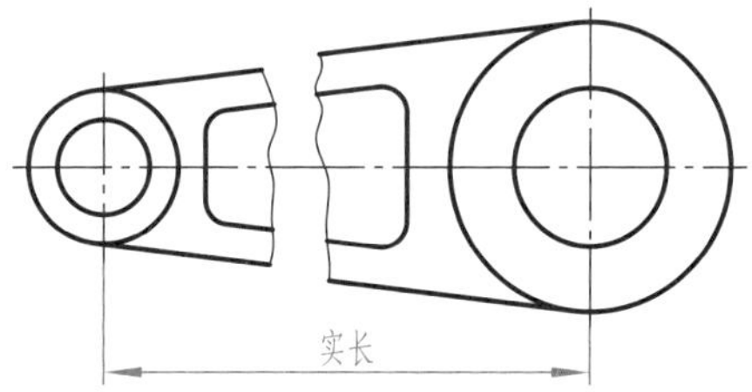

图 4-3-17　较长机件的简化画法

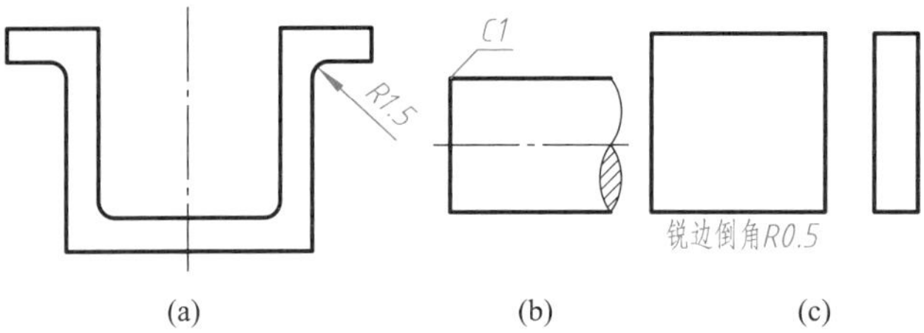

图 4-3-18　圆角及倒角的简化画法

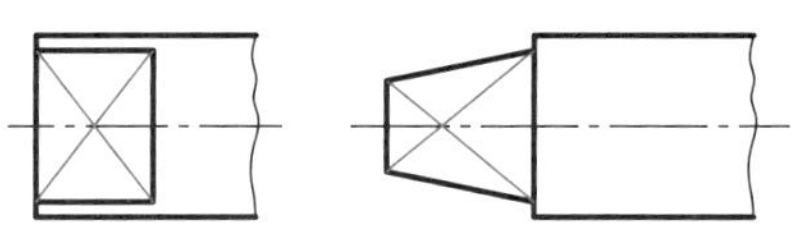

图 4-3-19　平面的简化画法

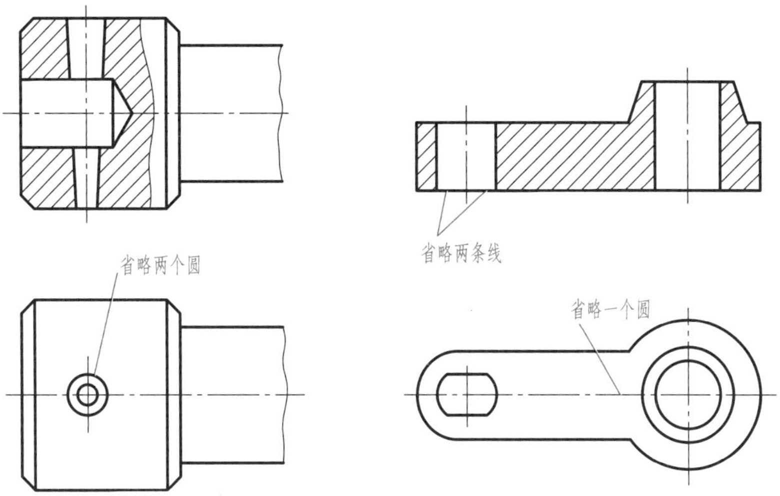

图 4-3-20　较小结构及斜度的简化画法

四、第三角投影

目前，国际上使用的投影制有两种，即第一角投影（又称"第一角画法"）和第三角投影（又称"第三角画法"）。ISO 国际标准规定：在表达机件结构时，第一角画法和第三角画法具有同等效力。

1. 基本概念

在三投影面体系（图 4-3-21）中，将物体放在第Ⅲ分角内，使投影面处于观察者和物体之间，像这样用正投影法得到的投影称为第三角投影，即相对关系为人—面—物。假定投影面为透明的平面，如图 4-3-22 所示，

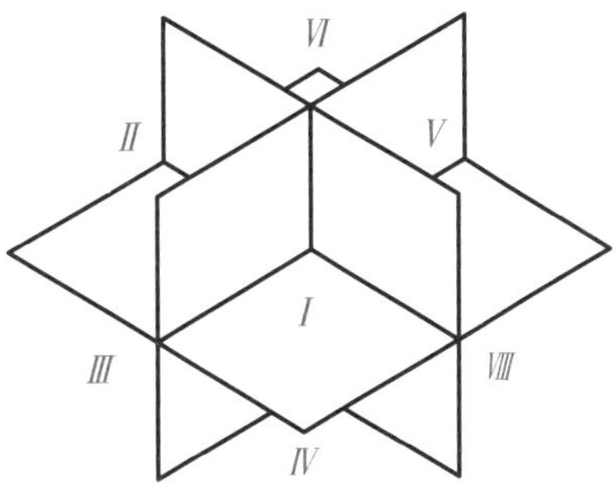

图 4-3-21　三投影面体系

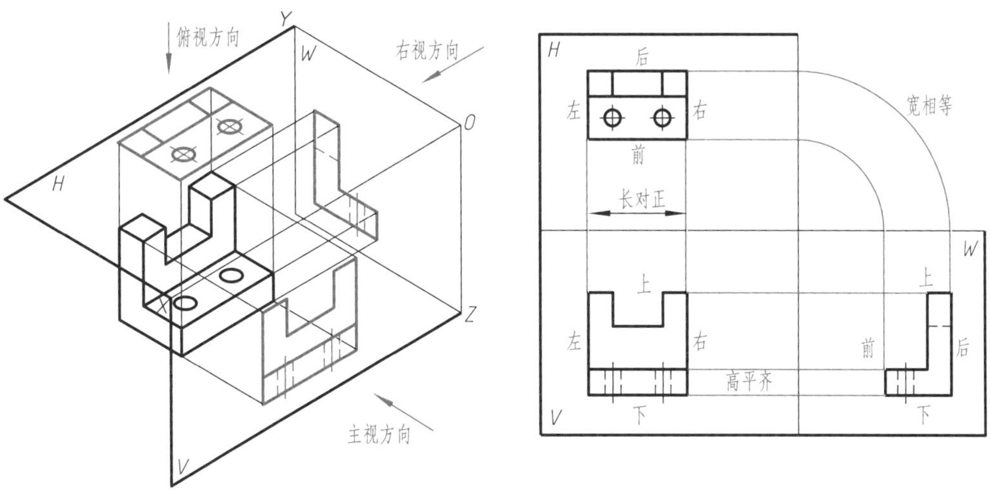

图 4-3-22　第三角投影的三视图

则在 V、H、W 三个投影面上投射所得的三个视图，分别称为主视图、俯视图和右视图。实际上，图形名称没变，只是投影所处的位置与第一角投影不一样。

2. 视图的形成及投影规律

第三角投影的基本视图之间仍然遵循“三等”关系，即“长对正，高平齐，宽相等”。在方位关系上，以主视图为基准，除后视图外，各视图靠近主视图的一侧均表示机件的前面，远离主视图的一侧均表示机件的后面，后视图图形的左侧表示机件的右侧，图形的右侧表示机件的左端，如图 4–3–23 所示。

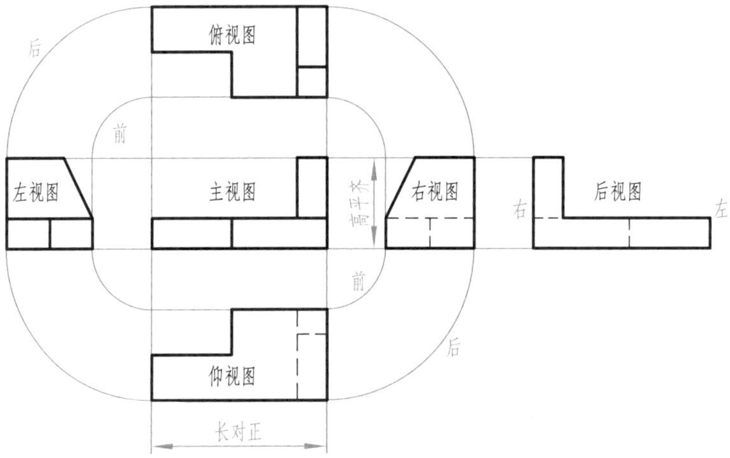

图 4–3–23 第三角投影六个基本视图展开

3. 投影识别符号

工程图样中，为了区别两种投影制，应在图样标题栏的右下角画出第一角、第三角画法的投影识别符号，该符号以圆台的视图表示，如图 4–3–24 所示，第一角画法允许省略标注。

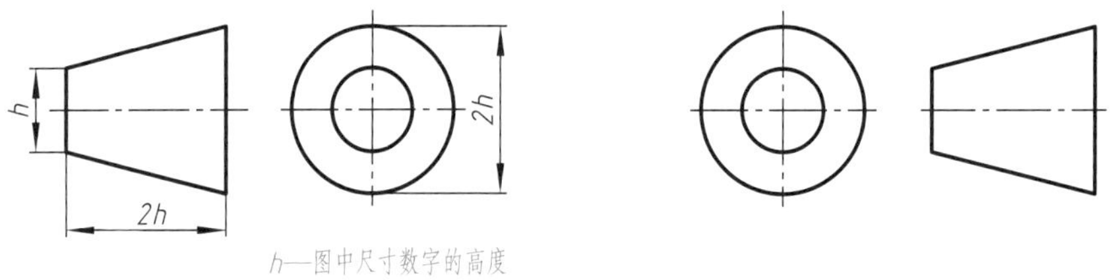

(a) 第一角画法　　(b) 第三角画法

图 4–3–24 投影识别符号

4. 第三角画法的特点

（1）便于读图

第三角画法是将投影面置于观察者与机件之间进行投射的，在六面视图中，除后视图外，其他视图都配置在相邻视图的近侧，以便识读，如图 4–3–25 所示。

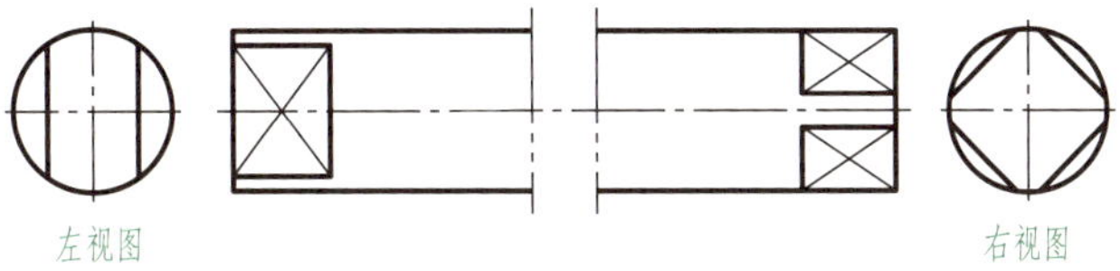

图 4-3-25 第三角画法视图位置配置

（2）便于表达

第三角画法采用近侧配置，表达机件上的局部结构时清楚、简明。因此在第三角画法中，只要将局部视图或斜视图配置在适当位置，一般不需标注，如图 4-3-26 所示。

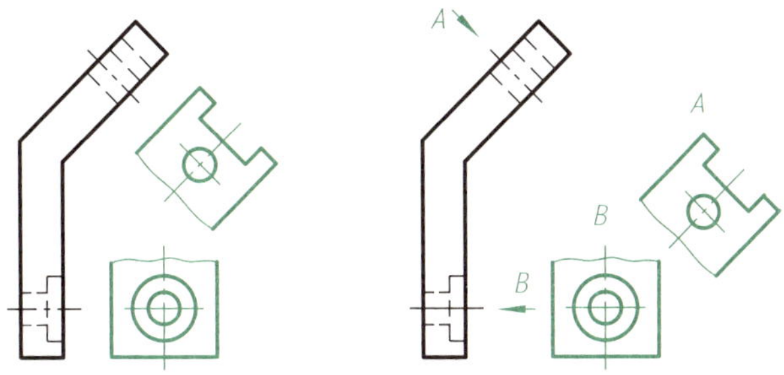

图 4-3-26 第三角画法视图位置配置

（3）剖面图的画法

在第三角画法中，剖视图和断面图统称为“剖面图”，并分为全剖面图、半剖面图、破裂剖面图、旋转剖面图和阶梯剖面图。

剖面图的标注与第一角画法也不同，剖切线用粗双点画线表示，并以箭头指明投射方向，如图 4-3-27 所示，剖面图的名称写在图形下方。

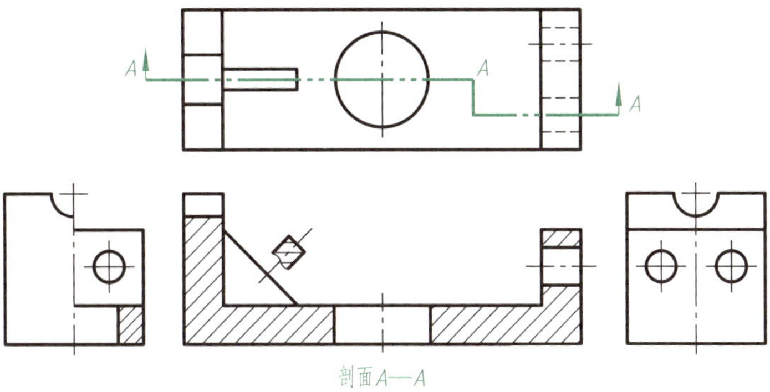

图 4-3-27 剖面图的画法及标注

【任务实施】

1. 机件结构分析

转轴零件属于轴类零件，主要的结构是实心回转体，轴上有键槽、锥孔、退刀槽和倒角等结构。

2. 视图表达方案

如图 4-3-28 所示，按零件的加工位置原则和形状特征原则，确定主视图的投射方向。该零件属于轴类零件，可以选择以主视图为主表达零件的主要特征，其他不必要的视图可以省略绘制。轴上其他结构，如键槽可以采用局部视图和移出断面图表达，锥孔采用移出断面图表达。

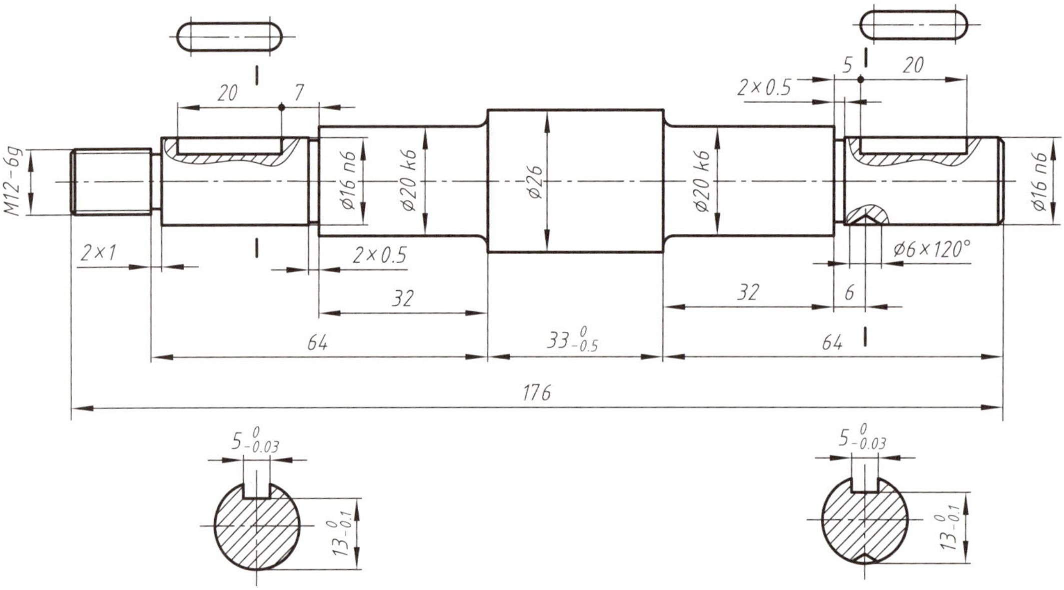

图 4-3-28 转轴零件图

【任务总结】

通过分析转轴零件结构及制订视图表达方案，强化实操作图技能，主要学习制图国家标准中视图表达方法的规定和画法，掌握断面图、局部放大视图等的绘图方法和标注；掌握简化画法、第三角画法。“横看成岭侧成峰，远近高低各不同”，在绘图过程中，针对转轴零件的结构分析和作图练习，应尝试多角度、多方位地看待问题，从而给出不同的解决思路和方法，培养专注、严谨、细致、耐心、认真的工作作风。

【任务检测】

1. 识读图 4-3-28 所示转轴零件图，完成填空。

转轴零件图中有________个视图。主视图用了_________视图表达方法；键槽的外部结构用了两个________视图表达方法；两个______________图表达了键槽的深度和宽度，用了__________图表达了锥孔结构。

2. 选择合适的图纸和比例，绘制转轴零件图，并标注尺寸。

【任务评价】

任务评价标准

序号	评价内容	分数	自评分	互评分	教师评分
1	机件结构分析	10			
2	视图表达方案分析	10			
3	其他视图表达方案分析	15			
4	图纸、比例、视图布局	10			
5	视图表达方案绘制合理	20			
6	尺寸标注正确	10			
7	任务检测	15			
8	课堂表现	10			
总分		100			
综合评价（自评分 ×20%+ 互评分 ×30%+ 教师评分 ×50%）					

项目五　零件图的识读与绘制

【项目描述】

根据结构形状的特点和用途，零件大致可分为轴套类、轮盘类、叉架类和箱体类 4 类。本项目通过 4 个任务的知识点学习与任务实施，掌握 4 类零件的结构特点、主要加工方法、视图表达、尺寸标注和技术要求等。

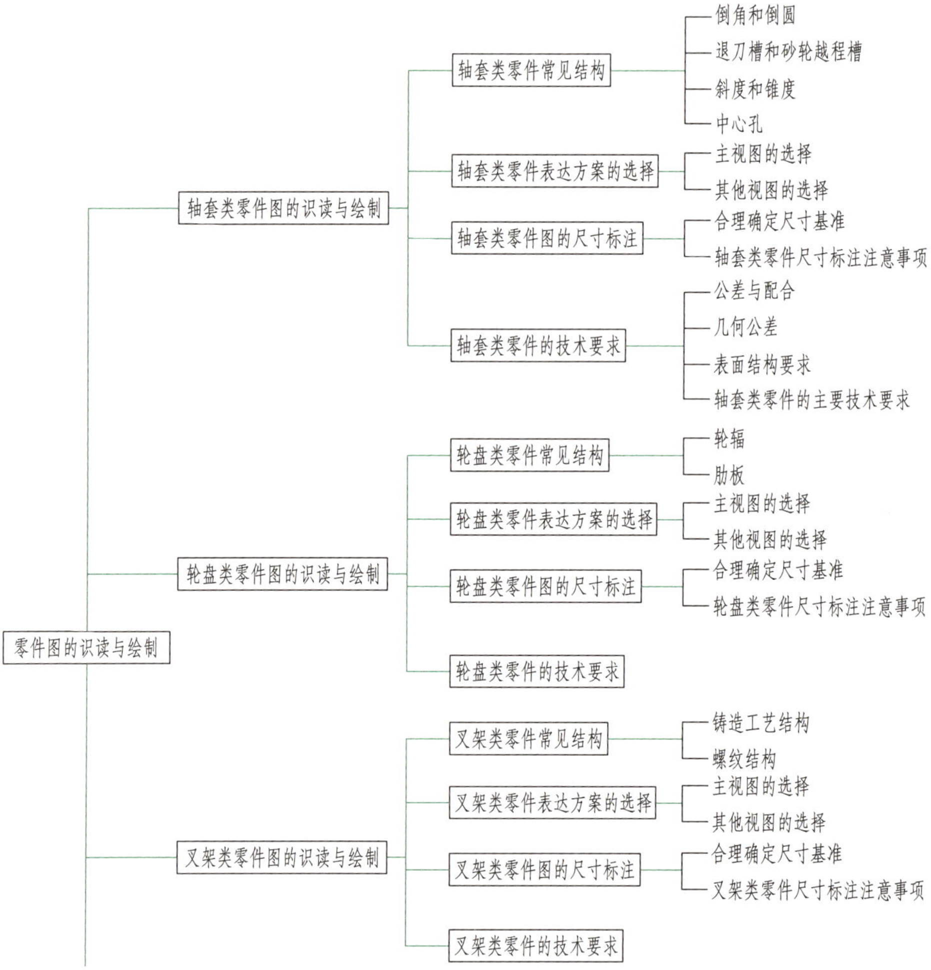

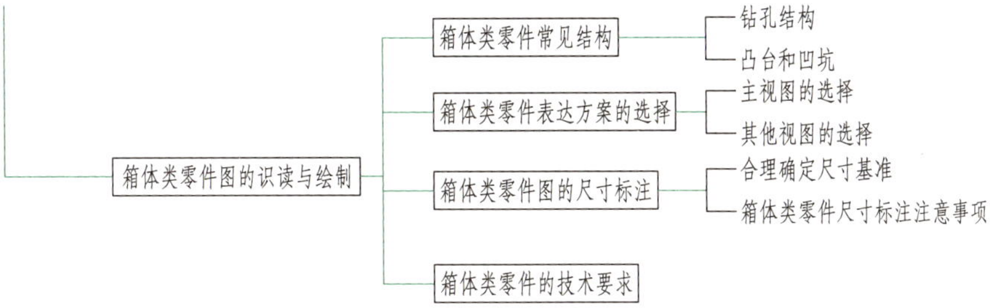

任务一　轴套类零件图的识读与绘制

【任务目标】

✧ 知识目标

1. 掌握轴套类零件常见结构的表达方法和尺寸标注。
2. 掌握轴套类零件视图表达方案的选择和尺寸标注。
3. 掌握零件尺寸公差的标注方法及含义。
4. 掌握零件几何公差的标注方法及含义。
5. 掌握零件表面结构要求的标注方法及含义。
6. 掌握轴套类零件图的识读方法。

✧ 能力目标

1. 能够快速、准确地识读轴套类零件图。
2. 能够使用中望机械 CAD 绘制出规范的轴套类零件图。

✧ 素养目标

培养独立工作的能力，着眼全局的整体观和追求综合效益的管理素质。

【任务引入】

轴套类零件是机器设备中常见的一类零件，其主体结构一般是由形状比较简单的回转体（圆柱或圆锥）叠加或切割而形成，且轴向尺寸大于径向尺寸，如图 5-1-1 所示。轴套类

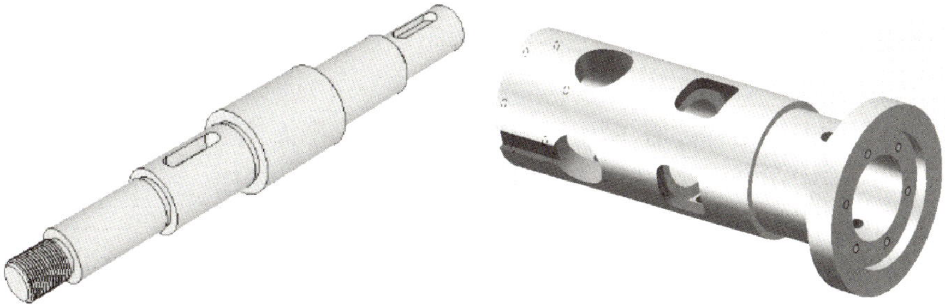

(a) 转轴　　(b) 套筒

图 5-1-1　轴套类零件

零件可分为轴类和套类两类，轴类零件主要用来支承传动零件（如齿轮、带轮等）和传递动力，一般为实心结构，如转轴；套类零件通常装在轴上或机体孔中，用于定位、支承、保护传动零件，为空心结构，如套筒。本任务以识读与绘制图 5-1-2 所示转轴零件图为例，学习轴套类零件常见结构的表达方法、视图表达方案的选择、尺寸与技术要求的识读和标注方法。

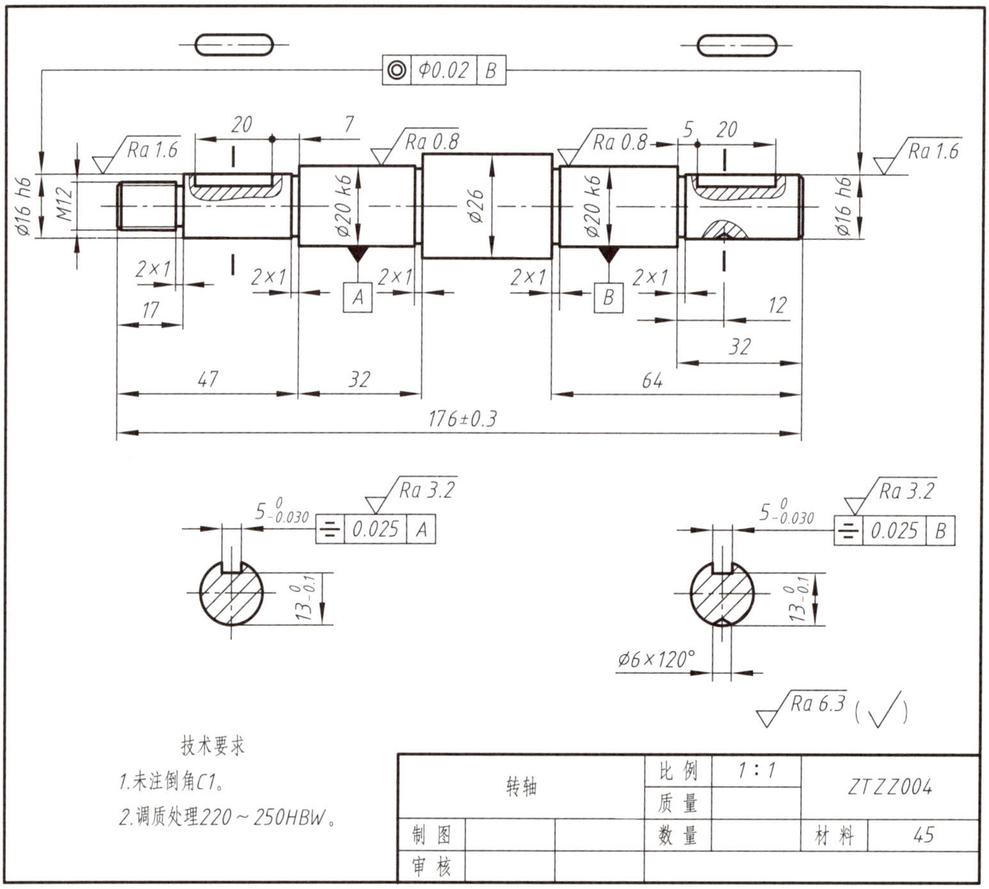

图 5-1-2　转轴零件图

【相关知识】

一、轴套类零件常见结构

在轴套类零件上常见有键槽、螺纹、销孔、油孔、油槽、平面、滚花、倒角、倒圆、退刀槽、砂轮越程槽、斜度、锥度、中心孔等结构。下面介绍其中几种常见结构。

1. 倒角和倒圆

为了去除零件的毛刺、锐边和便于装配，常将轴端、孔口、台肩及轮缘等处加工成倒角；为了避免因应力集中而产生裂纹，常将轴肩转角处加工成圆角过渡（倒圆）。倒角和倒圆的画法及标注如图 5-1-3 所示，图中符号 C 表示 45° 倒角。

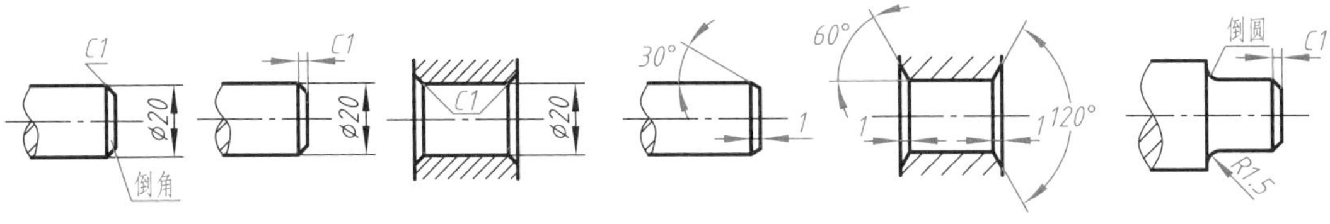

(a) 45°倒角　　(b) 非45°倒角　　(c) 倒圆

图 5-1-3　倒角和倒圆的画法及标注

2. 退刀槽和砂轮越程槽

如图 5-1-4 所示，在切削加工中，特别是在车螺纹和磨削时，为了使刀具容易退出或使砂轮可以越过加工表面，常在加工表面的终端处预先加工出沟槽，称为退刀槽和砂轮越程槽。退刀槽一般按“槽宽 × 槽深”或“槽宽 × 直径”的形式标注；砂轮越程槽常用局部放大图表达，其型式和尺寸应符合 GB/T 6403.5—2008 的规定。

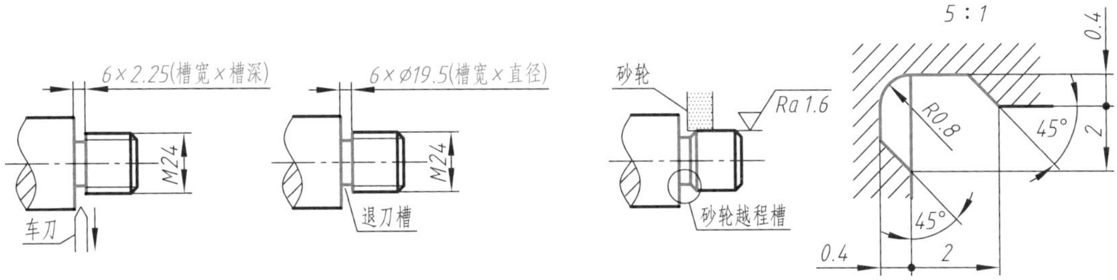

(a) 退刀槽　　(b) 砂轮越程槽

图 5-1-4　退刀槽和砂轮越程槽的画法及标注

3. 斜度和锥度

（1）斜度

一直线（或平面）对另一直线（或平面）的倾斜程度称为斜度。其大小用该两直线（或平面）间夹角的正切函数来表示。图样中通常用斜度符号和比值 1∶n 的形式标注。斜度的画法及标注如图 5-1-5 所示。

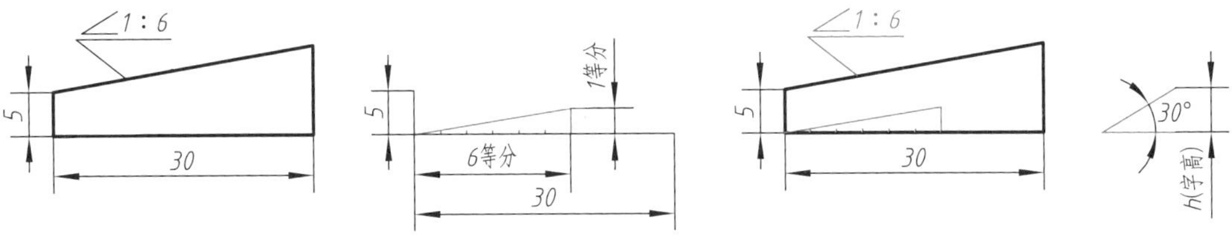

图 5-1-5　斜度的画法及标注

（2）锥度

圆锥底圆直径与其高度之比，或圆台两底圆直径之差与其高度之比称为锥度。图样中通常用锥度符号和比值 1∶n 的形式标注。锥度的画法及标注如图 5-1-6 所示。

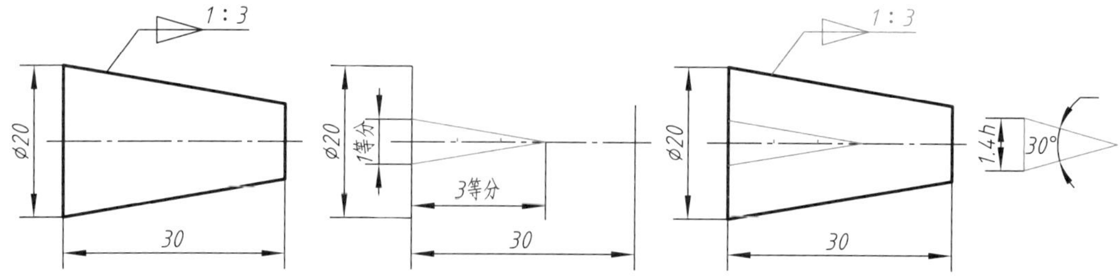

图 5-1-6　锥度的画法及标注

提示：

斜度和锥度符号的方向应与零件的实际倾斜方向或锥度方向一致。

4. 中心孔

中心孔为标准结构要素，用于机械加工时的定位和装夹，其型式有 R 型、A 型、B 型、C 型 4 种，如图 5-1-7 所示。图样中中心孔的表示方法见表 5-1-1。

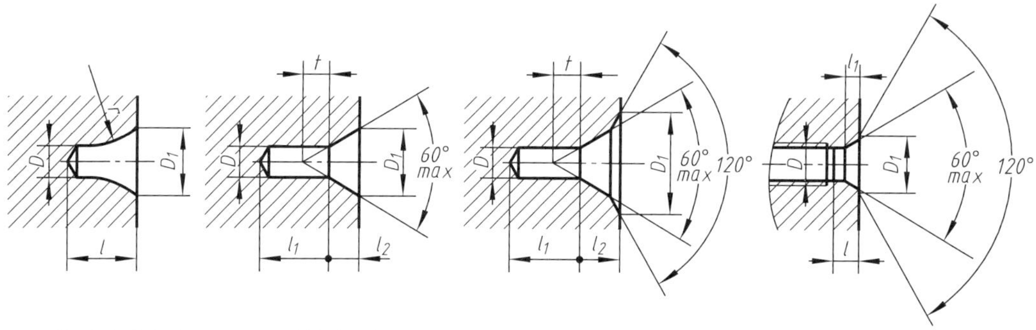

(a) R型(弧形)中心孔　(b) A型(不带护锥)中心孔　(c) B型(带护锥)中心孔　(d) C型(带螺纹)中心孔

图 5-1-7　中心孔的型式

表 5-1-1　中心孔的表示方法

要求	表示方法示例	说明
在完工的零件上要求保留中心孔	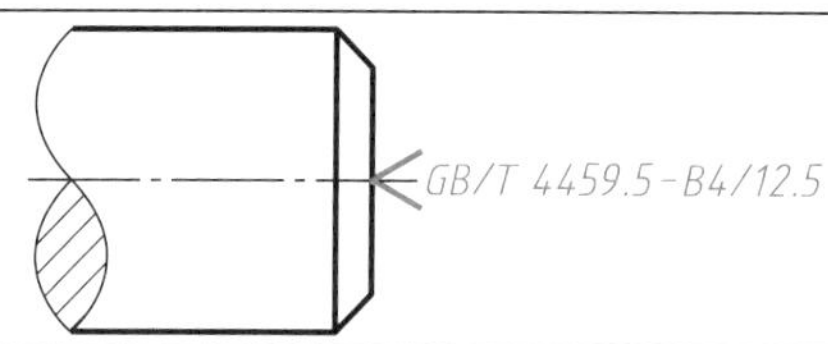	采用 B 型中心孔 D=4 mm，D_1=12.5 mm 在完工的零件上要求保留
在完工的零件上可以保留中心孔	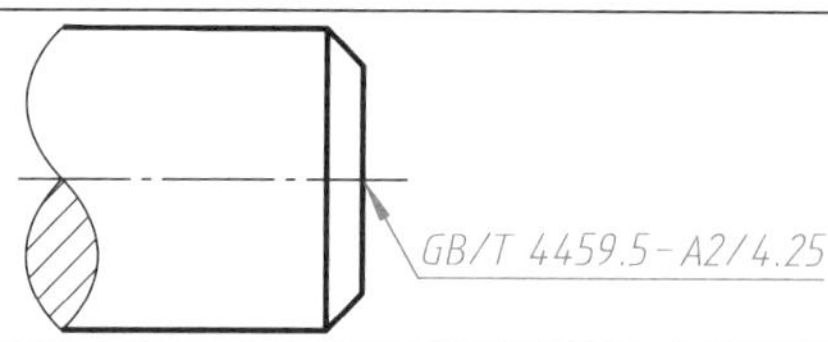	采用 A 型中心孔 D=2 mm，D_1=4.25 mm 在完工的零件上是否保留都可以
在完工的零件上不允许保留中心孔	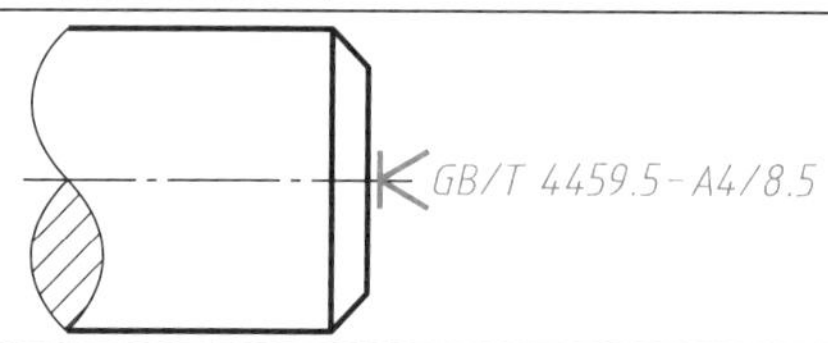	采用 A 型中心孔 D=4 mm，D_1=8.5 mm 在完工的零件上不允许保留

二、轴套类零件表达方案的选择

1. 主视图的选择

1）轴套类零件主要是在车床和磨床上加工的，装夹时会将轴套类零件的轴线水平放置，因此为了加工时看图方便，常采用一个轴线水平放置的主视图，并配合尺寸标注来表达零件主体结构的相对位置和主要形状，同时又能反映出轴上轴肩、退刀槽等结构。

2）当零件上有键槽、凹坑、凹槽时，可根据情况选择局部剖视图表达。

3）对于形状简单而轴向尺寸较长的部分，常断开后缩短绘制。

4）空心套类零件中多存在内部结构，主视图一般采用全剖、半剖或局部剖视图绘制。

2. 其他视图的选择

1）轴套类零件一般不画俯视图和投影为圆的左视图。

2）当轴套类零件上的键槽、内孔、退刀槽等局部结构需要进一步表达时，可以围绕主视图，根据需要绘制局部视图、断面图、局部放大图来表达尚未表达清楚的结构。

图 5-1-8 所示为铣刀头轴零件的视图表达。

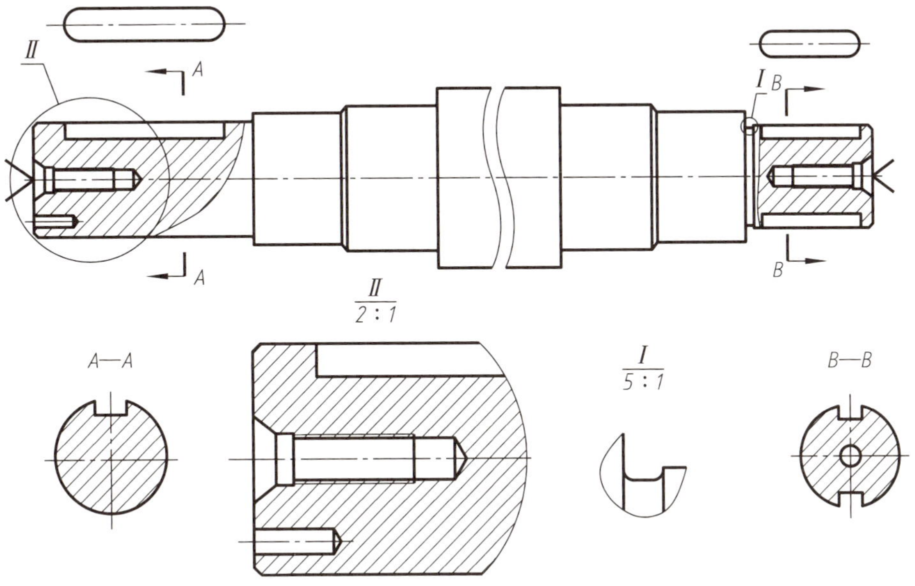

铣刀头轴三维模型文件

图 5-1-8　铣刀头轴零件的视图表达

三、轴套类零件图的尺寸标注

零件图上的尺寸是加工、检验零件的重要依据。遗漏一个尺寸，零件加工就无法进行；错注一个尺寸，整个零件就可能报废。因此，在绘制零件图时，应高度重视尺寸标注。零件的尺寸标注应满足 4 项要求：正确、完整、清晰、合理。关于正确、完整、清晰地标注尺寸已在项目二中讲述，这里不再复述。

1. 合理确定尺寸基准

要使尺寸标注得合理，首先要正确选择尺寸基准，通常基准选择在零件的重要加工面和对称中心线点上。根据基准的作用不同，可把基准分为以下两类：

1）设计基准：设计时用以确定零件在机器或部件中准确位置的点、线、面，是尺寸标注时的主要尺寸基准。

2）工艺基准：加工或测量时，确定零件相对机床、工装或量具位置的点、线、面。

轴套类零件的尺寸主要有轴向和径向尺寸两类，径向尺寸基准为轴线，轴向尺寸基准可选择重要的端面或轴肩。

如图 5-1-9（a）所示的阶梯轴，其轴线为径向设计基准；因 *E* 面为工作时的定位面，故 *E* 面为轴向设计基准。但是，如果轴向尺寸均以 *E* 面为起点标注，对加工、测量均不方便；若以右端面为起点标注尺寸，则符合阶梯轴在车床上的加工过程如图 5-1-9（b）所示，所以选择右端面为工艺基准，但需要注意，两基准之间应标注一个联系尺寸，如图中尺寸 52。

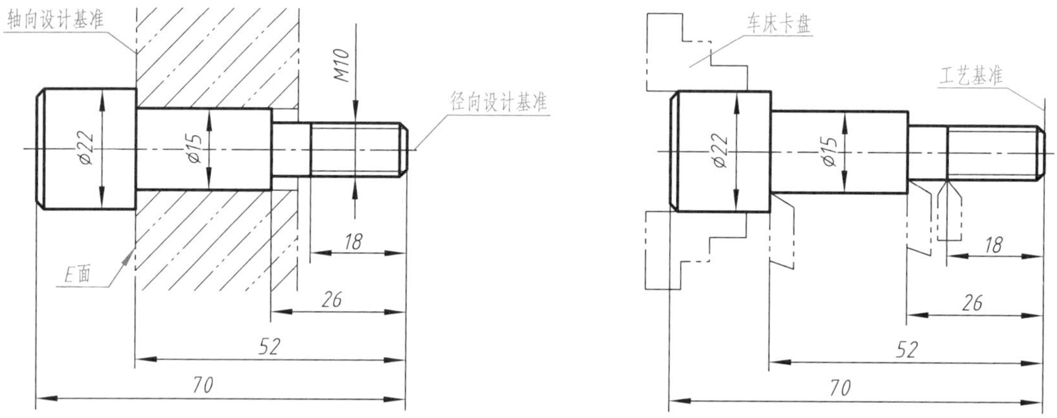

(a) 阶梯轴的设计基准　　(b) 阶梯轴的加工过程及工艺基准

图 5-1-9　阶梯轴尺寸基准的选择

2. 轴套类零件尺寸标注注意事项

1）重要尺寸应直接注出，避免因其他尺寸的加工误差而造成尺寸偏差。

2）为避免轴向注成封闭尺寸链，一般将一个不重要的轴段长度尺寸不标注，如图 5-1-10 所示。

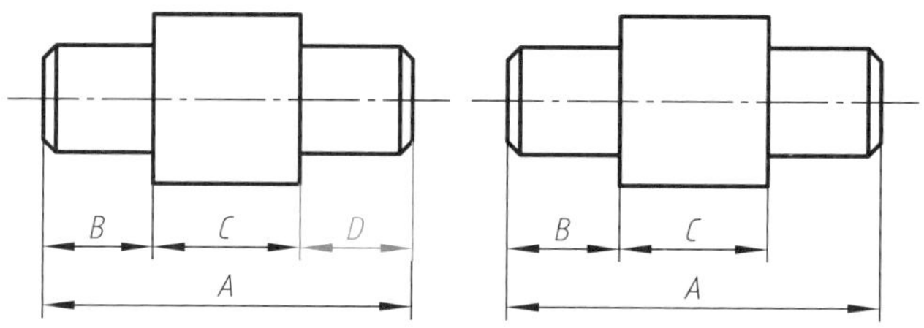

(a) 封闭尺寸链不合理　　(b) 有开环的尺寸链合理

图 5-1-10　避免注成封闭尺寸链

3）为加工方便，应将不同工种加工的尺寸分开标注，如图 5-1-11 所示。

4）尺寸标注要便于加工和测量，如图 5-1-12 所示。

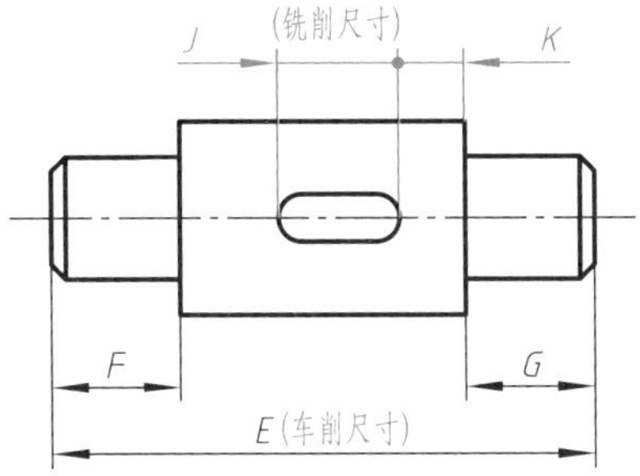

图 5-1-11　考虑加工方法

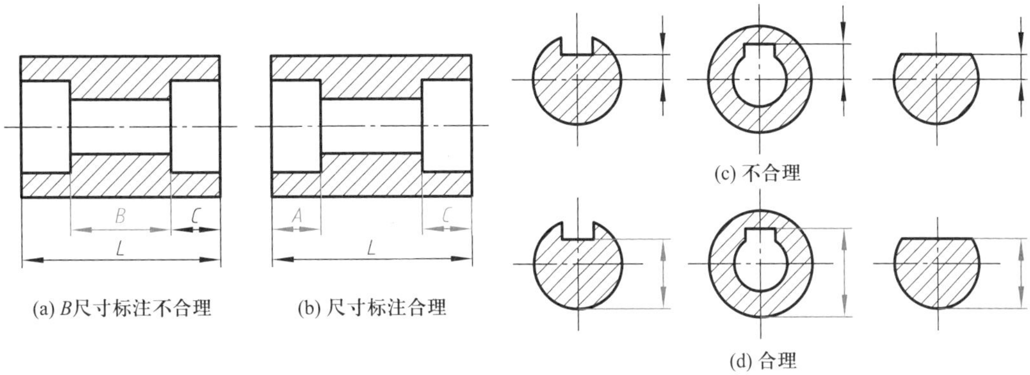

图 5-1-12　尺寸标注要便于加工和测量

四、轴套类零件的技术要求

零件的技术要求主要是指零件或机器在生产制造过程中需要达到的一些精度要求，如公差与配合、几何公差、表面结构要求、材料的热处理及表面处理等。

1. 公差与配合

零件在制造过程中，由于机床精度、刀具磨损、测量误差等实际因素的影响，不可能把零件的尺寸加工得绝对准确。为了保证零件的使用要求和互换性，应将零件的尺寸加工误差限制在一定范围内。

（1）公差和偏差

下面以图 5-1-13 及孔 $\phi\ 40^{+0.039}_{0}$和轴 $\phi\ 40^{-0.025}_{-0.050}$为例，简要说明公差和偏差。

1）公称尺寸与极限尺寸。

公称尺寸：由图样规范定义的理想形状要素的尺寸。孔、轴的公称尺寸为 ϕ40。

极限尺寸：尺寸要素的尺寸所允许的极限值。尺寸要素允许的最大尺寸称为上极限尺寸，尺寸要素允许的最小尺寸称为下极限尺寸。

上极限尺寸：孔为 40 mm+0.039 mm=40.039 mm，轴为 40 mm+（ -0.025 mm ）=39.975 mm。

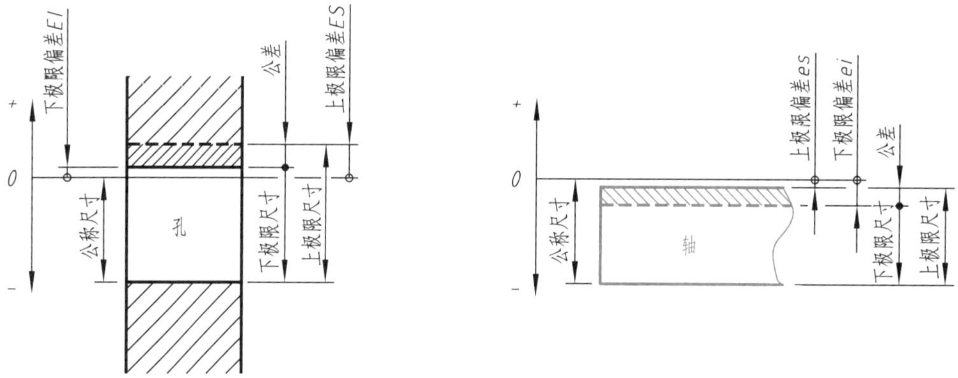

图 5-1-13　公差和偏差定义说明

下极限尺寸：孔为 40 mm+0=40 mm，轴为 40 mm+（−0.050 mm）=39.950 mm。

实际尺寸：拟合组成要素的尺寸。

尺寸合格条件：上极限尺寸≥实际尺寸≥下极限尺寸。

2）极限偏差。

偏差：某值与其参考值之差。对于尺寸偏差，参考值是公称尺寸，某值是实际尺寸。偏差是一个带符号的值，其可以是负值、零值或正值。

上极限偏差：上极限尺寸减其公称尺寸所得的代数差。

下极限偏差：下极限尺寸减其公称尺寸所得的代数差。

上极限偏差：孔为 ES=40.039 mm−40 mm=+0.039 mm，轴为 es=39.975 mm−40 mm=−0.025 mm。

下极限偏差：孔为 EI=40 mm−40 mm=0，轴为 ei=39.950 mm−40 mm=−0.050 mm。

3）公差：上极限尺寸与下极限尺寸之差，也可以是上极限偏差与下极限偏差之差。公差是一个没有符号的绝对值。

孔的公差：40.039 mm−40 mm=0.039 mm 或 +0.039 mm−0=0.039 mm

轴的公差：39.975 mm−39.950 mm=0.025 mm 或 −0.025 mm−（−0.050 mm）=0.025 mm

4）公差带：公差极限之间（包括公差极限）的尺寸变动值。

5）标准公差和基本偏差。

标准公差：尺寸公差 ISO 代号体系中的任一公差。国家标准 GB/T 1800.1—2020《产品几何技术规范（GPS）　线性尺寸公差 ISO 代号体系　第 1 部分：公差、偏差和配合的基础》将标准公差分为 20 个等级（标准公差等级标示符由 IT 及其之后的数字组成）：IT01、IT0、IT1 ~ IT18，精度从 IT01 至 IT18 依次降低。附表 16 列出了公称尺寸至 3 150 mm 的标准公差数值。标准公差等级 IT01 和 IT0 在工业中很少使用，需要时请查阅。

基本偏差：确定公差带相对公称尺寸位置的那个极限偏差，即最接近公称尺寸的那个极限偏差，如图 5-1-14 所示。基本偏差标示符用字母表示，孔用大写字母（A，…，ZC），轴用小写字母（a，…，zc）。

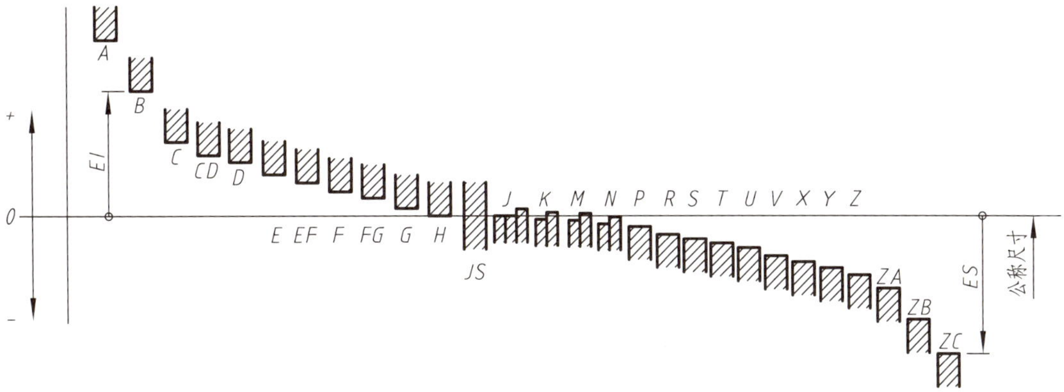

(a) 孔(内尺寸要素)

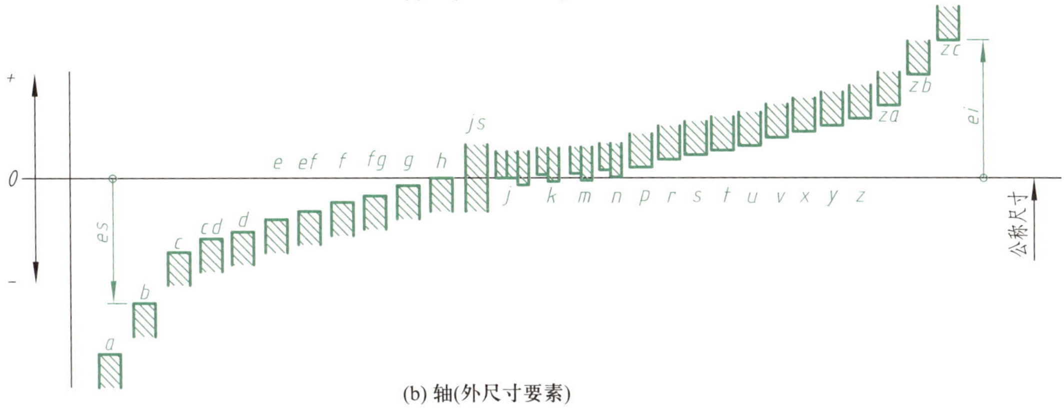

(b) 轴(外尺寸要素)

图 5-1-14　公差带(基本偏差)相对公称尺寸位置的示意说明

6)公差带代号。

孔和轴的尺寸公差可用公差带代号表示。公差带代号由基本偏差标示符与公差等级组成。例如:

7)零件图上公差的注法。

零件图上标注公差有三种形式:

标注极限偏差数值,如图 5-1-15(a)所示,适用于单件、小批量生产。

标注公差带代号,如图 5-1-15(b)所示,适用于大批量生产。

同时标注公差带代号和极限偏差数值,如图 5-1-15(c)所示,适用于生产批量不定的情况。

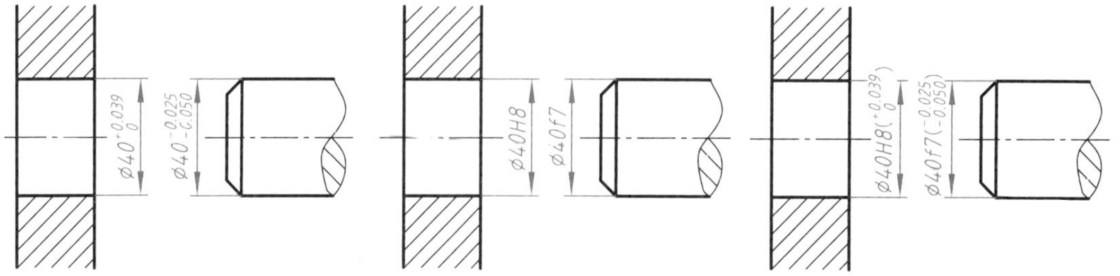

(a) 标注极限偏差数值　(b) 标注公差带代号　(c) 同时标注公差带代号和极限偏差数值

图 5-1-15　零件图上公差的注法

(2) 配合

配合是指类型相同且待装配的外尺寸要素(轴)和内尺寸要素(孔)之间的关系。

1) 配合种类。

在机器的装配中,使用要求不同时,轴孔配合的松紧程度也不同。根据公差带位置不同,配合可分为三种类型:间隙配合、过盈配合和过渡配合。

间隙配合:孔和轴装配时总是存在间隙的配合。此时,孔的下极限尺寸大于或在极端情况下等于轴的上极限尺寸,即孔的公差带完全在轴的公差带之上,如图 5-1-16(a)所示。

过盈配合:孔和轴装配时总是存在过盈的配合。此时,孔的上极限尺寸小于或在极端情况下等于轴的下极限尺寸,即孔的公差带完全在轴的公差带之下,如图 5-1-16(b)所示。

过渡配合:孔和轴装配时可能具有间隙或过盈的配合。此时,孔和轴的公差带完全重叠或部分重叠,如图 5-1-16(c)所示。

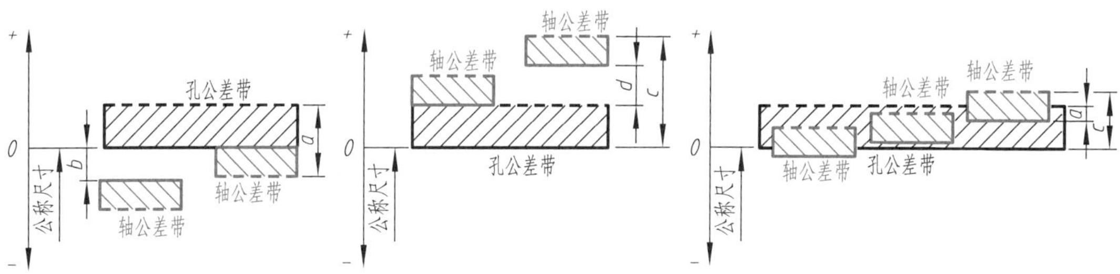

(a) 间隙配合　(b) 过盈配合　(c) 过渡配合

a—最大间隙;b—最小间隙;c—最大过盈;d—最小过盈

图 5-1-16　三种配合定义说明

2) ISO 配合制。

基孔制配合:孔的基本偏差为零的配合,即其下极限偏差等于零,如图 5-1-17 所示,其下极限尺寸与公称尺寸相同。所要求的间隙或过盈由不同公差带代号的轴与一基本偏差为零的公差带代号的基准孔相配合得到。

基轴制配合:轴的基本偏差为零的配合,即其上极限偏差等于零,如图 5-1-18 所示,其上极限尺寸与公称尺寸相同。所要求的间隙或过盈由不同公差带代号的孔与一基本偏差为零的公差带代号的基准轴相配合得到。

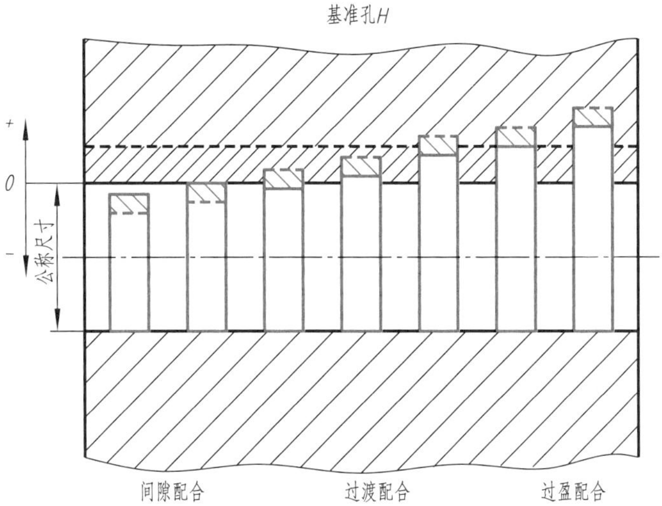

图 5-1-17　基孔制配合

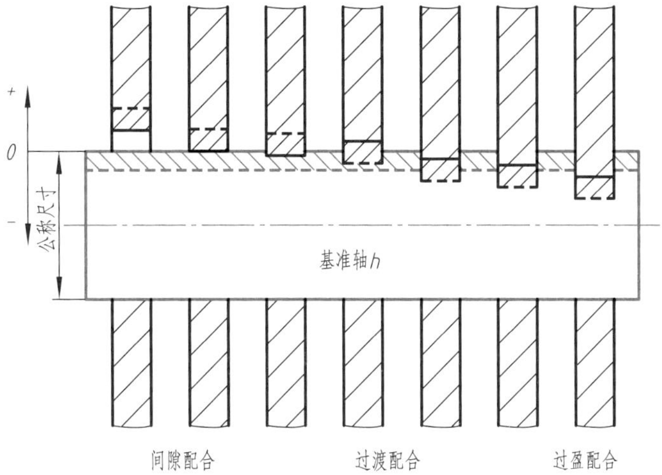

图 5-1-18　基轴制配合

一般情况下，优先采用基孔制配合。基轴制配合仅用于具有明显经济效果的场合和结构设计要求不适合采用基孔制配合的场合。

3）装配图上配合的注法。

在装配图上标注配合时，采用组合式注法，如图 5-1-19 所示，在公称尺寸后用分式形式表示，分子为孔的公差带代号，分母为轴的公差带代号。

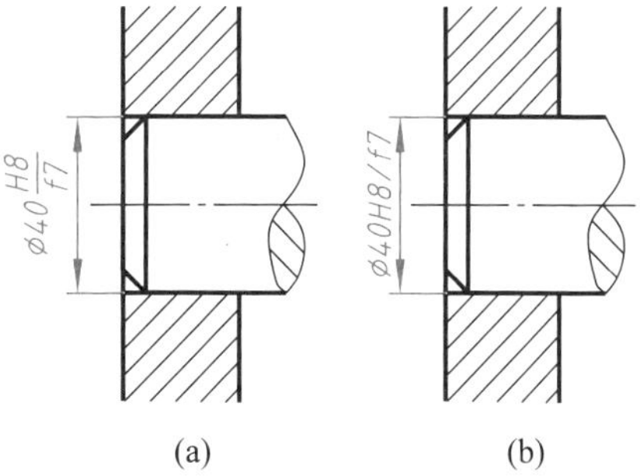

图 5-1-19　装配图上配合的注法

提示：

当一般零件与标准件（如轴承）相配合时，由于标准件的公差已有其对应的国家标准，所以，在装配图中标注其配合时，仅标注一般零件的公差即可，无须标注标准件的公差。

2. 几何公差

（1）几何公差的概念

零件加工过程中，不仅会产生尺寸误差，实际零件几何要素的形状、方向和位置相对于其理想要素也会产生一定的误差。若零件的几何误差过大，会影响机器的工作精度和质量。国家标准规定了几何公差的图样表示和各种标注的含义。

几何公差是指零件的实际形状、方向、位置和跳动公差，是零件的实际几何状况相对于理想几何状况所允许的变动量。表 5–1–2 列出了几何公差特征和符号。

表 5–1–2　几何公差特征和符号

公差类型	几何特征	符号	有无基准	公差类型	几何特征	符号	有无基准
形状公差	直线度	⏤	无	位置公差	位置度	⌖	有或无
	平面度	⏥	无		同心度（用于中心点）	◎	有
	圆度	○	无		同轴度（用于轴线）	◎	有
	圆柱度	⌭	无		对称度	⌯	有
	线轮廓度	⌒	无		线轮廓度	⌒	有
	面轮廓度	⌓	无		面轮廓度	⌓	有
方向公差	平行度	//	有	跳动公差	圆跳动	↗	有
	垂直度	⊥	有		全跳动	⌰	有
	倾斜度	∠	有				
	线轮廓度	⌒	有				
	面轮廓度	⌓	有				

（2）几何公差的标注

1）被测要素的标注。

被测要素是指设计图样上给定了几何公差要求的要素，是检测的对象。在图样中，通常用指引线连接被测要素和公差框格标注几何公差。公差框格最多 5 格，最少两格，其画法与填注如图 5–1–20 所示。

被测要素为轮廓线或轮廓面时：指引线箭头指向被测要素的轮廓线或其延长线，并与尺寸线明显错开，如图 5–1–21（a）、（b）所示；也可从被测要素的轮廓面用带点的引出线引出标注，如图 5–1–21（c）所示。

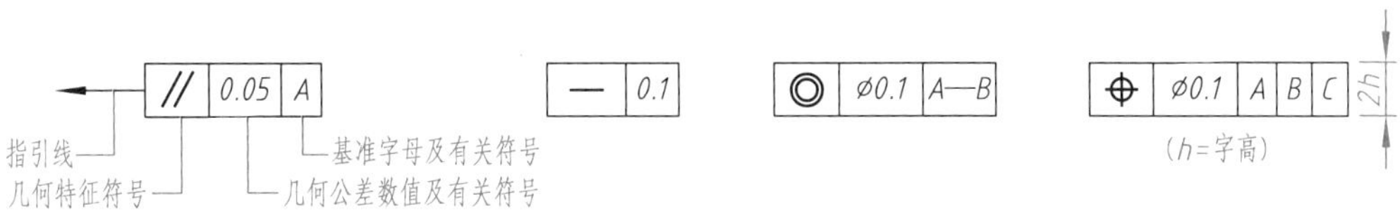

图 5-1-20　公差框格的画法与填注

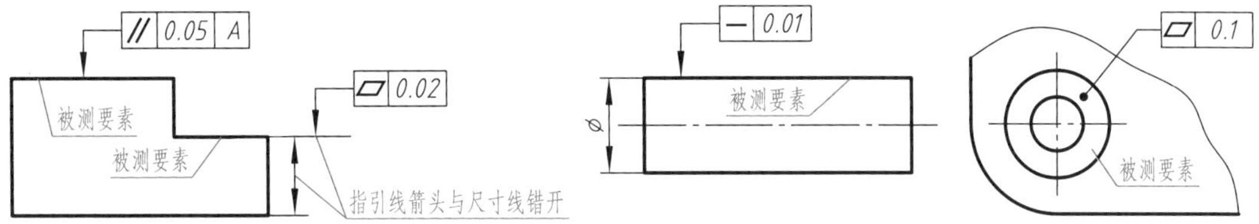

(a)　(b)　(c)

图 5-1-21　被测要素为轮廓线或轮廓面时的注法

被测要素为轴线或中心平面时：指引线箭头与相应的尺寸线对齐，重合于尺寸线的延长线，如图 5-1-22 所示。

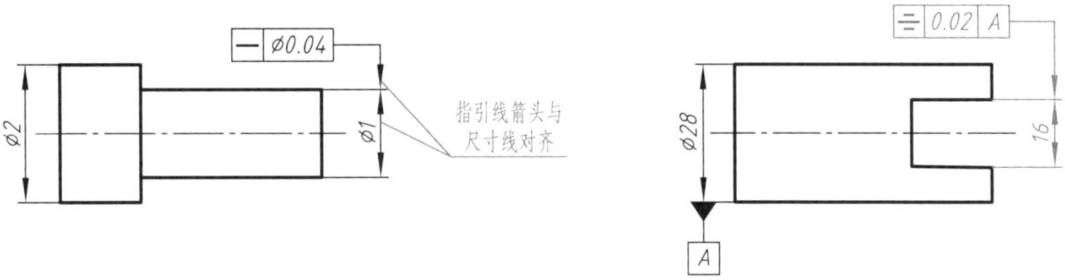

(a) 被测要素为轴线　**(b) 被测要素为中心平面**

图 5-1-22　被测要素为轴线或中心平面时的注法

2）基准要素的标注。

用来确定被测要素方向和位置的要素称为基准要素。在图样中，基准要素用基准符号表示，基准符号的三角形可以是实心的，也可以是空心的，其画法如图 5-1-23 所示。

基准要素为轮廓线或轮廓面时：基准符号的三角形放置在基准要素的轮廓线或其延长线上，基准符号连线与尺寸线明显错开，如图 5-1-24 所示。

基准要素为轴线或中心平面时：基准符号的三角形放置在相应尺寸线的延长线上，基准符号连线与尺寸线对齐，如图 5-1-25 所示。

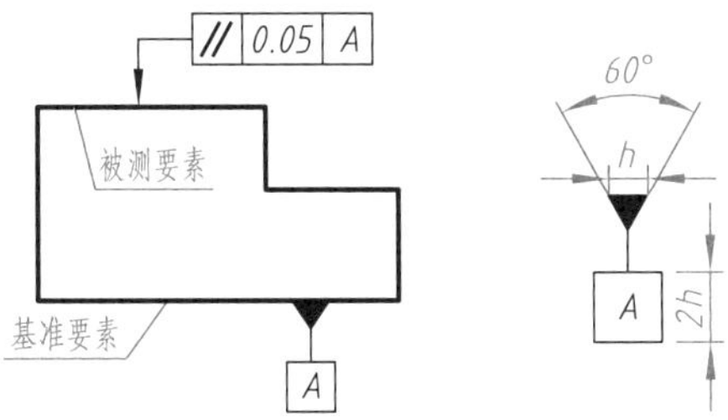

图 5-1-23　基准符号的画法

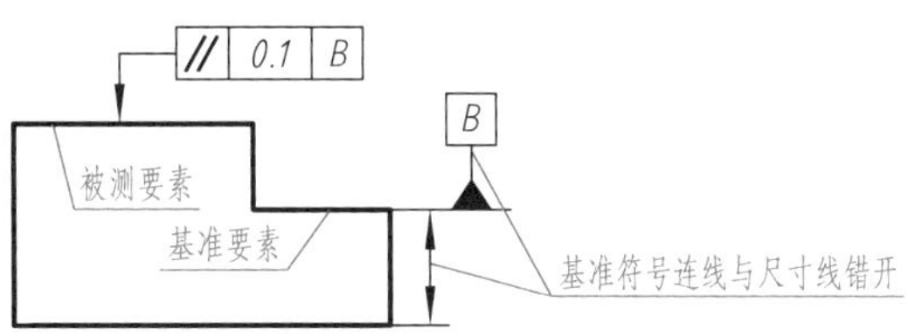

图 5-1-24　基准要素为轮廓线或轮廓面时的注法

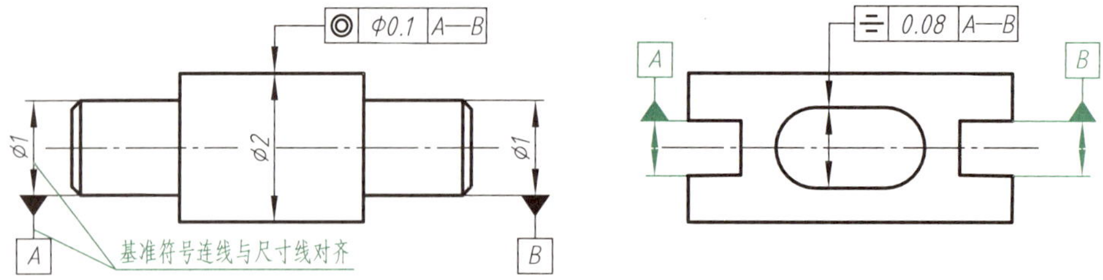

(a) 基准要素和被测要素为轴线　　(b) 基准要素和被测要素为中心平面

图 5-1-25　基准要素为轴线或中心平面时的注法

3）几何公差标注示例。

下面以图 5-1-26 所示齿轮毛坯为例，解释其几何公差的含义。

公差框格 ○ | 0.004 表示：ϕ100h6 外圆的圆度公差为 0.004 mm。

公差框格 ↗ | 0.025 | B 表示：ϕ100h6 外圆对 ϕ45P7 轴线的圆跳动公差为 0.025 mm。

公差框格 // | 0.01 | A 表示：右端面对左端面的平行度公差为 0.01 mm。

3. 表面结构要求

（1）表面结构的概念

表面结构是指零件表面的几何形貌，它是表面粗糙度、表面波纹度、表面缺陷、表面纹理和表面几何形状的总称。表面结构对零件的配合、耐磨性、抗疲劳强度、抗腐蚀性、密封性和外观都有影响。应根据机器的性能要求，恰当地选择表面结构参数及数值。

（2）表面结构的主要参数

评定表面结构的主要参数有应用最广的 *R* 轮廓参数（粗糙度轮廓参数）中的轮廓算术平均偏差 *Ra* 和轮廓最大高度 *Rz*。

1）表面粗糙度的概念。

由于金属塑性、表面划痕、加工技术等因素的影响，零件的表面不可能加工成理想的光滑表面。在放大镜或显微镜下观察时，可以看到高低不平的微观形状，如图 5-1-27 所示。零件加工表面上具有的由较小间距与峰谷所组成的微观几何形状特性称为表面粗糙度。

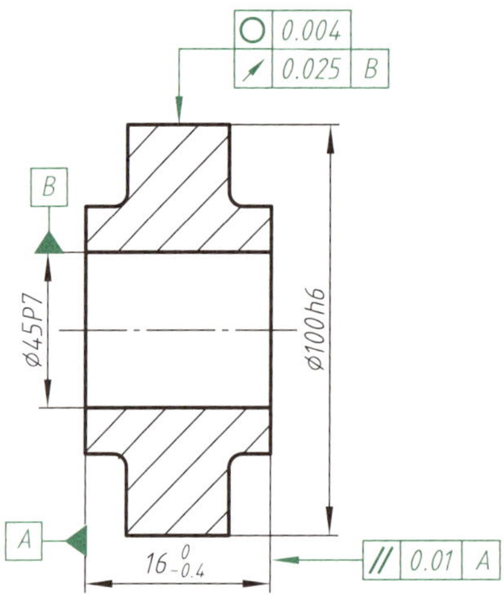

图 5-1-26　几何公差标注示例

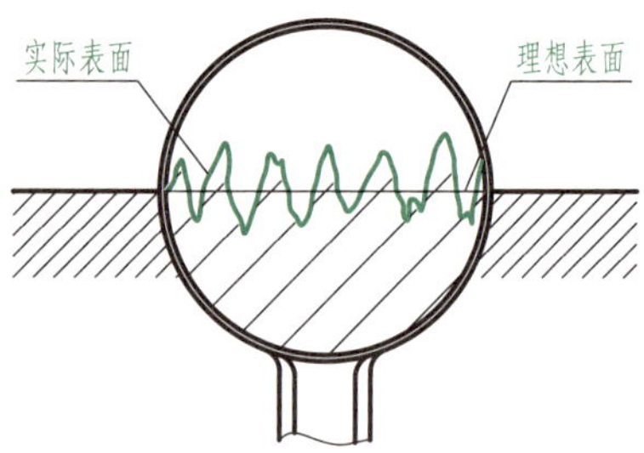

图 5-1-27　表面粗糙度微观形状

2）粗糙度轮廓参数。

轮廓算术平均偏差 *Ra*：是指在一个取样长度内，纵坐标 $Z(x)$ 绝对值的算术平均值，如图 5-1-28 所示。

轮廓最大高度 *Rz*：是指在同一取样长度内，最大轮廓峰高和最大轮廓谷深之和，如图 5-1-28 所示。

表面粗糙度参数 *Ra*、*Rz* 的数值系列见表 5-1-3，其数值越小，代表表面质量越高，加工成本也越高。

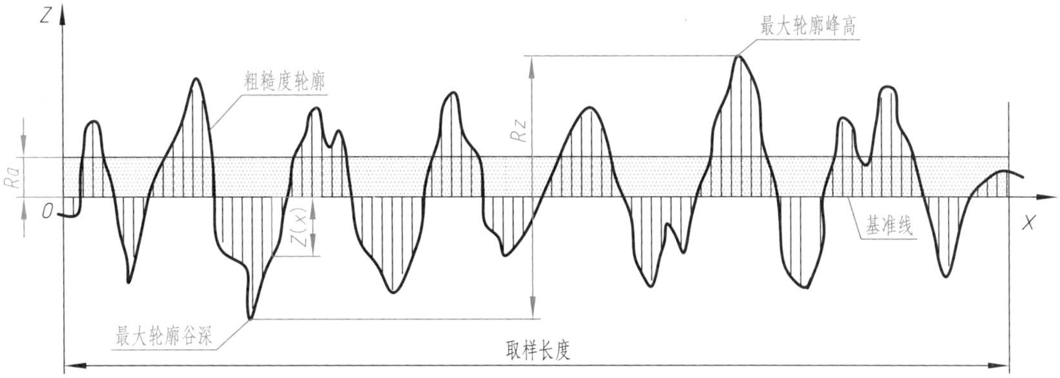

图 5-1-28　粗糙度轮廓参数 *Ra* 和 *Rz*

表 5-1-3　表面粗糙度参数 *Ra*、*Rz* 的数值系列　　μm

轮廓算术平均偏差 ***Ra***				轮廓最大高度 ***Rz***				
0.012	0.2	3.2	50	0.025	0.4	6.3	100	1 600
0.025	0.4	6.3	100	0.05	0.8	12.5	200	—
0.05	0.8	12.5	—	0.1	1.6	25	400	—
0.1	1.6	25	—	0.2	3.2	50	800	—

提示：

在表面粗糙度参数常用的数值范围内（*Ra* 为 0.025 ~ 6.3 μm，*Rz* 为 0.1 ~ 25 μm），推荐优先选用 *Ra*。

（3）表面结构的图形符号

表面结构的图形符号及含义见表 5-1-4。

（4）表面结构要求在零件图上的注法

表面结构要求对每一表面一般只标注一次，其注写和读取方向与尺寸的注写和读取方向一致，并应尽可能标注在相应的尺寸及其公差的同一视图上。除非另有说明，所标注的表面结构要求均是对完工零件表面的要求。

1）表面结构要求的标注位置。

表 5-1-4 表面结构的图形符号及含义

名称	符号	含义
基本图形符号	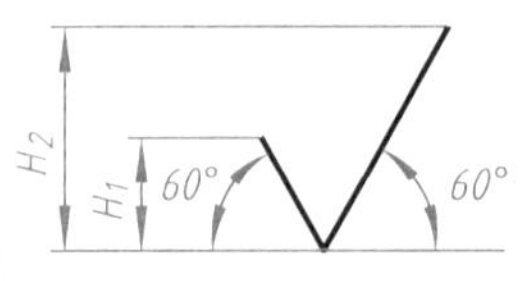	未指定加工方法的表面，仅适用于简化代号标注。如果字高为 3.5 mm，则 H_1=5 mm、H_2=10.5 mm，H_2 是最小值，必要时允许加大
扩展图形符号		用去除材料的方法获得的表面。例如，车、铣、钻、磨、抛光等
		用不去除材料的方法获得的表面。例如，铸、锻、冲压变形、热轧、冷轧、粉末冶金等
完整图形符号	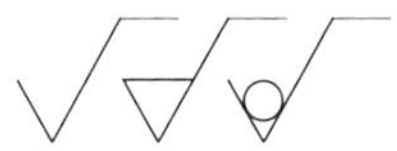	在以上 3 个符号的长边上加一横线，用于对表面结构有补充要求的标注
	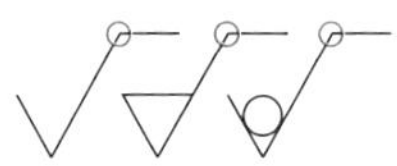	在以上 3 个符号上均加一小圆，表示图样的某个视图上构成封闭轮廓的各表面有相同的表面结构要求
补充要求的注写	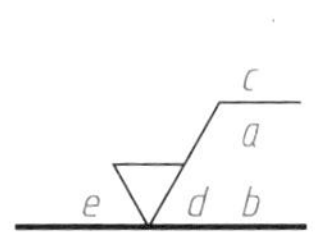	位置 *a*：注写表面结构的单一要求 位置 *b*：注写附加评定参数 位置 *c*：注写加工方法，如“车”“磨”“镀”等 位置 *d*：注写表面纹理，如“=”“×”“M” 位置 *e*：注写加工余量（mm）

表面结构要求可标注在轮廓线上，其符号应从材料外指向并接触表面；必要时，表面结构也可用带箭头或黑点的指引线引出标注；在不致引起误解时，表面结构要求可以标注在给定的尺寸线上和几何公差框格的上方，如图 5-1-29 所示。

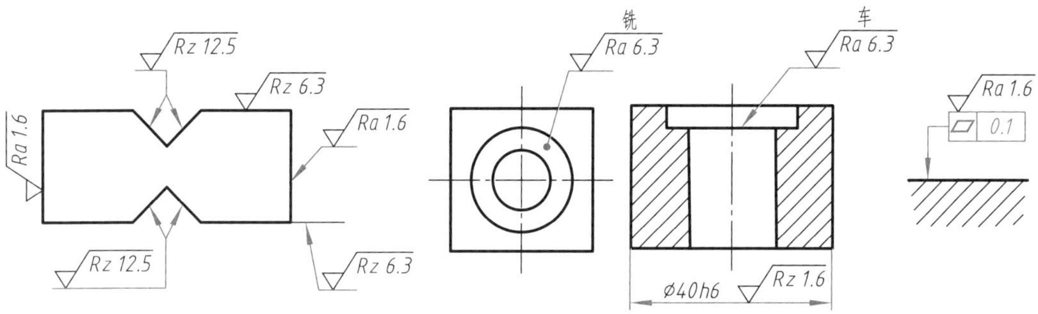

(a) 标注在轮廓线上　(b) 标注在指引线、尺寸线上　(c) 标注在几何公差框格的上方

图 5-1-29 表面结构要求的标注位置

2）圆柱和棱柱表面的表面结构要求的注法。

圆柱和棱柱表面的表面结构要求只标注一次；如果每个棱柱表面有不同的表面结构要求时，应分别单独标注，如图 5-1-30 所示。

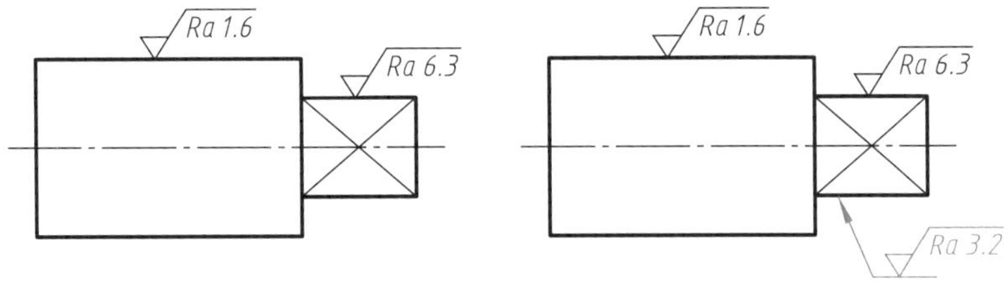

(a) (b)

图 5-1-30 圆柱和棱柱表面的表面结构要求的注法

3）有相同表面结构要求的简化注法。

全部表面有相同要求的简化注法：当工件的全部表面有相同的表面结构要求时，可统一标注在图样的标题栏附近，如图 5-1-31 所示。

多数表面有相同要求的简化注法：当工件的多数表面有相同的表面结构要求时，可统一标注在图样的标题栏附近，并在符号后面加圆括号，在圆括号内给出无任何其他标注的基本符号，或在圆括号内给出不同的表面结构要求，如图 5-1-32 所示。

多个表面有相同要求或图纸空间有限时的简化注法：用带字母的完整图形符号标注在图样中，以等式的形式，在图形或标题栏附近，对有相同表面结构要求的表面进行简化标注，如图 5-1-33（a）所示；也可用表面结构的基本图形符号或扩展图形符号以等式的形式给出多个表面相同的表面结构要求，如图 5-1-33（b）所示。

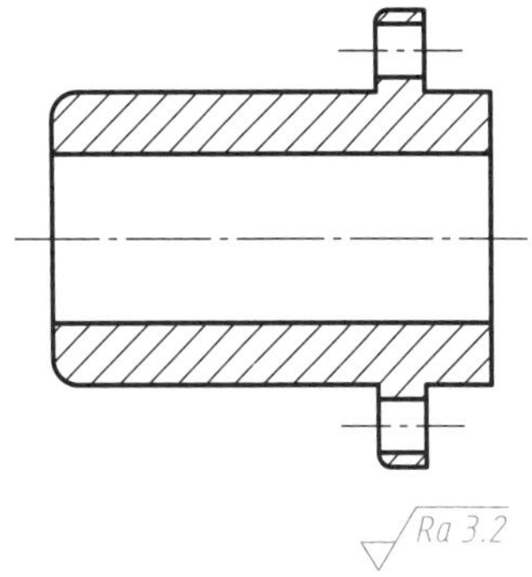

图 5-1-31 全部表面有相同要求的简化注法

4. 轴套类零件的主要技术要求

1）公差：轴套类零件有配合要求的轴颈的尺寸公差等级要求较高，如主要支承轴颈可为 IT9 ~ IT6，特别重要的轴颈可为 IT5；无配合要求的轴颈的尺寸公差等级要求较低，或无须标注。轴向尺寸要求一般不严格，常按未注公差尺寸加工。

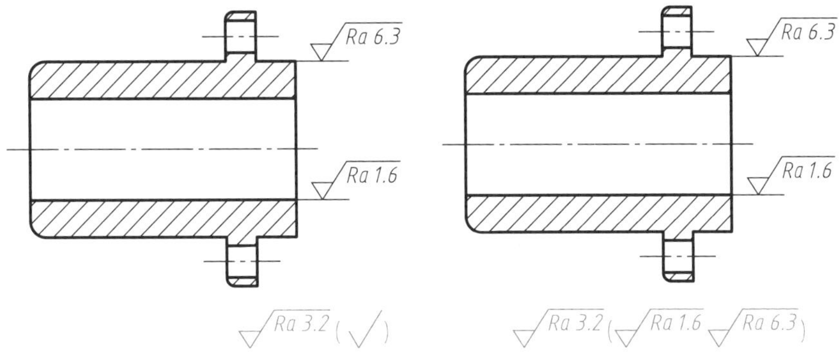

图 5-1-32 多数表面有相同要求的简化注法

2）表面结构：对于轴套类零件有配合要求的表面，其表面粗糙度参数值应较小，一般为 *Ra*1.6 μm、*Ra*0.8 μm 等；无配合要求的表面，其表面粗糙度参数值较大，如装配接触面常为 *Ra*3.2 μm，键槽的两侧面要求一般为 *Ra*3.2 μm，底面为 *Ra*6.3 μm。

3）几何公差：轴套类零件有配合要求的轴颈和重要的端面应有几何公差要求，如同轴度、径向圆跳动、端面圆跳动及键槽的对称度等。

(a) 用带字母的完整图形符号简化注法　　(b) 用表面结构符号的简化注法

图 5-1-33　多个表面有相同要求或图纸空间有限时的简化注法

【任务实施】

一、绘图准备

图幅设置、标题栏填写、图层设置见项目一中任务二【任务实施】的绘图准备，注意图幅大小选 A4，绘图比例设为 1∶1。

二、图形分析

由图 5-1-2 所示零件图的标题栏可知，该零件的名称为转轴，属轴套类零件，材料为 45 钢，绘图比例为 1∶1。

1. 视图分析

转轴零件图由一个基本视图（主视图）、两个移出断面图和两个局部视图组成。主视图轴线水平放置，第 2、6 轴段（左侧开始）采用局部剖视图，该视图符合转轴的加工位置原则，表达了零件主体结构的相对位置和主要形状为实心的同轴回转体，同时又表达出轴上螺纹、轴肩、退刀槽、键槽、凹坑等结构；用两个移出断面图表达了键槽宽度和深度及凹坑的形状；用局部视图的简化画法表达了键槽的形状。

2. 尺寸分析

该图样中径向尺寸以水平轴线为基准，注出了第 1 轴段的螺纹尺寸、其他轴段的直径尺寸及有配合要求的公差带代号，如 ϕ16 h6；轴向尺寸的主要尺寸基准为 ϕ26 轴段左端面，注出了尺寸 32 和 2×1。

3. 技术要求分析

该图样中有 4 处轴段注有公差带代号，说明这 4 处与其他零件有配合要求；键槽宽度、深度与总长注写了极限偏差。

ϕ16 h6、ϕ20 k6 的轴段表面粗糙度 *Ra* 上限值分别为 1.6 μm 或 0.8 μm；键槽两侧面的表面粗糙度 *Ra* 上限值为 3.2 μm，其余表面的表面粗糙度 *Ra* 上限值为 6.3 μm。

该图样中有 4 处几何公差要求：|◎|ϕ0.02|*B*| 含义是两端 ϕ16 h6 轴段轴线对右侧 ϕ20 k6 轴段轴线的同轴度公差值为 ϕ0.02 mm；|⌯|0.025|*A*| 含义是第 2 轴段上键槽两侧面对左侧 ϕ20 k6 轴段轴线的对称度公差为 0.025 mm；|⌯|0.025|*B*| 含义是第 6 轴段上键槽两侧面对右侧 ϕ20 k6

轴段轴线的对称度公差为 0.025 mm。

文字叙述的技术要求的含义为：未注倒角 *C*1；转轴应调质处理 220～250 HBW，以提高材料的强度和韧性。

三、图形绘制

1. 主视图的绘制

（1）主视图基本图形的绘制

选择菜单栏的“机械”→“零件设计”→“轴设计”或输入“ZWMSHAFT”，系统弹出图 5-1-34 所示“轴设计”对话框，如图设置各轴段数据内容，下方预览区显示当前轴的效果，单击“确定”按钮，在图纸上选择适当位置，完成主视图基本图形的绘制。

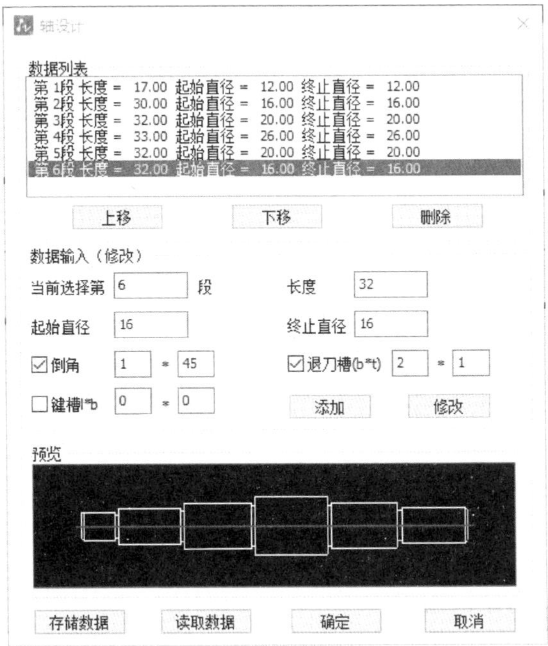

图 5-1-34　“轴设计”对话框

（2）主视图细部结构的绘制

1）绘制第 1 轴段外螺纹小径线。

外螺纹小径等于 0.85 倍大径，因此小径等于 10.2 mm，可采用偏移的方法绘制。执行偏移命令，选中零件中心线，输入偏移距离为“5.1”，分别向两侧偏移；再选择菜单栏的“机械”→“构造工具”→“修剪”或输入“TR”，根据图纸对多余的线段进行裁剪；然后将小径线切换至“2 细线层”。绘制效果如图 5-1-35 所示。

2）绘制两键槽和凹坑局部剖视图。

两键槽：将“1 轮廓实线层”设置为当前层，采用直线命令绘制两键槽轮廓线；切换至“2 细线层”，采用样条曲线命令绘制波浪线；再进行剖面线填充，单击“绘

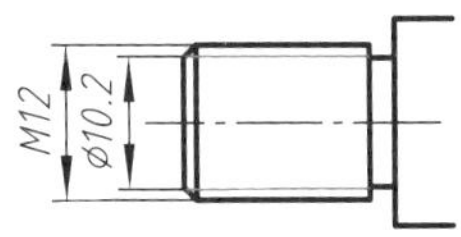

图 5-1-35　外螺纹小径线绘制效果

图”工具栏中“图案填充”图标 ，系统弹出图 5-1-36 所示“填充”对话框，其中图案选择“ANSI31”，角度和比例选择合适数值，单击“添加：拾取点”图标，回到绘图区，选择要填充的剖面区域，按回车键，返回对话框单击“确定”按钮，完成剖面线的填充。

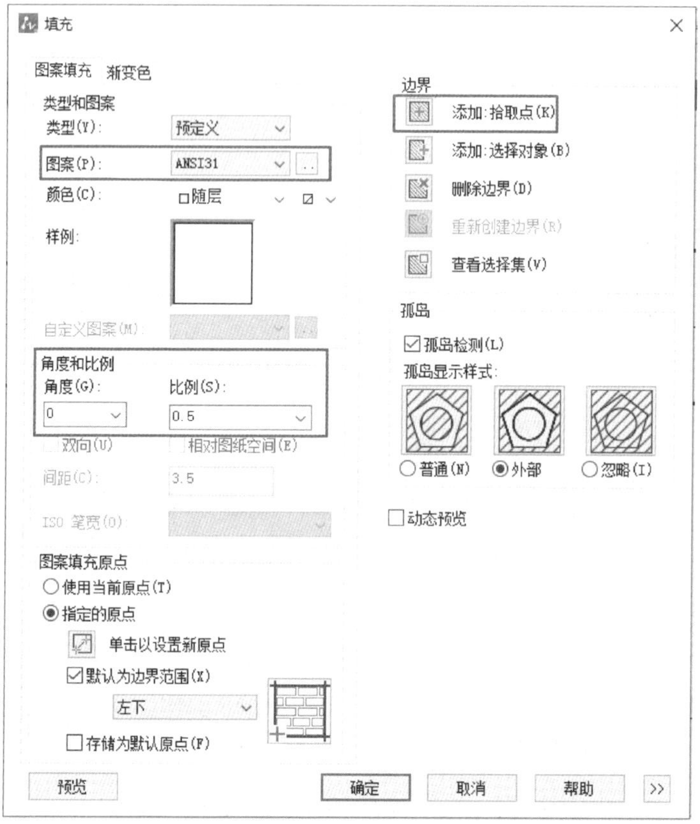

图 5-1-36　“填充”对话框

凹坑：首先绘制中心线，采用偏移的方法，将偏移距离设为 3，然后将极轴角度设为 60°，画凹坑的两边轮廓线；波浪线与剖面线的绘制和两键槽中的画法相同。绘制效果如图 5-1-37 所示。

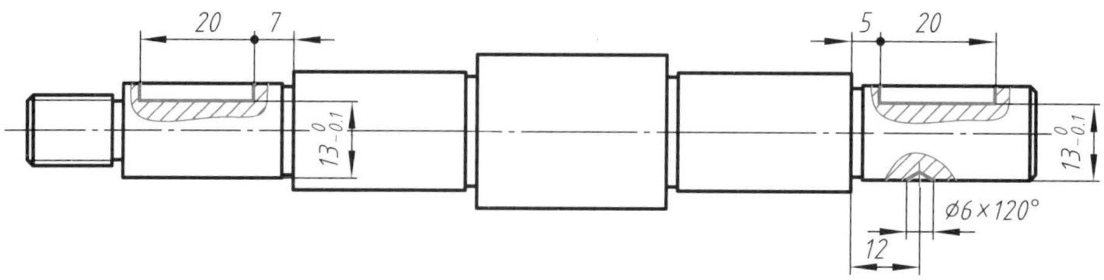

图 5-1-37　两键槽和凹坑局部剖视图绘制效果

2. 辅助视图的绘制

（1）两局部视图的绘制

在主视图上方有表达两个键槽形状的局部视图，分别画两条中心线，再在各自两端画两个半径为 2.5 mm 的圆（键槽宽度为 5 mm），然后用直线连接两个圆的上、下象限点，修剪多余图线，绘制效果如图 5–1–38 所示。

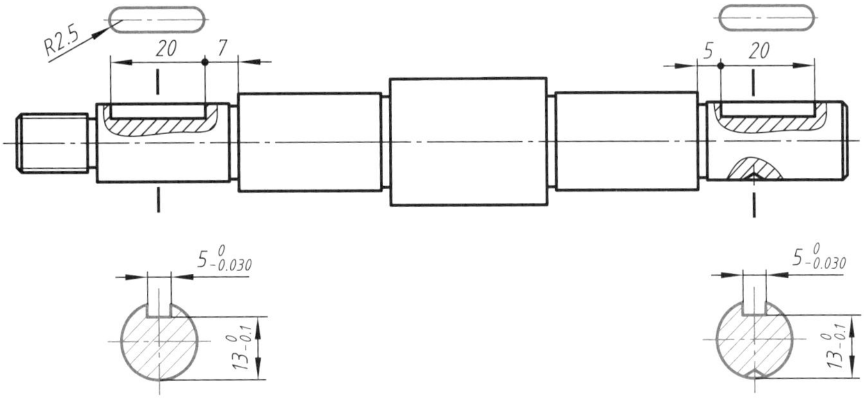

图 5–1–38　辅助视图的绘制效果

（2）断面图的绘制

1）两剖切位置处剖切符号的标注。

选择菜单栏的“机械”→“创建视图”→“剖切线”或输入“PQ”进行剖切符号的标注。在图 5–1–39 所示的“剖切符号”对话框中，将剖面符号名称和箭头设置为不显示，单击“设置”按钮，系统弹出图 5–1–40 所示“剖切符号设置”对话框，取消选中“显示标签”和“显示箭头”复选框，线宽设置为“0.5 mm”，单击“确定”按钮，绘制效果如图 5–1–38 所示。

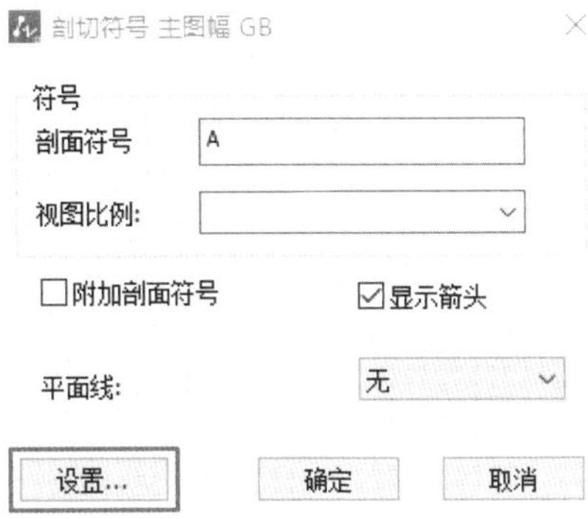

图 5–1–39　“剖切符号”对话框

2）绘制第 2 轴段移出断面图。

选择菜单栏的“机械”→“标准件库”→“出库”或输入“XL”，系统弹出图 5–1–41 所示对话框，输入轴段直径为“16”，设置出库选项，单击“零件出库”按钮，将图形放置在剖切线延长线的适当位置，绘制效果如图 5–1–38 所示。

3）绘制第 6 轴段移出断面图。

复制第 2 轴段移出断面图，再复制主视图凹坑结构至该断面图，然后整理图形，绘制效果如图 5–1–38 所示。

图 5-1-40　“剖切符号设置”对话框

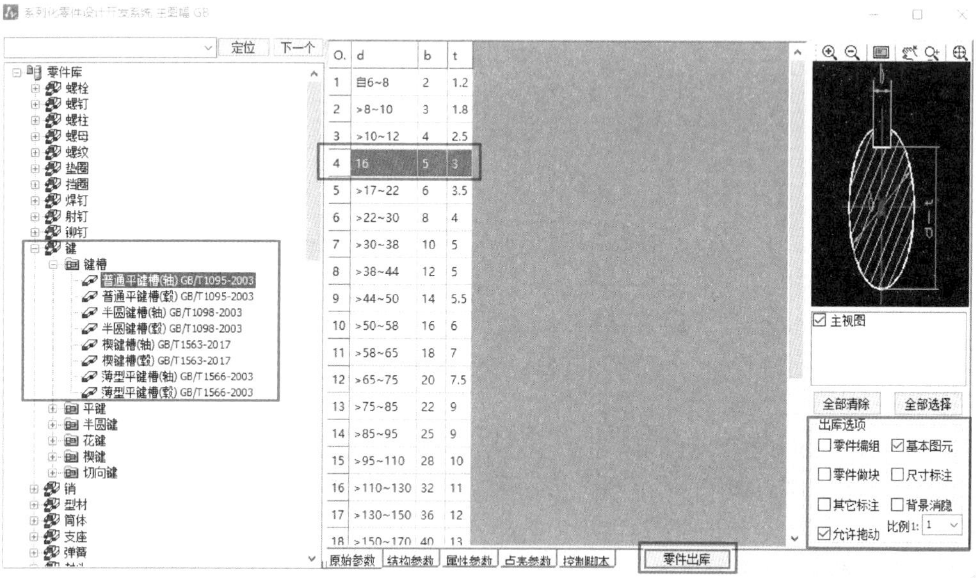

图 5-1-41　“系列化零件设计开发系统”对话框

四、尺寸标注

选择菜单栏的“机械”→“尺寸标注”→“智能标注”或输入“D”，命令栏出现提示：“(单个)指定第一个尺寸界线原点或[角度(A)/基线(B)/连续(C)/选择(S)]<选择(S)>:”，选取零件轮廓的一个点，如果要接着标注并列尺寸或串列尺寸时，输入“B”或“C”；命令栏出现提示：“指定第二个尺寸界线原点：”，选取零件轮廓的另一个点；命令栏出现提示：“指定尺寸线位置或[拖动(D)/水平(H)/垂直(V)/对齐(A)/已旋转(R)/倾斜(Q)/拾取对象轮廓(S)/方向(O)/配置(C)]<配置(C)>:”，指定尺寸线位置，标注直径尺寸时，输入“C”或按空格键，系统弹出图 5-1-42 所示“增强尺寸标注”对话框，在文字处选取“ϕ”符号，为直径尺寸添加直径符号，智能尺寸标注效果如图 5-1-43 所示。

智能标注

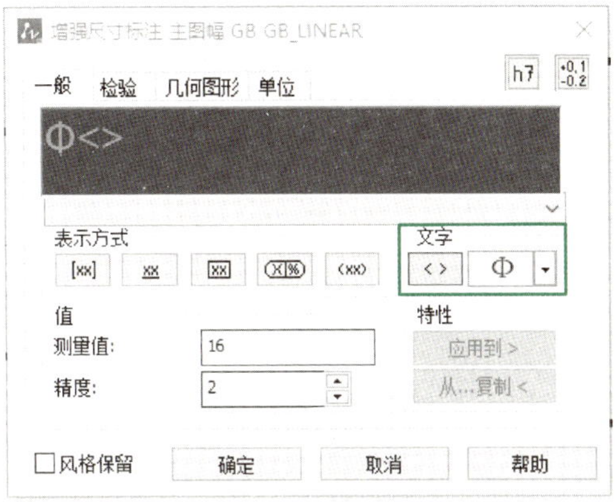

图 5-1-42　“增强尺寸标注”对话框

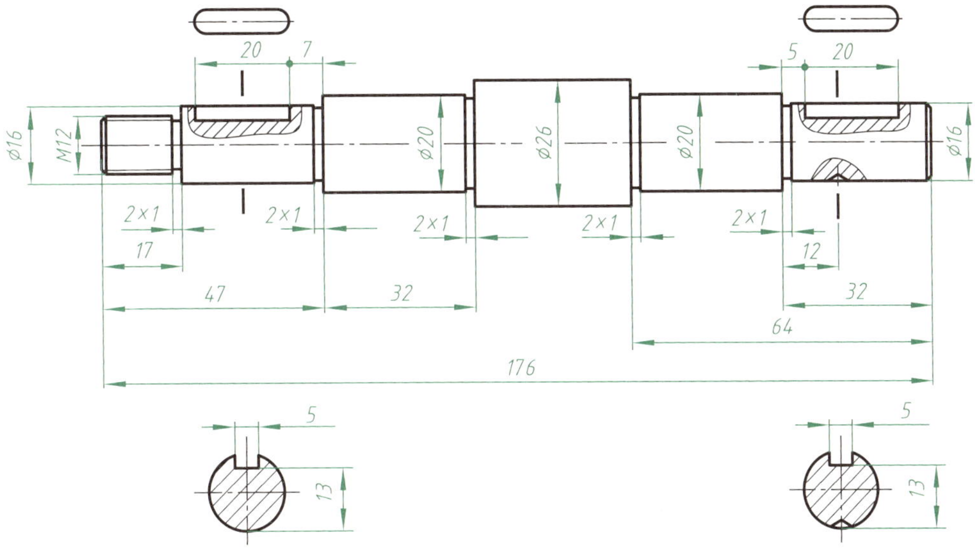

图 5-1-43　智能尺寸标注效果

五、技术要求

1. 公差的标注

(1) 公称尺寸后标注极限偏差

以第 2 轴段键槽宽度尺寸为例，双击尺寸 5，在弹出的“增强尺寸标注”对话框中单击“添加公差”图标 ，上偏差量输入“0”，下偏差量输入“-0.030”，

公差的标注

单击“确定”按钮，完成标注，如图 5-1-44 所示。

（2）公称尺寸后标注公差带代号

以第 2 轴段直径尺寸为例，双击尺寸 $\phi16$，在弹出“增强尺寸标注”对话框中单击“添加配合”图标 h7，配合符号输入“h6”（图 5-1-45），或单击图标，在图 5-1-46 所示的“公差查询”对话框中选择“h6”，单击“确定”按钮，完成标注。

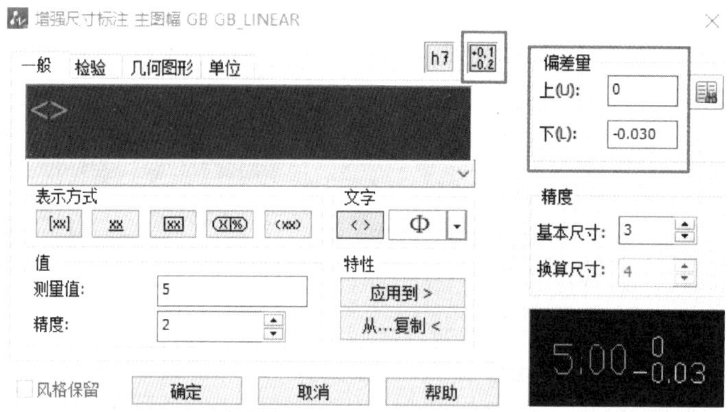

图 5-1-44 标注极限偏差

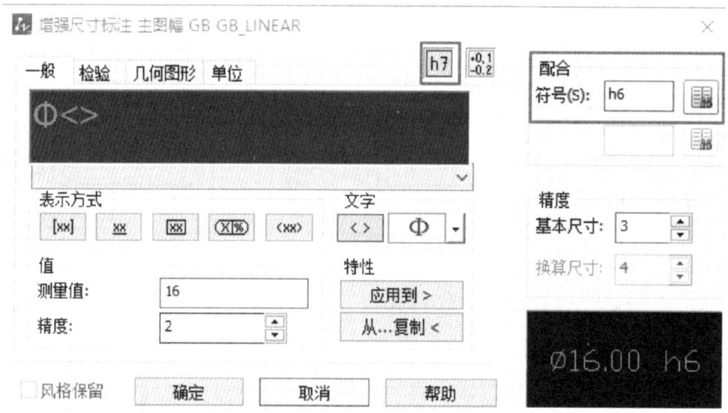

图 5-1-45 标注公差带代号

2. 几何公差的标注

（1）公差框格的标注

几何公差的标注

选择菜单栏的“机械”→“符号标注”→“形位公差”或输入“XW”，系统弹出图 5-1-47 所示“形位公差”对话框，根据图纸需要输入几何公差特征符号、公差数值及基准字母，单击“确定”按钮。命令栏出现提示：“选择要附着的对象或引出点或[退出(X)]：”，选择几何公差所需要放置的位置；命令栏出现提示：“下一点或[配置(C)/自动方向(A)/方向：右(R)/方向：左(L)/方向：上(U)/方向：下(D)/引线为多线段(P)/无引线(N)]<配置(C)>”，在合适的位置单击鼠标左键进行放置，完成标注。

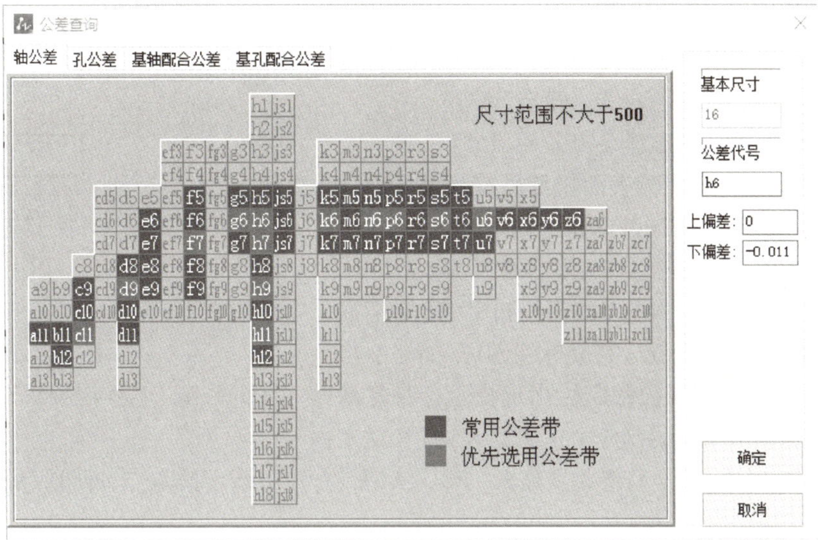

图 5-1-46　“公差查询”对话框

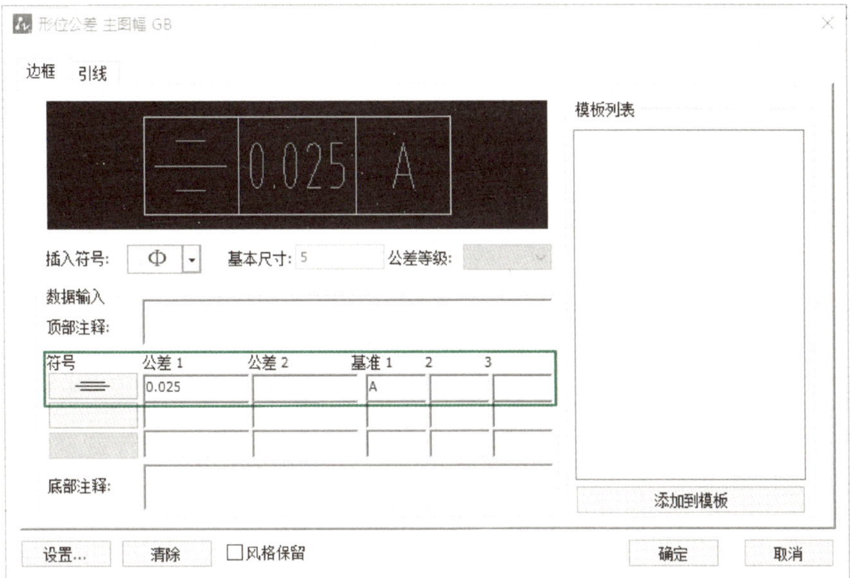

图 5-1-47　“形位公差”对话框

（2）基准标注

选择菜单栏的“机械”→“符号标注”→“基准标注”或输入“JZ”，系统弹出图 5-1-48 所示“基准标注符号”对话框，根据基准需要输入基准字母，单击“确定”按钮。命令栏出现提示：“选择要附着的对象或引出点 或[退出(X)]：”，单击需要放置的位置；命令栏出现提示：“选择角度或[配置(C)]< 配置(C)>：”，按回车键完成标注。

3. 表面粗糙度的标注

以标注第 2 轴段圆柱面表面粗糙度为例，选择菜单栏的“机械”→“符号标注”→“粗糙度”或输入“CC”，系统弹出图 5-1-49 所示“粗糙度”对话框，

表面粗糙度的标注

选取基本符号中的 √ ,在 C 位置输入或在下拉列表中选取相应的数值(其他注写位置的操作相同),此时在预览图中可以看到所需表面粗糙度符号的图形,编辑完成后,单击“确定”按钮。

命令栏出现提示:“选择要附着的对象:”,选择零件第 2 轴段最上素线,此时表面粗糙度符号可沿所选目标移动,也可以进行方向的选择(其他符号标注时情况类似);命令栏出现提示:“指定插入点或[配置(C)/引出引线(L)/无引线(N)]<配置(C)>”,此处不需引出标注,直接指定插入点,完成标注即可,如需引出标注,输入“L”,按回车键,命令栏出现提示:“指定插入点或[配置(C)/自动方向(A)/改变方向(R)/无引线(N)/自动引线(T)/引线为多线段(P)]<配置(C)>”,指定插入点,即可完成引出标注。

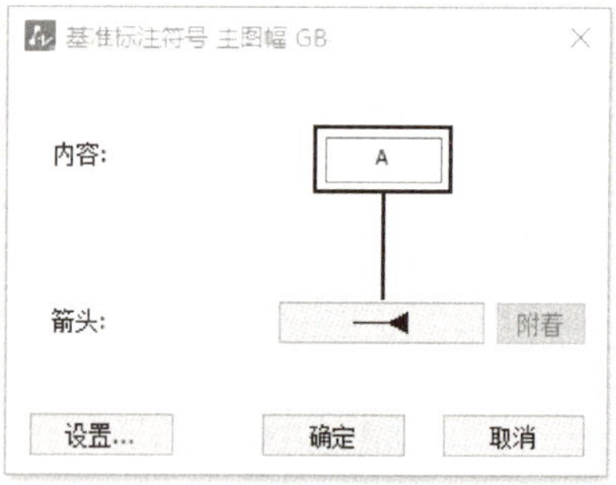

图 5-1-48　“基准标注符号”对话框

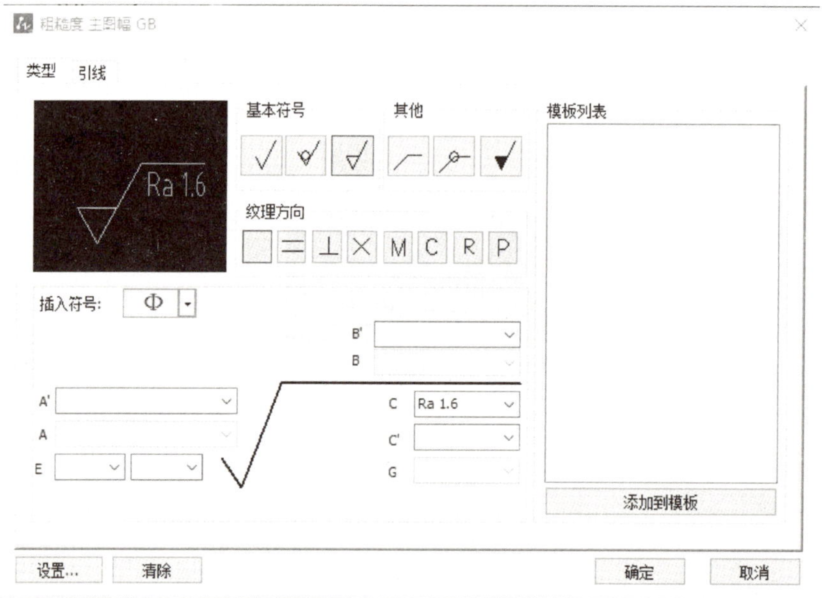

图 5-1-49　“粗糙度”对话框

4. 技术要求的注写

选择菜单栏的“机械”→“文字处理”→“技术要求”或输入“TJ”,系统弹出图 5-1-50 所示“技术要求”对话框,添加技术要求文字内容,并放置到适当的位置。

【任务总结】

通过完成转轴零件图绘制任务,学习并掌握直线、圆、图案填充、修剪、轴设计等命令,以及智能尺寸标注和技术要求的注写。还应进一步掌握中望机械 CAD 绘图的技能,巩固机械制图的基础知识,加强标准化概念,熟悉轴套类零件常见结构的表达方法、视图表达方案的选择、尺寸与技术要求的识读和标注方法,提高识图与绘图的能力。

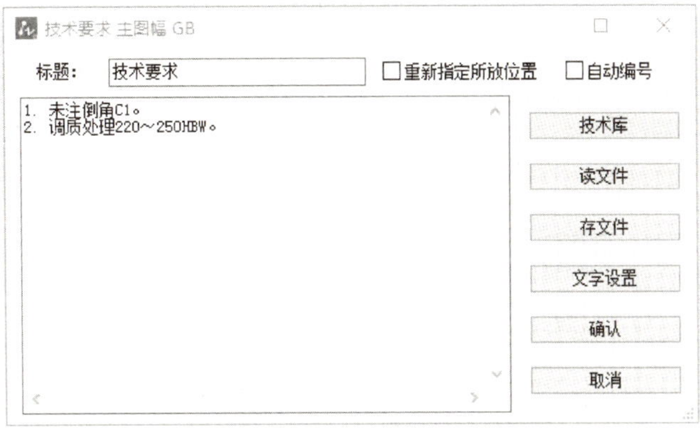

图 5-1-50 “技术要求”对话框

【任务检测】

绘制如图 5-1-51、图 5-1-52 所示的零件图，并扫码完成识读零件图的测试。

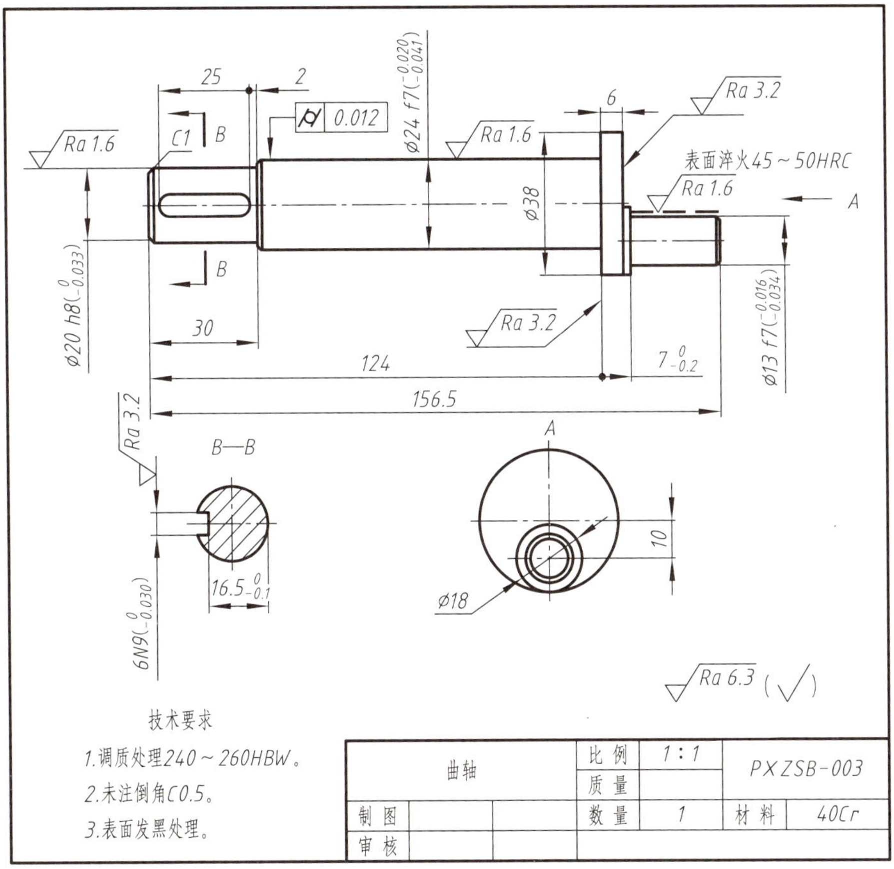

图 5-1-51 曲轴零件图

识读曲轴零件图

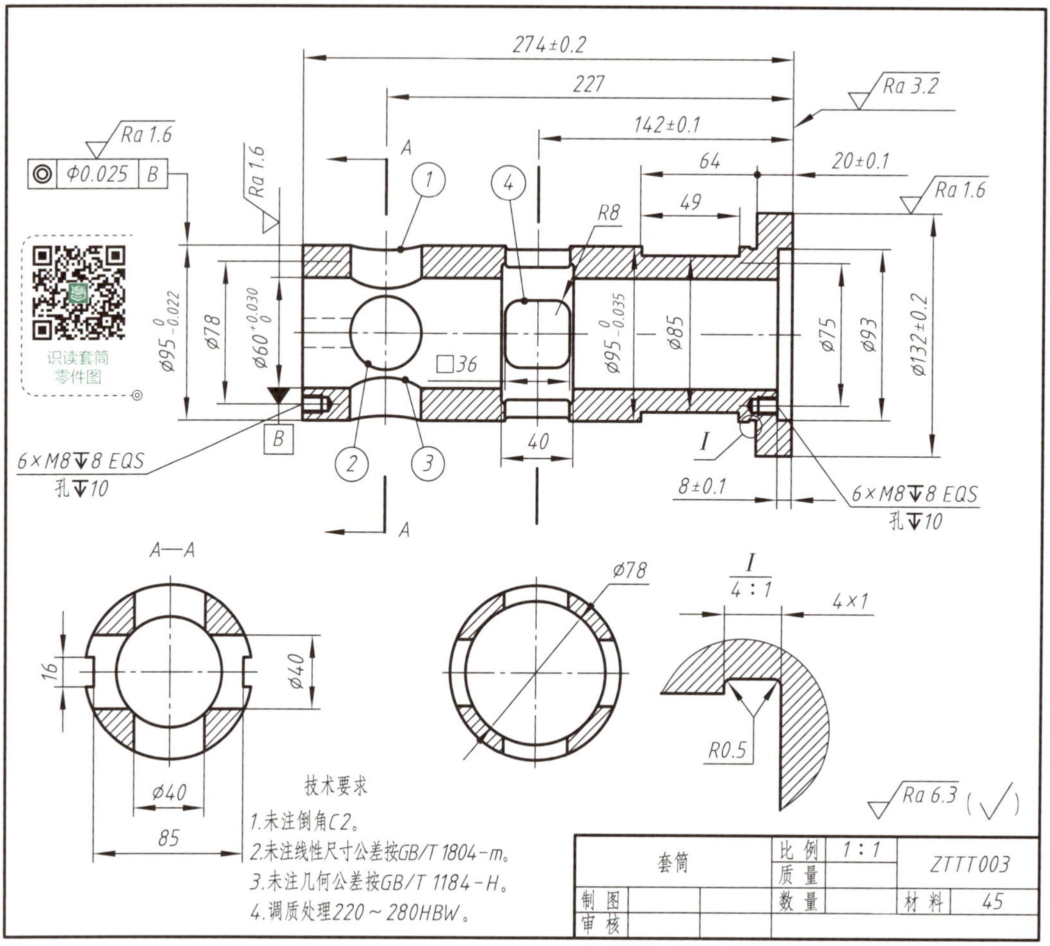

图 5-1-52　套筒零件图

【任务评价】

任务评价标准

序号	评价内容	分数	自评分	互评分	教师评分
1	绘图准备	5			
2	主视图绘制	15			
3	移出断面图绘制	10			
4	局部视图绘制	10			
5	尺寸标注	10			
6	技术要求	15			
7	任务检测	25			
8	课堂表现	10			
总分		100			
综合评价（自评分 ×20%+ 互评分 ×30%+ 教师评分 ×50%）					

任务二　轮盘类零件图的识读与绘制

【任务目标】

✧ 知识目标

1. 掌握轮盘类零件常见结构的表达方法。
2. 掌握轮盘类零件视图表达方案的选择和尺寸标注。
3. 掌握轮盘类零件的技术要求。
4. 掌握轮盘类零件图的识读方法。

✧ 能力目标

1. 能够较准确地识读轮盘类零件图。
2. 能够使用中望机械 CAD 绘制出规范的轮盘类零件图。

✧ 素养目标

培养科学的思维方法，能综合运用所学知识、技能解决设计、制造和社会活动中遇到的实际问题。

【任务引入】

轮盘类零件是机器设备中常见的一类零件，其主要结构一般为多个同轴回转体或其他扁平形状，其轴向尺寸较小、径向尺寸较大，如图 5-2-1 所示。轮盘类零件包括轮类和盘盖类两种，轮类一般用键、销与轴连接，用以传递扭矩，常见的有齿轮、V 带轮、滑轮、手轮等；盘盖类零件可起支承、轴向定位及密封等作用，包括圆形、方形等各种形状的法兰盘、端盖等。本任务以识读与绘制图 5-2-2 所示铣刀头端盖零件图为例，学习轮盘类零件常见结构的表达方法、视图表达方案的选择、尺寸与技术要求的识读和标注方法。

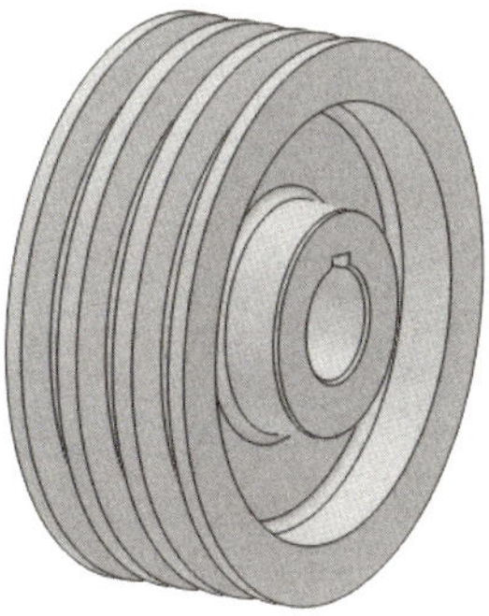

(a) V带轮

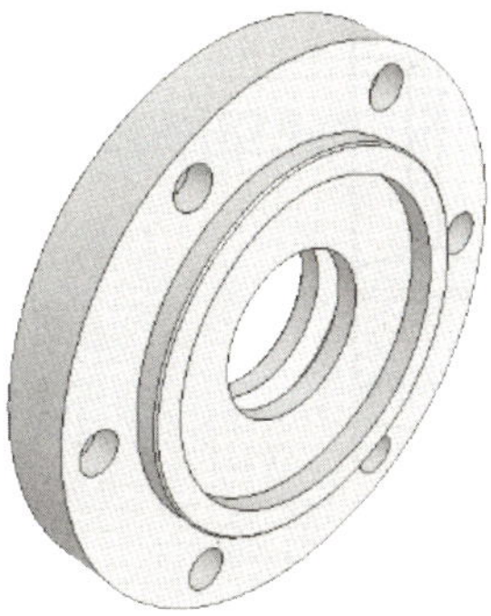

(b) 端盖

图 5-2-1　轮盘类零件

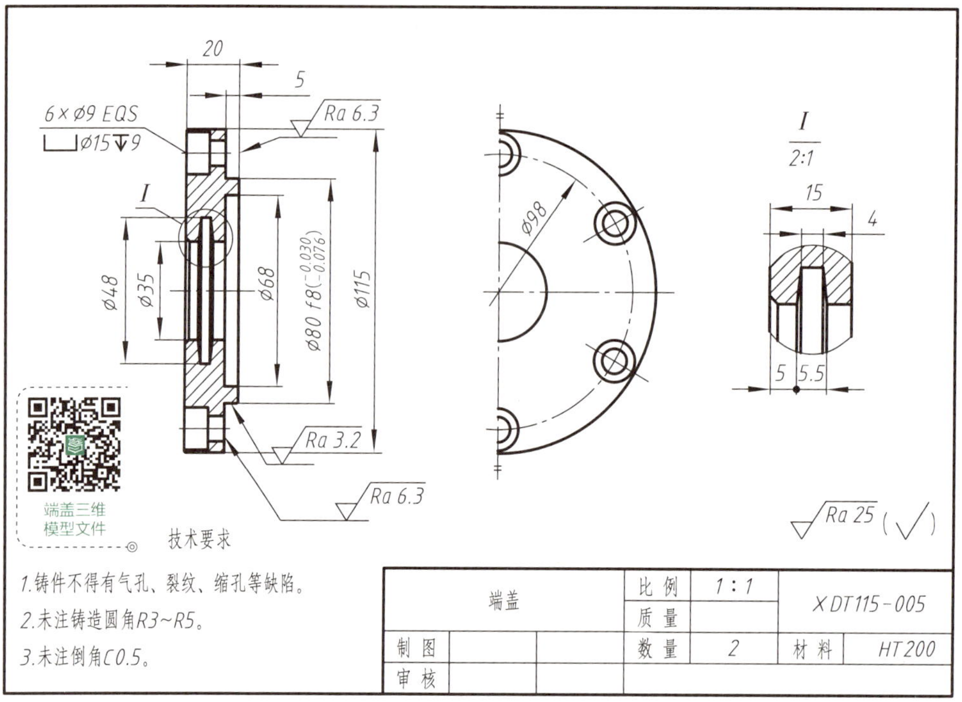

图 5-2-2　铣刀头端盖零件图

【相关知识】

一、轮盘类零件常见结构

轮盘类零件上常带有各种形状的凸缘，以及均匀分布的孔、槽、轮辐、肋板、齿和耳板等结构。

1. 轮辐

对于轮盘类零件上的轮辐，当按纵向剖切时不画剖面线，而是用粗实线将其与邻接部分分开；横向剖切时，仍需画出剖面线，如图 5-2-3 所示。

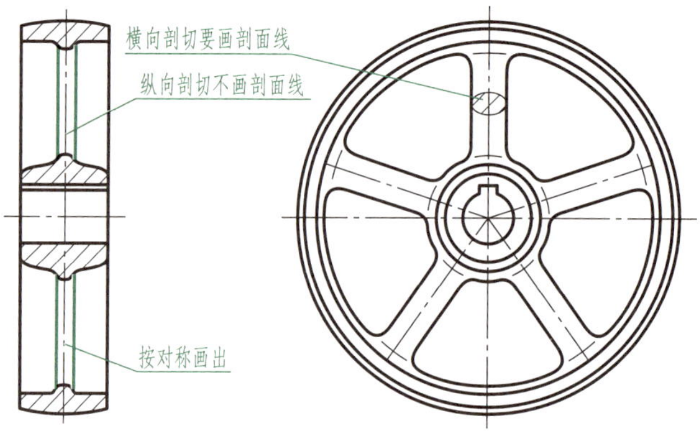

图 5-2-3　轮辐的画法

2. 肋板

对于轮盘类零件上均匀分布的肋板，当肋板不处于剖切平面上时，应将其旋转到剖切平面上对称绘制，并且用粗实线将其与相邻部分分开，不画剖面线，详见本书项目四中任务三。

二、轮盘类零件表达方案的选择

1. 主视图的选择

1）轮盘类零件多为铸件或锻件，其主要加工工序是在车床和磨床上进行的，加工时轴线水平放置，为了便于加工时看图，主视图将轴线水平放置，符合加工位置原则。

2）轮盘类零件主视图通常采用剖视图。根据零件结构特点，其具有对称面时，可作半剖视图；无对称面时，可作全剖或局部剖视图。

3）对于复杂的盘盖类零件，因加工工序较多，主视图也可按工作位置画出。

2. 其他视图的选择

1）当一个基本视图不能完整表达轮盘类零件的内、外结构时，应增加其他视图，通常采用两到三个基本视图表达。如采用左视图等表达零件端面结构形状。

2）当零件上的键槽、小孔、油槽等局部结构需要进一步表达时，可采用局部视图、局部剖视图、局部放大图、断面图来表达尚未表达清楚的结构。如轮辐、肋等结构，其横截面常采用断面图表达；细小结构如小孔、油槽等采用局部放大图表达；轴孔处的键槽结构可采用局部视图表达。

图 5-2-4 所示为斜齿轮零件的视图表达。

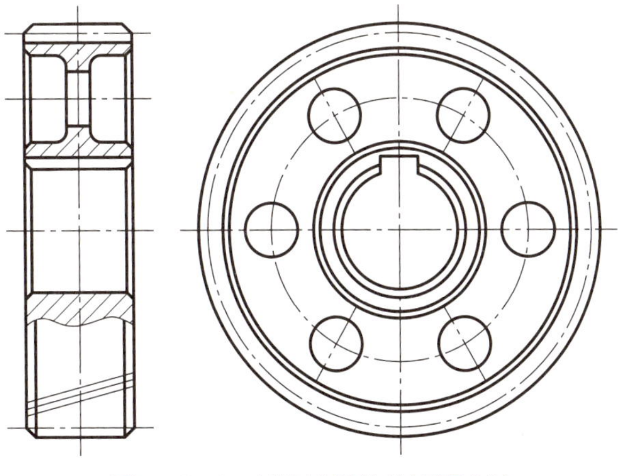

斜齿轮三维模型文件

图 5-2-4　斜齿轮零件的视图表达

三、轮盘类零件图的尺寸标注

1. 合理确定尺寸基准

以回转体为主要结构的轮盘类零件主要有两个方向的尺寸，即径向尺寸和轴向尺寸。通常选用通过轴孔的轴线作为径向设计基准，轴向基准通常为重要的端面、接合面或形体对称面。

2. 轮盘类零件尺寸标注注意事项

1）各圆柱体、圆柱孔的直径尺寸及长度尺寸一般标注在非圆视图（主视图）上。

2）轮盘类零件上孔、槽的定形和定位尺寸一般标注在表达其位置分布的视图上。如圆周上分布的小孔的定位圆直径和孔的直径标注在反映孔分布的视图上。

3）为了表达清晰和便于测量，在剖视图上，内、外结构的尺寸应分开标注，如图 5-2-5 所示。

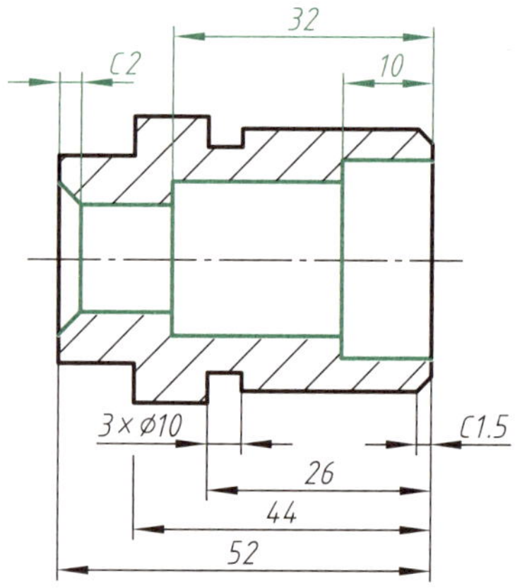

图 5-2-5　内、外结构的尺寸应分开标注

四、轮盘类零件的技术要求

1）公差：零件有配合要求的内孔的精度要求较高，其直径尺寸公差等级一般为 IT7；无配合要求的外圆精度要求较低。

2）表面结构：对于轮盘类零件有配合要求的内、外表面，其表面粗糙度参数值应较小；起轴向定位作用的端面，其表面粗糙度参数值也应较小。如有配合要求的孔，其表面粗糙度值一般为 $Ra3.2 \sim 0.8\ \mu m$；当端面作为零件的装配基准面时，其表面粗糙度值一般为 $Ra6.3 \sim 1.6\ \mu m$。

3）几何公差：轮盘类零件往往对起支承作用的端面有较高平面度及两端面平行度要求；端面与轴线之间常有垂直度要求；外圆、内孔间有同轴度要求等。

【任务实施】

一、绘图准备

图幅设置、标题栏填写、图层设置见项目一中任务二【任务实施】的绘图准备，注意图幅大小选 A3，绘图比例设为 1 : 1。

二、图形分析

由图 5-2-2 所示零件图的标题栏可知，该零件的名称为端盖，属轮盘类零件，材料为 HT200（铸件），绘图比例为 1 : 1。

1. 视图分析

端盖零件图由两个基本视图（主视图、左视图）和一个局部放大图组成。主视图轴线水平放置，并采用全剖视图，该视图符合端盖加工位置原则和形状特征原则，表达了端盖轴向厚度、端盖深度、6 个圆柱沉头孔等内、外结构形状；左视图表达了端盖的外形及其上 6 个圆柱沉头孔的分布，因其结构对称，故左视图只画出一半；局部放大图则清楚地反映出密封槽的结构形状。

2. 尺寸分析

端盖的径向尺寸以中心轴线为基准，注出尺寸 ϕ35、ϕ48、ϕ68、ϕ80 f8、ϕ115，长度尺寸以 ϕ115 圆盘右端面为主要尺寸基准，直接注出尺寸 5。

3. 技术要求分析

端盖与座体孔配合处注有尺寸公差 ϕ80 f8。

ϕ80 f8 配合表面的表面粗糙度 *Ra* 上限值为 3.2 μm，ϕ115 圆盘右端面与端盖右端面表面粗糙度 *Ra* 上限值为 6.3 μm，其余表面的表面粗糙度 *Ra* 上限值为 25 μm。

文字叙述的技术要求的含义为：铸件不得有气孔、裂纹、缩孔等缺陷；未注铸造圆角 *R*3 ~ *R*5；未注倒角 *C*0.5。

三、图形绘制

1. 主视图的绘制

主视图采用全剖视图表达，其结构上下对称，绘图时以中心线为界先画一半，然后使用镜像命令完成全图。

（1）主视图上半部分的绘制

打开“正交”功能，将“1 轮廓实线层”设置为当前层，用直线命令绘制出主视图上半部分的外部形状与中间孔，如图 5–2–6（a）、（b）所示。

用偏移、修剪、删除、直线命令绘制上半部分密封槽，如图 5–2–6（c）所示。

用偏移、修剪、删除、拉长命令绘制上半部分圆柱沉头孔，如图 5–2–6（d）所示。绘图过程中注意图层的使用，应将相应的线型绘制在对应的图层中。

用倒角、直线、修剪命令绘制 3 处 *C*0.5 倒角结构，效果如图 5–2–6（e）所示。倒角绘制方法：选择菜单栏的“机械”→“构造工具”→“倒角”或输入“DJ”，命令栏出现提示：“（类型：双边）（标注模式：关）当前倒角设置 = 2，2；选择第一个对象或［多段线（P）/ 设置（S）/ 添加标注（D）］：<设置>：”，输入：“S”，系统弹出“倒角设置”对话框，按图 5–2–6（f）所示选择倒角类型，并设定倒角的长度与角度，设定完毕后单击“确定”按钮，按提示进行绘制。若在“倒角设置”对话框中选中“在倒角上插入标注”复选框，系统将在绘制倒角后自动进行倒角标注。

（2）主视图下半部分、剖面线的绘制

利用镜像命令生成主视图下半部分，然后采用图案填充命令绘制剖面线。

2. 左视图的绘制

（1）左视图主体形状的绘制

选择菜单栏的“机械”→“构造工具”→“孔轴投影”或输入“TY”，系统弹出“创建视图”对话框，按图 5–2–7 所示设置创建方式为“手动”，投影方式为“正常”，绘制中心线为“双向”，然后单击“确定”按钮；命令栏出现提示：“请选择轴线：”，选择零件的中心线；命令栏出现提示：“请选择特征投影点：”，依次选择零件上的特征点作为投影点，选择完毕后单击右键结束选择；命令栏出现提示：“输入位置点：”，选择零件中心线的右侧作为投影的插入位置点，此时，零件的左视图主体形状绘制完毕，效果如图 5–2–8 所示。

左视图的绘制

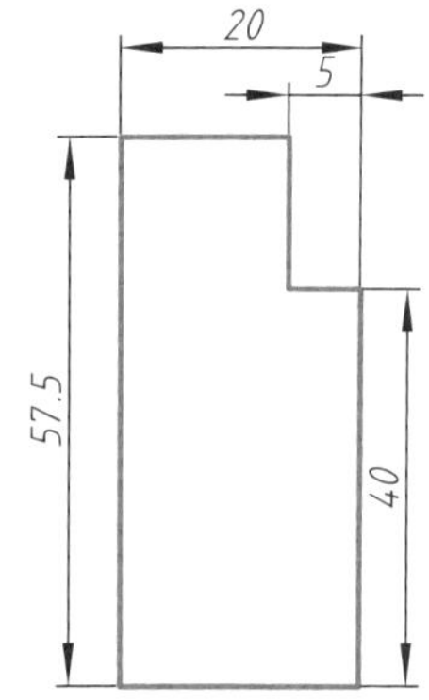

(a) 绘制上半部分外部形状

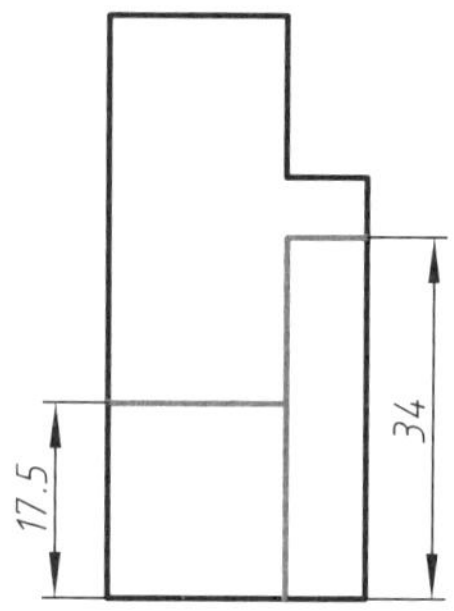

(b) 绘制上半部分中间孔

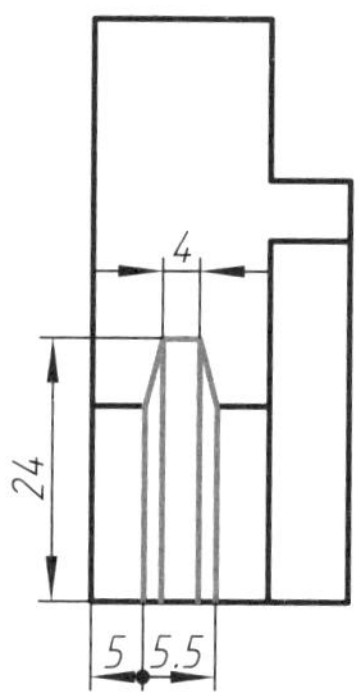

(c) 绘制上半部分密封槽

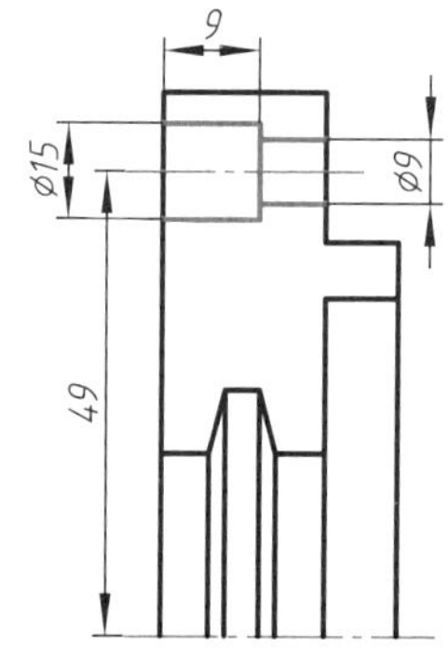

(d) 绘制上半部分圆柱沉头孔

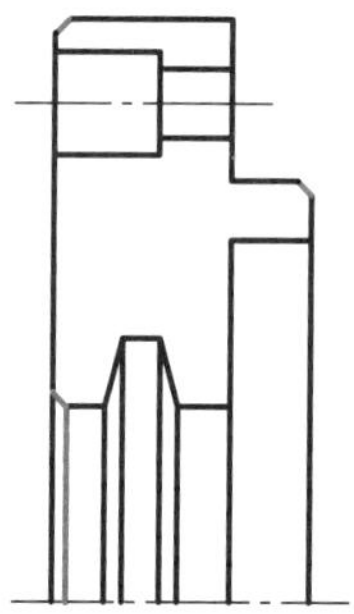

(e) 绘制3处$C0.5$倒角结构

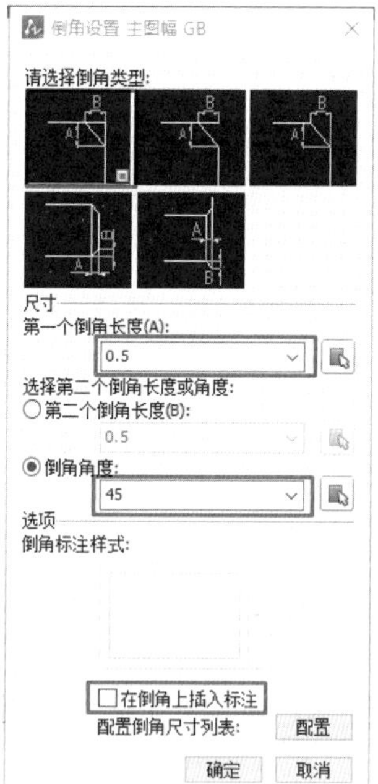

(f) “倒角设置”对话框

图 5-2-6　主视图上半部分的绘制

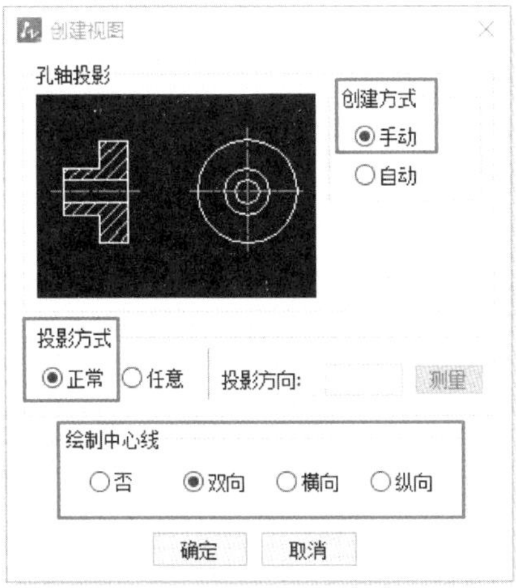

图 5-2-7　“创建视图”对话框

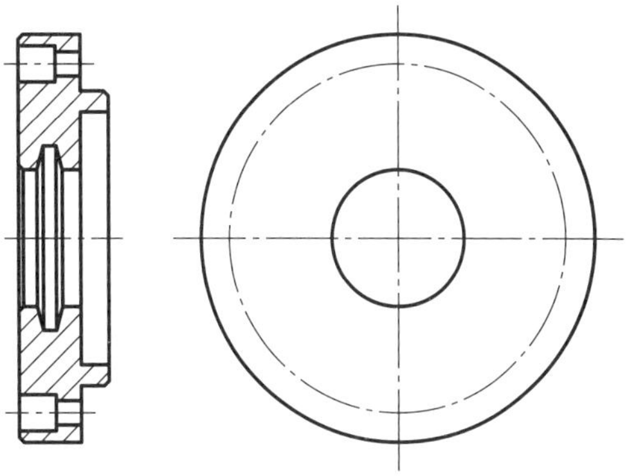

图 5-2-8　左视图主体形状的绘制效果

（2）6 个均布圆柱沉头孔的绘制

选择菜单栏的“机械”→“构造工具”→“孔阵”或输入“KZ”，系统弹出“列阵设计”对话框，根据圆柱沉头孔的定形、定位尺寸，按图 5-2-9 所示设置完成后单击“确定”按钮；命令栏出现提示：“指定阵列基点：”，选择零件左视图的中心点作为基点，此时零件上的均布孔被绘制成功，效果如图 5-2-10 所示。

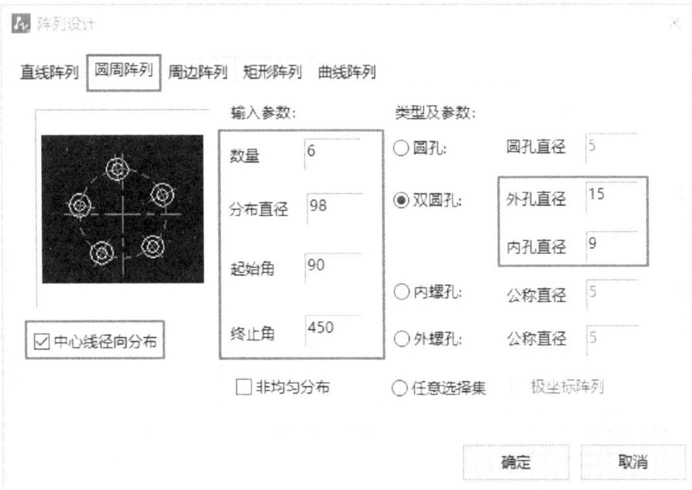

图 5-2-9　“阵列设计”对话框

（3）简化左视图的绘制

左视图图形对称，可采用简化画法，采用修剪、拉长等命令整理左视图，然后在竖直中心线的两侧绘制对称符号，效果如图 5-2-11 所示。

3. 局部放大图的绘制

单击“机械”→“视图创建”→“局部详图”，命令栏出现提示：“圆心 或［矩形（R）］：”，在密封槽附近画一合适半径的圆并指定标签位置；系统弹出图 5-2-12 所示“局部视图符

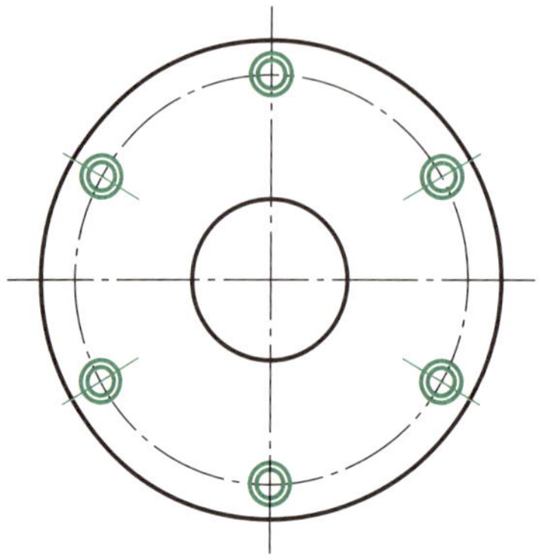

图 5-2-10　6 个均布圆柱沉头孔的绘制效果

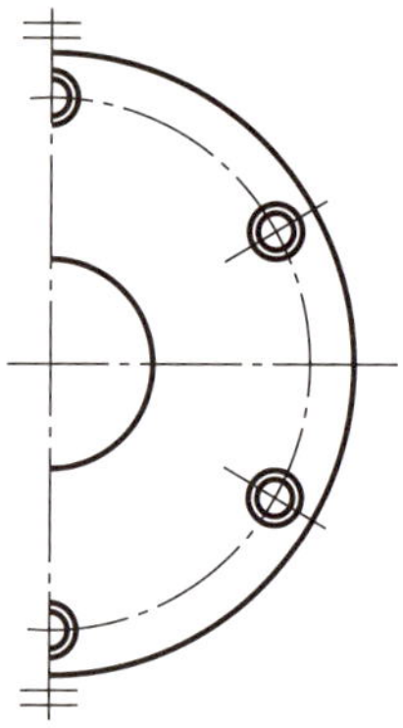

图 5-2-11　左视图

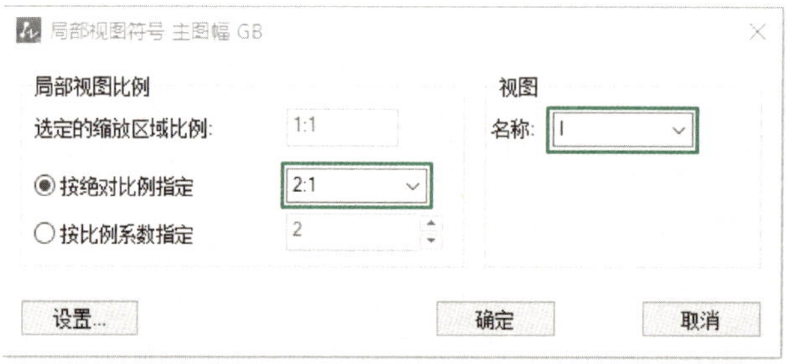

图 5-2-12　“局部视图符号”对话框

号”对话框，按照图纸要求修改设置后单击“确定”按钮。把光标移到左视图右方适当位置，单击左键完成视图创建，效果如图 5–2–2 所示。

四、尺寸标注

用智能标注命令标注除圆柱沉头孔尺寸以外的所有尺寸，并对 $\phi98$ 尺寸进行编辑。

圆柱沉头孔尺寸的标注方法：选择菜单栏的“机械”→“尺寸标注”→“引线标注”或输入“YX”，系统弹出“引线标注”对话框，如图 5–2–13 所示，在引线标注内容中可添加“线上文字”和“线下文字”；单击“符号”按钮可添加符号内容；单击“设置”按钮，系统弹出“引线标注设置”对话框，如图 5–2–14 所示将箭头样式设置为“无”，设置完毕后单击“确定”按钮，命令栏出现提示：“选择要附着的对象或引出点：”，选择需要进行引线标注的位置，命令栏出现提示：“下一点或[配置(C)/引线为多线段(P)/无引线(N)/改变方向(D)]<配置(C)>：”，选择适当一点完成引线标注，效果如图 5–2–2 所示。

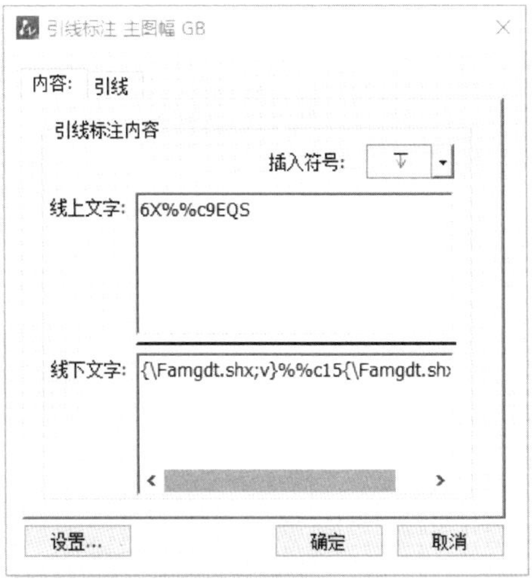

图 5-2-13　“引线标注”对话框

图 5-2-14　“引线标注设置”对话框

五、技术要求

端盖零件图表面粗糙度的标注与技术要求的输入可参考本项目任务一完成。下面学习同时标注公差带代号和极限偏差数值的公差的标注。

双击端盖右端外圆柱面尺寸 $\phi80$，在图 5-2-15 所示“增强尺寸标注”对话框中单击“添加配合”图标，输入“f8”，再单击“选择配合类型”图标，在弹出的“选择配合类型”对话框（图 5-2-16）中选择“显示”选项，单击“确定”按钮，完成标注，效果如图 5-2-2 所示。

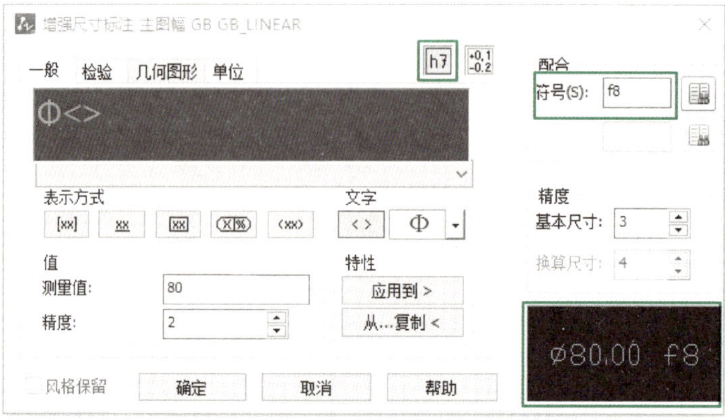

图 5-2-15 “增强尺寸标注”对话框

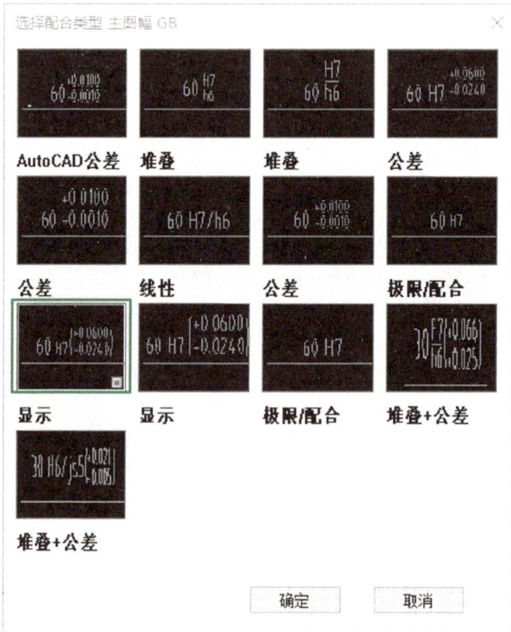

图 5-2-16 “选择配合类型”对话框

【任务总结】

通过完成端盖零件图绘制任务，学习并掌握直线、图案填充、修剪、镜像、倒角、孔轴投影、孔阵、局部详图等命令，以及零件上常见孔的注法、尺寸标注和技术要求的注写。还应进一步提高使用中望机械 CAD 绘制零件图的能力，巩固机械制图的基础知识，加强标准化概念，熟悉轮盘类零件常见结构的表达方法、视图表达方案的选择、尺寸与技术要求的识读和标注方法，提高识图与绘图的能力。

【任务检测】

绘制如图 5-2-17、图 5-2-18 所示的零件图，并扫码完成识读零件图的测试。

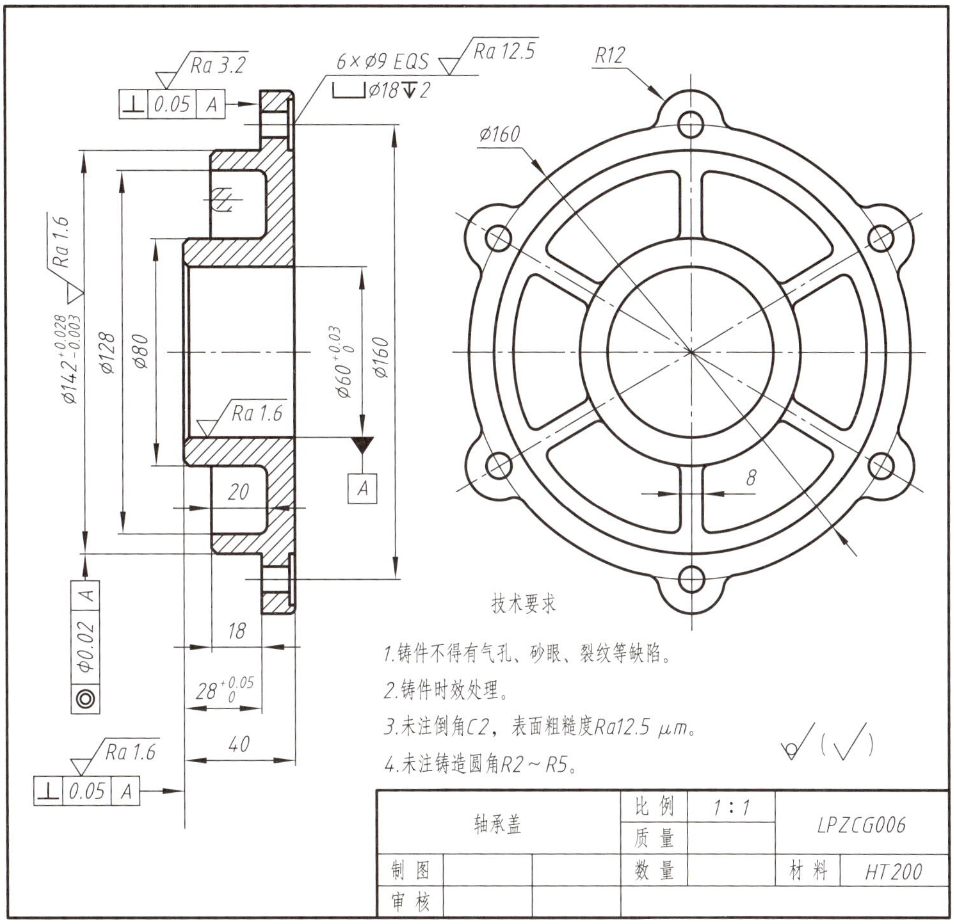

图 5-2-17　轴承盖零件图

识读轴承盖零件图

识读 V 带轮零件图

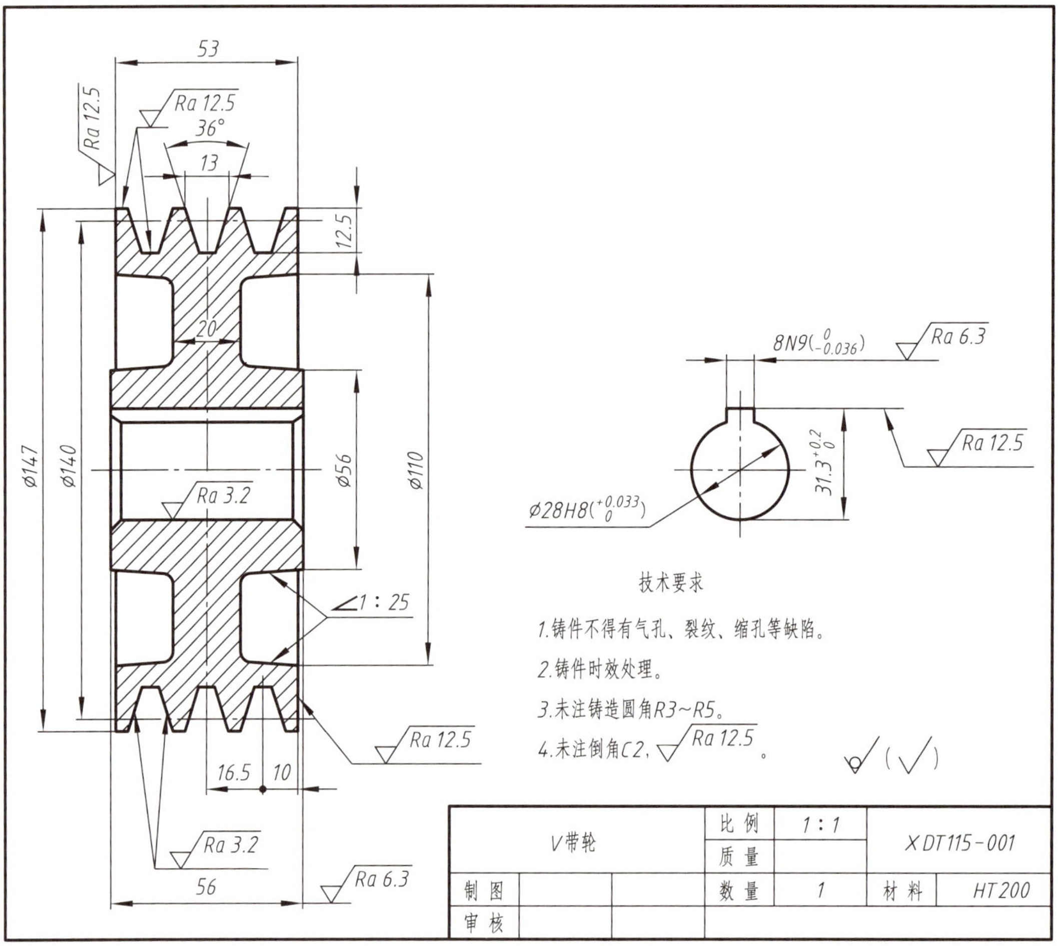

图 5-2-18 V带轮零件图

【任务评价】

任务评价标准

序号	评价内容	分数	自评分	互评分	教师评分
1	绘图准备	5			
2	主视图绘制	15			
3	左视图绘制	10			
4	局部放大图绘制	10			
5	尺寸标注	10			
6	技术要求	15			
7	任务检测	25			
8	课堂表现	10			
总分		100			
综合评价（自评分 ×20%+ 互评分 ×30%+ 教师评分 ×50%）					

任务三　叉架类零件图的识读与绘制

【任务目标】

✧ 知识目标

1. 掌握叉架类零件常见结构的表达方法。
2. 掌握叉架类零件视图表达方案的选择、尺寸基准的确定及标注方法。
3. 掌握叉架类零件的技术要求。
4. 掌握叉架类零件图的识读方法。

✧ 能力目标

1. 能够较准确地识读叉架类零件图。
2. 能够使用中望机械 CAD 绘制出规范的叉架类零件图。

✧ 素养目标

培养保守企业机密的职业素养与创新意识。

【任务引入】

叉架类零件是常见的机械零件之一，包括各种用途的叉杆和支架零件，通常由工作部分、安装或支承部分、连接部分组成，毛坯多为铸件或锻件，如图 5-3-1 所示。叉杆零件多为运动件，通常起传动、连接或制动作用，常见的有杠杆、拨叉、连杆等；支架零件通常起支承、连接、固定等作用，常见的有支架、托架、支座等。本任务以识读与绘制图 5-3-2 所示支架零件图为例，学习叉架类零件常见结构的表达方法、视图表达方案的选择、尺寸与技术要求的识读和标注方法。

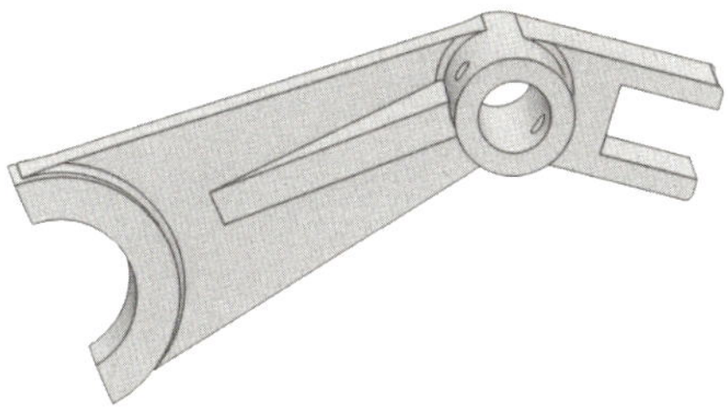

(a) 拨叉

(b) 支架

图 5-3-1　叉架类零件

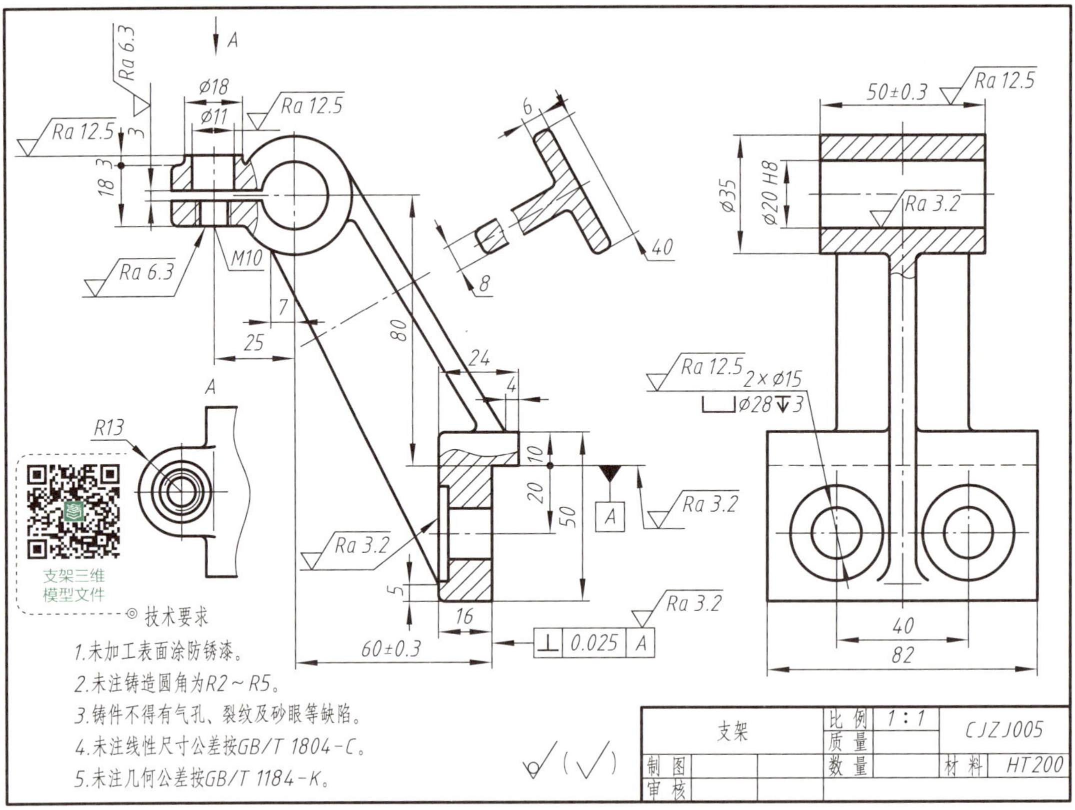

图 5-3-2　支架零件图

【相关知识】

一、叉架类零件常见结构

叉架类零件结构多为不规则形状，外形比较复杂，表面通常为铸锻表面，而内孔、接触面则是机械加工表面。其工作部分常为圆筒状，且有较多的细小结构，如油孔、油槽、螺孔等；连接部分由工字形、T 形、十字形或∪形肋板结构组成；安装部分一般为板状，并设有安装孔，常有凸台和凹坑等工艺结构。

1. 铸造工艺结构

（1）起模斜度

如图 5-3-3（a）所示，在铸造零件毛坯时，为便于将木模从砂型中取出，在铸件的内、外壁沿起模方向应有一定的斜度（1∶20～1∶10）。起模斜度较小时，在图中可不画出；若斜度较大，则仍应画出。

（2）铸造圆角和过渡线

铸件各表面相交处应做成圆角，如图 5-3-3（b）所示，它可以防止砂型在尖角处脱落和避免铸件冷却时产生裂缝和缩孔。铸造圆角一般不在视图上注出，而是统一写在技术要求中。

由于铸造圆角的存在，铸件表面的交线变得不太明显，为了区分不同形体的表面，在零件图上仍画出两表面的交线——过渡线，用细实线按原位置画出，但过渡线两端不与轮廓线相接触，如图 5-3-3（c）所示。

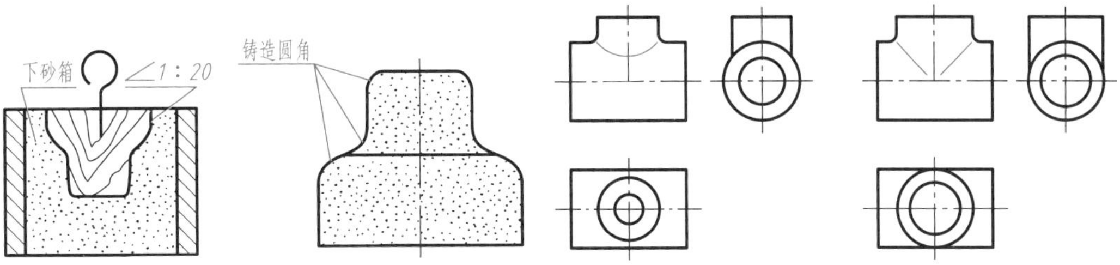

(a) 起模斜度　(b) 铸造圆角　(c) 过渡线

图 5-3-3　铸造工艺结构

（3）铸件壁厚

为了避免浇铸后铸件由于壁厚不均匀而产生缩孔、裂纹等缺陷[图 5-3-4（a）]，应尽可能使铸件壁厚均匀或逐渐过渡，如图 5-3-4（b）、（c）所示。

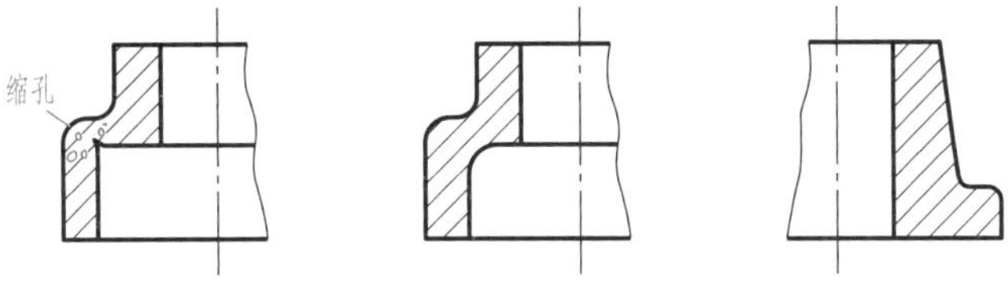

(a) 壁厚不合理　(b) 壁厚均匀　(c) 壁厚逐渐过渡

图 5-3-4　铸件壁厚

2. 螺纹结构

（1）螺纹的结构要素

内、外螺纹总是成对使用的，只有当内、外螺纹的牙型、直径、螺距、线数、旋向 5 个要素完全一致时，才能正常旋合。

1）牙型。在通过螺纹轴线的剖面上，螺纹的轮廓形状称为螺纹牙型。常见的螺纹牙型有三角形、梯形、锯齿形等。

2）螺纹直径。螺纹的直径有大径（d、D）、小径（d_1、D_1）和中径（d_2、D_2），其中小写字母表示外螺纹，大写字母表示内螺纹，如图 5-3-5 所示。螺纹的公称直径指大径。

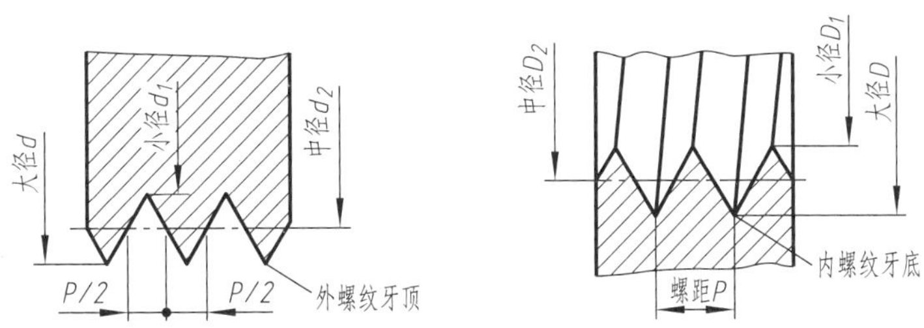

(a) 外螺纹　(b) 内螺纹

图 5-3-5　螺纹的直径

3）线数。螺纹有单线和多线之分。沿一条螺旋线形成的螺纹称为单线螺纹。沿两条或两条以上在轴向等距分布的螺旋线形成的螺纹称为多线螺纹，线数以 n 表示，如图 5-3-6 所示。

4）螺距与导程。相邻两牙在中径线上对应两点间的轴向距离称为螺距，用 P 表示，在同一条螺旋线上的相邻两牙在中径线上对应两点间的轴向距离称为导程，用 P_h 表示，如图 5-3-6 所示。螺距与导程之间的关系为：对于单线螺纹，$P=P_h$；对于多线螺纹，$P=P_h/n$。

5）旋向。螺纹有左旋和右旋之分，常用的是右旋螺纹，如图 5-3-7 所示。

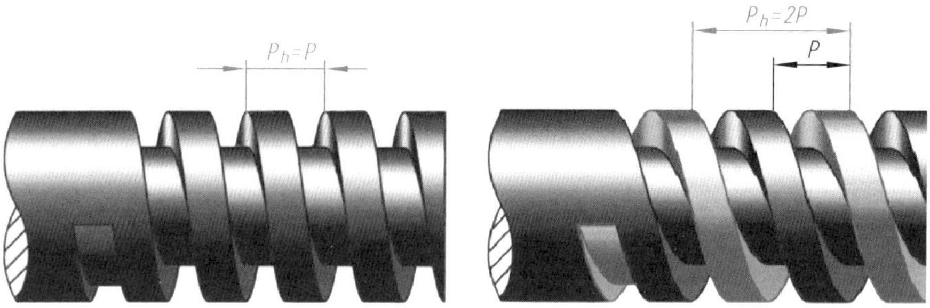

(a) 单线螺纹　　(b) 多线螺纹(双线螺纹)

图 5-3-6　螺纹的线数、螺距和导程

(a) 左旋螺纹　　(b) 右旋螺纹

图 5-3-7　螺纹的旋向

（2）螺纹的规定画法

1）外螺纹的画法。

如图 5-3-8 所示，在投影非圆的视图中，外螺纹的牙顶（大径）和螺纹终止线用粗实线表示，牙底（小径）用细实线表示并画进倒角，通常小径近似画成 0.85 倍大径；在投影为圆的视图中，表示牙底的细实线圆画大约 3/4 圈，且螺杆的倒角省略不画；在螺纹的剖视图中，剖面线应画到粗实线。

2）内螺纹的画法。

画内螺纹通常采用剖视图，如图 5-3-9 所示，内螺纹的牙顶（小径）和螺纹终止线用粗实线表示，牙底（大径）用细实线表示，剖面线应画到粗实线；在投影为圆的视图中，表示牙底的细实线圆画大约 3/4 圈，倒角圆省略不画。

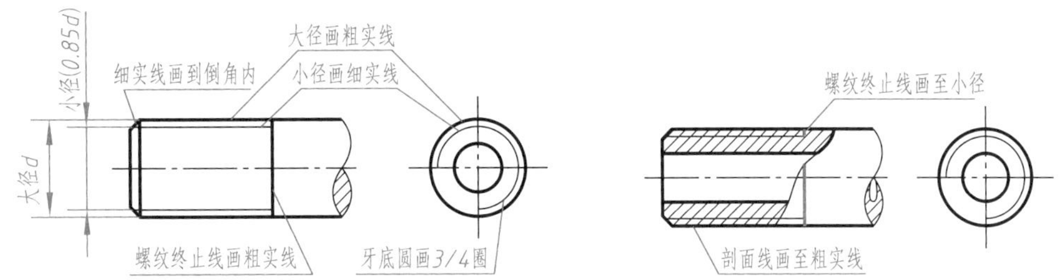

(a) 不剖切时的画法　　(b) 剖切时的画法

图 5-3-8　外螺纹的规定画法

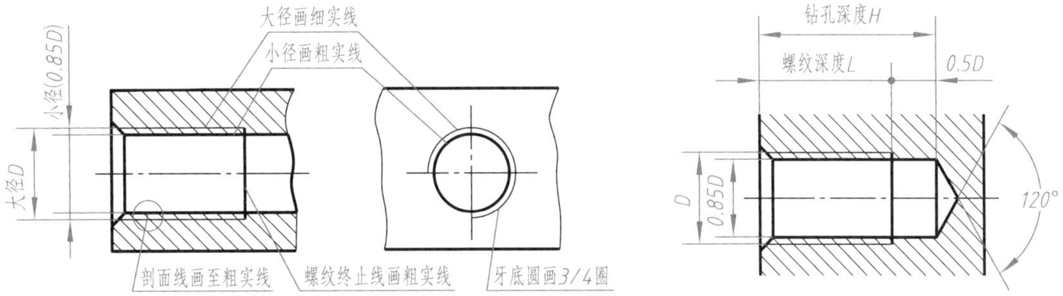

图 5-3-9　内螺纹的规定画法

绘制不通孔（盲孔）的内螺纹时，应将钻孔深度和螺纹深度分别画出，孔底由钻头钻成的 120° 的锥面要画出。

3）螺纹连接画法。

螺纹连接通常采用剖视图表达。内、外螺纹旋合部分按外螺纹画出，未旋合部分按各自的规定画法画出，如图 5-3-10 所示。

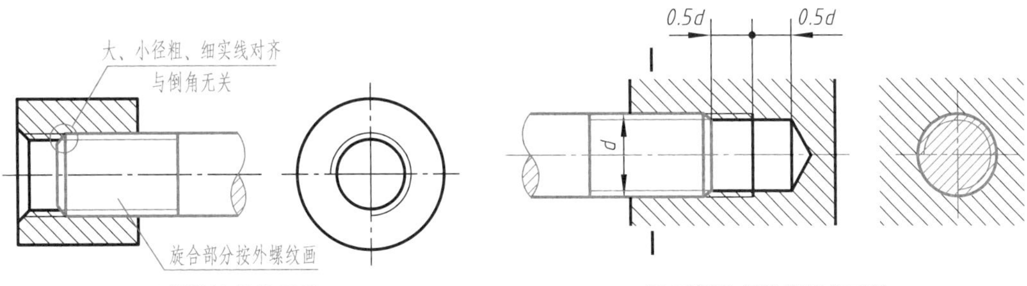

(a) 螺纹连接的画法　　(b) 不通孔螺纹连接的画法

图 5-3-10　螺纹连接的规定画法

（3）螺纹的标注

螺纹的规定画法不能清楚地表达螺纹的种类、要素及其他要求，因此必须按规定的标记在图样中进行标注。

1）普通螺纹的标记。

[特征代号] [公称直径] × [Ph 导程 P 螺距] – [中径公差带代号] [顶径公差带代号] – [旋合长度代号] – [旋向]

普通螺纹特征代号为 M。

普通粗牙螺纹不注写螺距，细牙螺纹应注写螺距。

中径公差带代号和顶径公差带代号相同时，可只注写一个公差代号。

旋合长度分为短、中、长三组，代号分别为“S、N、L”，中等旋合长度组不必标注，长或短旋合长度组应标注。

右旋螺纹不注写旋向，左旋应注写“LH”。

2）梯形螺纹和锯齿形螺纹的标记。

梯形螺纹特征代号为 Tr，锯齿形螺纹特征代号为 B。

特征代号 公称直径 × 导程（P 螺距）- 中径公差带代号 - 旋合长度代号 - 旋向

旋合长度分中、长两组，代号分别为“N、L”，中等旋合长度组不必标注，长旋合长度组应标注。

3）管螺纹的标记。

密封管螺纹标记：螺纹特征代号 尺寸代号 - 旋向

非密封管螺纹标记：螺纹特征代号 尺寸代号 公差等级 - 旋向

管螺纹的尺寸代号是管子的通径，单位为英寸（1 in=25.4 mm），不是螺纹的大径。

公差等级代号：外螺纹分 A、B 两级，内螺纹不标记，密封管螺纹也不标记。

4）在图样上的标注方法。

普通螺纹、梯形螺纹、锯齿形螺纹标记的标注方法与一般线性尺寸标注方法相同，将标记注写在大径的尺寸线或尺寸线的延长线上；管螺纹的标记应注写在从螺纹大径引出的指引线的水平折线上，见表 5-3-1 中标记的标注示例。

表 5-3-1　螺纹的牙型、特征代号、螺纹标记及标注示例

螺纹种类			牙型放大图	特征代号	标记的标注示例	说明
连接螺纹	普通螺纹	粗牙	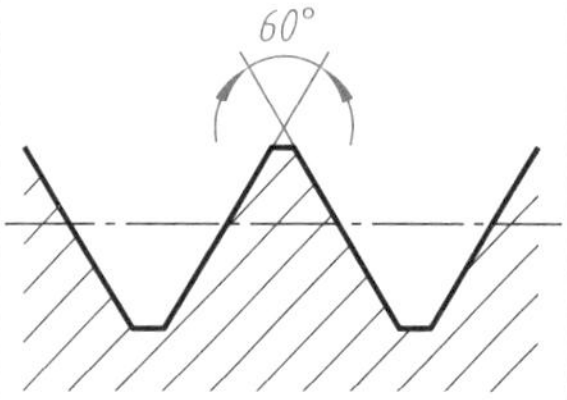	M	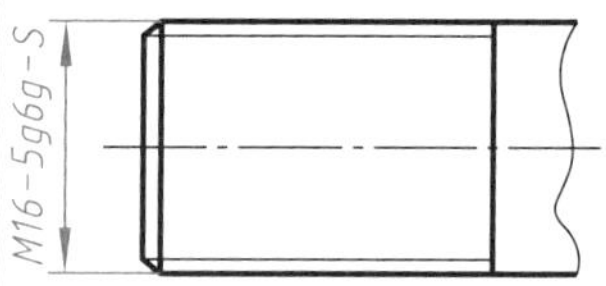	普通粗牙螺纹，公称直径为 16 mm，查表得螺距 *P*=2 mm，中径公差带代号为 5 g，顶径公差带代号为 6 g，短旋合长度组，右旋
		细牙			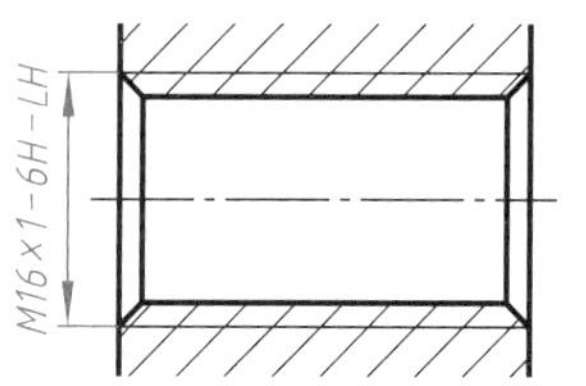	普通细牙螺纹，公称直径为 16 mm，螺距 *P*=1 mm，中径和顶径公差带均为 6H，中等旋合长度组，左旋

续表

<table>
<tr><th colspan="3">螺纹种类</th><th>牙型放大图</th><th>特征代号</th><th>标记的标注示例</th><th>说明</th></tr>
<tr><td rowspan="2">连接螺纹</td><td rowspan="2">管螺纹</td><td>密封管螺纹</td><td rowspan="2">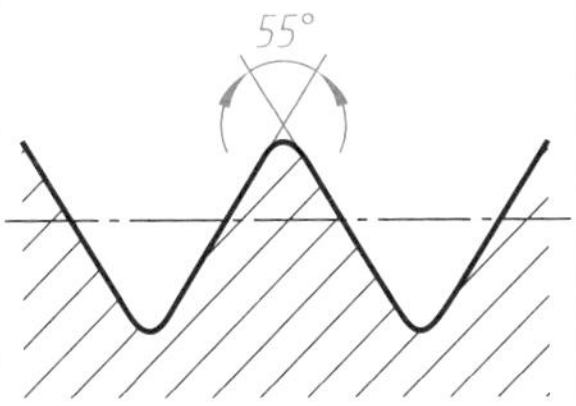</td><td>R_1
R_2
Rp
Rc</td><td>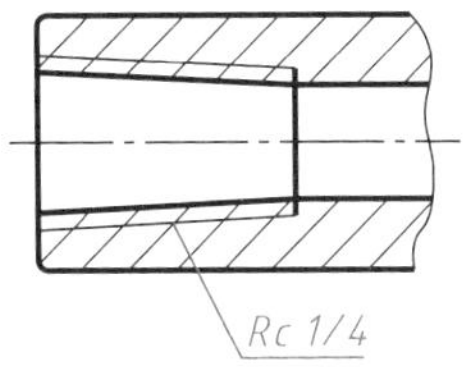</td><td>圆柱内螺纹特征代号为 Rp
与圆柱内螺纹旋合的圆锥外螺纹特征代号为 R_1
圆锥内螺纹特征代号为 Rc
与圆锥内螺纹旋合的圆锥外螺纹特征代号为 R_2</td></tr>
<tr><td>非密封管螺纹</td><td>G</td><td>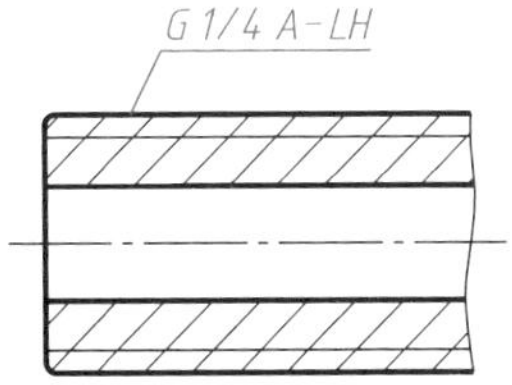</td><td>非密封管螺纹，管子的孔径为 1/4 in，公差等级 A 级，左旋</td></tr>
<tr><td rowspan="3">传动螺纹</td><td colspan="2">梯形螺纹</td><td>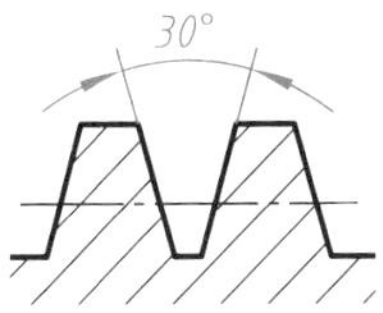</td><td>Tr</td><td>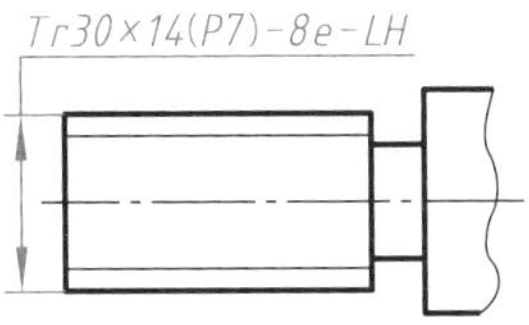</td><td>梯形螺纹，公称直径为 30 mm，导程为 14 mm（螺距为 7 mm），中径公差带代号为 8e，中等旋合长度组，左旋</td></tr>
<tr><td colspan="2">锯齿形螺纹</td><td>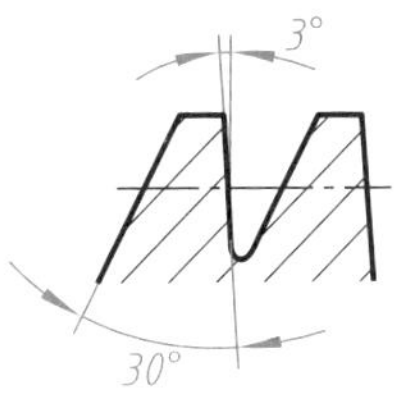</td><td>B</td><td>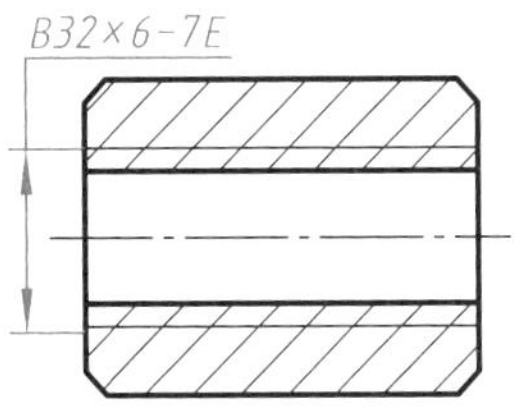</td><td>锯齿形螺纹，大径为 32 mm，螺距为 6 mm 的单线螺纹，中径公差带代号为 7E，中等旋合长度组，右旋</td></tr>
<tr><td colspan="2">矩形螺纹</td><td>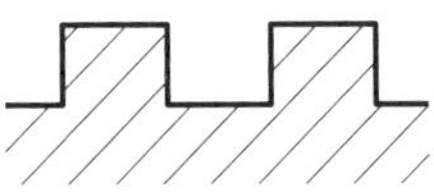</td><td>非标准螺纹</td><td>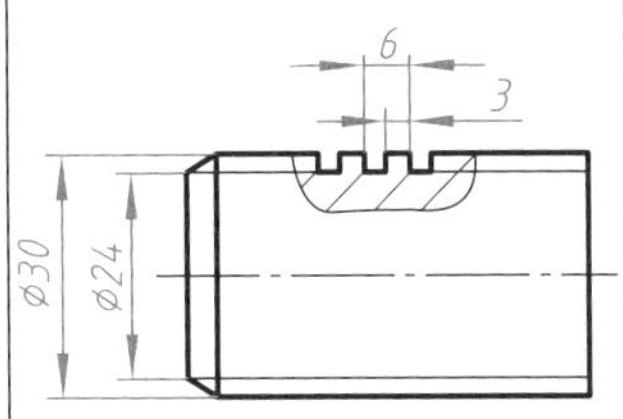</td><td>非标准螺纹应画出牙型和注出有关螺纹结构的全部尺寸</td></tr>
</table>

二、叉架类零件表达方案的选择

1. 主视图的选择

1）叉架类零件的加工位置较多，较难区别主次，因此，通常以零件的工作位置原则确定主视图的放置位置，以形状特征原则确定主视图的投射方向。

2）当零件为运动件或存在倾斜结构时，可将零件上的某部分结构水平或垂直放置，以方便画图。

3）内部结构通常采用局部剖视图表达。

2. 其他视图的选择

1）除主视图外，一般还需 1 ~ 2 个基本视图将零件的主要结构表达清楚。

2）常用局部视图、局部剖视图表达零件上的凹坑、凸台等；倾斜结构常用斜视图或局部剖视图表达；连接部分常用断面图表达。

图 5-3-11 所示为踏脚座零件的视图表达。主视图侧重表达了外部结构，上部凸台孔采用局部剖视图表达；俯视图侧重表达了三个组成部分的宽度，以及它们的相对位置；局部视图 *A* 表达了安装板左端面的形状；移出断面图表达了连接部分的断面形状。

踏脚座三维模型文件

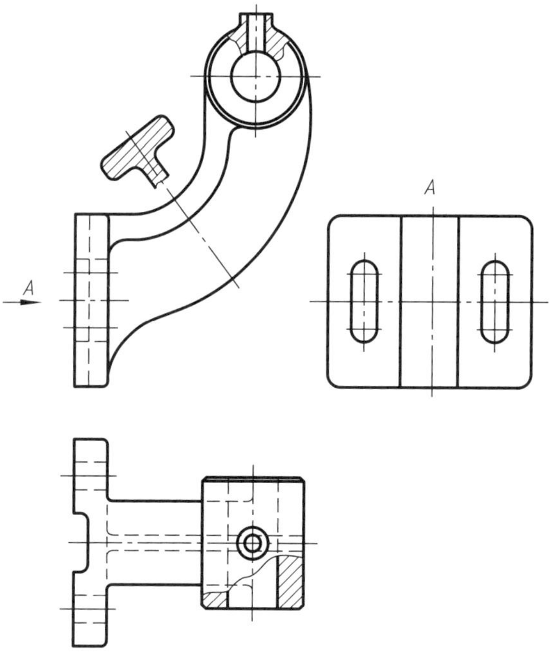

图 5-3-11　踏脚座零件的视图表达

三、叉架类零件图的尺寸标注

1. 合理确定尺寸基准

叉架类零件通常以主要轴孔的轴线、安装面、对称平面作为尺寸基准。一般情况下，长、宽、高三个方向都应有一个主要尺寸基准,根据零件的复杂程度还可在某方向上设有一定的辅助基准。

2. 叉架类零件尺寸标注注意事项

1）标注尺寸时,一般按照形体分析法标注各部分的定形和定位尺寸。

2）为了保证零件的加工精度和满足零件的使用性能,重要尺寸一定要从主要尺寸基准直接标出,应避免出现推算才能得到重要结构尺寸的情况,如图 5-3-12 所示。

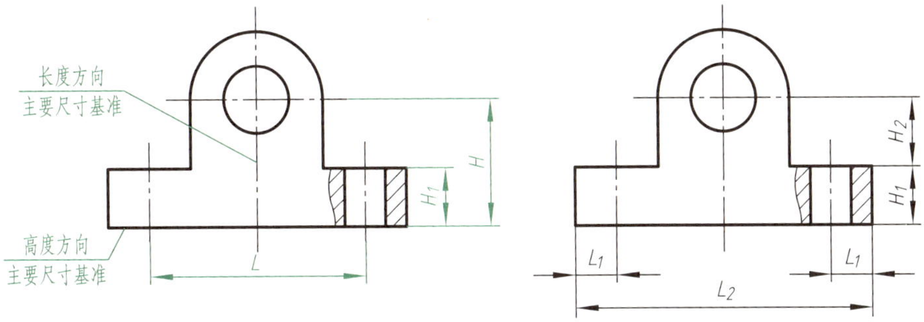

(a) 正确　　(b) 不正确

图 5-3-12　重要尺寸要直接注出

四、叉架类零件的技术要求

1）公差：叉架类零件工作部分有配合要求的孔要标注尺寸公差,按照配合要求选择基本偏差,公差等级一般为 IT7 ~ IT9;配合孔的中心定位尺寸常标注有尺寸公差。

2）表面结构：一般情况下,叉架类零件支承孔表面粗糙度为 Ra3.2 ~ 6.3 μm,安装板接触面的表面粗糙度为 Ra3.2 ~ 6.3 μm,非配合表面的表面粗糙度为 Ra6.3 ~ 12.5 μm,其余表面都是铸造面,不作要求。

3）几何公差：叉架类零件安装板与其他零件接触的表面应有平面度、垂直度要求,一般为 IT7 ~ IT9。

【任务实施】

一、绘图准备

图幅设置、标题栏填写、图层设置见项目一中任务二【任务实施】的绘图准备,注意图幅大小选 A3,绘图比例设为 1 : 1。

二、图形分析

由图 5-3-2 所示零件图的标题栏可知,该零件的名称为支架,属典型的叉架类零件,材料为 HT200（铸件）,绘图比例为 1 : 1。

1. 视图分析

支架零件图由两个基本视图（主视图、左视图）、一个局部视图和一个移出断面图组成。

主视图表达了支架三个组成部分的形状特征与相对位置，并用局部剖视图表达了左上方的圆柱孔与螺孔及下部安装孔的结构；左视图主要表达了安装板左端面的形状和安装孔的位置及支架三个组成部分的宽度，上部局部剖视图表达了圆筒的内部结构；移出断面图表达了连接部分的T形断面形状；局部视图*A*表达了凸缘的结构形状。

2. 尺寸分析

表面粗糙度等级较高的安装板的右端面为长度方向主要尺寸基准，来确定圆筒圆心长度方向定位和其他主要结构尺寸；安装板中间的水平面作为高度方向主要尺寸基准，来确定圆筒圆心高度方向定位和其他主要结构尺寸；支架的宽度方向是对称结构，其对称平面为宽度方向主要尺寸基准。另外工作部分上的各个细部结构，是以圆筒（支承体）轴线作为辅助尺寸基准来标注直径尺寸和细部结构的定位尺寸的。

3. 技术要求分析

支架零件上端的配合孔注有尺寸公差 ϕ20H8 和中心定位尺寸 60 ± 0.3。

配合孔和安装板接触面的表面粗糙度 *Ra* 上限值为 3.2 μm，其余孔表面粗糙度 *Ra* 上限值为 12.5 μm，其余自行分析。

图中有一处几何公差要求，即 | ⊥ | 0.025 | *A* |，其含义是安装板的右端面对安装板中间的水平面的垂直度公差为 0.025 mm。

文字叙述的技术要求如图 5-3-2 所示。

三、图形绘制

1. 主视图的绘制

（1）绘制工作部分主视图

1）绘制圆筒主视图。绘制直径分别为 20 和 35 的两个同心圆，然后选择菜单栏的“机械”→绘图工具”→“中心线”或输入“ZX”，选择直径为 35 的圆绘制中心线，效果如图 5-3-13 所示。

2）绘制凸缘主视图。选择菜单栏的“常用”→“修改”→“偏移”或输入“O”，选中上一步创建的竖直中心线向左侧偏移“25”，得到凸缘圆柱孔的轴线。按空格键重复偏移命令，将凸缘上圆柱孔的轴线向左偏移“13”，向左、右两侧分别偏移“5.5”和“9”；选中水平中心线向上、下两侧分别偏移“1.5”和“9”，选中最下面的水平轮廓线向上偏移“21”；选中偏移得到的轮廓线，切换图层到“1 轮廓实线层”，修剪掉多余的部分，效果如图 5-3-14（a）、（b）所示。选中凸缘圆柱孔的轴线为偏移对象，向两侧分别偏移“8.5/2”和“10/2”，将内螺纹 M10 的大径线型改为“2 细实线层”、小径线型改为“1 轮廓实线层”，效果如图 5-3-14（c）所示。

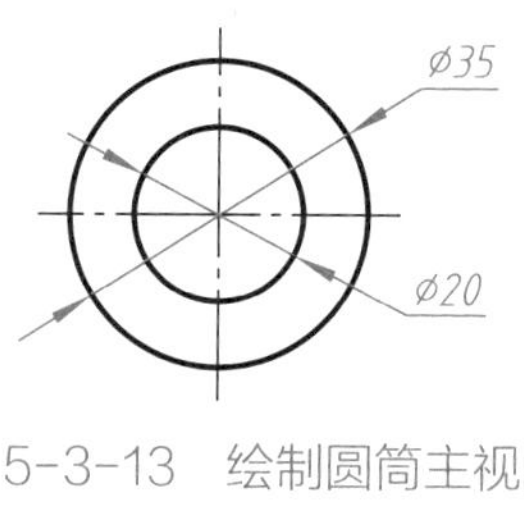

图 5-3-13　绘制圆筒主视图

（2）绘制安装部分主视图

选中圆筒水平中心线分别向下偏移“70”“80”“100”和“120”，然后选中圆筒竖直中心线向右偏移“60”，以前一次偏移得到的直线为偏移对象向左偏移“16”，再以前一次偏移得到的直线为偏移对象向右偏移“24”，然后把偏移得到的轮廓线的图层更改为“1 轮廓实线层”，修剪掉多余线段，效果如图 5-3-15（a）、（b）所示；根据零件图沉孔尺寸，采用偏移、修剪命令绘制安装板沉孔视图，效果如图 5-3-16 所示。

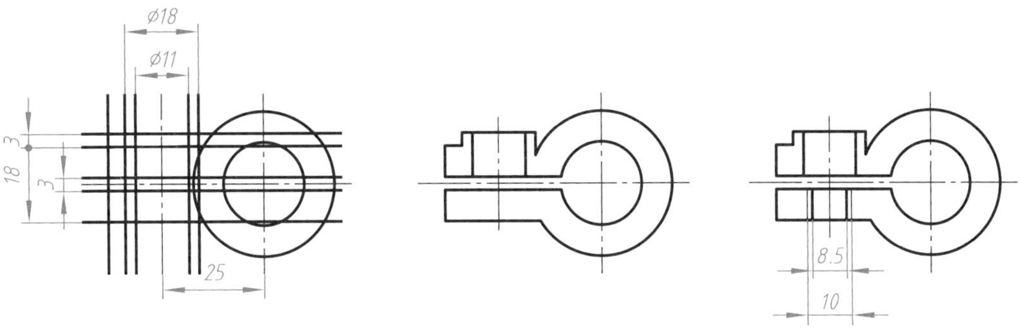

(a)　(b)　(c)

图 5-3-14　绘制凸缘主视图

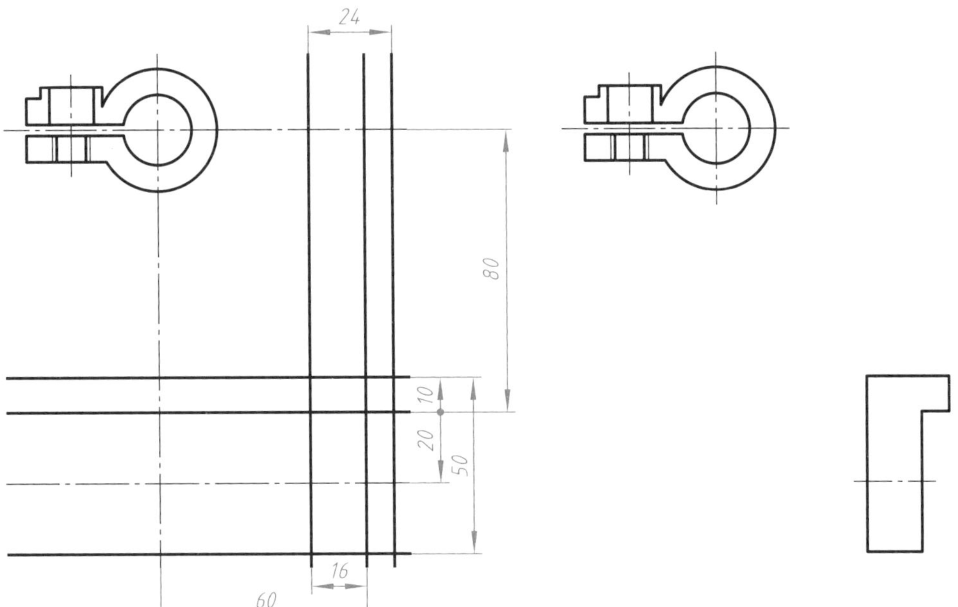

(a)　(b)

图 5-3-15　绘制安装部分主视图（一）

（3）绘制连接部分主视图

选中两个同心圆的竖直中心线向左偏移“7”，然后使用直线命令，把鼠标移到安装板左下角捕捉其端点，不要单击鼠标而是轻轻地将光标往上移一小段距离，出现一条绿色的细虚线时输入偏移值“5”确定肋板直线的第一个端点位置，然后将直线另一端点定位至刚刚偏移得到的中心线与 ϕ35 圆的交点处；执行直线命令，用光标捕捉安装板右上角的端点然后向左移动一小段距离，出现绿色细虚线时输入偏移值"4"确定连杆直线的第一个端点的位置，接着按住 <SHIFT> 键 + 右击鼠标，在弹出的"临时追踪点"菜单中选择"切点"选项，然后将十字光标靠近 ϕ35 圆得到连杆直线的另一端点，即为与圆柱面的切点；再将刚刚绘制得到的连杆直线向左下方向偏移"6"，修剪掉多余的线段，效果如图 5-3-17 所示。

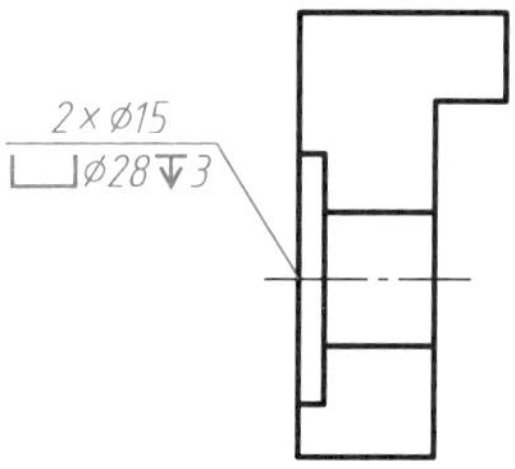

图 5-3-16 绘制安装部分主视图（二）

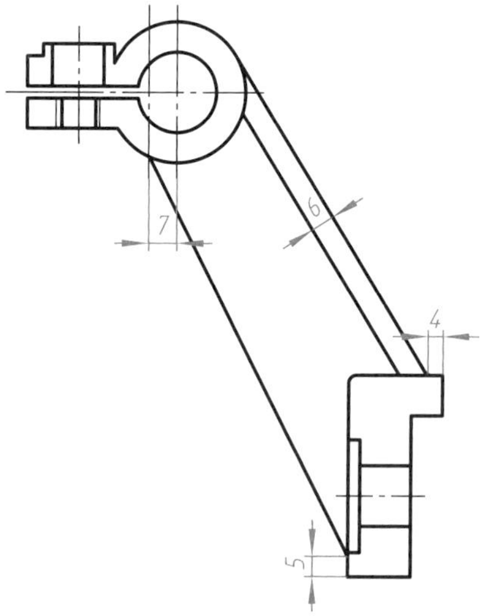

图 5-3-17 绘制连接部分主视图

（4）主视图中局部剖视图的绘制

采用倒圆命令倒圆角；采用样条曲线命令在主视图中画出局部剖切的位置；采用图案填充命令对局部剖切区域进行填充，效果如图 5-3-2 所示。

2. 左视图的绘制

（1）绘制工作部分左视图

根据主、左视图"高平齐"的投影特性，绘制左视图轴线与前后对称线；然后利用偏移、修剪命令，绘制圆筒左视图，效果如图 5-3-18 所示。

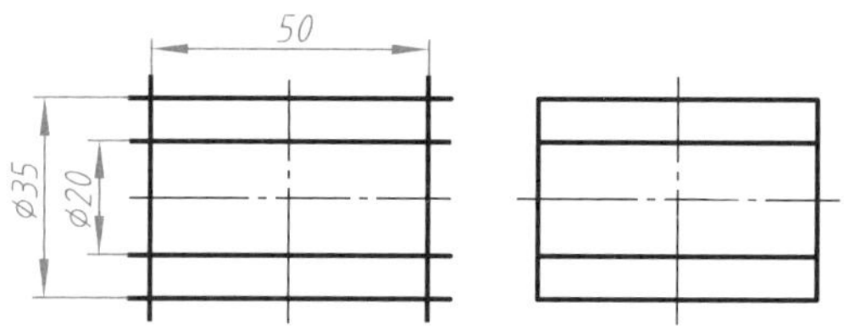

图 5-3-18 绘制工作部分左视图

（2）绘制安装部分左视图

采用偏移命令使水平中心线向下分别偏移"70""80""100"和"120"，选中竖直中心线分别向两侧偏移"20"和"42"，然后进行修剪，整理图线后效果如图 5-3-19（a）所示。

采用圆命令，捕捉偏移得到的两条中心线的交点为圆心，图层切换到“1 轮廓实线层”绘制两个直径分别为 28 和 15 的圆，调整中心线长度，接着采用镜像命令（快捷键“MI”），以对称中心线为镜像轴镜像，效果如图 5–3–19（b）所示。

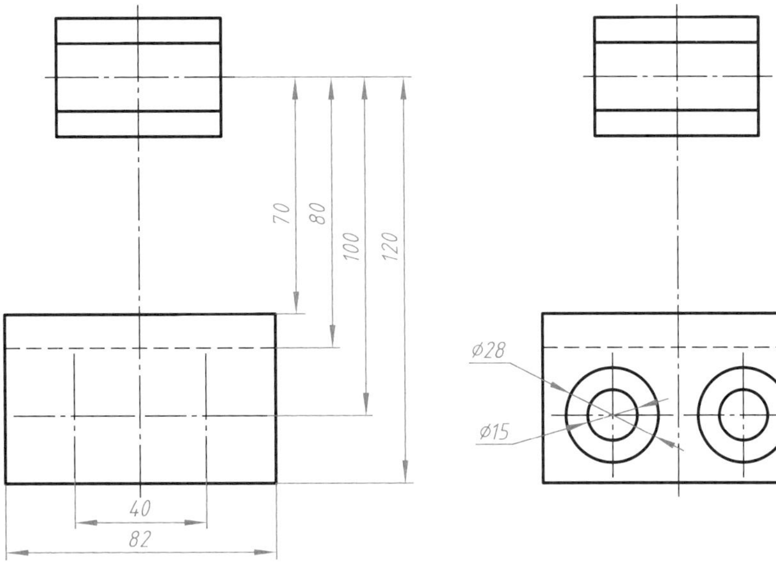

(a) (b)

图 5–3–19 绘制安装部分左视图

（3）绘制连接部分左视图

采用偏移、修剪命令绘制连接部分左视图，效果如图 5–3–20 所示。

（4）左视图中局部剖视图的绘制

采用倒圆命令倒圆角；采用样条曲线命令在左视图中画出局部剖切的位置；采用图案填充命令对局部剖切区域进行填充，效果如图 5–3–2 所示。

3. 辅助视图的绘制

（1）绘制连接部分移出断面图

图层切换到“3 中心线层”，在主视图画剖切线并向外延伸作为连接部分移出断面图的对称中心线，以该对称中心线为偏移对象向两侧分别偏移“4”“20”，选中偏移得到的轮廓线后，将其图层改为“1 轮廓实线层”；最后采用直线、偏移、修剪、圆角命令，根据零件图尺寸绘制剩余轮廓线，效果如图 5–3–21 所示。

选择菜单栏的“机械”→“构造工具”→“截断线”或输入“JDX”，系统弹出如图 5–3–22 所示的“截断线”对话框，选中“波浪线”单选按钮，将断裂线间距设置为“5”，单击“绘图”按钮画断裂边界线，然后修剪多余的线段，最后采用图案填充命令对移出断面图进行填充，效果如图 5–3–2 所示。

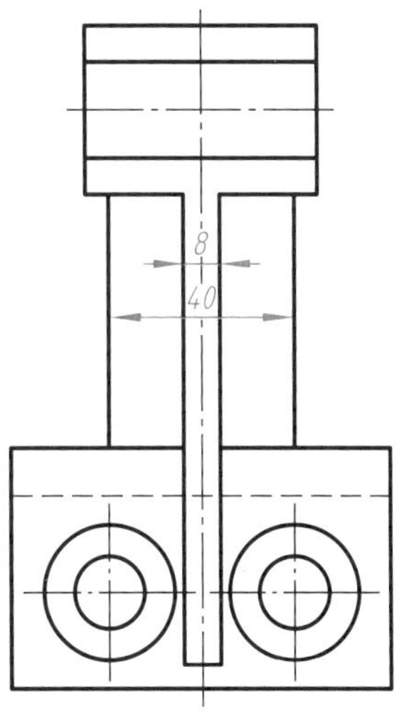

图 5–3–20 绘制连接部分左视图

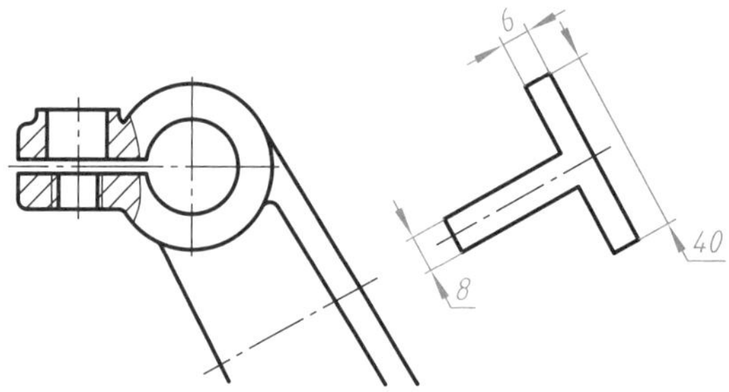

图 5-3-21　绘制连接部分移出断面图

（2）绘制凸缘局部视图

在主视图下方适当位置绘制水平和竖直两条中心线，采用圆命令分别绘制 $\phi26$、$\phi18$、$\phi11$、$\phi10$ 和 $\phi8.5$ 圆；然后采用打断命令将直径为 10 的圆打断掉四分之一圆，并将该图层改为“2 细实线层”。以竖直中心线为偏移对象向右偏移“25”，以前一次偏移得到的直线为偏移对象向左偏移“35/2”；接着以水平中心线为偏移对象向上、下两侧各偏移“25”，修剪掉多余线段。采用直线命令将剩余轮廓线补全；采用倒圆命令进行倒圆角，在“2 细线层”，采用样条曲线命令画断裂边界线，最后修剪掉多余线段，效果如图 5–3–2 所示。

选择菜单栏的“机械”→“创建视图”→“方向符号”，根据命令行提示与图 5–3–23 所示设置对局部视图 *A* 进行标注。

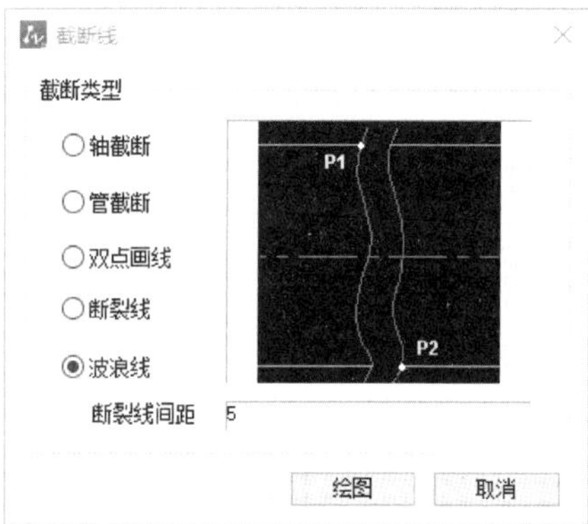

图 5-3-22　“截断线”对话框

图 5-3-23　“向视图符号”对话框

四、尺寸标注

尺寸标注是绘图的重要部分，利用“机械”→“尺寸标注”和“符号标注”，按图标注各种尺寸，操作方法参见本项目任务一与任务二的【任务实施】。

五、技术要求

支架零件图公差、表面粗糙度、几何公差的标注与技术要求的注写参见本项目任务一与任务二的【任务实施】。

【任务总结】

通过完成支架零件图绘制任务，学习并掌握偏移、截断线、方向符号等命令。还应进一步巩固直线、圆、图案填充、修剪、镜像等命令的灵活使用与尺寸标注、技术要求的注写，提高使用中望机械 CAD 绘制零件图的能力，巩固机械制图的基础知识，加强标准化概念，熟悉叉架类零件常见结构的表达方法、视图表达方案的选择、尺寸与技术要求的识读和标注方法，提高识图与绘图的能力。

【任务检测】

绘制如图 5-3-24、图 5-3-25 所示的零件图，并扫码完成识读拨叉零件图的测试。

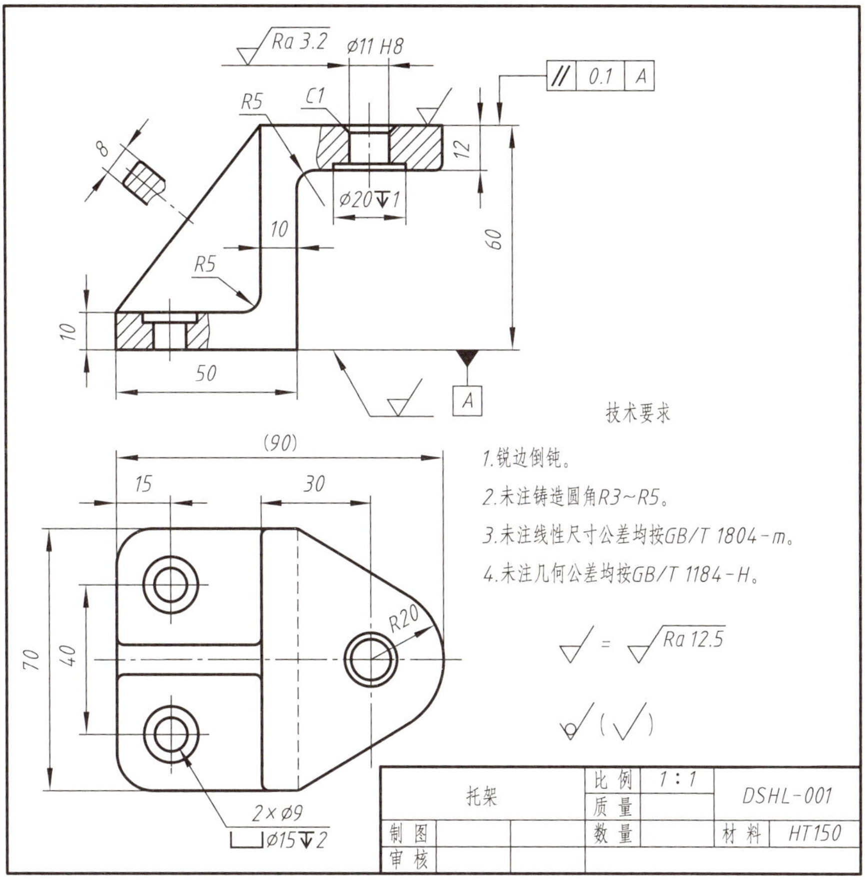

图 5-3-24 托架零件图

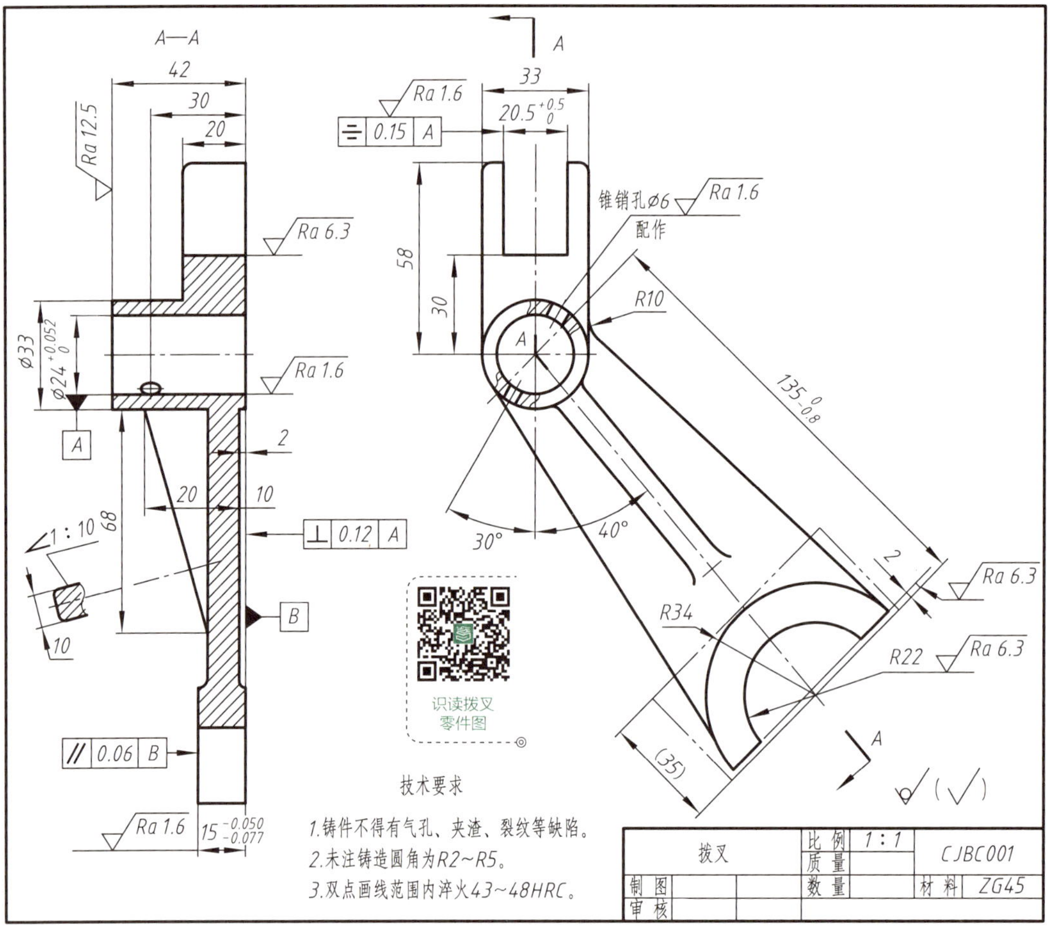

图 5-3-25 拨叉零件图

【任务评价】

任务评价标准

序号	评价内容	分数	自评分	互评分	教师评分
1	绘图准备	5			
2	主视图绘制	15			
3	左视图绘制	10			
4	移出断面图绘制	10			
5	局部视图绘制	10			
6	尺寸标注	10			
7	技术要求	10			
8	任务检测	20			
9	课堂表现	10			
总分		100			
综合评价（自评分 ×20%+ 互评分 ×30%+ 教师评分 ×50%）					

任务四 箱体类零件图的识读与绘制

【任务目标】

✧ 知识目标

1. 掌握箱体类零件常见结构的表达方法。
2. 掌握箱体类零件视图表达方案的选择和尺寸基准的确定及标注方法。
3. 掌握箱体类零件的技术要求。
4. 掌握箱体类零件图的识读方法。

✧ 能力目标

1. 能够较准确地识读箱体类零件图。
2. 能够使用中望机械 CAD 绘制出规范的箱体类零件图。

✧ 素养目标

培养独立思考、精益求精的职业能力。

【任务引入】

箱体类零件一般是机器设备或部件的主体，主要起支承、容纳、定位、密封及保护其他零件的作用，外部和内部结构都比较复杂，毛坯一般为铸件。图 5-4-1 所示的座体、阀体均属于此类零件。本任务以识读与绘制图 5-4-2 所示座体零件图为例，学习箱体类零件常见结构的表达方法、视图表达方案的选择、尺寸与技术要求的识读和标注方法。

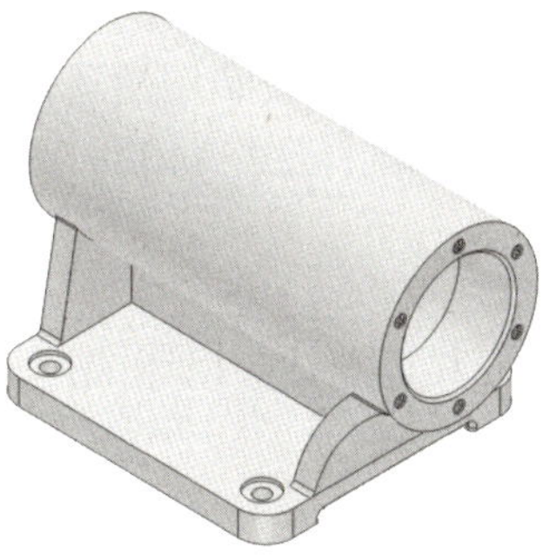

(a) 座体

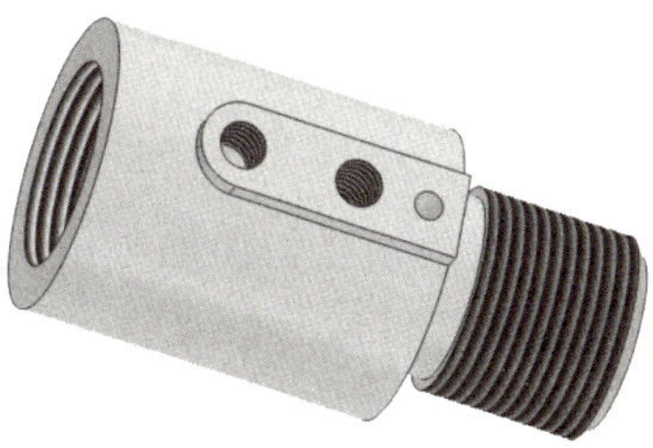

(b) 阀体

图 5-4-1 箱体类零件

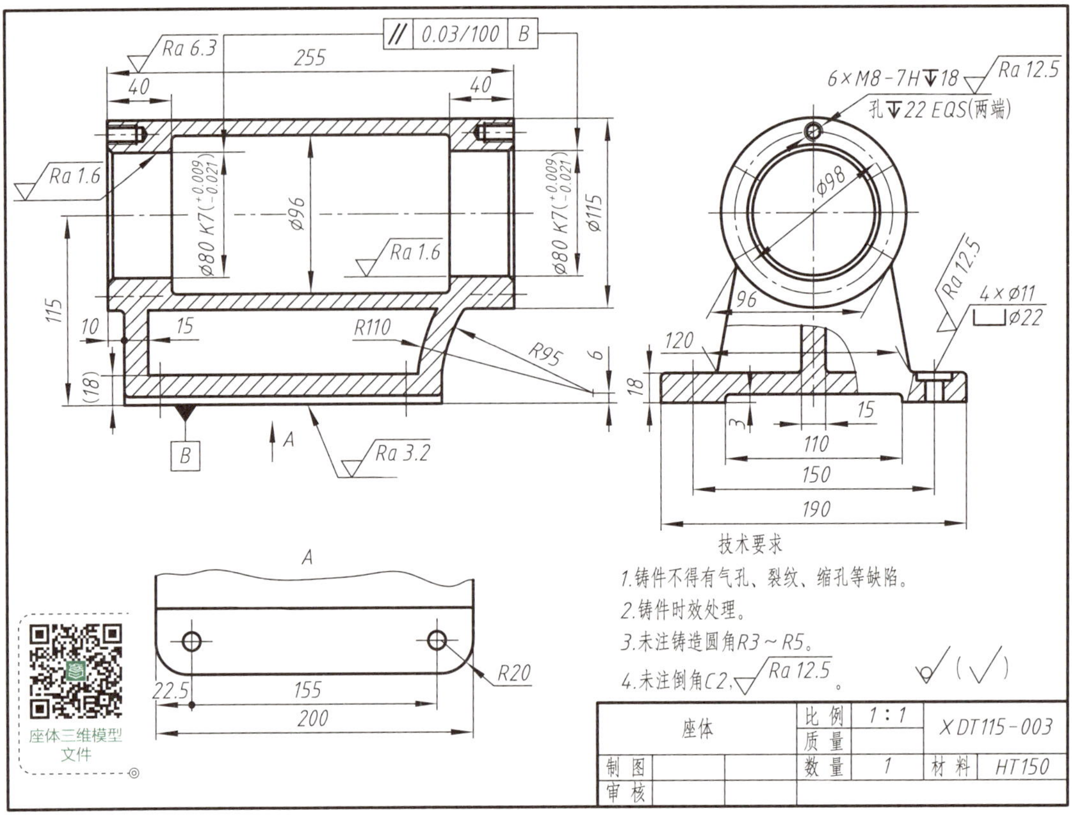

图 5-4-2　座体零件图

【相关知识】

一、箱体类零件常见结构

箱体类零件结构形状复杂，其总体特点是由薄壁围成不同形状的较大空腔及底板组成的壳体，一般由底板、箱壁、箱孔等结构组成。在箱壁上有供安装用的圆孔或半圆孔及带螺孔的凸缘，并用肋板加固；底板上有螺栓孔及凸台或凹坑；还常有销孔、倒角、起模斜度、铸造圆角、放油孔等细小结构。

1. 钻孔结构

钻孔时，为避免钻头单边受力而加工出偏斜孔，甚至把钻头损坏，钻头轴线应与孔口端面垂直，因此孔口端面常设计成凸台或凹孔，如图 5-4-3 所示。

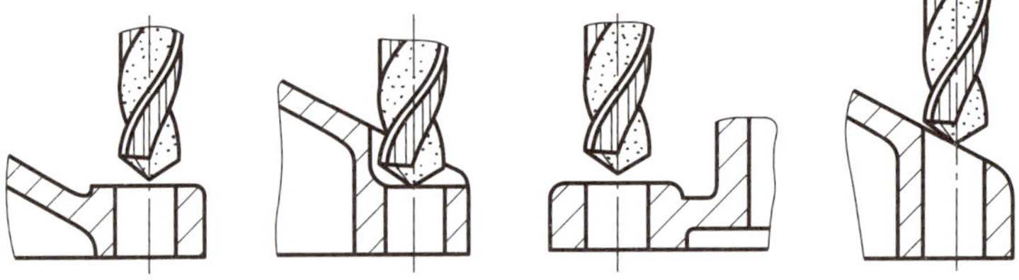

(a) 正确　(b) 正确　(c) 正确　(d) 不正确

图 5-4-3　钻孔结构

2. 凸台和凹坑

为使零件装配时接触良好，并且能够减少加工表面，常在两零件接触面做出凸台或凹坑，如图 5-4-4 所示。

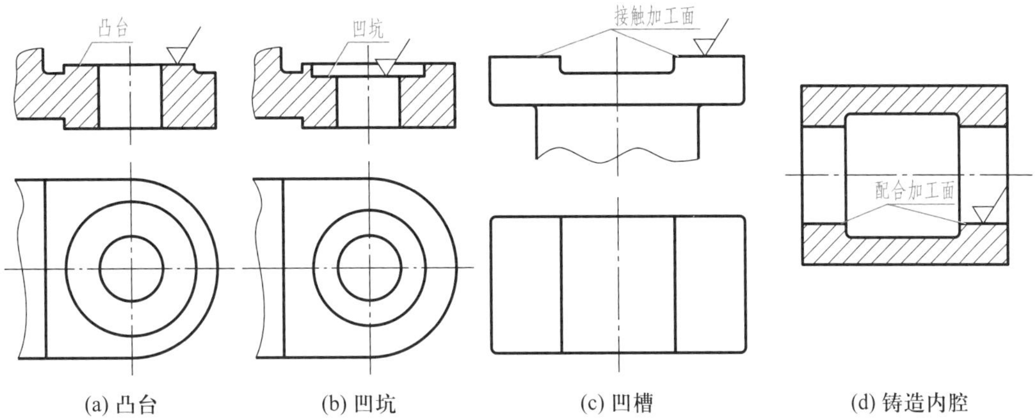

图 5-4-4　凸台和凹坑

二、箱体类零件表达方案的选择

1. 主视图的选择

由于箱体类零件结构形状复杂、加工位置多变，一般以零件的工作位置为主视图的放置位置（工作位置原则），以最能表达零件形状特征的方向为投射方向（形状特征原则）。

2. 其他视图的选择

箱体类零件通常采用三个或三个以上的基本视图，根据具体结构特点选用全剖、半剖或局部剖视图，并辅以断面图、斜视图、局部视图等表达方法。

三、箱体类零件图的尺寸标注

1. 合理确定尺寸基准

箱体类零件常以主要孔的轴线、对称平面、较大的加工面、安装面或结合面作为长、宽、高三个方向的主要尺寸基准。

2. 箱体类零件尺寸标注注意事项

1）重要尺寸应直接标注。如中心距、配合尺寸、与安装有关的尺寸、与其他零件有装配关系的尺寸等。

2）对于铸造、锻造零件，同一方向的加工面与非加工面应各选基准分别标注尺寸，并且两个基准之间只允许有一个联系尺寸，如图 5-4-5 所示。

3）常见孔的尺寸标注方法见表 5-4-1。

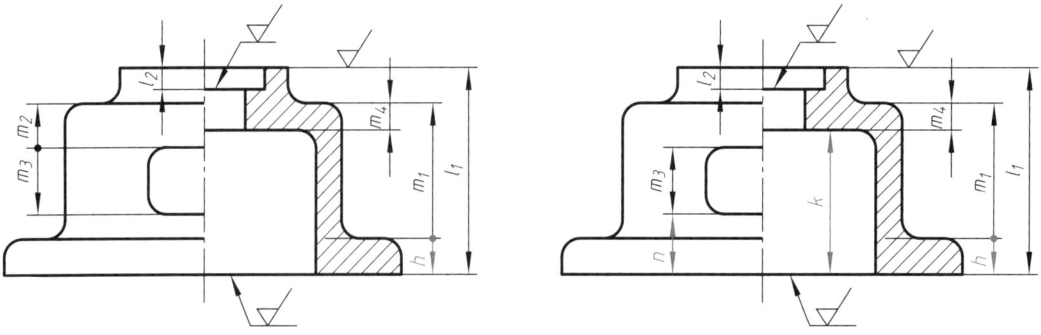

(a) 正确　　(b) 不正确

图 5-4-5　加工面与非加工面的尺寸标注

表 5-4-1　常见孔的尺寸标注方法

类型		旁注法：标注在孔的轴线视图上	旁注法：标注在反映圆的视图上	普通注法	说明
螺孔	通孔	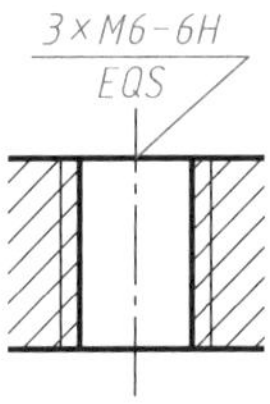	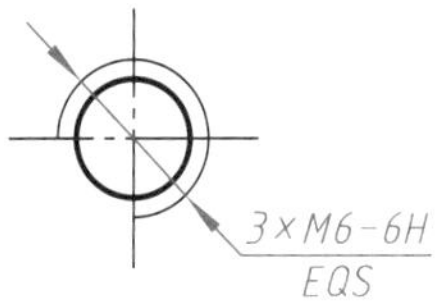	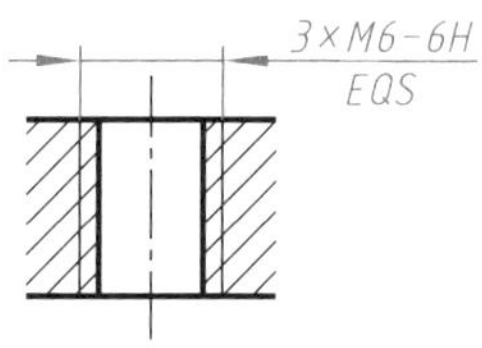	EQS 为均布孔的缩写词。 三个相同的螺纹通孔均匀分布，公称直径 D=M6，螺纹公差为 6H
螺孔	不通孔	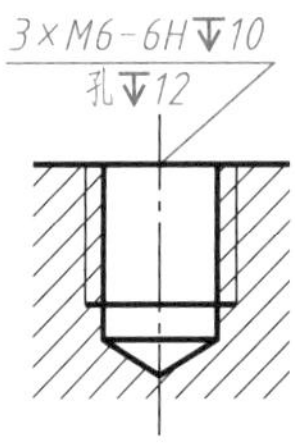	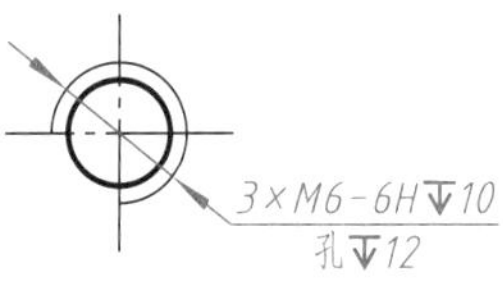	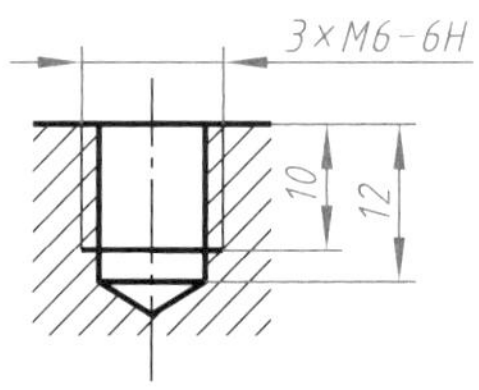	↧ 为深度符号。 三个相同的螺纹盲孔（不通孔），公称直径 D=M6，螺纹公差为 6H，钻孔深度为 12 mm，螺纹深度为 10 mm
光孔	一般孔	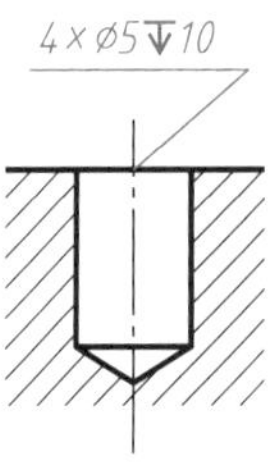	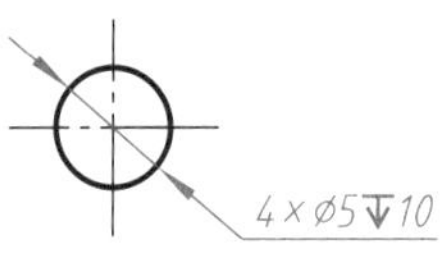	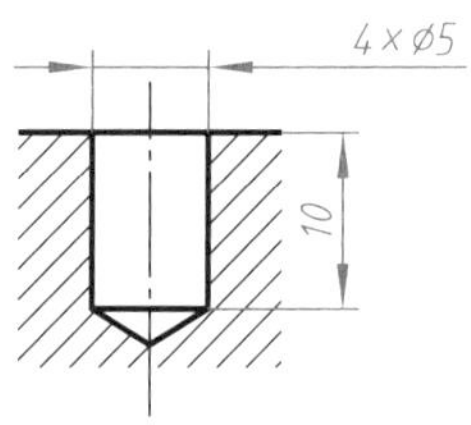	4 个相同的光孔，直径为 5 mm，孔深 10 mm

续表

类型		旁注法		普通注法	说明
		标注在孔的轴线视图上	标注在反映圆的视图上		
光孔	精加工孔	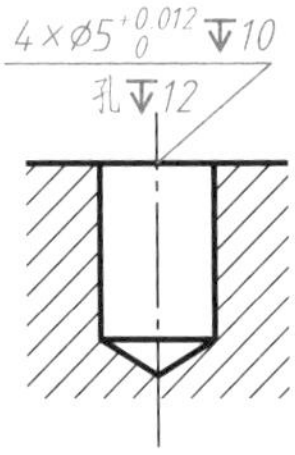	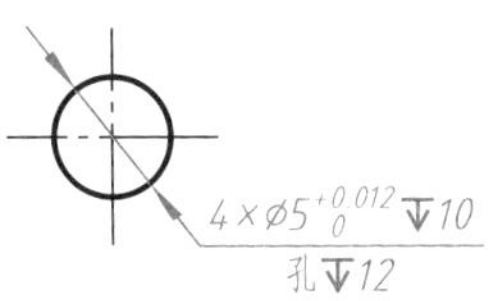	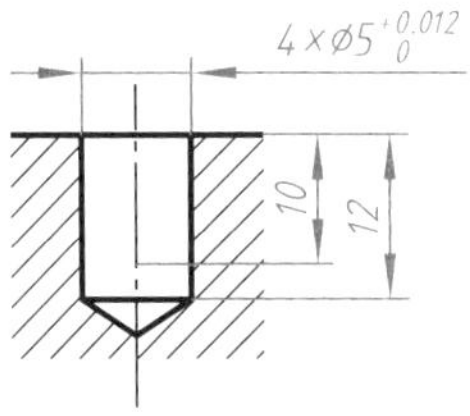	光孔深度为 12 mm，钻孔后需精加工至 $\phi5^{+0.012}_{0}$ mm，深度为 10 mm
	锥销孔	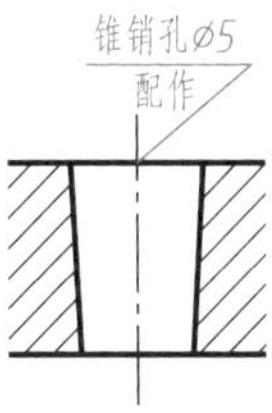	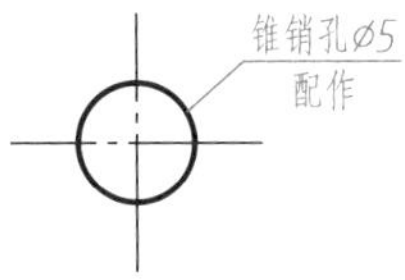	锥销孔无普通注法	配作是指该孔与相邻零件的同位锥销孔一起加工。 $\phi5$ mm 为与锥销孔相配的圆锥销小头直径
沉孔	锥形沉孔	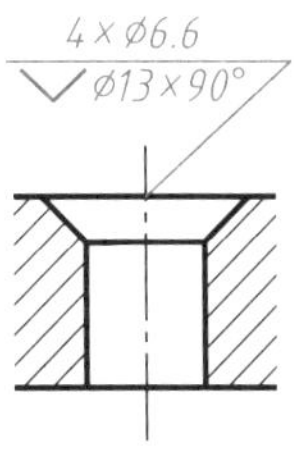	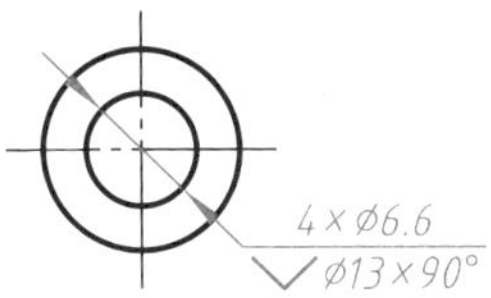	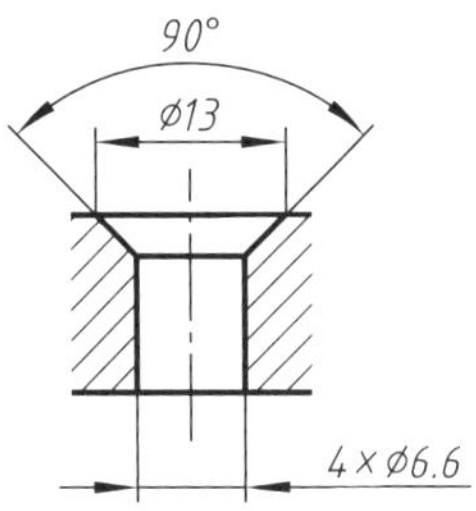	⌵ 为埋头孔符号。该孔为安装开槽沉头螺钉所用。 4 个相同的孔，直径为 6.6 mm，沉孔锥顶角为 90°，锥形沉孔直径为 13 mm
	柱形沉孔	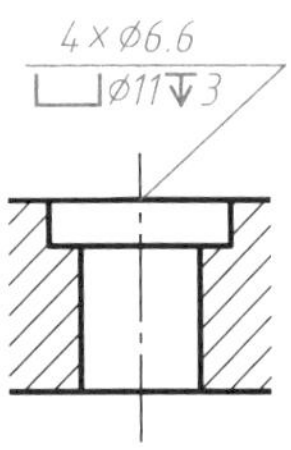	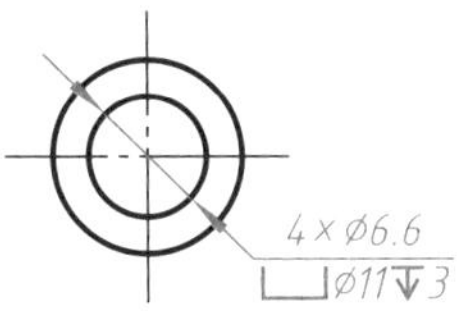	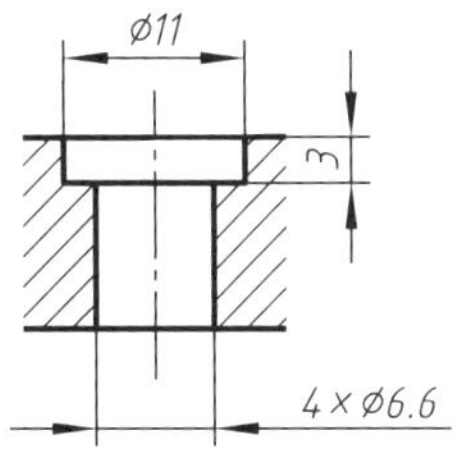	⌴ 为锪平孔、沉孔符号。 4 个相同的孔，直径为 6.6 mm，柱形沉孔直径为 11 mm，沉孔深 3 mm
	锪平孔	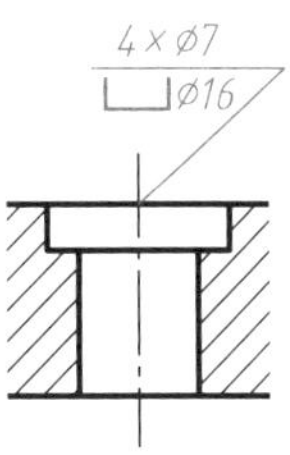	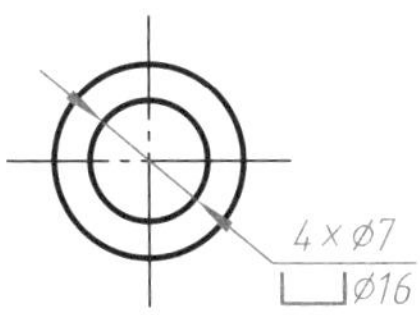	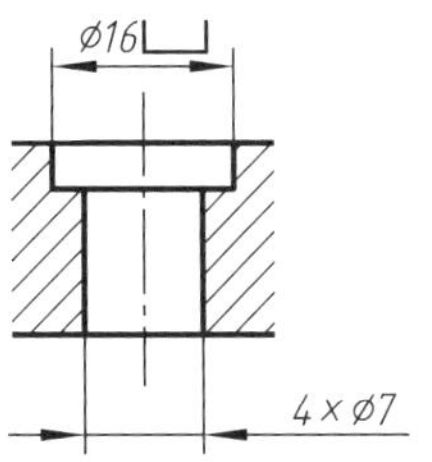	4 个相同的孔，直径为 7 mm，锪平孔直径为 16 mm，其深度不需标注，一般锪平到不出现毛面为止

四、箱体类零件的技术要求

1）公差：在箱体类零件中，为了保证机器或部件的性能和加工精度，尺寸公差主要表现在箱体类零件上有配合要求的轴承孔、轴承孔外端面、箱体外部与其他零件有严格安装要求的安装孔等结构。主轴承孔要标注较高等级的尺寸公差，按照配合要求选择基本偏差，公差等级一般为IT6、IT7，其他轴承孔一般为IT8；各轴承孔之间也应有一定的孔距尺寸精度。

2）表面结构：一般情况下，箱体类零件主要平面的表面粗糙度值为 *Ra*3.2 μm 或 *Ra*6.3 μm；轴承孔的表面，如精度要求较高时表面粗糙度值可选为 *Ra*1.6 μm，如精度没有特殊要求时表面粗糙度值可选为 *Ra*3.2 μm 或 *Ra*6.3 μm；其余轴承孔的表面粗糙度值为 *Ra*3.2 μm 或 *Ra*6.3 μm；其余的表面都是铸造面，不作要求。

3）几何公差：箱体的主要平面是装配基准，并且往往是加工时的定位基准，所以，对其应有较高的平面度要求；孔的圆度、圆柱度公差应不超过孔径尺寸公差的一半；轴承孔之间的平行度公差应小于孔距公差；同一轴线的孔应有一定的同轴度要求；主要平面与轴承孔之间应有一定的垂直度要求。

【任务实施】

一、绘图准备

图幅设置、标题栏填写、图层设置见项目一中任务二【任务实施】的绘图准备，图幅大小选 A2，绘图比例设为 1∶1。

二、图形分析

由图 5-4-2 所示零件图的标题栏可知，该零件的名称为座体，材料为 HT150（铸件），绘图比例为 1∶1，数量为 1，其结构类似支架，可分为支承、连接、安装三大部分，且有肋板加固。该零件起支承与包容作用。

1. 视图分析

座体零件图由两个基本视图（主视图、左视图）和一个局部视图组成。

主视图按工作位置原则放置，采用全剖视图，表达座体的结构形状特征和空腔的内部结构形状；左视图表达了座体各部分的相对位置及座体左、右两端面螺孔的分布情况，局部剖视图表达了底板和肋板的厚度及底板上沉孔和通槽的形状；局部视图 *A* 表达了底板的实形及安装孔的位置。

2. 尺寸分析

长度方向以圆筒左端面为主要尺寸基准，注出了尺寸 255、40，以圆筒右端面为辅助基准，注出了尺寸 40；座体底面为高度方向主要尺寸基准，以尺寸 115 来确定圆筒轴线的高度，并注出了其他结构尺寸 3、18，圆筒 ϕ80K7 轴线为高度方向辅助基准；宽度方向以座体前后对称平面为尺寸基准，注出了尺寸 96、120 等。

3. 技术要求分析

轴承孔 ϕ80K7（$^{+0.009}_{-0.021}$）是座体的重要部位，加工精度要求较高，极限偏差为$^{+0.009}_{-0.021}$，表面粗糙度 Ra 上限值为 1.6 μm，并提出了其轴线对底面的平行度要求 // 0.03/100 B 。

三、图形绘制

1. 绘制基准线

打开“正交”“对象捕捉”“极轴追踪”功能，采用直线（L）、偏移（O）命令绘制基准线，如图 5-4-6 所示。

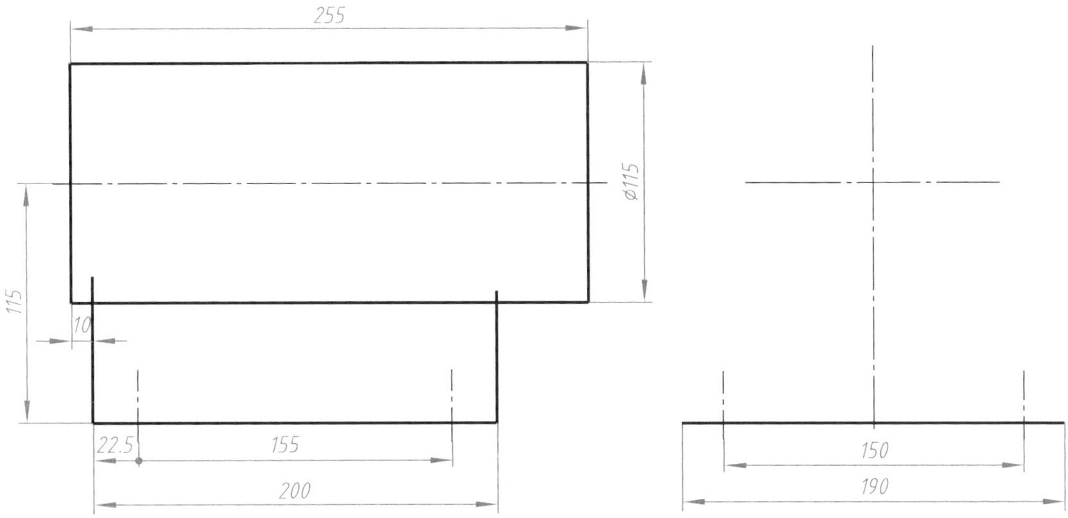

图 5-4-6　绘制基准线

2. 绘制支承部分主、左视图

采用偏移（O）、修剪（TR）命令绘圆筒主、左视图。用画圆（C）命令绘制 ϕ115、ϕ80 圆，或选择菜单栏的“机械”→“构造工具”→“孔轴投影”或输入“TY”绘制。主视图对称结构可只画一半，另一半用镜像命令（MI）复制，效果如图 5-4-7 所示。

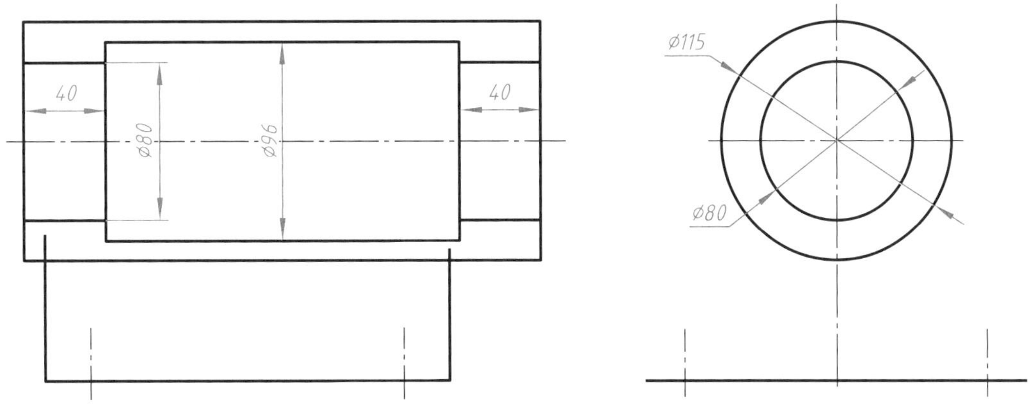

图 5-4-7　绘制圆筒主、左视图

3. 绘制连接、安装部分左视图

根据尺寸先绘制连接、安装部分左视图的左侧图形，再用镜像命令复制出右侧图形，效果如图 5-4-8 所示。

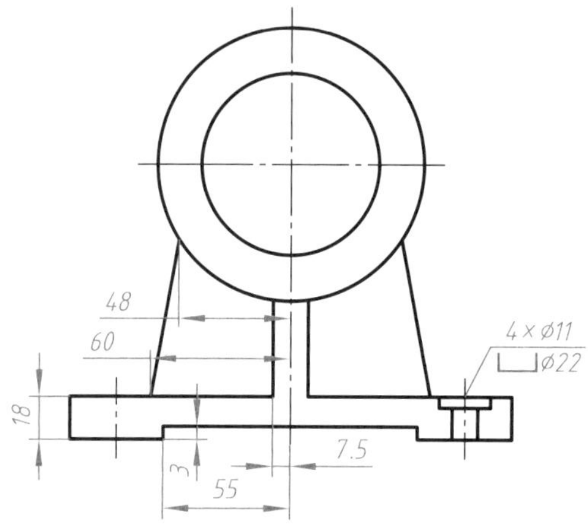

图 5-4-8　绘制连接、安装部分左视图

4. 绘制连接、安装部分主视图

根据投影关系，绘制连接、安装部分主视图。作辅助线 *AB*，以点 *C* 为圆心，以 *R*95 为半径作辅助圆，与 *AB* 的交点 *O* 即为 *R*110、*R*95 圆心，绘制 *R*110、*R*95 两圆弧，效果如图 5-4-9 所示。

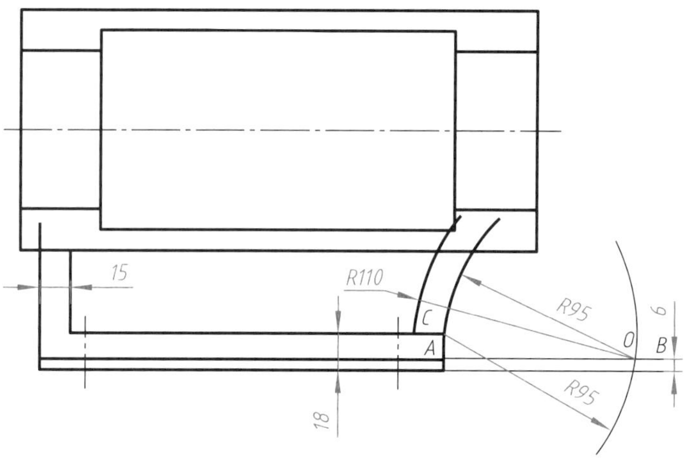

图 5-4-9　绘制连接、安装部分主视图

5. M8 螺孔的绘制

1）绘制 M8 螺孔左视图。选择菜单栏的“机械”→“构造工具”→“孔阵”或输入“KZ”，系统弹出“阵列设计”对话框，根据螺孔的定形、定位尺寸，按图 5-4-10 所示设置完毕后单击“确定”按钮；命令栏出现提示：“指定阵列基点：”，选择零件左视图的中心点作为基点，此时零件上的孔被绘制成功，效果如图 5-4-11 所示，然后采用简化画法删除 5 个螺孔的投影。

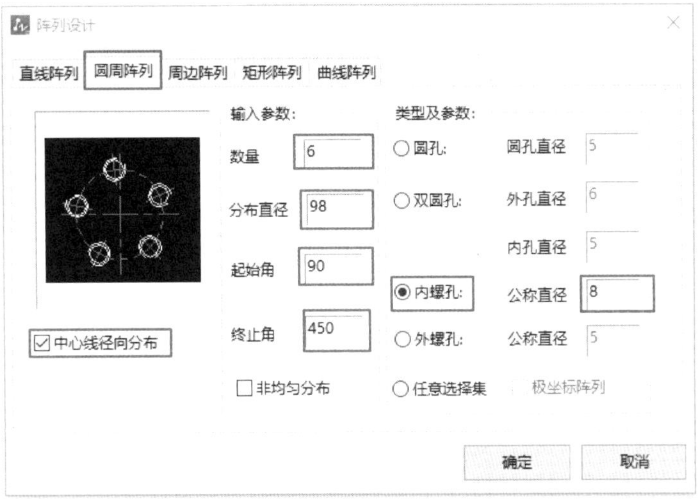

图 5-4-10 “阵列设计”对话框

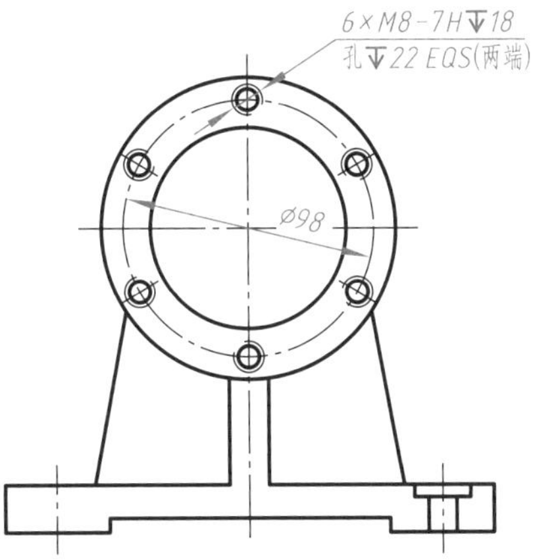

图 5-4-11 绘制 M8 螺孔左视图

2）绘制 M8 螺孔主视图。选择菜单栏的“机械”→“标准件库”→“出库”或输入“XL”，根据图 5-4-12 所示对话框设置，单击“零件出库”按钮，命令栏出现提示“请指定目标位置：”，接着提示“指定旋转角度或［参照（R）］：”，按提示操作完成后效果如图 5-4-13 所示。

6. 倒角、波浪线与剖面线的绘制

采用倒角命令（CHA 或 DJ）绘主视图两端倒角；采用圆角命令（F 或 DY）绘制各处圆角；采用样条曲线命令绘制波浪线；采用图案填充命令（BH 或 H）绘剖面线。效果如图 5-4-2 所示。

7. 局部视图的绘制

根据尺寸与投影关系，采用直线、圆、样条曲线、修剪、方向符号等命令绘制并标注局部视图，效果如图 5-4-2 所示。

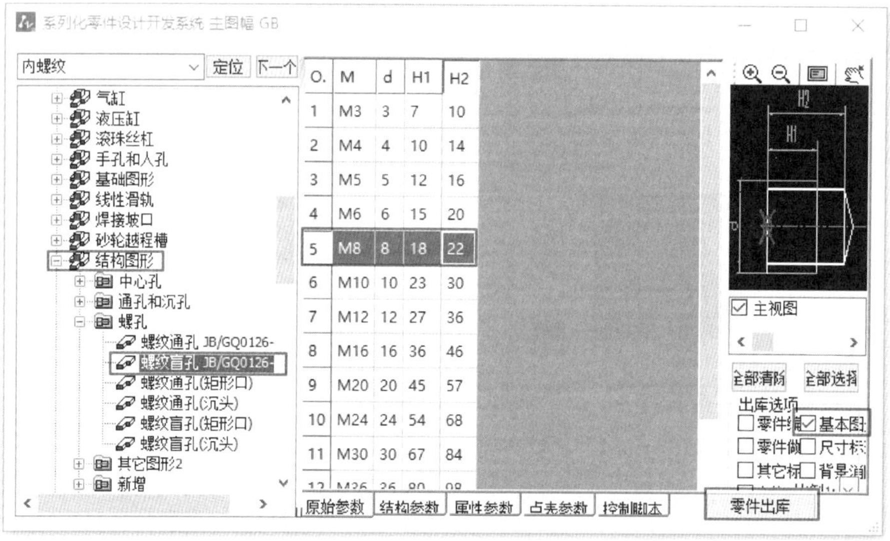

图 5-4-12　“系列化零件设计开发系统”对话框

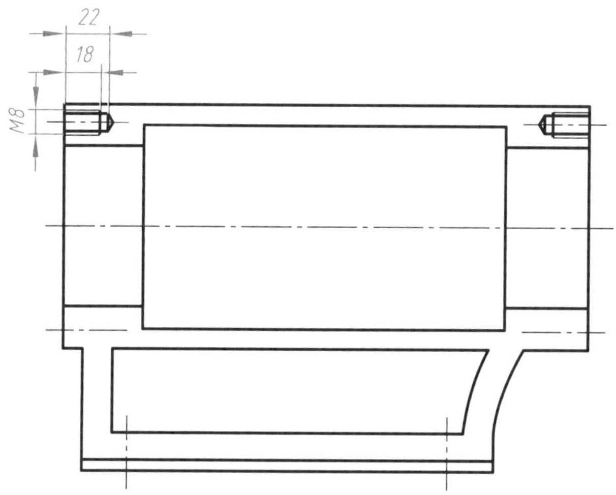

图 5-4-13　绘制 M8 螺孔主视图

四、尺寸标注

利用“机械”→“尺寸标注”和“符号标注”按图标注各种尺寸，操作方法参见本项目任务一与任务二的【任务实施】。左视图中尺寸 96 与 120 标注后，需再采用标注倾斜命令修改其标注形式。

五、技术要求

座体零件图公差、表面粗糙度、几何公差的标注与技术要求的注写参见本项目任务一与任务二的【任务实施】。

【任务总结】

通过完成座体零件图绘制任务，学习并掌握螺孔的绘制，掌握箱体类零件图的绘图方法。还应进一步提高使用中望机械CAD绘制零件图的能力，巩固机械制图的基础知识，加强标准化概念，熟悉箱体类零件常见结构的表达方法、视图表达方案的选择、尺寸与技术要求的识读和标注方法，提高识图与绘图的能力。

【任务检测】

绘制如图5-4-14所示的零件图，并扫码完成识读零件图的测试。

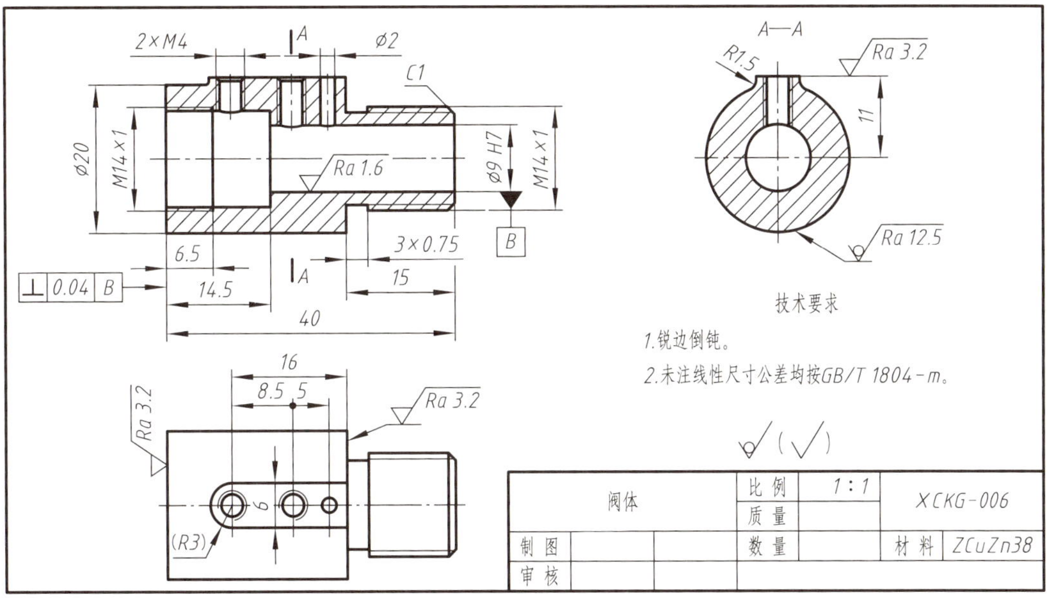

图5-4-14　阀体零件图

识读阀体零件图

【任务评价】

任务评价标准

序号	评价内容	分数	自评分	互评分	教师评分
1	绘图准备	5			
2	主视图绘制	15			
3	左视图绘制	15			
4	局部视图绘制	10			

续表

序号	评价内容	分数	自评分	互评分	教师评分
5	尺寸标注	10			
6	技术要求	10			
7	任务检测	25			
8	课堂表现	10			
总分		100			
综合评价（自评分 ×20%+ 互评分 ×30%+ 教师评分 ×50%）					

项目六　装配图的识读与绘制

【项目描述】

任何复杂的机器都是由若干个部件组成的，而这些部件又是由若干个零件装配而成的。表达机器（或部件）的结构、工作原理、传动路线和零件装配关系的图样，称为装配图。本项目通过三个任务的知识点学习与任务实施，掌握装配图相关知识。

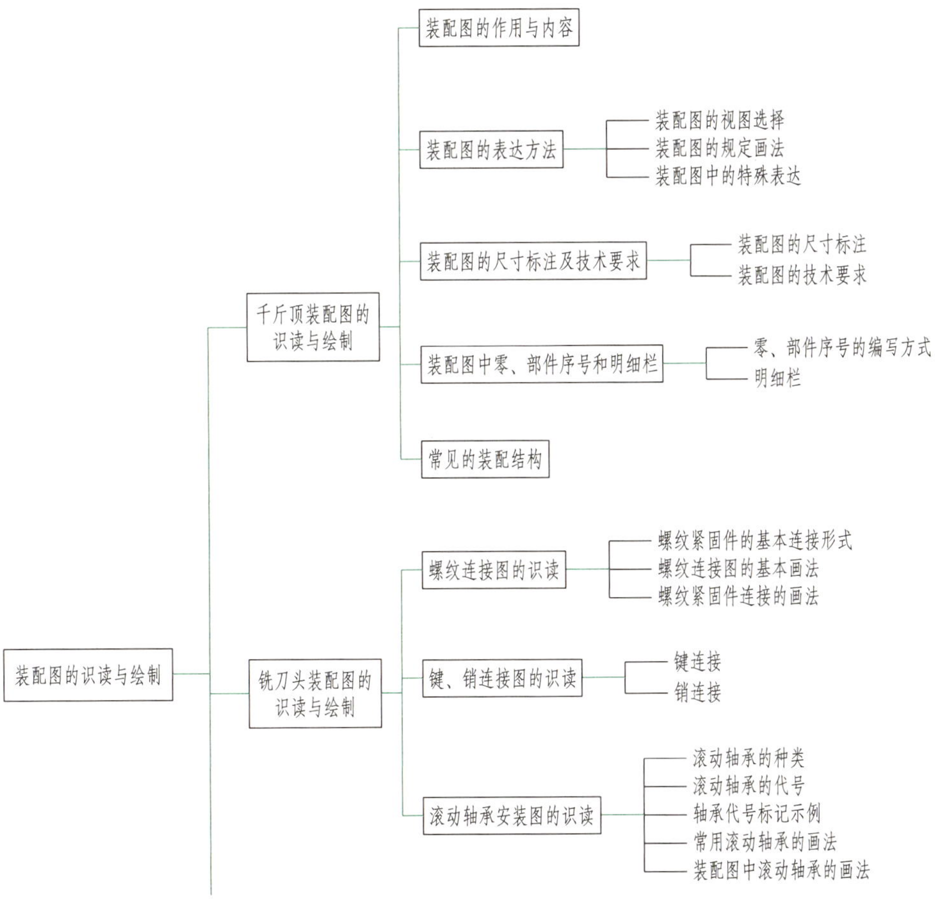

- 一级圆柱齿轮减速器装配图的识读与绘制
  - 齿轮啮合图的识读
    - 圆柱齿轮的参数
    - 圆柱齿轮参数的计算
    - 圆柱齿轮的规定画法
  - 弹簧机构的识读
    - 圆柱螺旋压缩弹簧的参数
    - 圆柱螺旋压缩弹簧的标记
    - 圆柱螺旋压缩弹簧的规定画法
    - 圆柱螺旋压缩弹簧的画图步骤
  - 识读装配图
    - 概括了解
    - 分析装配关系及工作原理
    - 分析零件，读懂零件的结构形状
    - 由装配图拆画零件图
  - 一级圆柱齿轮减速器

任务一　千斤顶装配图的识读与绘制

【任务目标】

✧ 知识目标

1. 掌握装配图的作用与内容，装配图的表达方法、尺寸标注、技术要求和明细栏等知识点。
2. 能够读懂装配图，并熟练掌握绘制装配图的方法和步骤。

✧ 能力目标

1. 能严格遵守国家标准中的有关规定，在实践中增强质量意识及创新思维。
2. 能够完成千斤顶装配图的绘制。

✧ 素养目标

1. 培养空间想象能力、标准化意识，养成自觉遵守国家标准的习惯及严谨、耐心、细致的工作态度。
2. 培养积极思考，分析问题和解决问题的综合能力。

【任务引入】

千斤顶是用来支承和起重的工具，分为机械千斤顶和液压千斤顶两种，图 6-1-1 所示为一种结构简单的机械千斤顶，它主要由底座、螺套、螺杆、绞杠和顶垫等零件组成。将绞杠插入螺杆的孔中，以旋转螺杆。螺杆具有矩形螺纹，螺套压装于底座中，并用一个开槽平端紧定螺钉 M10 固定，螺杆与螺套形成螺纹副，螺杆旋转可实现升降。装在螺杆

千斤顶三维模型文件

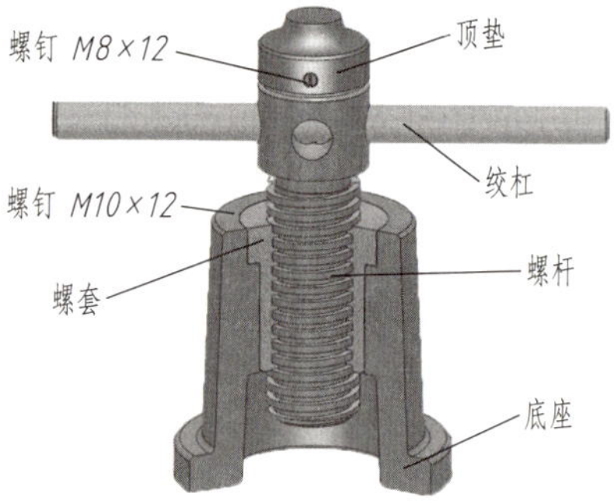

图 6-1-1　千斤顶

头部的顶垫与螺杆头部以球面接触，开槽长圆柱端紧定螺钉 M8 可防止顶垫脱出。本任务通过对千斤顶结构的分析，详细讲解装配图绘图步骤，从而达到能正确绘制装配图的目的。

【相关知识】

一、装配图的作用与内容

装配图是表示产品及其组成部分的连接、装配关系及其技术要求的图样。它主要反映机器（或部件）的工作原理、传动路线、各零件之间的装配关系和主要零件的结构形状，是设计和绘制零件图的主要依据，也是装配生产过程中调试、安装、维修的主要技术文件。

一张完整的装配图应具备以下 5 方面内容：

1）一组视图：用来表达机器（或部件）的工作原理、传动路线、装配关系，以及各零件的相对位置关系、连接方式和主要零件结构形状等。

2）必要的尺寸：装配图中只需标注表达机器（或部件）规格、性能、外形的尺寸，以及装配和安装时所必需的尺寸。

3）技术要求：用文字说明机器（或部件）在装配、调试、安装和使用过程中的技术要求。

4）零、部件序号和明细栏：为了便于生产管理和读图，应对每种零、部件进行编号，并在标题栏上方绘制明细栏，明细栏中要按编号填写零、部件的名称、数量、材料，以及标准件的规格尺寸等。

5）标题栏：装配图标题栏包括机器（或部件）名称、图样代号、比例，以及图样责任者的签名等内容。

二、装配图的表达方法

1. 装配图的视图选择

（1）主视图的选择原则

1）尽可能多地反映机器的工作原理、主要装配关系、主要零件的结构形式等。

2）考虑装配体的安放位置。

（2）其他视图的选择原则

主视图确定之后，应根据所要表达的装配体的结构特征，配置其他视图。其他视图的选择应考虑以下几点：

1）装配图表达的内容侧重于将所有零件的连接、装配关系表达清楚，并不需要把零件的结构形状完全表达清楚。

2）机器（或部件）的每种零件至少在某一视图上出现一次，不能遗漏，以便编排零件序号及明细栏。

3）主视图的选择如果既能符合工作位置原则，又能符合装配关系原则，这是最理想的情况。如果主视图只能反映工作位置，而不能同时反映主要装配关系时，则可在其他视图上分别表达。

4）关于视图选择的数量多少，要根据机器（或部件）的复杂程度而定，通常应在便于读图的基础上做到“少而精”。

2. 装配图的规定画法（图 6-1-2）

（1）零件间接触面和配合面的画法

两相邻零件的接触面和配合面只画一条线，非接触面和非配合面画两条线。

（2）相邻零件的剖面线画法

在装配图中，为了区别不同零件，相邻两零件的剖面线的倾斜方向应相反或间隔不同；但在不同视图中，同一零件的剖面线倾斜方向及间隔应相同。

（3）剖视图中螺纹紧固件和实心零件的画法

1）在装配图中，对于螺纹紧固件和实心的轴、杆、球、键等零件，若按纵向剖切，且剖切平面通过其对称中心线或轴线时，这些零件均按不剖绘制；若剖切平面垂直这些零件的轴线时，则其剖面区域应画剖面线。

2）如需表达某些零件的局部结构时，如键槽、销孔、齿轮啮合等，可采用局部剖视图表达。

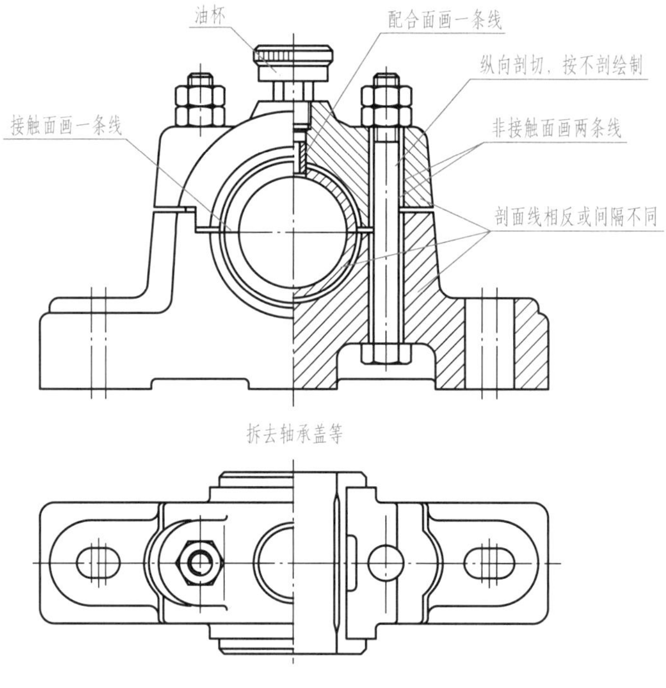

图 6-1-2　滑动轴承装配图

3. 装配图中的特殊表达

（1）拆卸画法

当一个或几个零件在装配图的某一视图中遮住了要表达的大部分装配关系或其他

零件时，或者为了减少不必要的绘图工作时，可以假想拆去一个或几个零件后再绘制该视图，这种画法称为拆卸画法。为了便于看图而需要加以说明时，可加标注“拆去 × × 等”。如图 6-1-2 所示的滑动轴承装配图中，俯视图的右半部即为拆去轴承盖等零件后画出的。

（2）沿零件的结合面剖切画法

为了表达机器（或部件）的内部结构，可以假想在某些零件的结合面处进行剖切，然后画出相应的剖视图。此时零件的结合面不画剖面线，被剖断的其他零件应画剖面线，如图 6-1-3 所示的剖视图 *C—C*。

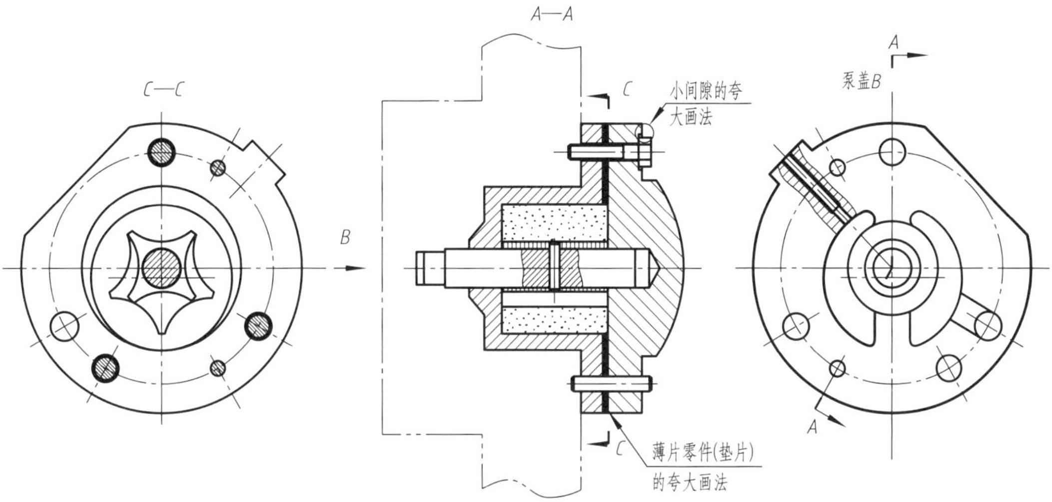

图 6-1-3 转子油泵

（3）单个零件画法

在装配图中，可以单独画出某一零件的视图，但应在所画视图上方注出该零件的视图名称，在相应的视图附近用箭头指明投射方向，并注写相同的字母。如图 6-1-3 所示转子油泵的 *B* 向视图。注意，这种表达方法要在所画视图上方同时注出该零件及其视图的名称。

（4）假想画法

在装配图中，需表达某一零件的运动范围和极限位置，可用细双点画线画出该零件的极限位置轮廓。不属于装配图所示机器（或部件），但能表明其工作原理或安装方法的有关零件的投影，可以用细双点画线画出其轮廓。如图 6-1-3 所示的主视图，与转子油泵相配合的零件即是用细双点画线画出的。

（5）夸大画法

在装配图中，绘制装配体中的细小结构、小间隙、薄片零件时，如果按照它们的实际尺寸绘制，则很难画出或难以清晰表达结构，此时允许不按原比例而夸大画出该部分结构。如图 6-1-3 中主视图所示的垫片和小间隙的画法。

（6）简化画法

装配图中若干相同的零件组，如螺纹紧固件等，可仅详细地画出一组或几组，其余只需用细点画线（螺纹紧固件的轴线或对称中心线）表示其装配位置即可。在装配图中，零件的工艺结构，如倒角、倒圆、退刀槽等可以省略不画。

三、装配图的尺寸标注及技术要求

1. 装配图的尺寸标注

装配图中，不必注全所属零件的全部尺寸，只需注出用以说明机器（或部件）的性能、装配关系、总体大小和安装要求等方面的尺寸即可，这些必要的尺寸是根据装配图的作用确定的。

（1）性能（规格）尺寸

它是表示机器（或部件）的性能、规格的尺寸。这类尺寸在设计时就已确定，是设计机器、了解和选用机器的依据。如图 6-1-4 所示的千斤顶的工作极限尺寸 221 ~ 280 mm，该尺寸说明了千斤顶的顶举高度。

（2）装配尺寸

它是表明机器（或部件）上有关零件间装配关系的尺寸，它是保证部件能够正确地装配，并说明配合性质及装配要求的尺寸。

1）配合尺寸：表示两零件间配合性质的尺寸，一般在尺寸数字后面均注有配合代号。配合尺寸是装配和拆画零件图时确定零件尺寸偏差的依据。如图 6-1-4 所示，螺套与底座间的配合尺寸为 ϕ65H8/k7。

2）相对位置尺寸：表示设计、装配机器（或部件）时需要保证的零件间较重要的相对位置尺寸，也是调整和校正时所需要的尺寸。

（3）外形尺寸（总体尺寸）

它是表示机器（或部件）总长、总宽和总高的尺寸。外形尺寸表明了机器（或部件）所占的空间大小，为包装、运输和安装提供了参考。如图 6-1-4 所示，千斤顶底座的长度为 ϕ150 mm，最小高度为 221 mm。

（4）安装尺寸

它是将机器安装在基座上或部件与其他零、部件连接时所需要的尺寸。

（5）其他重要尺寸

其他重要尺寸包括设计时经过计算确定的尺寸及运动件活动范围的极限尺寸，但又未包括在上述 4 类尺寸中的尺寸。如图 6-1-4 所示的矩形螺纹尺寸 ϕ50 mm、ϕ42 mm、8 mm 和 4 mm。

需要说明，装配图上的某些尺寸有时兼有几种意义，而且每一张装配图上也不一定都具有上述 5 类尺寸。在标注尺寸时，应根据实际情况具体分析，合理标注。

2. 装配图的技术要求

在装配图中，用文字或符号说明机器（或部件）的性能、装配、使用等方面的要求和条件，这些统称为装配图的技术要求。技术要求一般写在明细栏的上方或图纸下方空白处，如图 6-1-4 所示。

性能要求指机器（或部件）的规格、参数、性能指标等；装配要求一般指装配方法和顺序，装配时的有关说明，装配时应保证的精度、密封性等要求；使用要求指对机器（或部件）

的操作、维护和保养等有关要求。此外，还有对机器（或部件）的涂饰、检验、包装、运输等方面的要求及对机器（或部件）的通用性、互换性的要求等。

千斤顶装配图

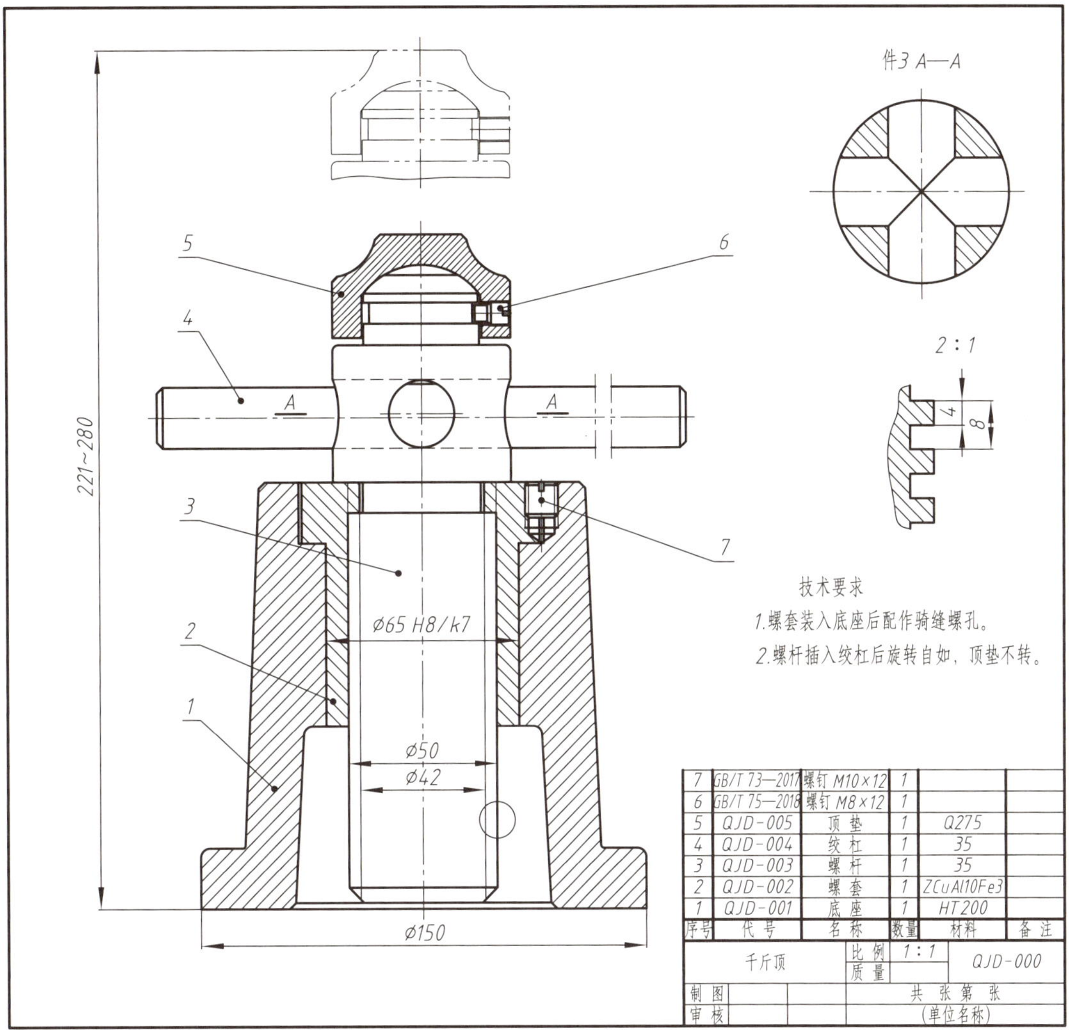

图 6-1-4　千斤顶装配图

四、装配图中零、部件序号和明细栏

1. 零、部件序号的编写方式

1）装配图中编写零、部件序号的常用形式有三种，如图 6-1-5（a）所示。可采用任意一种形式标注，但同一装配图中编写零、部件序号的形式应一致。

2）指引线应自所指部分的可见轮廓内引出，用细实线绘制，并在轮廓内端画一小圆点，如图 6-1-5（a）所示。如所指部分轮廓内不便画小圆点时，可在指引线末端画一箭头，并指向该部分的轮廓，如图 6-1-5（b）所示。

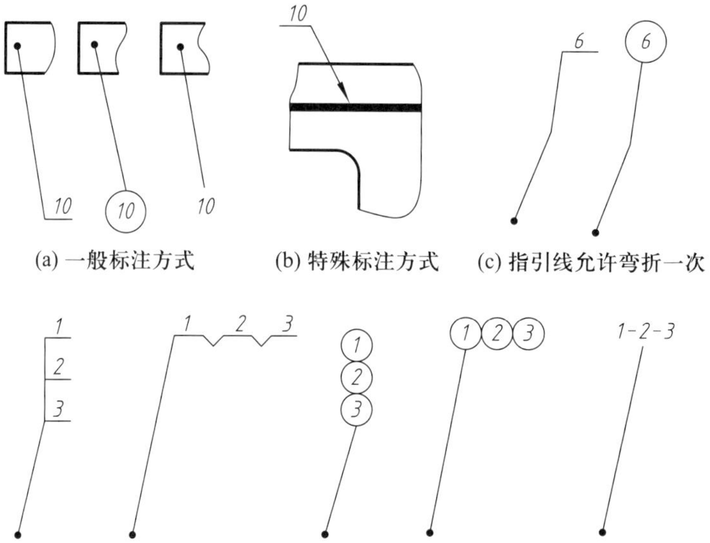

(a) 一般标注方式　(b) 特殊标注方式　(c) 指引线允许弯折一次

(d) 公用指引线标注方式

图 6-1-5　零、部件序号的编写方式

3）指引线相互不能交叉；当通过有剖面线的区域时，指引线不应与剖面线平行；必要时，指引线允许画成折线，但只可弯折一次，如图 6-1-5（c）所示。

4）一组螺纹紧固件或装配关系清楚的零件组，可以采用公共指引线标注，如图 6-1-5（d）所示。

5）零、部件序号应标注在视图外，沿水平或垂直方向按顺时针或逆时针方向依次排列整齐，序号间隔应尽可能相等。当在整个图上无法顺序排列时，可只在每个水平或垂直方向上顺序排列。

2. 明细栏

1）明细栏是机器（或部件）中全部零、部件的详细目录，应画在标题栏的上方，如图 6-1-6 所示。

<table>
<tr><td>7</td><td>GB/T 73—2017</td><td>螺钉 M10×12</td><td>1</td><td></td><td></td></tr>
<tr><td>6</td><td>GB/T 75—2018</td><td>螺钉 M8×12</td><td>1</td><td></td><td></td></tr>
<tr><td>5</td><td>QJD-005</td><td>顶垫</td><td>1</td><td>Q275</td><td></td></tr>
<tr><td>4</td><td>QJD-004</td><td>绞杠</td><td>1</td><td>35</td><td></td></tr>
<tr><td>3</td><td>QJD-003</td><td>螺杆</td><td>1</td><td>35</td><td></td></tr>
<tr><td>2</td><td>QJD-002</td><td>螺套</td><td>1</td><td>ZCuAl10Fe3</td><td></td></tr>
<tr><td>1</td><td>QJD-001</td><td>底座</td><td>1</td><td>HT200</td><td></td></tr>
<tr><td>序号</td><td>代号</td><td>名称</td><td>数量</td><td>材料</td><td>备注</td></tr>
<tr><td colspan="3" rowspan="2">千斤顶</td><td>比例</td><td>1 : 1</td><td rowspan="2">QJD-000</td></tr>
<tr><td>质量</td><td></td></tr>
<tr><td>制 图</td><td></td><td></td><td colspan="3">共 张 第 张</td></tr>
<tr><td>审 核</td><td></td><td></td><td colspan="3">(单位名称)</td></tr>
</table>

图 6-1-6　千斤顶装配图明细栏

2）零、部件的序号应自下而上填写，如位置不够时，可将明细栏分段画在标题栏的左侧。

3）当明细栏不能配置在标题栏的左侧时，可作为装配图的续页，按 A4 幅面单独绘制，其填写顺序应自上而下。

五、常见的装配结构

1）为保证零件之间接触良好，又便于加工和装配，两个相邻零件在同一方向上（横向或竖向），一般只能有一个接触面，如图 6-1-7 所示。

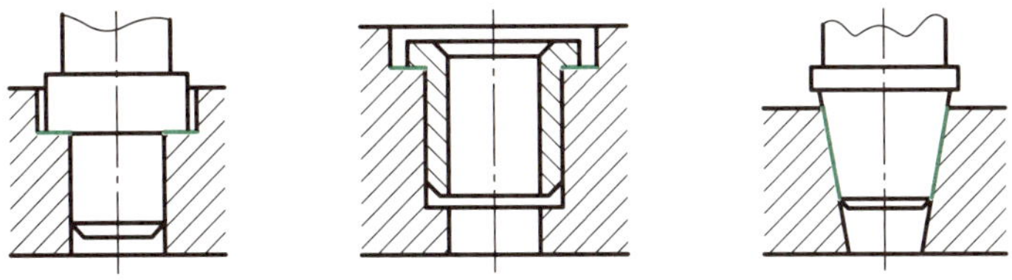

(a)　(b)　(c)

图 6-1-7　相邻零件的接触面

2）当轴与孔配合，且轴肩与孔的端面相互接触时，应在孔的接触端面制成倒角或在轴肩根部切槽，以保证两个零件接触良好，如图 6-1-8 所示。

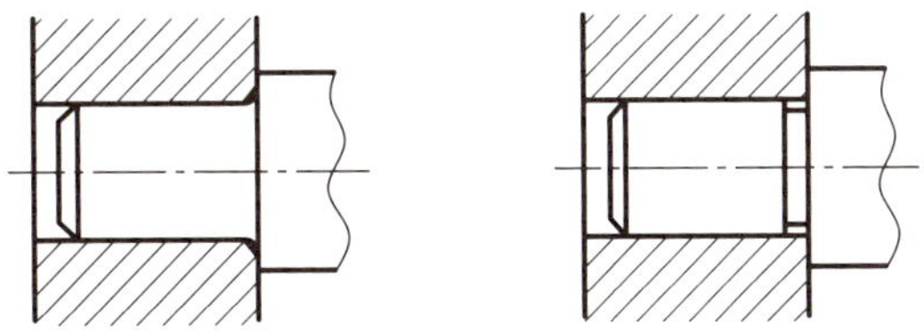

(a)　(b)

图 6-1-8　接触面转角处的结构

【任务实施】

一、绘图准备

编制绘图计划，准备必要的拆卸工具、量具，如扳手、榔头、螺丝刀、卡尺等，还应准备好标签及绘图工具等。千斤顶的尺规绘图步骤如下：

1）了解千斤顶的工作原理。

2）分析各零、部件的装配关系。

3）确定表达方案。

4）绘制千斤顶装配图。

二、图形分析

1. 了解装配体,读零件图

通过观察千斤顶实物和对其主要零件作用和结构的仔细分析,可知千斤顶由 7 种零件组成,其中 2 种为标准件。图 6-1-9 所示为千斤顶的零件图,工程实际中,一般情况下标准件零件图无须绘制。

2. 确定表达方案

(1) 选择主视图

画装配图时,部件大多按工作位置放置。主视图投射方向应选择反映部件主要装配关系及工作原理的方位,为详细地表达零件间的装配关系,主视图的表达方法多采用剖视的方法。如图 6-1-4 所示,千斤顶装配图的主视图采用剖视的表达方法,将主要零件的相互位置及装配关系等均表达清楚。

千斤顶爆炸图

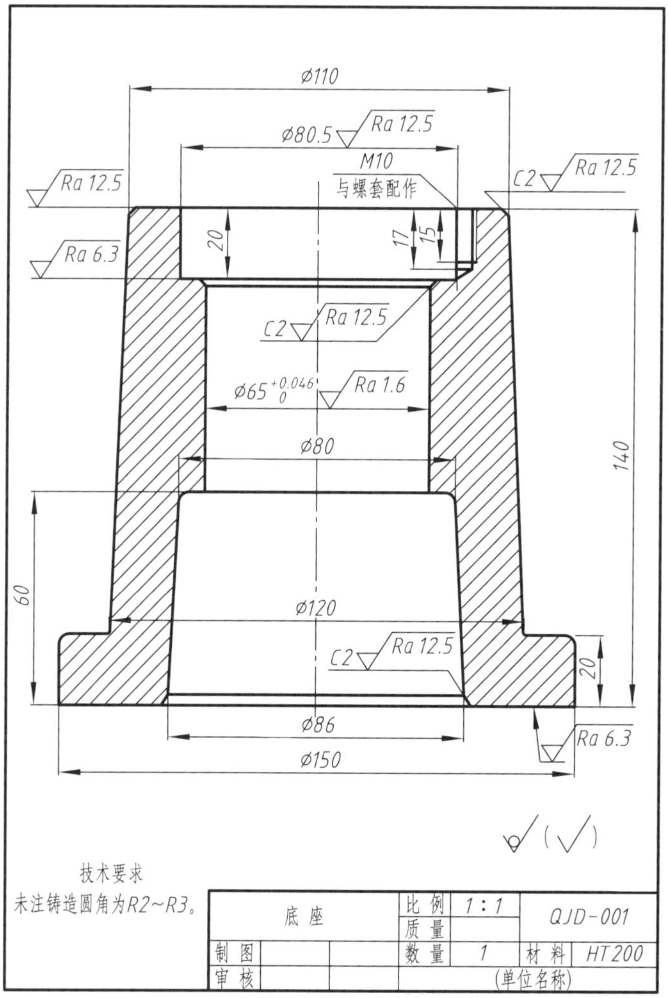

(a) QJD−001 底座零件图

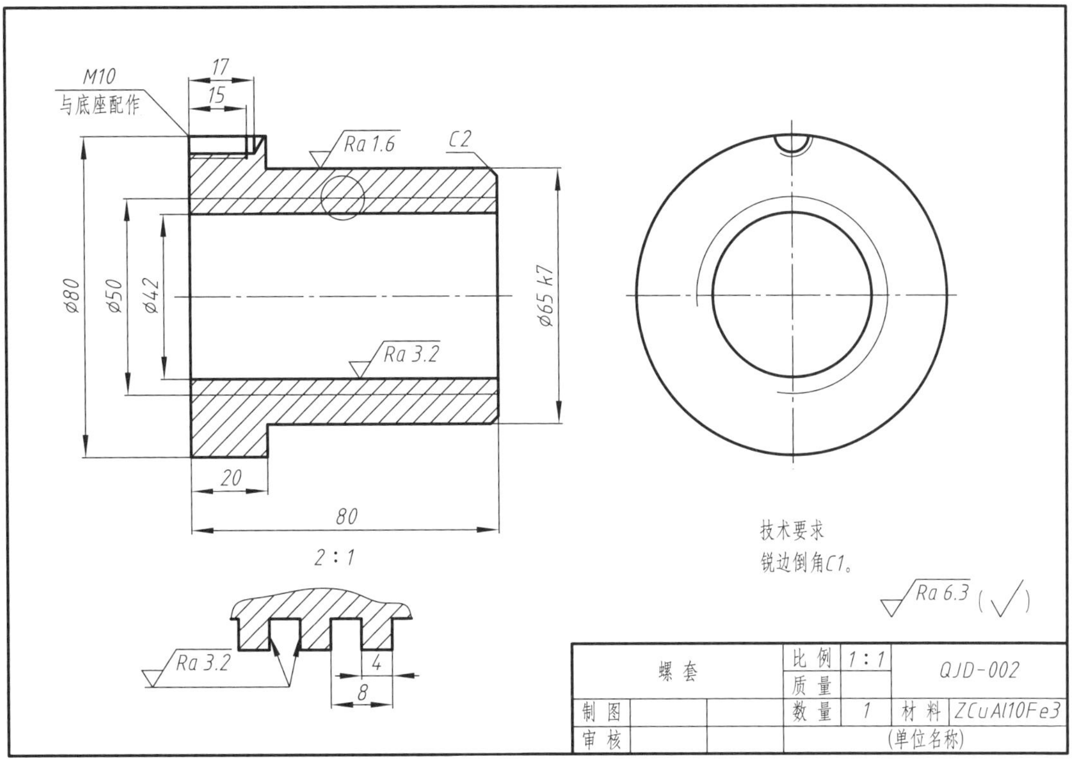

(b) QJD−002 **螺套零件图**

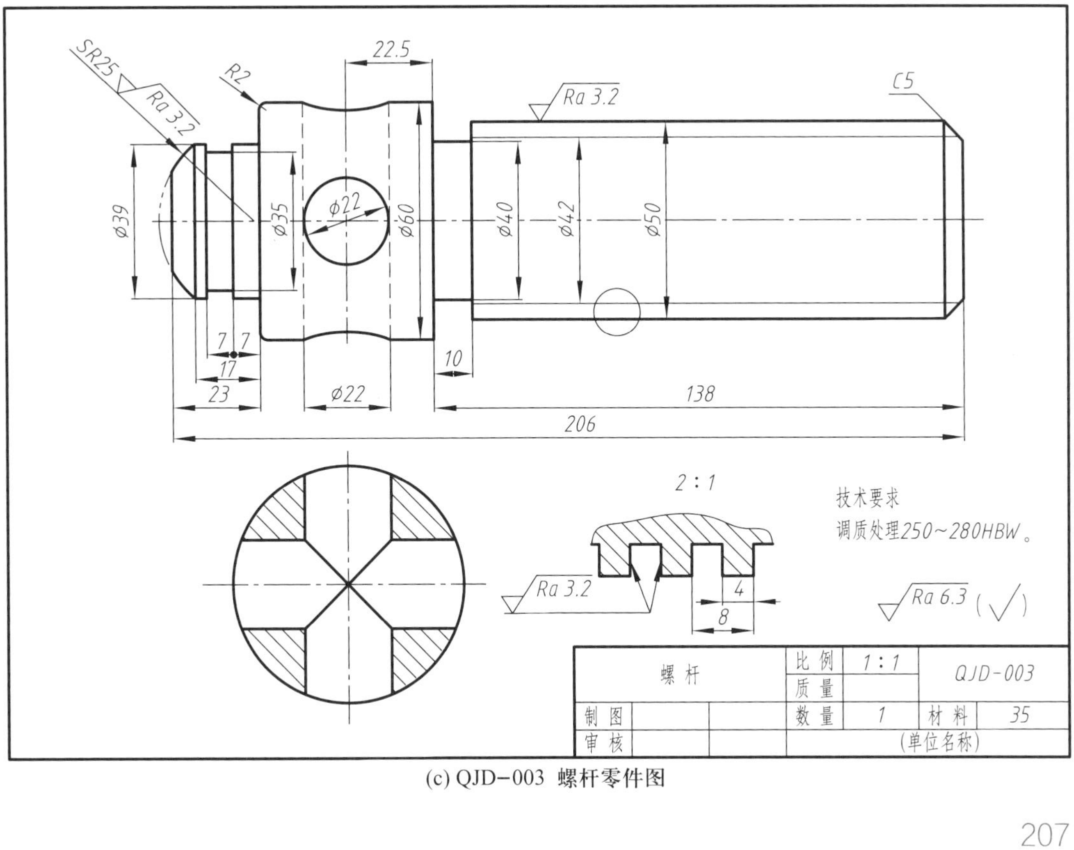

(c) QJD−003 **螺杆零件图**

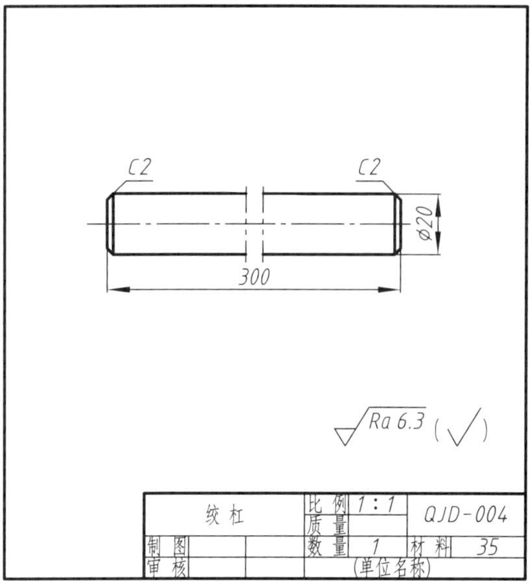

(d) QJD-004 **绞杠零件图**

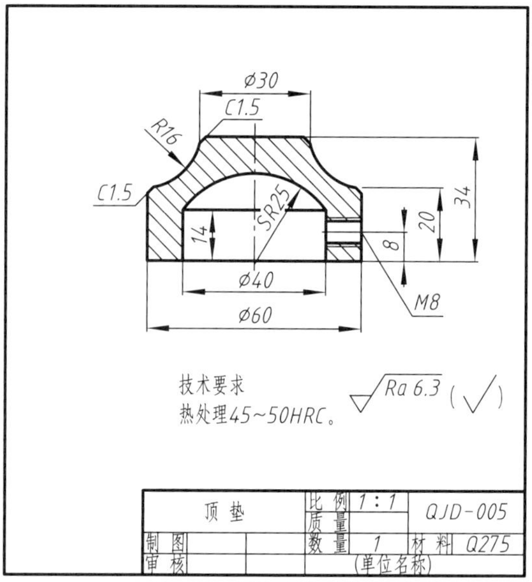

(e) QJD-005 **顶垫零件图**

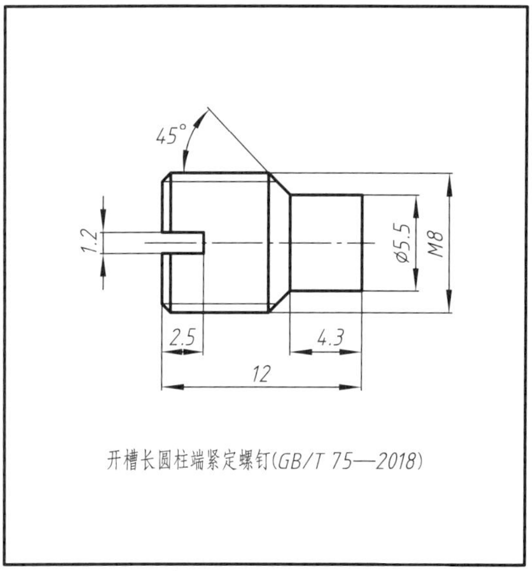

(f) **螺钉** GB/T 75 M8×12

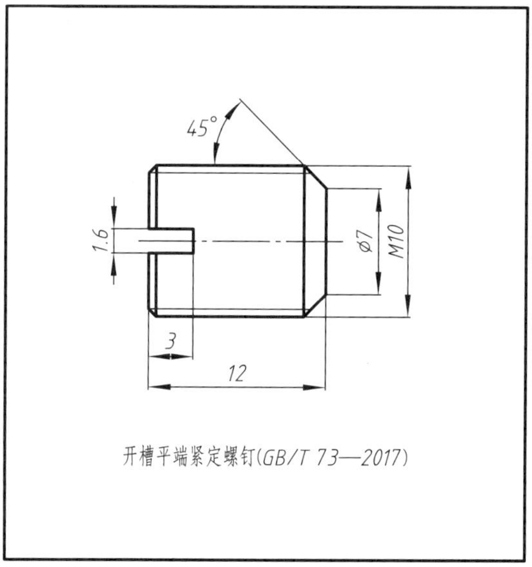

(g) **螺钉** GB/T 73 M10×12

图 6-1-9 千斤顶零件图

（2）选择其他视图

其他视图的选择以进一步准确、完整、简便地表达各零件间的装配关系及结构形状为原则，一般多采用局部剖视图、拆卸画法、断面图等表达方法。如图 6-1-4 所示，千斤顶装配图中的移出断面图 *A—A* 反映了螺杆上部用于插入绞杠的通孔的局部结构；局部放大图表达了螺杆上的矩形螺纹结构。

三、图形绘制

图形绘制的步骤如图 6-1-10 所示。

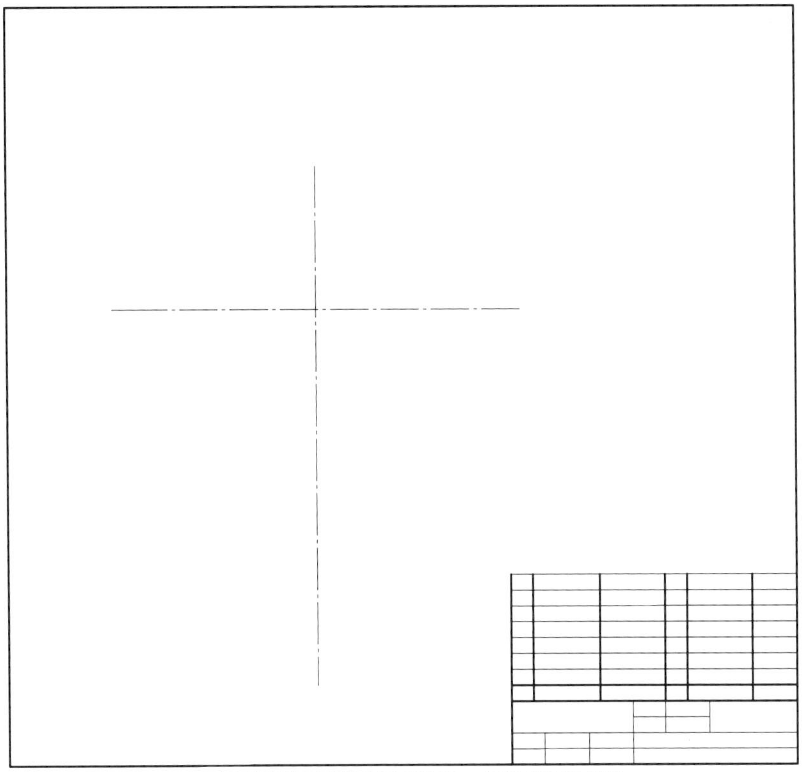

(a) 布置图面、画出作图基准线、标题栏和明细栏

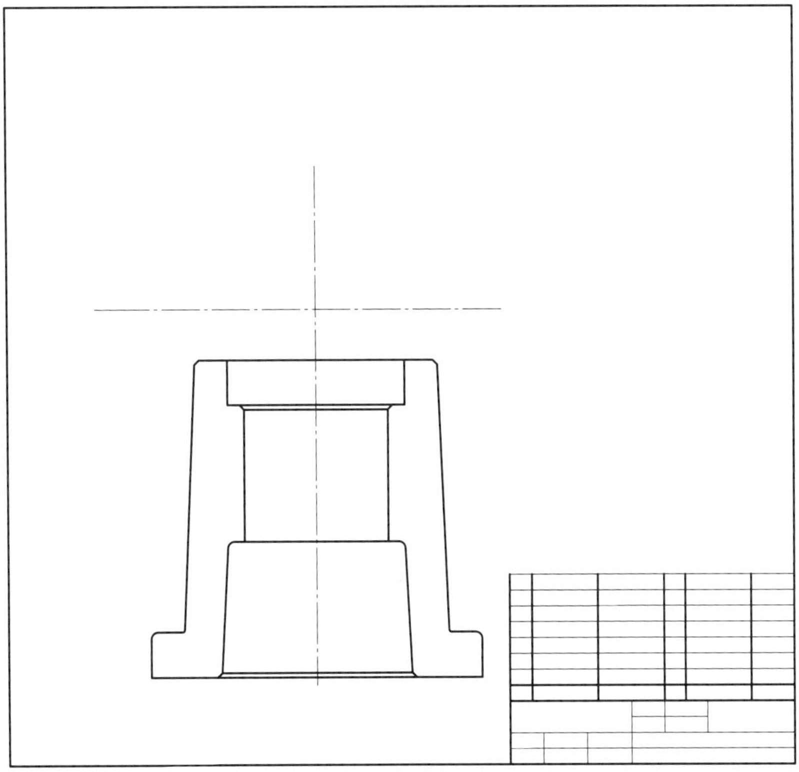

(b) 绘制底座1

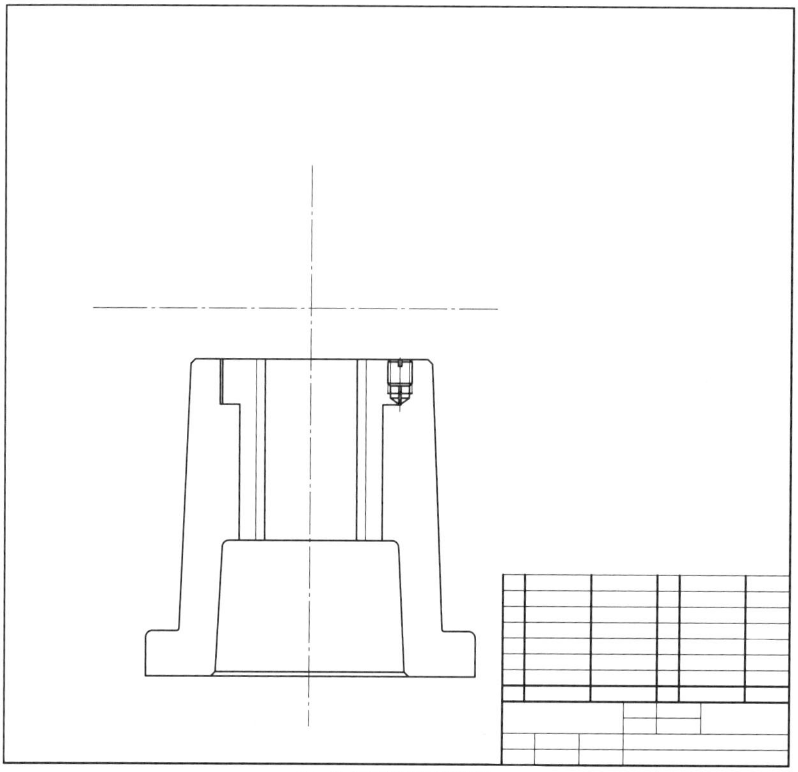

(c) 绘制螺套2与螺钉7

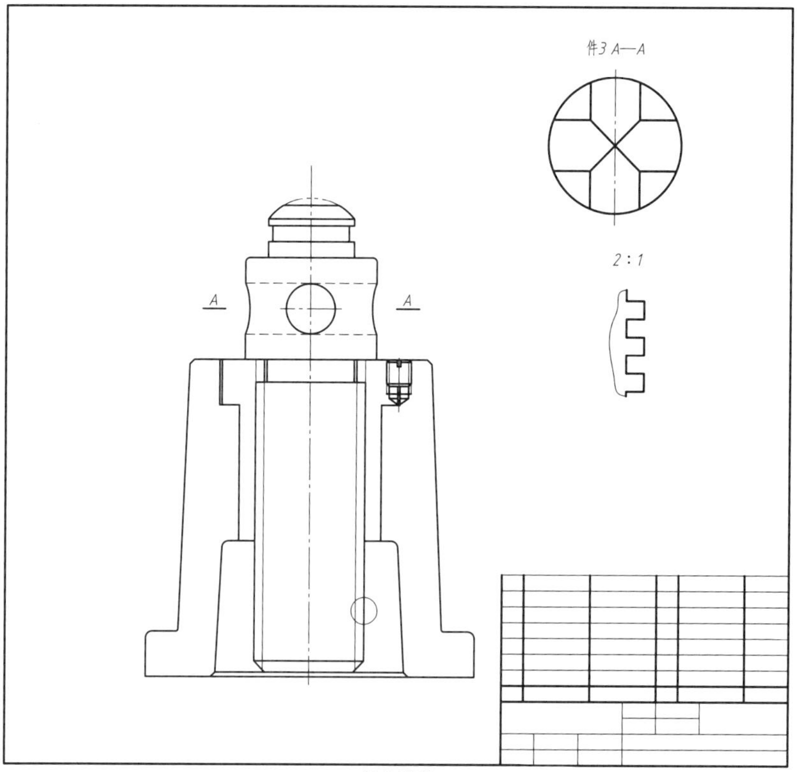

(d) 绘制螺杆3

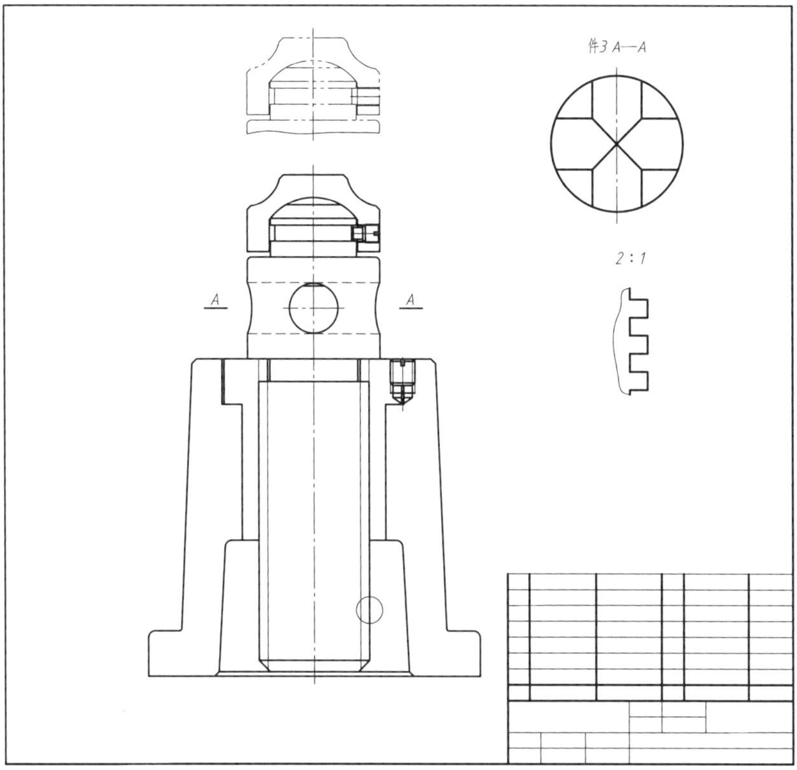

(e) 绘制顶垫5与螺钉6

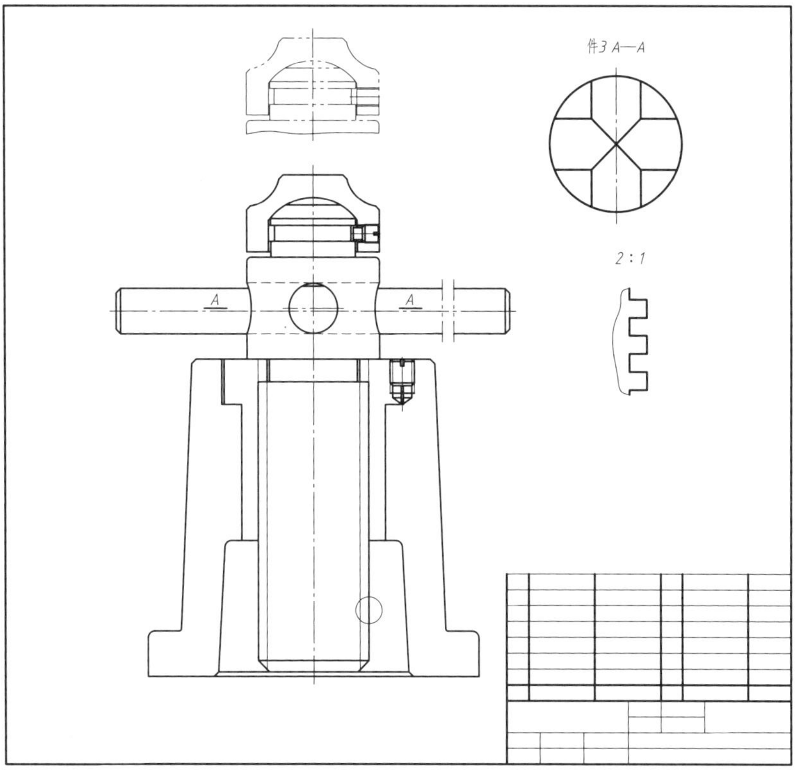

(f) 绘制绞杠4

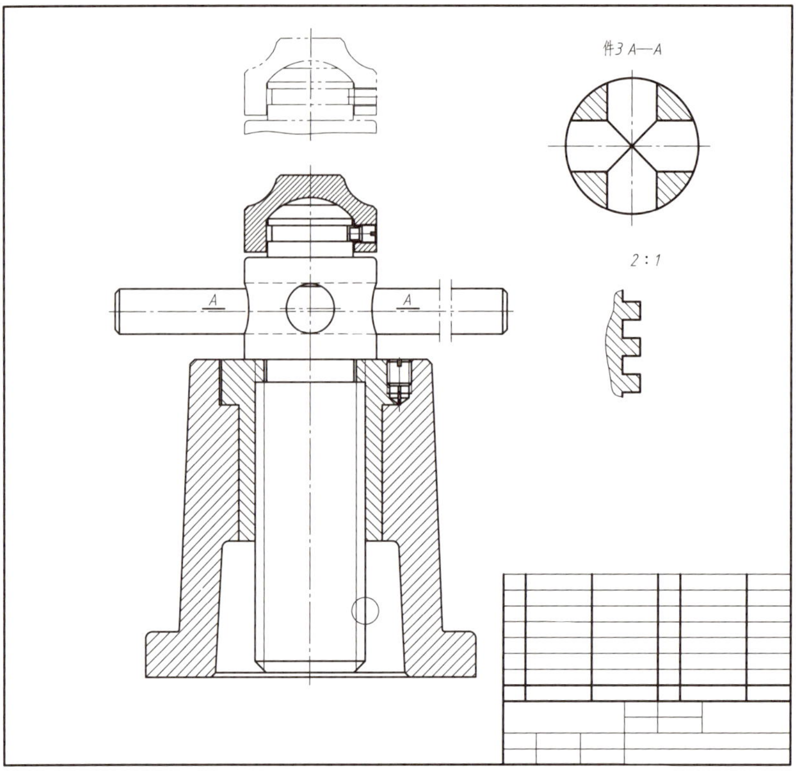

(g) 检查底稿、绘制剖面符号

图 6-1-10　图形绘制的步骤

四、尺寸标注

标注尺寸，编排零、部件序号，填写标题栏和明细栏，注写技术要求，最终装配图如图 6-1-4 所示。

【任务总结】

在机械设计和机械制造的过程中，装配图是不可缺少的重要技术文件。它是表达机器（或部件）的工作原理及零、部件间的装配、连接关系的技术图样。通过绘制千斤顶装配图，了解装配图的作用和内容，以及装配图的表达方法，熟悉正确使用绘图工具绘制机械图样的画法和步骤，能准确、快速地绘制出千斤顶装配图。在绘图过程中，应严格执行国家标准，养成严谨、细致的职业习惯。

【任务检测】

1. 选择题

1）表达机器（或部件）的结构、工作原理、零件间的相对位置、装配关系和技术要求等的图是(　　)。

A. 零件图　　B. 剖视图

C. 装配图　　D. 断面图

2)装配图中的尺寸包括机器(或部件)的规格尺寸、(　　)、总体尺寸和其他重要尺寸。

A. 极限尺寸　　B. 装配尺寸

C. 公称尺寸　　D. 标准尺寸

3)为了保证零件之间接触良好,又便于加工和装配,两个相邻零件在同一个方向上,一般只能有(　　)个接触面。

A. 2　　B. 3

C. 4　　D. 1

2. 判断题

1)装配图中的技术要求一般写在明细栏的上方或图纸下方空白处。　　(　　)

2)装配图既能表达机器的性能、结构、工作原理,又能指导安装、调整、维护和使用。　　(　　)

3. 绘图题

参照图6-1-4、图6-1-9和图6-1-10,选择合适的图幅、比例,尺规绘制千斤顶装配图。

【任务评价】

任务评价标准

序号	评价内容	分数	自评分	互评分	教师评分
1	图形分析	15			
2	图线质量	15			
3	图形整洁	10			
4	尺寸标注	10			
5	图形布局	15			
6	任务检测	25			
7	课堂表现	10			
总分		100			
综合评价(自评分×20%+互评分×30%+教师评分×50%)					

任务二　铣刀头装配图的识读与绘制

【任务目标】

✧ 知识目标

掌握螺纹连接图，键、销连接图，滚动轴承安装图的识读方法。

✧ 能力目标

1. 能正确运用制图国家标准的相关规定绘制标准件及常用件连接图的机械图样。
2. 能正确运用制图国家标准的相关规定绘制铣刀头装配图。

✧ 素养目标

1. 培养标准化意识，自觉遵守国家标准中的有关规定，养成良好的质量意识。
2. 培养保密意识，养成对图纸进行妥善保管的良好习惯。

【任务引入】

铣刀头是安装在铣床上的一个部件，用来安装铣刀盘。图 6-2-1 所示为铣刀头轴测图。铣刀头工作时，动力通过 V 带轮使轴转动，轴再带动铣刀盘旋转，从而对工件进行铣削加工。轴通过滚动轴承安装在座体内，座体通过底板上的 4 个沉孔安装在铣床上。本任务通过对铣刀头结构的分析，采用中望 3D 软件和中望机械 CAD 按照制图标准绘制铣刀头装配图，如图 6-2-2 所示。

铣刀头
爆炸图

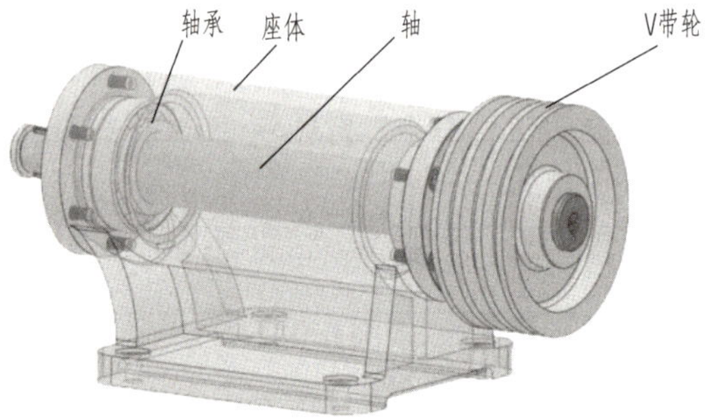

图 6-2-1　铣刀头轴测图

【相关知识】

一、螺纹连接图的识读

1. 螺纹紧固件的基本连接形式

螺纹紧固件的基本连接形式有三种：螺栓连接、螺钉连接和螺柱连接，见表 6-2-1。

XDT-000

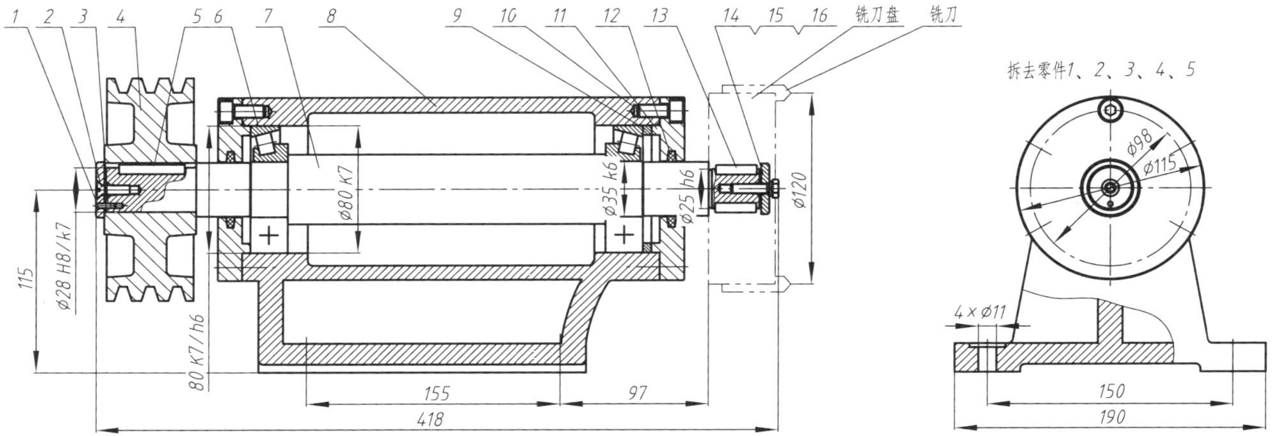

技术要求

1.安装调试后，轴转动灵活、平稳，不应有卡死或爬行现象。
2.调整环厚度根据装配时端盖与轴承之间的间隙而定。
3.轴的轴线相对于座体底面的平行度在100 mm长度上应不大于0.04 mm。
4.轴承用润滑脂润滑。
5.合格产品涂防锈油并包装塑料袋。

序号	代号	名称	数量	材料	备注
16	GB/T 93—1987	垫圈 6	1		
15	GB/T 5783—2016	螺栓 M6×25	1		
14	GB/T 892—1986	挡圈 B32	1		
13	GB/T 1096—2003	键 6×6×25	1		
12	FZ/T 92010—1991	毡圈	2	222-36	
11	XDT-005	端盖	2	HT200	
10	GB/T 70.1—2008	螺钉 M8×20	12		
9	XDT-004	调整环	1	Q235A	
8	XDT-003	座体	1	HT150	

序号	代号	名称	数量	材料	备注
7	XDT-002	轴	1	45	
6	GB/T 297—2015	轴承 30307	2		
5	GB/T 1096—2003	键 8×7×40	1		
4	XDT-001	V带轮	1	HT200	
3	GB/T 119.1—2000	销 3×12	1		
2	GB/T 68—2016	螺钉 M6×20	1		
1	GB/T 891—1986	挡圈 35	1		

铣刀头		比例	1∶2.5	XDT-000
		质量		
制图		共 张 第 张		
审核		(单位名称)		

借通用件登记
描 图
校 描
旧底图总号
签 字
日 期

铣刀头装配图

图 6-2-2 铣刀头装配图

表 6-2-1　螺纹紧固件的基本连接形式

连接形式	螺栓连接	螺钉连接	螺柱连接
图示	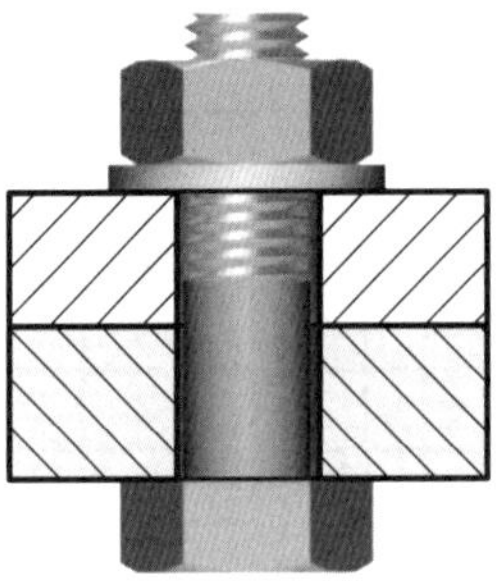	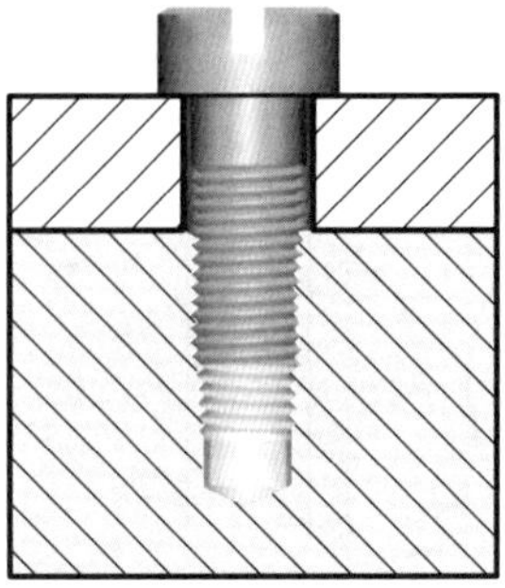	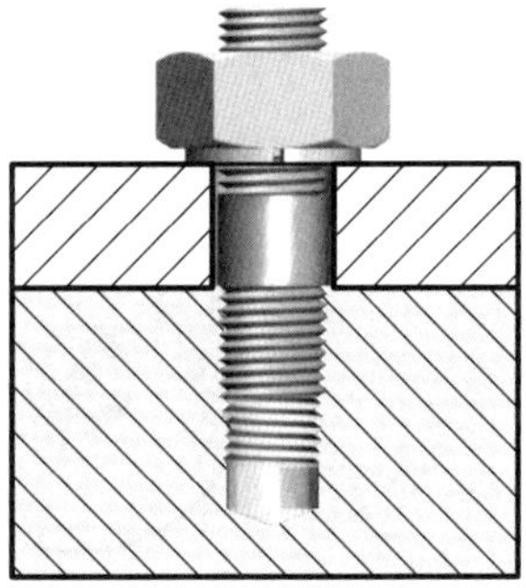

2. 螺纹连接图的基本画法

1）在剖视图上，两个相邻零件的剖面线方向应相反或方向相同但间隔不等，可通过此规定画法进行零件间的识别和区分。同一零件在不同视图上的剖面线方向和间隔应一致。

2）两个零件的接触面只画一条线，非接触面画两条线，如图 6–2–3 所示。

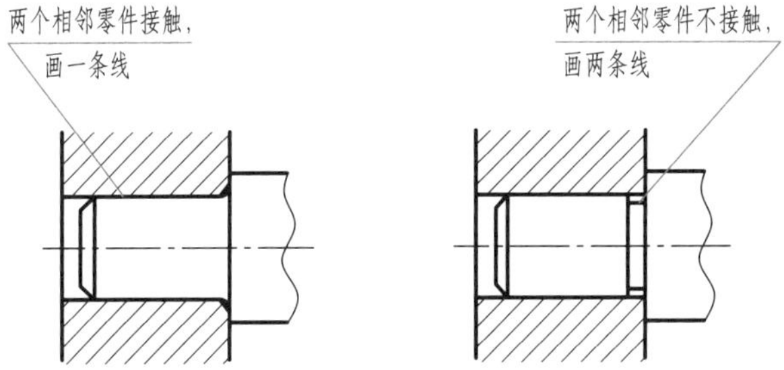

图 6-2-3　接触面和配合面的画法

3）当剖切平面通过螺杆轴线时，螺栓、螺柱、螺钉、螺母、垫圈等螺纹紧固件均按不剖切绘制。

4）各螺纹紧固件均可以采用简化画法。

3. 螺纹紧固件连接的画法

（1）螺栓连接图的画法

螺栓用于连接两个不太厚的零件，两个被连接件上钻有通孔，孔径约为螺栓螺纹大径的 1.1 倍。装配时，先将两个零件的孔心对齐，然后将螺栓自下而上穿入，接着在螺栓上端套上垫圈和螺母，最后拧紧螺母。

绘图时，各项尺寸的选取可以采用两种方法：查表法和比例法。相对而言，比例法既简单又省时，可按螺纹大径的比例系数确定有关尺寸。

如图 6–2–4 所示，螺栓连接图的画法如下：

1）被连接件的孔径为 $1.1d$。

2）两个被连接件的剖面线方向相反。

3）螺栓、垫圈、螺母按不剖切绘制。

4）螺栓的公称长度 L。$L_{计}=t_1+t_2+0.15d$（垫圈厚度）$+0.8d$（螺母厚度）$+0.3d$，计算后查表取标准值圆整。

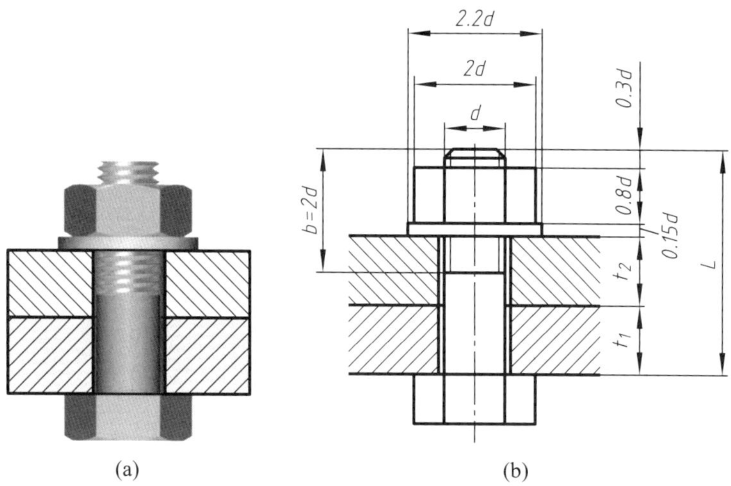

图 6-2-4 螺栓连接图的画法

（2）螺钉连接图的画法

螺钉连接常用于受力不大和不经常拆卸的场合，螺钉连接无须使用螺母和垫圈，两个被连接件中较厚的零件加工出螺孔，较薄的零件加工出通孔，将螺钉直接穿过通孔拧入螺孔，靠螺钉头部压紧被连接件。螺钉的头部有柱形、锥形和球形等，通常开有一字槽或十字槽，便于装配时工具的使用。

如图 6-2-5 所示，螺钉连接图的画法如下：

1）螺钉的公称长度 L 应先按 $L_{计}=b_m+t$ 进行计算，然后从标准长度系列中选取相近的标准值。

式中，t 为较薄零件的厚度；b_m 为螺钉旋入较厚零件螺孔的长度，需要根据零件的材料确定。

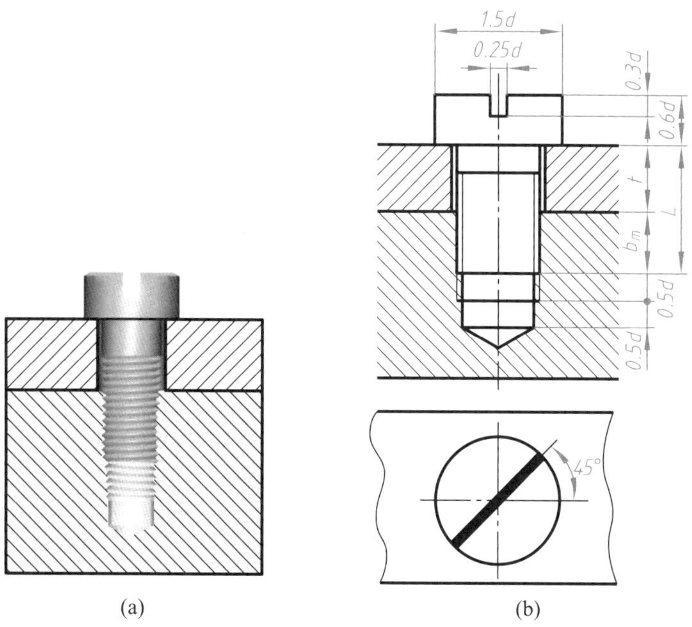

图 6-2-5 螺钉连接图的画法

2）螺纹的螺纹终止线应高于零件螺孔的端面轮廓线，表示螺钉有拧紧的余地。

3）在投影为圆的视图上，螺钉头部的一字槽或十字槽的投影涂黑表示，并画成与水平线倾斜 45°。

（3）双头螺柱连接图的画法

双头螺柱连接适用于一个被连接件较厚，不适于钻成通孔或不能钻成通孔的情况（即加工出不通孔），较厚的零件上加工有螺孔，双头螺柱两端都有螺纹，将螺纹较短的一端（旋入端）完全旋入螺孔，螺纹较长的一端（紧固端）穿过另一个较薄零件上加工的通孔（孔径约为螺纹大径的 1.1 倍），然后套上垫圈，拧紧螺母。

如图 6-2-6 所示，双头螺柱连接图的画法如下：

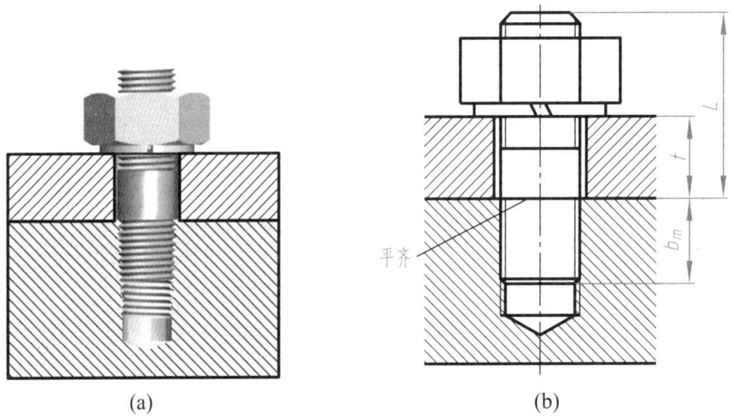

图 6-2-6　双头螺柱连接图的画法

1）双头螺柱的旋入端长度 b_m 与被旋入零件的材料有关，根据国家标准的规定，b_m 有以下长度规格：

被旋入零件为钢和青铜时，$b_m=d$（GB/T 897—1988）；

被旋入零件为铸铁时，$b_m=1.25d$（GB/T 898—1988）或 $b_m=1.5d$（GB/T 899—1988）。

被旋入零件为铝合金时，$b_m=2d$（GB/T 900—1988）。

2）双头螺柱的旋入端应画成全部旋入螺孔，即螺纹终止线应与零件的边界轮廓线平齐。

3）紧固端螺纹终止线应低于较薄零件上底面轮廓，以便拧紧螺母时有足够的螺纹长度。

4）螺柱紧固端的长度称为螺柱的公称长度 L。

5）弹簧垫圈开口槽的方向应画成向左倾斜，与水平成 60°，外径为 $1.5d$，厚度为 $0.25d$。

二、键、销连接图的识读

键与销都是常用的标准件，它们的结构形式和尺寸都有规定，可从相关标准中查阅选用。

1. 键连接

键是标准件，通常用来连接轴和装在轴上的转动零件（如齿轮、V 带轮等），起传递扭矩的作用。

（1）键的类型及标记

常用键的类型有普通平键、半圆键和钩头楔键，如图 6-2-7 所示。

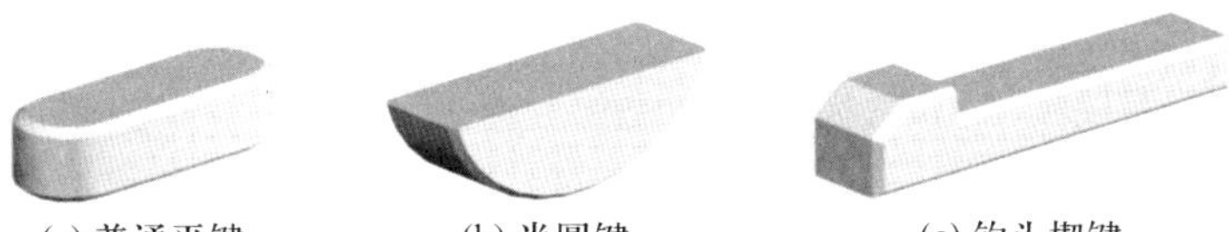

(a) 普通平键　　(b) 半圆键　　(c) 钩头楔键

图 6-2-7　常用键的类型

普通平键的型式有 A 型（圆头）、B 型（平头）、C 型（单圆头）三种。普通平键的主要结构尺寸为键宽 b、键高 h、键长 L，如图 6-2-8 所示。

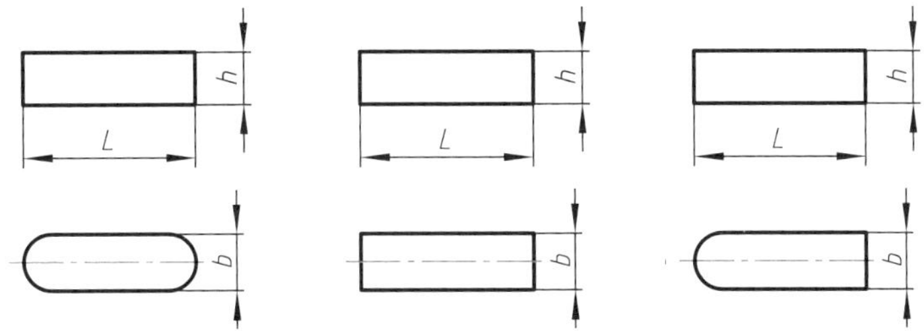

(a) A型　　(b) B型　　(c) C型

图 6-2-8　普通平键的型式

普通平键的标记：GB/T 1096　键 $b\times h\times L$，表示普通 A 型平键，宽度为 b，高度为 h，长度为 L。例如，b=18 mm、h=11 mm、L=100 mm 的普通 A 型平键，其标记为 GB/T 1096　键 18 × 11 × 100。

半圆键的标记：GB/T 1099.1　键 $b\times h\times D$，表示半圆键，宽度为 b，高度为 h，直径为 D。例如，GB/T 1099.1　键 6 × 10 × 25 表示为 b=6 mm、h=10 mm、D=25 mm 的半圆键。半圆键的型式如图 6-2-9 所示。

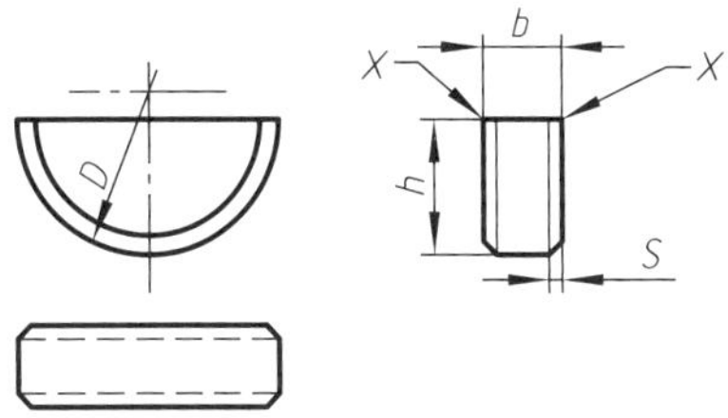

图 6-2-9　半圆键的型式

钩头楔键的标记：GB/T 1565　键 $b\times L$，表示钩头楔键，宽度为 b，长度为 L。例如，b=18 mm、h=11 mm、L=100 mm 的钩头楔键，其标记为 GB/T 1565　键 18 × 100。钩头楔键的型式如图 6-2-10 所示。

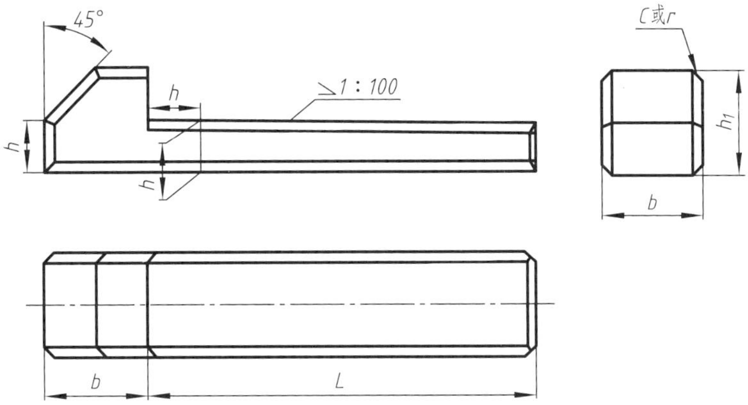

图 6-2-10　钩头楔键的型式

（2）键连接的画法

用上述三种键连接轴与轮时，需在轴和轮毂上加工出键槽。键的宽度和高度尺寸、键槽的宽度和深度尺寸可根据被连接轴的轴径在键的标准中查得；键的长度和轴上的键槽长度，应根据轮毂宽度和受力大小在键的长度标准系列中选取相应的值（键长不超过轮毂宽）。普通平键连接中轴上键槽和轮毂上键槽的画法和尺寸注法如图 6-2-11 所示。

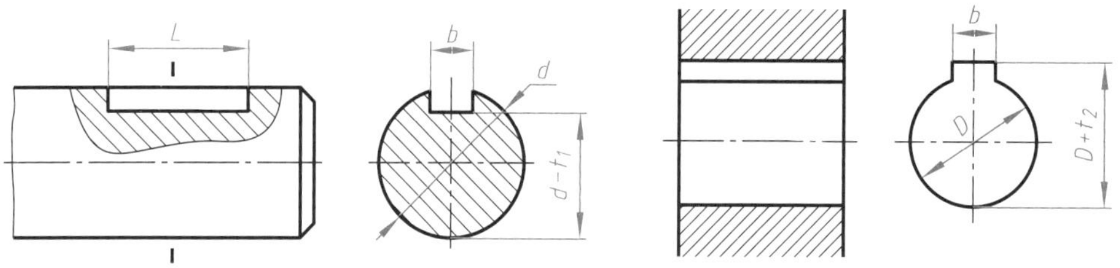

(a) 轴上键槽　　(b) 轮毂上键槽

图 6-2-11　键槽的画法和尺寸注法

普通平键的连接原理：两侧面为工作表面，装配时，键的两侧面和下底面与轴上、轮毂上键槽的相应表面接触，无间隙，所以绘制装配图时只画一条线；键的上底面为非工作表面，与轮毂上键槽的顶面不接触，应有间隙，所以绘制装配图时画两条线。半圆键的连接原理与普通平键相似，如图 6-2-12（a）、（b）所示。还应注意在剖视图中，当剖切平面通过轴线剖切键时，键按不剖切绘制，即不画剖面线；当剖切平面垂直于轴线剖切线键时，被剖切的键要画出剖面线。

钩头楔键的连接原理：钩头楔键的上底面有 1∶100 的斜度，用于紧连接。装配时，将键打入键槽，靠键的上、下底面与轴上、轮毂上键槽顶面之间接触所产生的紧压力使轴上零件固定。因此，上、下底面是钩头楔键的工作表面。绘制装配图时，只画一条线表示无间隙；键的两侧面为非工作面，应画两条线，如图 6-2-12（c）所示。

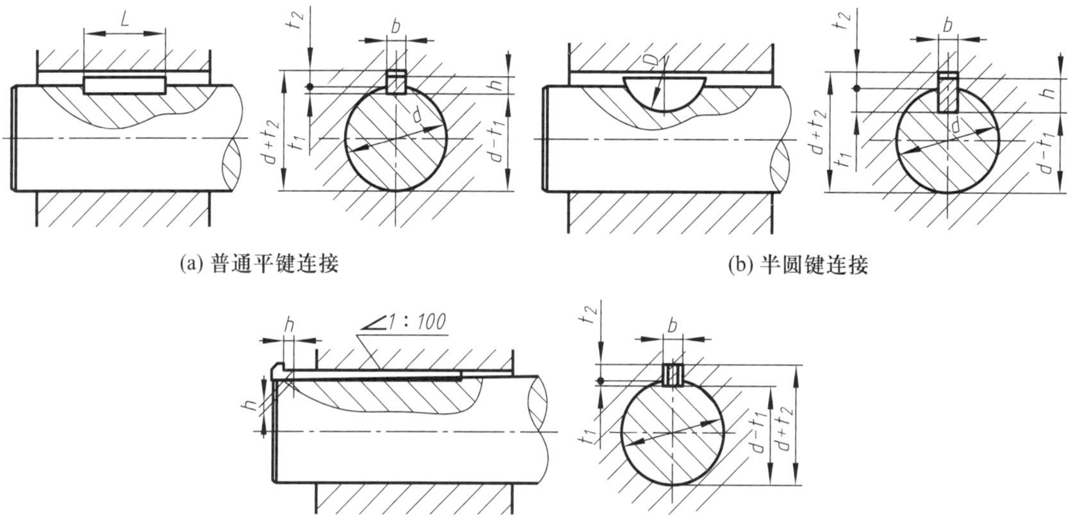

(a) 普通平键连接　　(b) 半圆键连接

(c) 钩头楔键连接

图 6-2-12　普通平键、半圆键和钩头楔键连接的画法

提示：

普通 A 型平键的标记中可以省略级别符号 A。选择键的尺寸规格时应根据轴的直径查表获取。键连接图均采用剖视图表达，键与轴的剖切有横向与纵向之分（类似于肋板的剖切），横向剖切时按剖视图绘制，纵向剖切时按不剖切绘制。键、轴、轮毂三者的剖面符号应不一致。

2. 销连接

销是常用的标准件，通常用于零件间的连接或定位；也可用于轴与轮毂的连接，传递不大的载荷；还可作为安全装置中的过载剪断元件，其结构、尺寸等可以从相应的标准中查得。销的常用材料为 35、45 钢。

（1）常用销的型式及其标记

常用的销有圆柱销、圆锥销和开口销三种，如图 6-2-13 所示，其型式和标记见表 6-2-2。

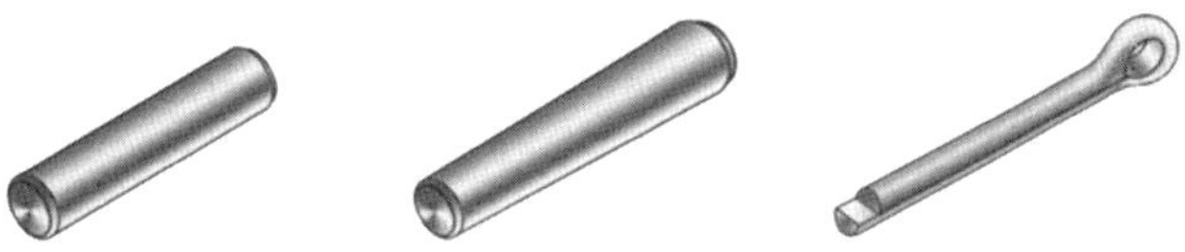

(a) 圆柱销　　(b) 圆锥销　　(c) 开口销

图 6-2-13　常用销的型式

表 6-2-2　销的型式和标记

名称及标准编号	型式	标记示例
圆柱销 GB/T 119.1—2000	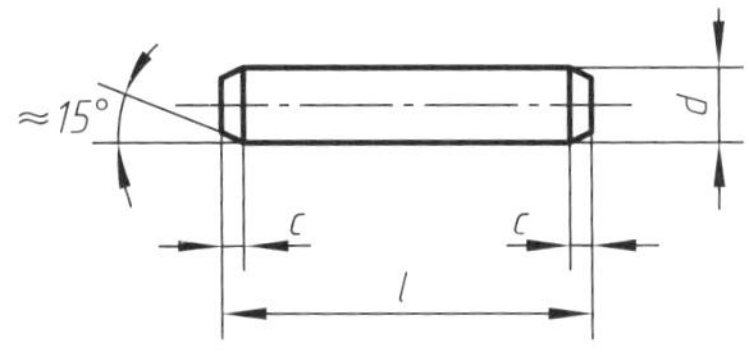	销　GB/T 119.1　6m6 × 30 表示圆柱销，公称直径 d=6 mm，公差为 m6，公称长度 l=30 mm，材料为钢，不经淬火，不经表面处理
圆锥销 GB/T 117—2000	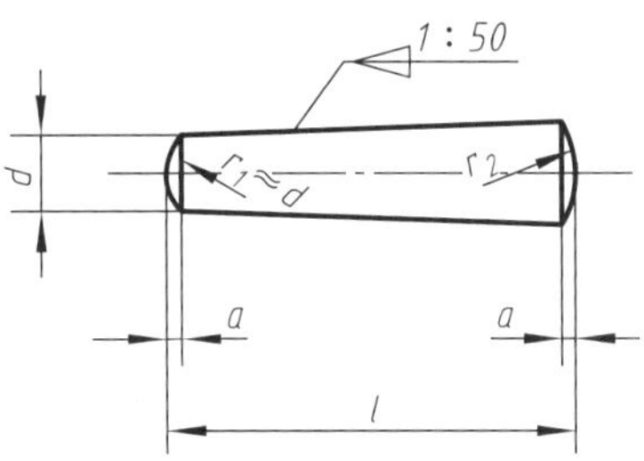	销　GB/T 117　10 × 60 表示 A 型圆锥销，其公称直径 d=10 mm，公称长度 l=60 mm，材料为 35 钢，热处理硬度 28 ~ 38HRC、表面氧化处理
开口销 GB/T 91—2000	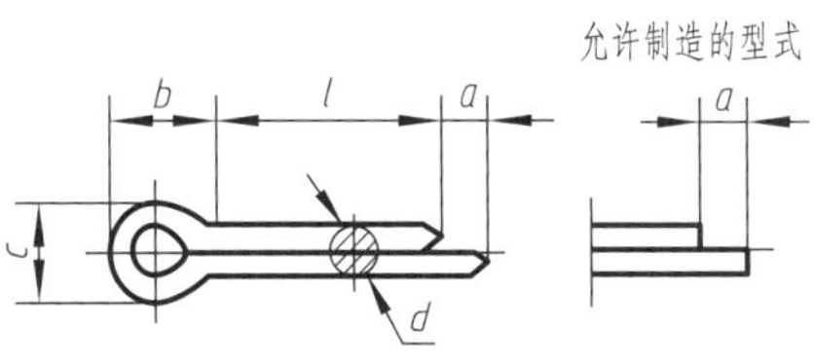	销　GB/T 91　5 × 50 表示开口销，其公称直径 d=5 mm，公称长度 l=50 mm，材料为低碳钢，不经表面处理

（2）销连接的画法

用销连接和定位的两个零件上的销孔一般是要在被连接件正确装配后一起加工的，在绘制各自的零件图时应当予以注明。如图 6-2-14 所示，锥销孔的尺寸应用指引线引出标注，其直径尺寸是指圆锥销小端直径。

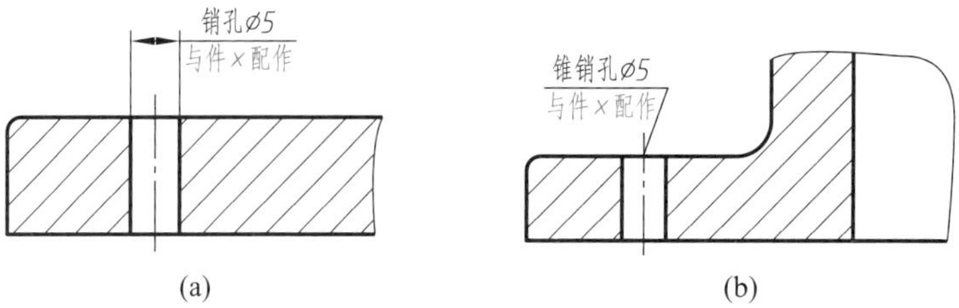

图 6-2-14　销孔的标注

销连接的画法如图 6-2-15 所示。在剖视图中，若剖切平面通过销的轴线时，销按不剖切绘制，即不画剖面线；若剖切平面垂直于销的轴线时，被剖切的销应画出剖面线。

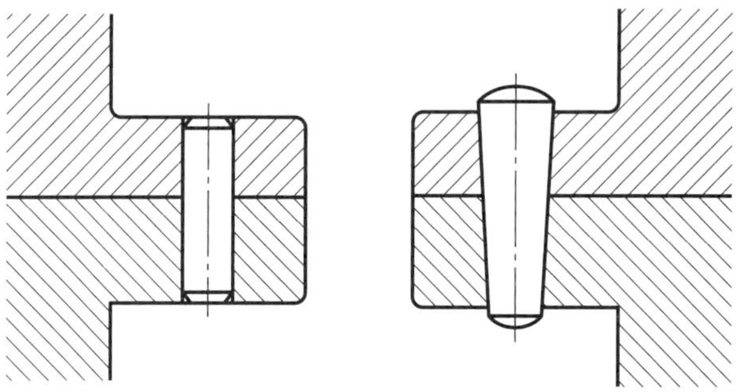

(a) 圆柱销连接　　(b) 圆锥销连接

图 6-2-15　销连接的画法

三、滚动轴承安装图的识读

滚动轴承是支承转动轴的部件，它具有摩擦力小、结构紧凑等优点，应用广泛。滚动轴承是标准件，由专门的轴承厂家生产，需要时根据要求确定型号，选购使用即可。

1. 滚动轴承的种类

滚动轴承的种类很多，但它们的结构大致相似，一般由外圈、内圈、滚动体和保持架组成，滚动轴承按受力情况可分为三类（图 6-2-16）：

1）向心轴承：主要承受径向载荷，如深沟球轴承。

2）推力轴承：只能承受轴向载荷，如推力球轴承。

3）向心推力轴承：同时承受轴向载荷和径向载荷，如圆锥滚子轴承。

2. 滚动轴承的代号

国家标准 GB/T 272—2017《滚动轴承　代号方法》规定了滚动轴承的类型、规格及代号。滚动轴承的代号由前置代号、基本代号和后置代号构成，其排列形式如下：

前置代号	基本代号	后置代号

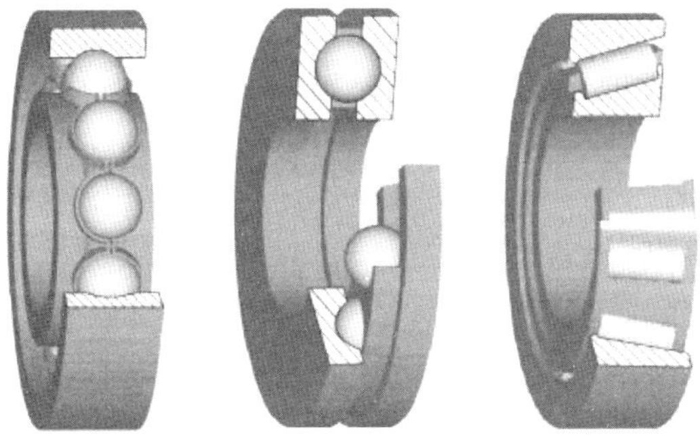

(a) 深沟球轴承　(b) 推力球轴承　(c) 圆锥滚子轴承

图 6-2-16　滚动轴承的类型

（1）基本代号

基本代号表示滚动轴承的基本类型、结构及尺寸，是滚动轴承代号的基础。滚动轴承的基本代号由类型代号、尺寸系列代号和内径代号构成（滚针轴承除外），一般最多为 5 位数，其排列形式如下：

类型代号　尺寸系列代号　内径代号

1）类型代号：用阿拉伯数字或大写拉丁字母表示，其含义见表 6-2-3。

表 6-2-3　滚动轴承的类型代号（GB/T 271—2017）

代号	轴承类型	代号	轴承类型
0	双列角接触球轴承	7	角接触球轴承
1	调心球轴承	8	推力圆柱滚子轴承
2	调心滚子轴承和推力调心滚子轴承	N	圆柱滚子轴承（双列或多列用 NN 表示）
3	圆锥滚子轴承	U	外球面球轴承
4	双列深沟球轴承	QJ	四点接触球轴承
5	推力球轴承	C	长弧面滚子轴承（圆环轴承）
6	深沟球轴承		

2）尺寸系列代号：由滚动轴承的宽（或高）度系列代号和直径系列代号组合而成，用两位数字表示。它主要用来区别内径相同而宽（或高）度和外径不同的轴承。具体情况查阅有关的国家标准。

3）内径代号：表示轴承的公称内径。

① 当内径代号 <04 时，内径代号 =00，d=10 mm；内径代号 =01，d=12 mm；内径代号 =02，d=15 mm；内径代号 =03，d=17 mm。

② 当内径代号 ≥ 04，且内径尺寸在 20 ~ 480 mm 时：d= 内径代号 × 5，如代号 07，d= 07 × 5 mm=35 mm。

（2）前置代号和后置代号

前置代号和后置代号是轴承在结构形状、尺寸、公差、技术要求等有改变时，在其基本代号左、右添加的补充代号。具体情况可查阅有关的国家标准。

3. 轴承代号标记示例

轴承 6208：第一位数 6 表示类型代号，为深沟球轴承；第二位数 2 表示尺寸系列代号，宽度系列代号 0 省略，直径系列代号为 2；后两位数 08 表示内径代号，d=8 × 5 mm=40 mm。

轴承 N2110：第一个字母 N 表示类型代号，为圆柱滚子轴承；第二、三位数 21 表示尺寸系列代号，宽度系列代号为 2，直径系列代号为 1；后两位数 10 表示内径代号，内径 d=10 × 5 mm=50 mm。

4. 常用滚动轴承的画法（表 6-2-4）

表 6-2-4　常用滚动轴承的画法

轴承类型	主要查表参数	结构形式	规定画法	特征画法
深沟球轴承 60000 型 （GB/T 276—2013）	D d B	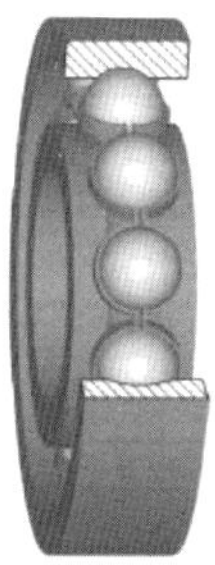	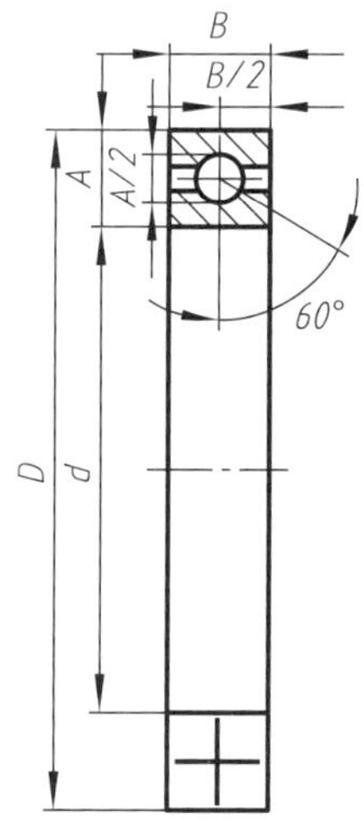	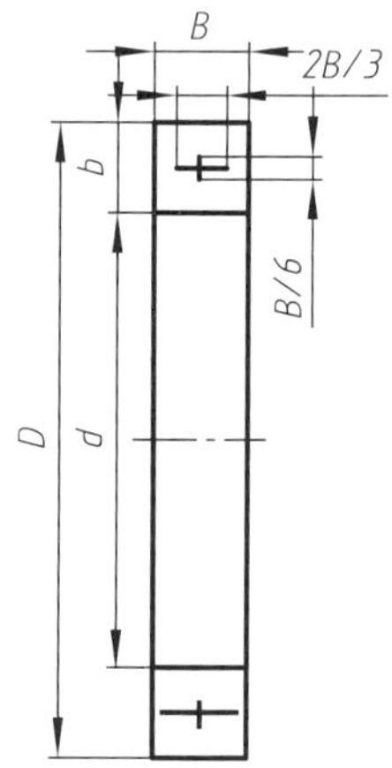
圆锥滚子轴承 30000 型 （GB/T 297—2015）	D d B T C		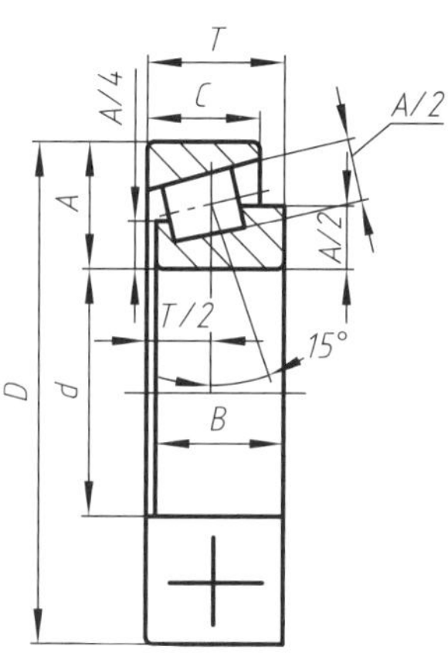	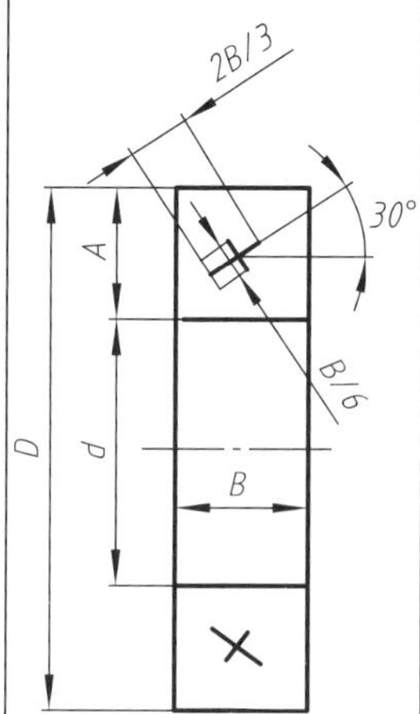

续表

轴承类型	主要查表参数	结构形式	规定画法	特征画法
推力球轴承 51000 型 （GB/T 301—2015）	D d T		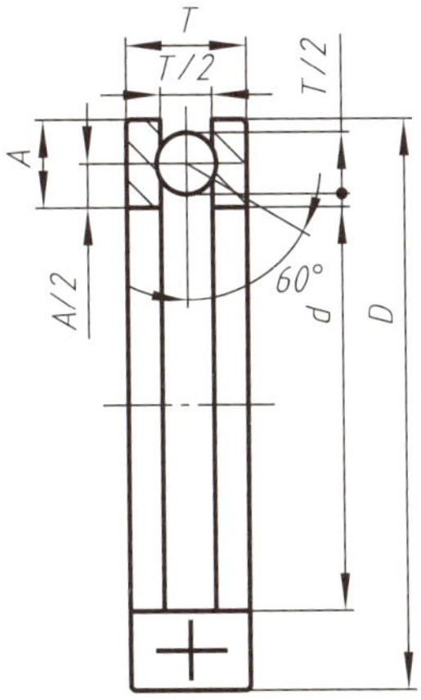	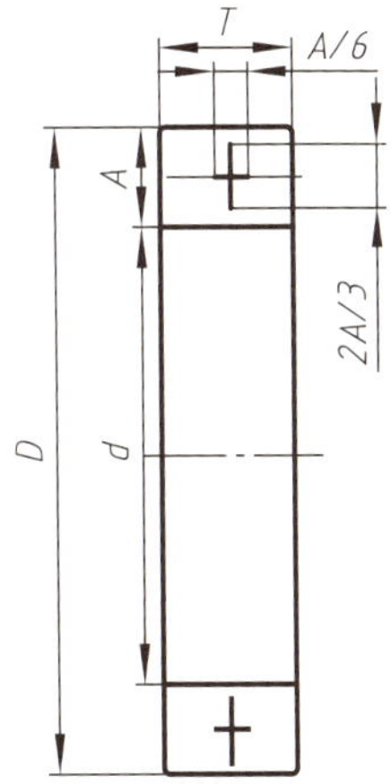

5. 装配图中滚动轴承的画法

滚动轴承是标准件，不必单独绘制零件图，由于详细结构等参数可以查表获得，所以装配图中采用简化画法。在装配图中，滚动轴承的画法如图 6-2-17 所示。

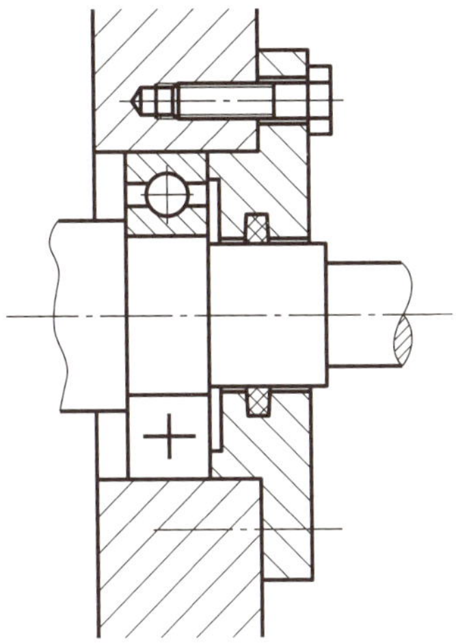

图 6-2-17　滚动轴承在装配图中的画法

【任务实施】

一、绘图准备

下载并安装中望 3D 软件和中望机械 CAD，并通过扫描二维码下载本任务所提供的三维模型文件。

铣刀头三维模型文件

二、图形分析

根据装配图的视图选择原则，确定铣刀头装配图的表达方案。铣刀头座体水平放置，符合工作位置原则；主视图采用过轴的轴线的全剖视图，在轴的两端采用局部剖视图表达铣刀头的主要装配干线；左视图采用拆卸画法表达端盖上螺孔的分布及数量，采用局部剖视图补充表达座体的主要形状特征及其底板上安装孔的位置。

三、图形绘制

绘制铣刀头装配图

1. 完善视图布局

利用中望 3D 软件对铣刀头装配体（图 6–2–1）进行二维装配图的前期视图处理。

（1）进入装配 2D 界面

打开铣刀头 3D 装配图，单击工具栏上“2D 工程图”图标［图 6–2–18（a）］，或在空白处右击，在弹出的菜单栏中选择“2D 工程图”选项［图 6–2–18（b）］，系统弹出“选择模板”对话框，选择“A3_H（GB_chs）”图幅［图 6–2–18（c）］，单击“确定”按钮，进入装配 2D 界面。

（2）生成三视图

在弹出的“标准”对话框中选择“铣刀头”，视图选择“俯视图”，在下方样式栏中取消勾

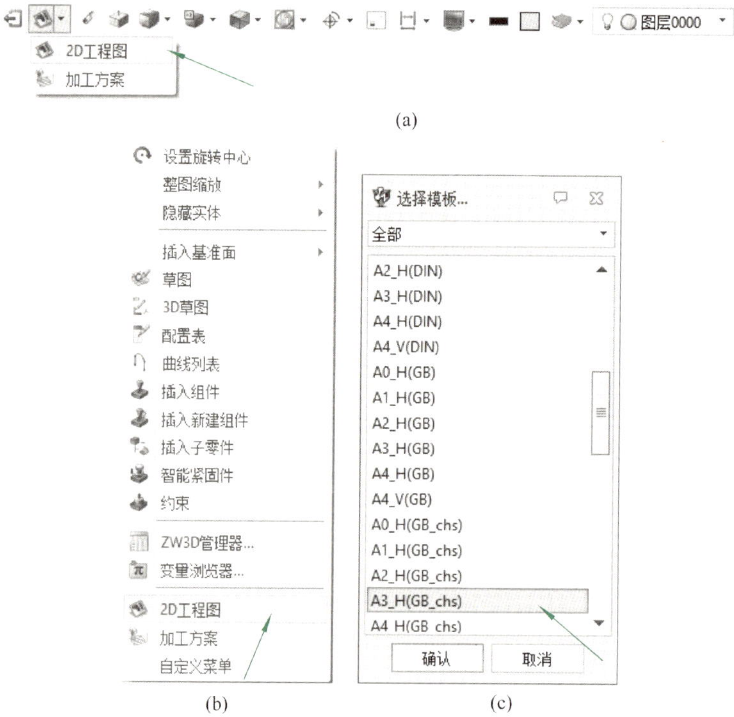

图 6-2-18 进入 2D 工程图

选“显示消隐线”(图 6–2–19),将生成的视图放置在图幅左上角的位置,单击“确定”按钮得到主视图,然后向右拖动主视图得到左视图,如图 6–2–20 所示。

(3) 局部剖视图

1) 完成主视图中的局部剖视图。单击工具栏“局部剖”图标 ,系统弹出“局部剖”对话框。基础视图选择主视图,边界选择“矩形”边界后框选最左侧 V 带轮,深度选择

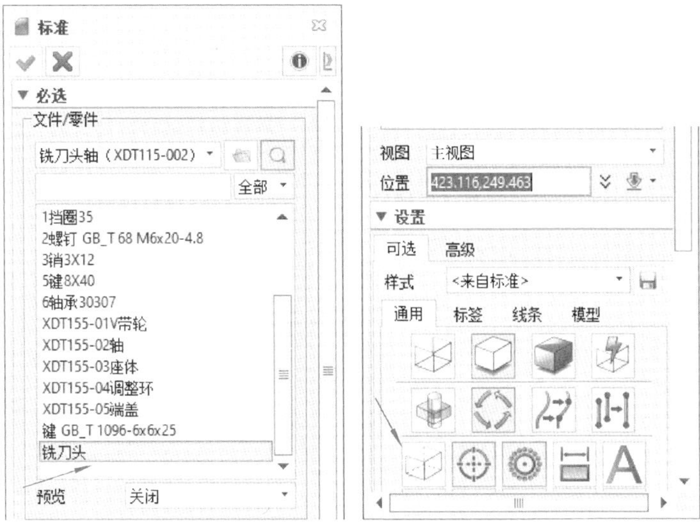

图 6-2-19　投影设置

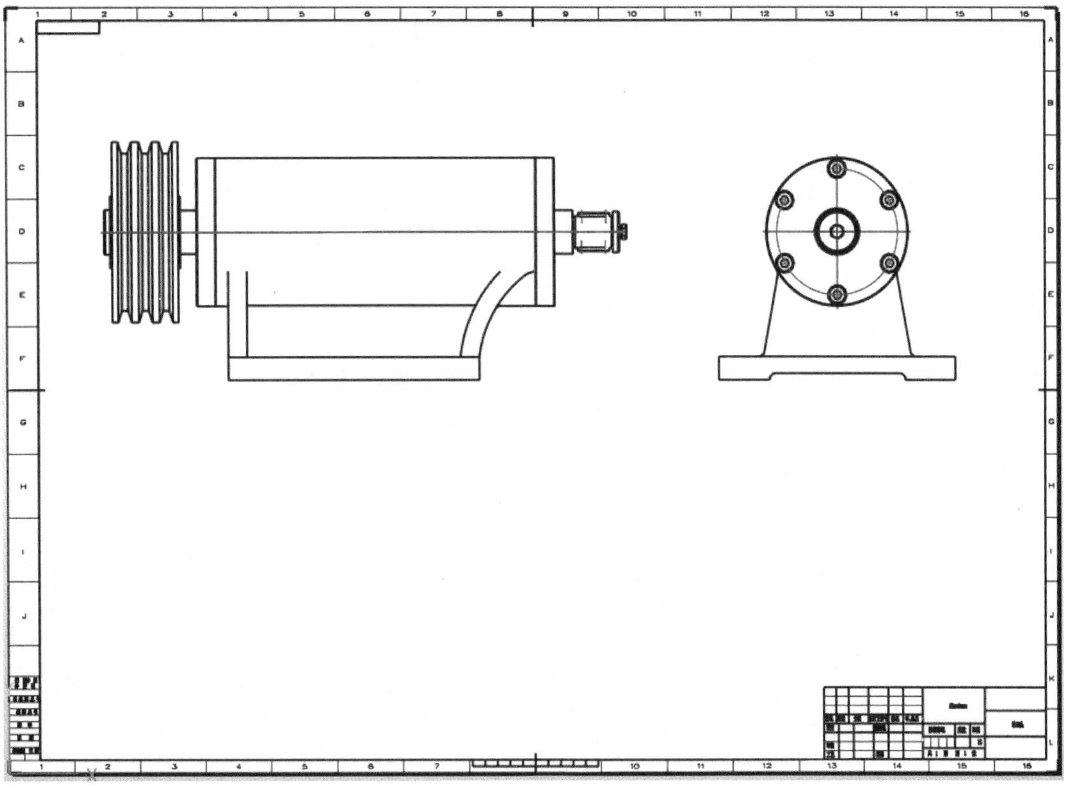

图 6-2-20　视图的摆放

"点"，同时选择深度点为左视图中心轴线位置（图 6-2-21），单击"确定"后框选部位的内部结构，如键槽、定位销、螺钉位置将显示在图纸上（图 6-2-22）。按照上述操作，依次完成座体及轴承等部位的剖视图，最终视图如图 6-2-23 所示。

图 6-2-21　局部剖设置

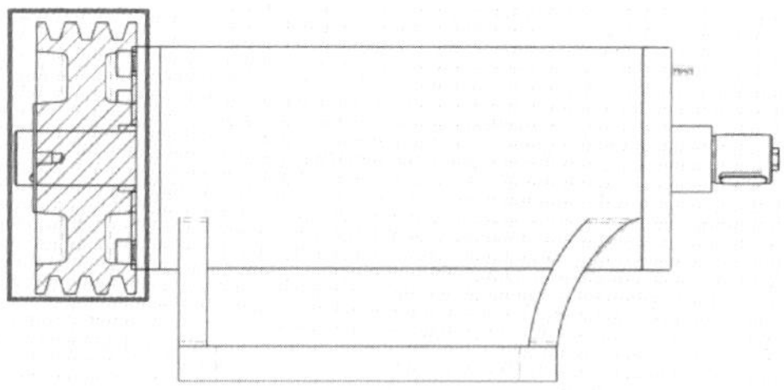

图 6-2-22　左侧 V 带轮的剖切

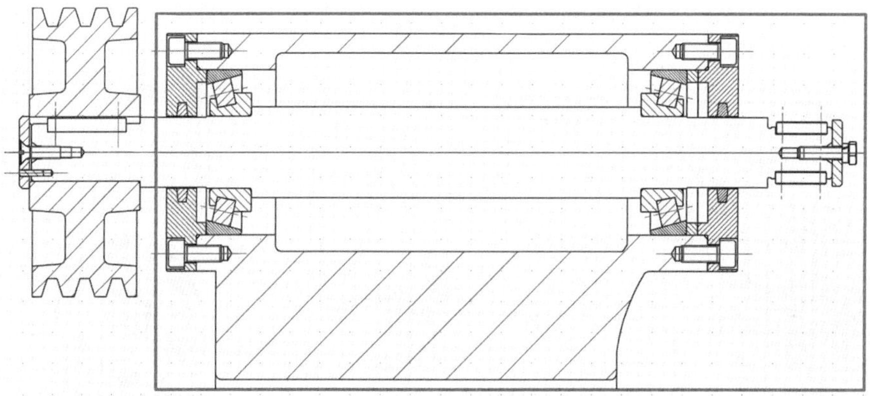

图 6-2-23　右侧座体及轴承等部位的剖切

2）完成左视图中的局部剖视图。端盖螺钉分布及地脚螺钉尺寸、支承板局部剖。单击工具栏"局部剖"图标，系统弹出"局部剖"对话框。基础视图选择左视图，边界选择"多段线"边界后框选底部左侧地脚螺钉孔区域，深度选择地脚螺钉孔中心线，得到局部剖视图如图 6-2-24 所示。

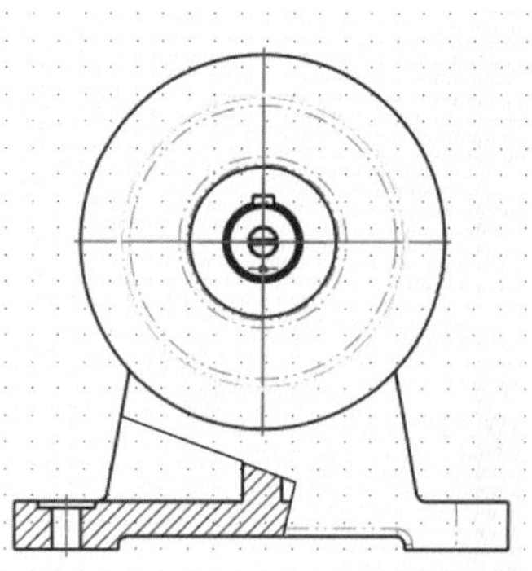

图 6-2-24　局部剖视图

（4）图形的格式输出

单击"文件"工具栏→"输出"，选择输出的目录，文件名称输入"铣刀头"，保存类型选择"DWG/DXF File（*.dwg;*.dxf）"格式，单击"输出"按钮，再单击"确定"按钮完成图形输出。通过上述操作，完成前期视图处理，接下来更加细化的处理需要在中望机械 CAD 中进行。

2. 绘制装配图

1）在中望机械 CAD 中打开“铣刀头 .dwg”文件，选择菜单栏的“机械”→“图纸”→“图幅设置”或输入“TF”，系统弹出“图幅设置”对话框，选择图幅大小为“A3”，其他选项可不做更改，选择默认设置，也可针对图形不同摆放位置进行绘图比例设置，设置完成后单击“确定”按钮，将弹出的图幅放置在合适位置，如图 6-2-25 所示。

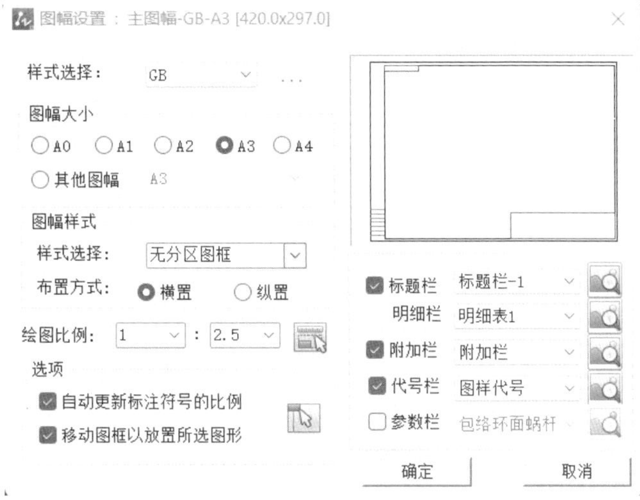

图 6-2-25　图幅设置及摆放

2）添加图幅后会激活图层，单击“图层特性管理器”图标，系统弹出“图层特性管理器”对话框，将除“1 轮廓实线层”外其余图层线宽改为“0.25 mm”，“1 轮廓实线层”线宽改为“0.5 mm”，设置完成后的图层如图 6-2-26 所示。

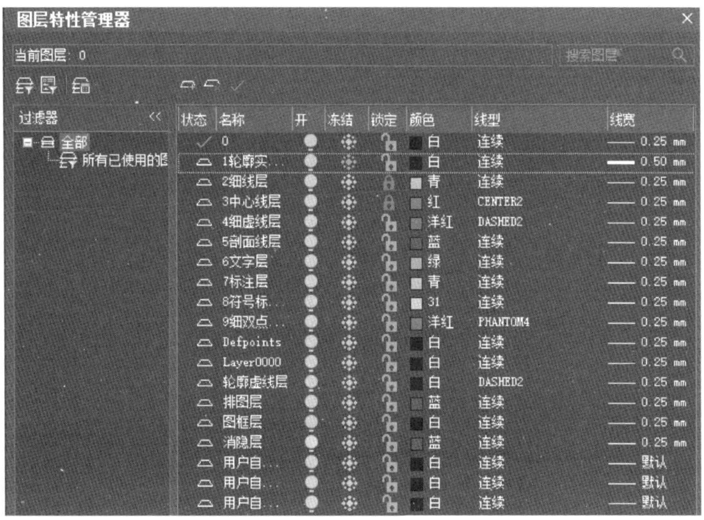

图 6-2-26　“图层特性管理器”对话框

3）添加中心线并填充剖面线，单击“中心线”图标 或输入“ZX”，绘制轴、螺钉、销等对称零件的中心线；单击“图案填充”图标 ，样式选择“ANSI31”，颜色随层，对局部剖切区域进行剖面线填充，绘制完的图形如图 6-2-27 所示。

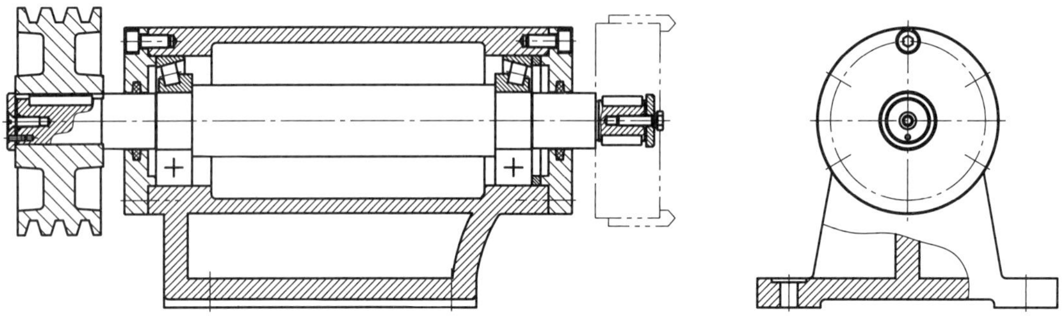

图 6-2-27　添加中心线并填充剖面线

四、尺寸标注

1）选择菜单栏的“机械”→“尺寸标注”→“智能标注”或输入“D”，对图形中 5 类尺寸进行标注，即性能（规格）尺寸、装配尺寸、总体（外形）尺寸、安装尺寸及其他重要尺寸，标注完成后添加对应的公差，如图 6-2-28 所示。

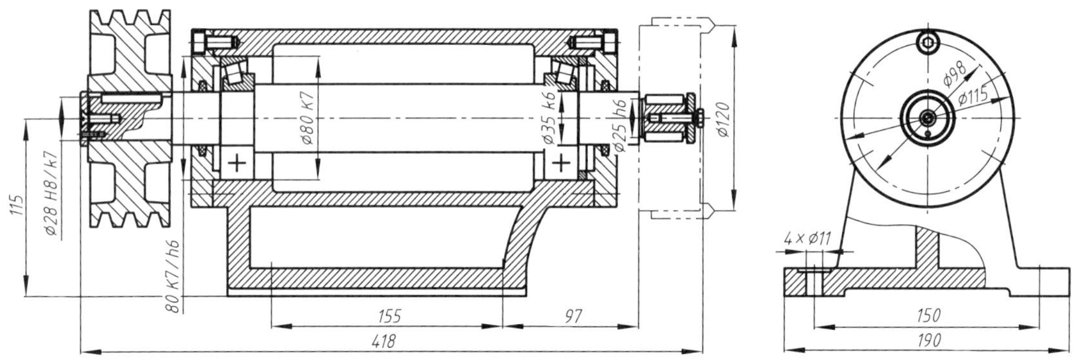

图 6-2-28　尺寸标注

2）选择菜单栏的“机械”→“序号 / 明细表”→“标注序号”或输入“XH”，系统弹出“引出序号”对话框，类型和内容选择“直线型”，序号内容中序号填入“1”，数量为“1”；其他选项中勾选“序号自动调整”和“填写明细表内容”复选框，单击“确定”按钮完成设置，如图 6-2-29 所示。

3）序号设置完成后，命令栏出现提示：“选择要附着的对象或引出点”，单击图中合适位置作为序号引出点，拖动序号到合适区域后，填写对应的序号、代号、名称、数量、材料、备注等信息。

4）选择菜单栏的“机械”→“序号 / 明细表”→“生产明细表”或输入“MX”，命令栏出现提示“请指定生成界线点”，选择软件默认位置单击，生成明细栏（明细表）。

5）填写标题栏。双击标题栏，依次填写单位、图样名称、图样代号、日期等重要信息，如图 6-2-30 所示。

图 6-2-29　设置序号格式

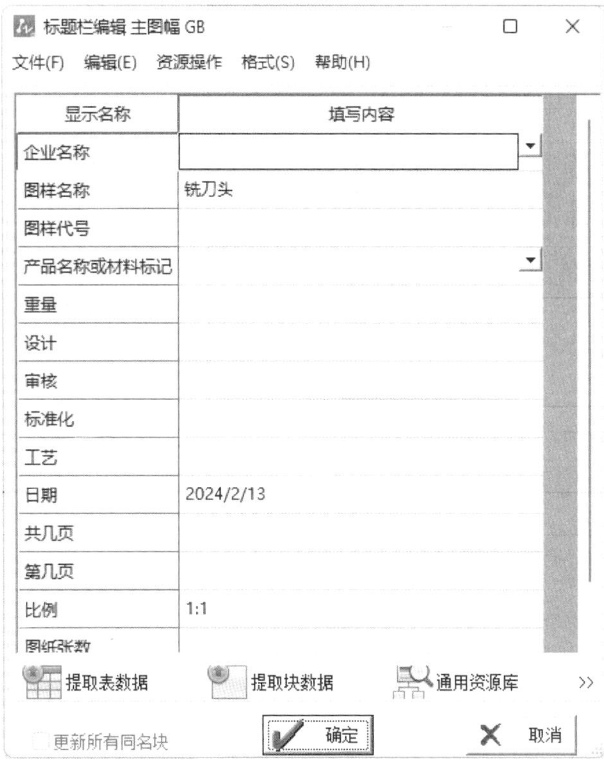

图 6-2-30　填写标题栏

6）填写技术要求。选择菜单栏的“机械”→“文字处理”→“技术要求”或输入“TJ”，填写铣刀头技术要求，如图 6-2-31 所示。最终生成的装配图如图 6-2-2 所示。

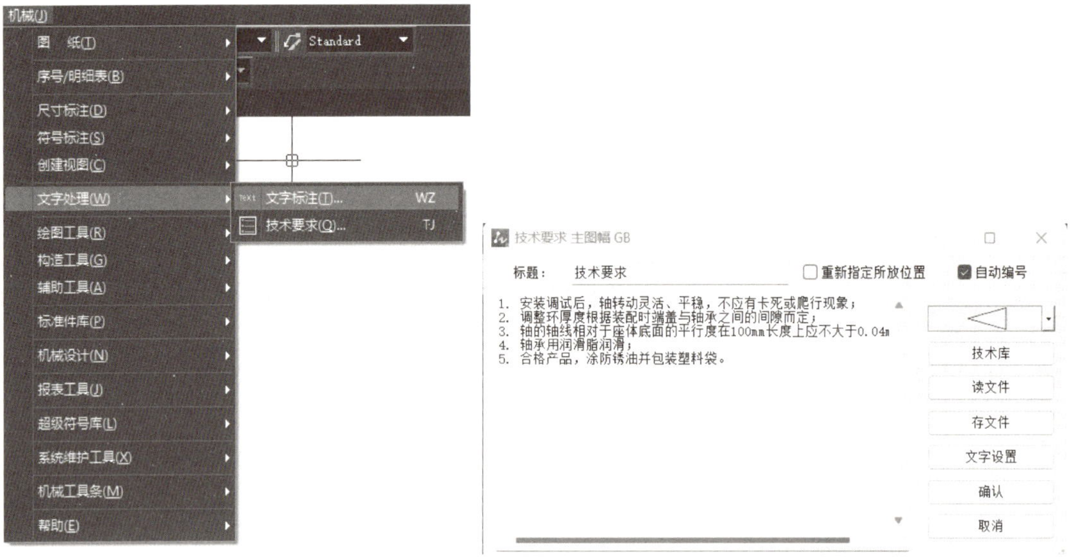

图 6-2-31　填写技术要求

【任务总结】

通过案例实操与练习，完成铣刀头装配图绘制，并掌握装配图绘图步骤及要点。还应进一步明确装配体的投影布局，合理剖切视图，从而表达装配体的工作原理、装配关系，正确运用制图国家标准的相关规定绘制标准件及常用件连接图的机械图样，并按国家标准完善尺寸标注，零、部件序号和明细栏，掌握图层管理、标注序号、生成明细栏的操作与运用，能够利用中望机械 CAD 快捷键高效绘图。

【任务检测】

读图 6-2-2 所示铣刀头装配图并填空。

1）尺寸 ϕ80 K7 中 K7 的含义是________，上极限尺寸是________，下极限尺寸是________。

2）尺寸 ϕ28 H8/k7 是________制，属________配合，孔的公差带代号是________，上极限尺寸是________，下极限尺寸是________；轴的公差带代号是________，上极限尺寸是________，下极限尺寸是________。

【任务评价】

任务评价标准

序号	评价内容	分数	自评分	互评分	教师评分
1	前期视图处理	10			
2	视图投影	10			
3	局部剖视图绘制	10			
4	格式输出	10			
5	图层管理	10			
6	零件简化画法	10			
7	序号与明细栏	10			
8	尺寸标注	10			
9	任务检测	10			
10	课堂表现	10			
总分		100			
综合评价（自评分 ×20%+ 互评分 ×30%+ 教师评分 ×50%）					

任务三　一级圆柱齿轮减速器装配图的识读与绘制

【任务目标】

✧ 知识目标

1. 掌握齿轮啮合图、弹簧机构的识读方法。
2. 了解一级圆柱齿轮减速器的结构及工作原理。
3. 熟悉减速器各零件的名称、形状、用途及各零件之间的装配关系。
4. 掌握识读装配图的方法。

✧ 能力目标

1. 能按图纸要求正确处理零件间的装配关系。
2. 能看懂一级圆柱齿轮减速器装配图，并能利用软件绘制其规范的装配图。

✧ 素养目标

1. 丰富学习机械制图的体验，激发空间思维能力与对制图的学习兴趣。
2. 形成积极参与教学活动、主动与他人合作交流的学习习惯。

【任务引入】

减速器是设置在原动机和工作机之间独立封闭的传动装置。在实际生产过程中，原动机的转速一般很高，而工作机往往要求转速适中，需在两者之间设置减速器以降低转速，增大转矩。减速器主要应用于各机械、化工、电力设备，汽车行业，航空行业等场合，是机械装备必要的设备。

减速器的种类很多，按照传动类型可分为齿轮减速器、蜗杆减速器、行星减速器及由它们组合使用的减速器组；按照传动的级数可分为单级减速器和多级减速器；按照齿轮形状可分为圆柱齿轮减速器、圆锥齿轮减速器和圆锥圆柱齿轮减速器。一级圆柱齿轮减速器（图 6-3-1）是一种简单的减速器，其运动简图如图 6-3-2 所示。本任务通过绘制一级圆柱齿轮减速器装配图从而进一步掌握装配图的绘图方法。

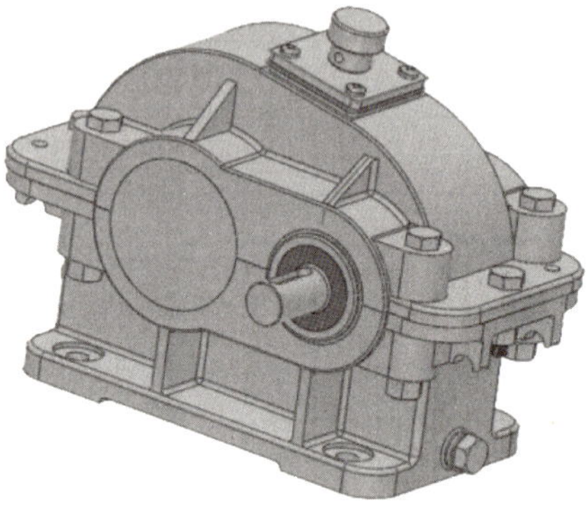

图 6-3-1 一级圆柱齿轮减速器

一级圆柱齿轮减速器爆炸图

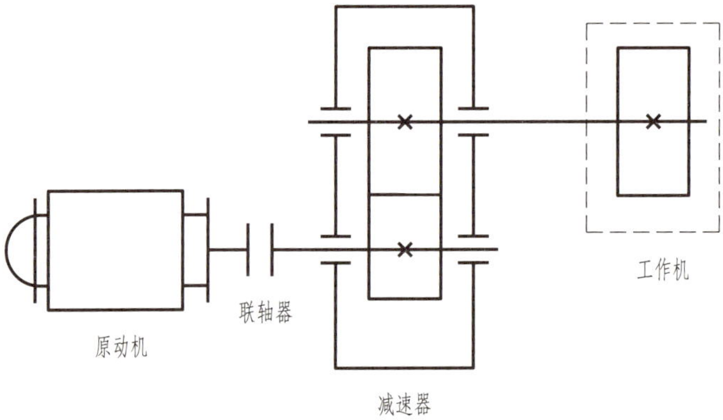

图 6-3-2 一级圆柱齿轮减速器运动简图

【相关知识】

一、齿轮啮合图的识读

齿轮是机械传动中应用非常广泛的一种传动零件，主要用来传递动力和运动，并可以改变运动速度与方向。

根据传动轴之间的相对位置不同，常见的齿轮传动可分为三种形式。

1）圆柱齿轮传动：用于两轴平行时的传动，如图 6-3-3（a）所示。

2）锥齿轮传动：用于两轴相交时的传动，如图 6-3-3（b）所示。

3）蜗杆传动：用于两轴交叉时的传动，如图 6-3-3（c）所示。

(a) 圆柱齿轮传动　　(b) 锥齿轮传动　　(c) 蜗杆传动

图 6-3-3　齿轮传动的形式

圆柱齿轮的轮齿分布在圆柱面上，当圆柱齿轮的轮齿方向与圆柱轴线方向一致时，称为直齿圆柱齿轮。本部分主要介绍直齿圆柱齿轮的有关知识和规定画法。

1. 圆柱齿轮的参数（图 6-3-4）

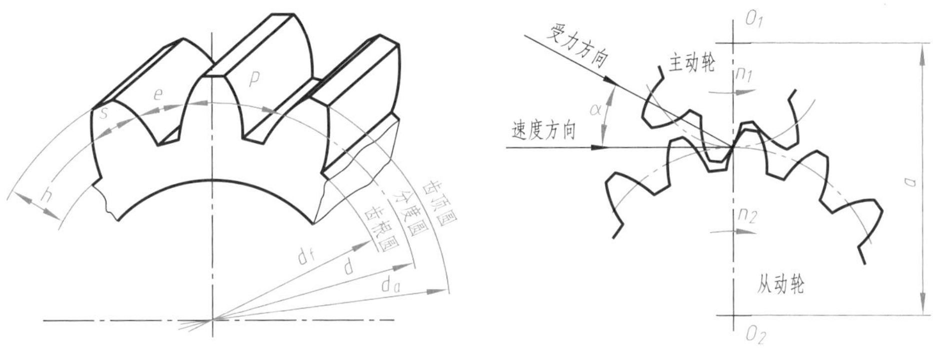

图 6-3-4　直齿圆柱齿轮各部分的名称及符号

1）齿数 z：齿轮上轮齿的个数。

2）齿顶圆直径 d_a：通过齿顶的圆柱面直径。

3）齿根圆直径 d_f：通过齿根的圆柱面直径。

4）分度圆直径 d：分度圆直径是齿轮设计和加工时的重要参数。分度圆是一个假想的圆，在该圆上齿厚 s 与槽宽 e 相等，它的直径称为分度圆直径。

5）齿高 h：齿顶圆和齿根圆之间的径向距离。

6）齿顶高 h_a：齿顶圆和分度圆之间的径向距离。

7）齿根高 h_f：分度圆与齿根圆之间的径向距离。

8）齿距 p：在分度圆上，相邻两齿对应齿廓之间的弧长。

9）齿厚 s：在分度圆上，一个齿的两侧相应齿廓之间的弧长。

10）槽宽 e：在分度圆上，一个齿槽的两侧相应齿廓之间的弧长。

11）模数 m：由于分度圆的周长 $\pi d=pz$，所以 $d=zp/\pi$，令 $m=p/\pi$，则 $d=mz$。m 称为齿轮的模数。模数以 mm 为单位，它是设计和加工齿轮的重要参数。为便于齿轮的设计和加工，减少齿轮成形刀具的规格及数量，国家标准对模数规定了标准值。标准渐开线齿轮的模数见表 6-3-1。

12）压力角 α：相互啮合的一对齿轮，其受力方向（齿廓曲线的公法线方向）与运动方向之间所夹的锐角，称为压力角。同一齿廓的不同点上的压力角是不同的，分度圆上的压力角称为标准压力角。国家标准规定，标准压力角为20°。

13）中心距 a：两啮合齿轮轴线之间的距离。

表6-3-1　标准渐开线齿轮的模数

第一系列	1，1.25，1.5，2，2.5，3，4，5，6，8，10，12，16，20，25，32，40，50
第二系列	1.125，1.375，1.75，2.25，2.75，3.5，4.5，5.5，（6.5），7，9，（11），14，18，22，28，（30），36，45

注：选用模数时，应优先选用第一系列，其次选用第二系列，括号内的模数尽可能不用。

提示：

模数是设计、加工齿轮的重要参数，由 $d=mz$ 可见，模数越大，轮齿就越大，在其他条件相同的情况下，齿轮的承载能力也越大，不同模数的齿轮要用不同的刀具加工制造。一对相互啮合的齿轮，其模数必然相等。两标准直齿圆柱齿轮正确啮合的条件：模数相等，压力角相等。

2. 圆柱齿轮参数的计算

设计齿轮时，需先确定其模数和齿数，其他参数由计算得出，标准直齿圆柱齿轮的计算公式见表6-3-2。

表6-3-2　标准直齿圆柱齿轮的计算公式

名称	符号	计算公式
分度圆直径	d	$d=mz$
齿顶圆直径	d_a	$d_a=m(z+2)$
齿根圆直径	d_f	$d_f=m(z-2.5)$
齿顶高	h_a	$h_a=m$
齿根高	h_f	$h_f=1.25m$
齿高	h	$h=h_a+h_f=2.25m$
中心距	a	$a=(d_1+d_2)/2=m(z_1+z_2)$

3. 圆柱齿轮的规定画法

（1）单个齿轮的画法

齿轮除轮齿部分外，其余部分按真实投影绘制，国家标准对单个齿轮的轮齿部分的规定画法如下：

1）齿顶圆和齿顶线用粗实线绘制。

2）分度圆和分度线用细点画线绘制。

3）齿根圆和齿根线用细实线绘制或省略不画。

4）在非圆的视图上采用剖视图表达时，轮齿部分按不剖切绘制，而此时的齿根线用粗实线绘制。

5）需要表示斜齿和人字齿的特征时，可在非圆的视图上画三条与齿形线方向一致的细实线表示齿向和倾角。

单个圆柱齿轮的画法如图 6-3-5 所示。

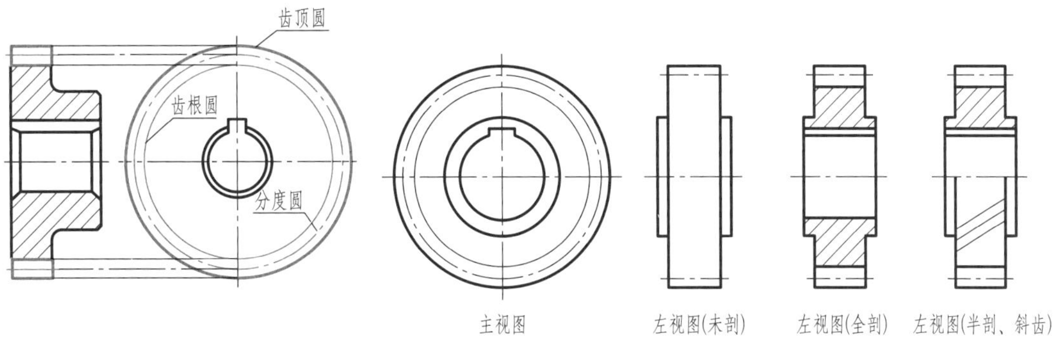

(a)　(b)

图 6-3-5　单个圆柱齿轮的画法

（2）圆柱齿轮啮合的规定画法

两齿轮啮合时，除啮合部分外，其他部分按单个齿轮绘制。啮合部分的画法规定如下：

1）在投影为圆的视图中，两齿轮的节圆（分度圆）应相切，用细点画线绘制；齿顶圆用粗实线绘制或省略不画，齿根圆用细实线绘制或省略不画，如图 6-3-6（a）所示。

2）在非圆的视图中，啮合处的齿顶线和齿根线不画，并将节线（分度线）画成粗实线，如图 6-3-6（b）所示。

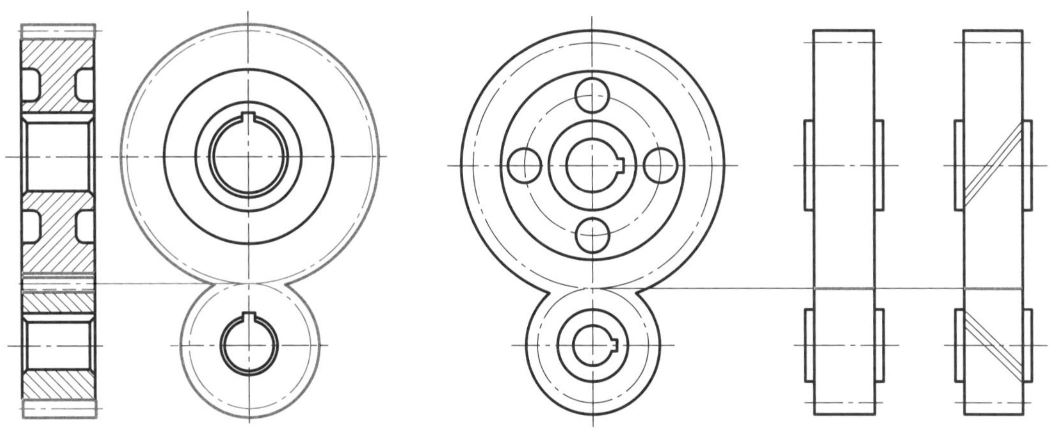

(a)　(b)

图 6-3-6　圆柱齿轮啮合的画法

3）在非圆的剖视图中，两个齿轮的节线重合，用细点画线绘制；齿根线用粗实线绘制；齿顶线的画法是一个齿轮的轮齿视为可见，画成粗实线，另一个齿轮视为不可见，画成细虚线或省略不画，如图 6-3-7 所示。啮合轮齿间，一个齿轮的齿顶线与另一个齿轮的齿根线之间应有 $0.25m=h_f-h_a$ 的间隙，称为顶隙。

图 6-3-8 所示为一直齿圆柱齿轮零件图，画齿轮零件图时，除按规定画法画出图形外，还应标注齿轮齿顶圆直径 d_a 和分度圆直径 d 尺寸。还需注写出加工齿轮所需要的基本参数（如模数、齿数等）。

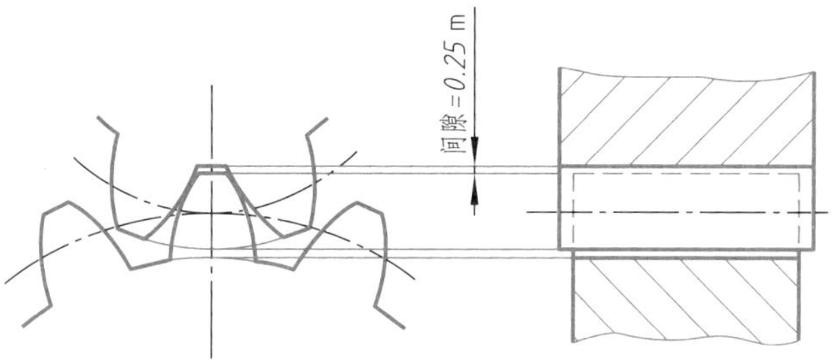

图 6-3-7　非圆剖视图中啮合区齿轮的画法

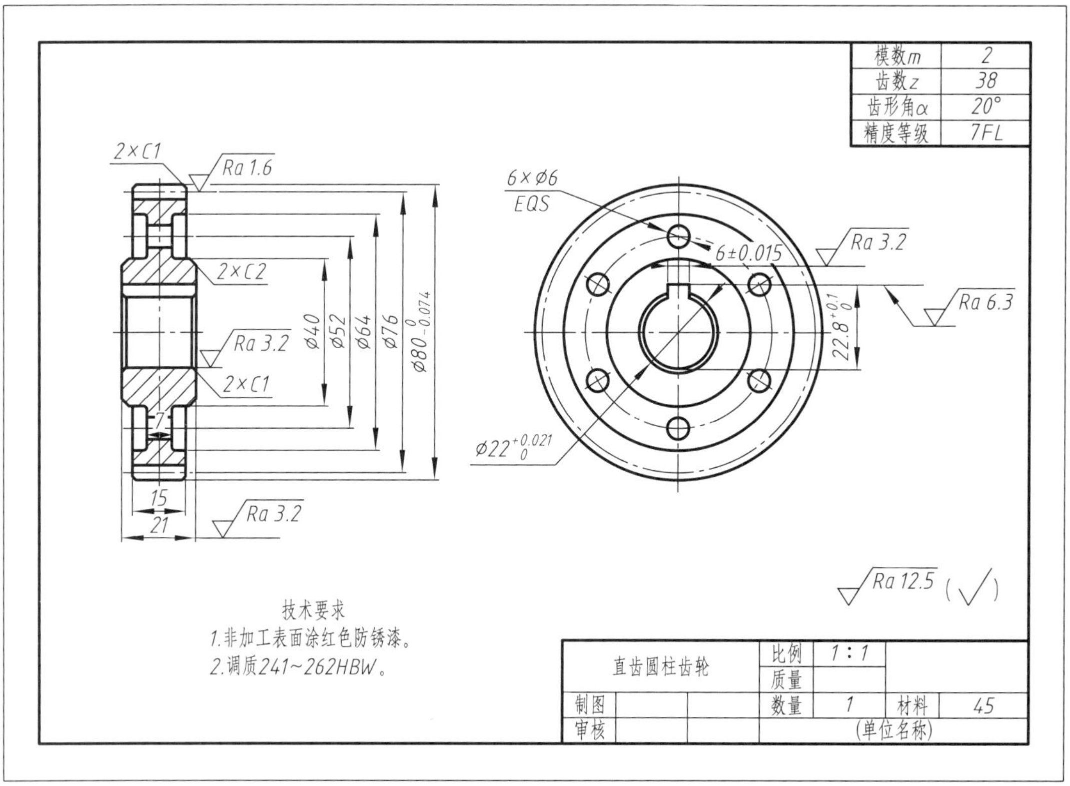

图 6-3-8　直齿圆柱齿轮零件图

二、弹簧机构的识读

弹簧在工程上被广泛使用，其作用是减振、夹紧测力、储存能量等。弹簧的特点是当外力去掉后能立即恢复原状。弹簧的种类很多，常用的有螺旋弹簧、涡卷弹簧等，根据受力方向的不同，螺旋弹簧又分为压缩弹簧、拉伸弹簧和扭转弹簧三种，如图 6-3-9 所示。

以下仅介绍圆柱螺旋压缩弹簧的有关知识和规定画法。

1. 圆柱螺旋压缩弹簧的参数

1）弹簧线径 d：制造弹簧时的钢丝直径。

2）弹簧外径 D_2：弹簧的最大直径。

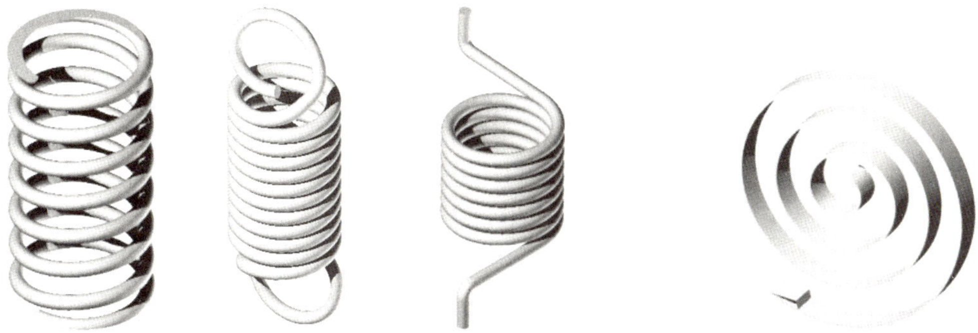

压缩弹簧　拉伸弹簧　扭转弹簧

(a) 螺旋弹簧　(b) 涡卷弹簧

图 6-3-9　常用弹簧的类型

3）弹簧内径 D_1：弹簧的最小直径。$D_1=D_2-2d$。

4）弹簧中径 D：弹簧的平均直径。$D=(D_1+D_2)/2=D_1+d=D_2-d$。

5）节距 t：除两端外，相邻两圈的轴向距离。

6）有效圈数 n、支承圈数 n_z、总圈数 n_1。

为了使压缩弹簧在工作时受力均匀、支承平稳，要求其两端面与轴线垂直。制造时常把两端的弹簧圈并紧压平，使其起支承作用，称为支承圈，支承圈数有 1.5 圈、2 圈、2.5 圈三种。大多数弹簧的支承圈数为 2.5 圈。其余参与工作，并保持相等的节距的圈数称为有效圈数。

总圈数 = 有效圈数 + 支承圈数，即 $n_1=n+n_z$

7）自由高度 H_0：未承受载荷的弹簧高度。

$$H_0=nt+(n_z-0.5)d$$

8）弹簧的展开长度 L：制造时弹簧钢丝的长度。

$$L=n_1\sqrt{(\pi D_2)^2+t^2}$$

9）旋向：有左旋和右旋两种。

2. 圆柱螺旋压缩弹簧的标记

根据国家标准 GB/T 2089—2009《普通圆柱螺旋压缩弹簧尺寸及参数（两端圈并紧磨平或制扁）》的规定，圆柱螺旋压缩弹簧的标记由类型代号、规格、精度及旋向代号、标准号组成，其标记格式如下：

类型代号 | $d \times D_2 \times H_0$ | – | 精度代号 | 旋向代号 | 标准号

标记示例：YA 3 × 20 × 80–2 左 GB/T 2089

YA 型弹簧，材料直径为 3 mm，弹簧中径为 20 mm，自由高度为 80 mm，精度等级为 2 级，左旋的两端圈并紧磨平的冷卷压缩弹簧。

注：YA 为冷卷压缩弹簧，YB 为热卷压缩弹簧；按 3 级精度等级制造时，3 级不标注；左旋应注明左，右旋不标注。

3. 圆柱螺旋压缩弹簧的规定画法

弹簧的真实投影较复杂，国家标准 GB/T 4459.4—2003《机械制图　弹簧表示法》对弹簧的画法作了具体的规定：

1）在弹簧的非圆视图中，各圈的轮廓画成直线，如图 6–3–10 所示。

2）弹簧均可画成右旋，左旋弹簧不论画成左旋还是画成右旋，一律要注写旋向“左”字。

3）对于有效圈数 4 圈以上的弹簧，中间部分可以省略不画，允许适当缩短图形的长度，如图 6–3–10（a）、（b）所示。

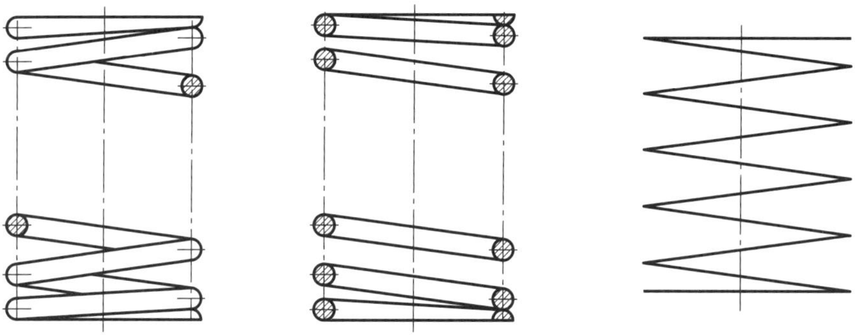

(a) 外形视图画法　(b) 剖视图画法　(c) 示意图画法

图 6–3–10　弹簧的规定画法

4）在装配图中，被弹簧挡住的结构一般不画，可见部分应从弹簧的外轮廓线或从弹簧钢丝剖面的中心线画起，如图 6–3–11（a）所示。

5）在装配图中，弹簧被剖切时，弹簧线径小于 2 mm 的剖面区域可以涂黑表示，也可采用示意画法，如图 6–3–11（b）、（c）所示。

4. 圆柱螺旋压缩弹簧的画图步骤

圆柱螺旋压缩弹簧的画图步骤如图 6–3–12 所示。

制图国家标准中规定，无论支承圈的圈数多少，均可按 2.5 圈绘制，但应注写实际的尺寸和参数，必要时允许按支承圈的实际结构绘制。

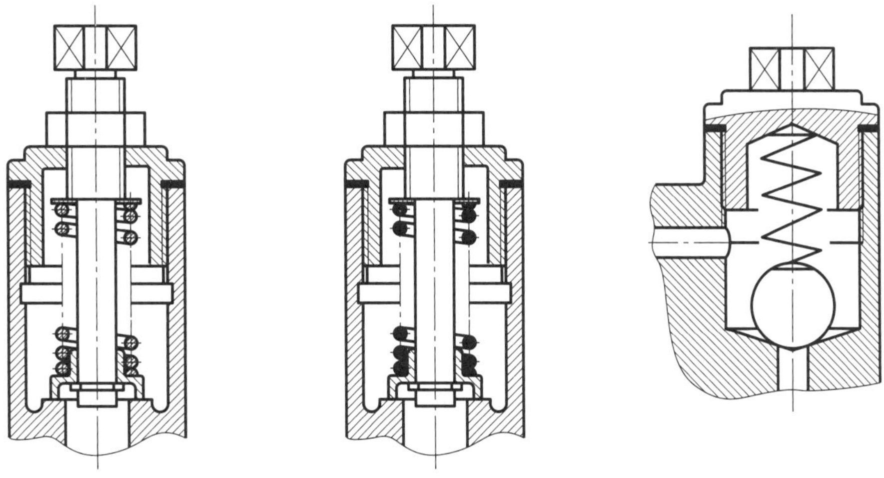

(a)　　(b)　　(c)

图 6-3-11　弹簧在装配图中的画法

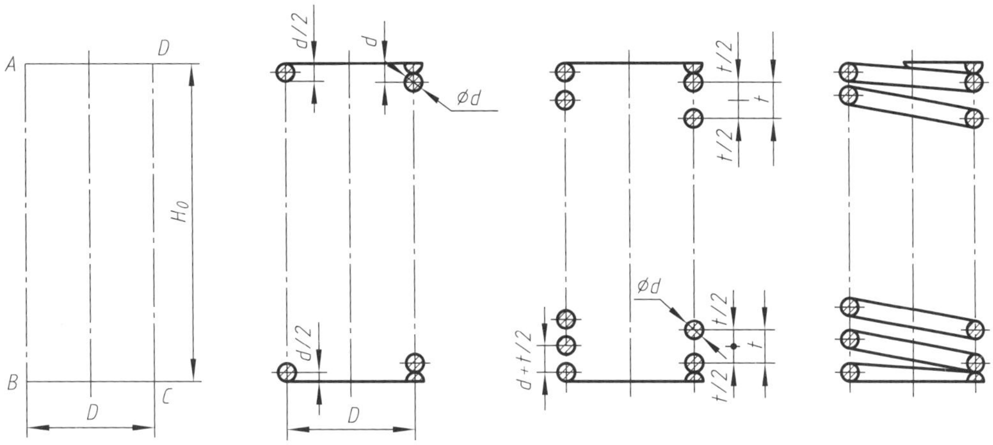

(a) 以自由高度H_0和中径D作矩形

(b) 根据弹簧线径d作支承圈

(c) 根据节距t作有效圈

(d) 按右旋作弹簧钢丝剖面的切线

图 6-3-12　圆柱螺旋压缩弹簧的画图步骤

三、识读装配图

1. 概括了解

通过阅读标题栏和产品说明书等有关资料了解机器（或部件）的名称、用途和性能、比例等信息。由明细栏,对照装配图中的零、部件序号,了解机器(或部件)中所含的标准件和非标准件的名称、数量、材料和它们所在的位置,以及标准件的规格、标记等。

分析视图,根据装配图中视图的表达情况,弄清楚各视图的表达重点。

2. 分析装配关系及工作原理

在概括了解的基础上,分析各条装配干线,弄清楚零件间相互配合的要求,以及零件间的定位、连接方式、密封等情况,从而了解该装配体的装配关系及工作原理。

3. 分析零件,读懂零件的结构形状

分析时一般从主要零件开始,对照明细栏,根据零、部件序号确定该零、部件在视图中的位置。按零件的投影关系及各零件的剖面线来确定该零件在各个视图中的投影,然后分离其投影轮廓。采用形体分析法和线面分析法等方法,弄清楚零件的完整结构形状及作用。了解围绕主要核心零件而设计的其他零件的作用,以及由此产生的设计结构、工艺结构等。

4. 由装配图拆画零件图

在设计机器(或部件)时,需要根据装配图拆画零件图。

(1)关于视图的处理

拆画零件图时,零件在装配图上的表达方案可作为参考,但不要机械地照搬。零件的表达方案要根据其结构特点进行考虑,对于轴套类零件,一般按其加工位置选取主视图投射方向,而叉架类和箱体类零件主视图的位置可以与装配图中一致(工作位置原则)。

(2)关于零件结构的处理

装配图中零件的某些局部结构可能表达的不完全,并且一些工艺结构会省略绘制(如圆角、倒角、退刀槽、砂轮越程槽等)。在拆画零件图时,应补全该零件被其他零件所遮挡部分的投影,同时增补被简化绘制的工艺结构,并合理设计未表达清楚的结构。

(3)关于零件图上尺寸的处理

装配图中只标注一些必要的尺寸。因此在拆画零件图时,应按零件图的要求合理选择尺寸基准,并注全尺寸。具体做法如下:

1)装配图上已有的尺寸:凡装配图中已经注出的尺寸,在零件图上应直接注出。

2)由查表确定的尺寸:凡与标准件连接或配合相关的尺寸,如螺孔、销孔等的直径,以及由标准规定的结构尺寸,如倒角、退刀槽、砂轮越程槽等,均应从相应的标准中查取。

3)经计算确定的尺寸:需要根据装配图中所给的数据进行计算的尺寸,如齿轮的齿顶圆、分度圆直径等,应经过计算后再标注。

4)在装配图上度量确定的尺寸:除上述3类尺寸外,其他尺寸均按装配图的图形大小和图样比例,量取后标注。但要注意尺寸数字应圆整和取标准化数值。对于零件间有配合、连接关系的尺寸,应注意协调一致,以保证装配正确。

(4)关于零件图中技术要求的处理

技术要求在零件图中占有重要地位,它直接影响零件的加工质量。根据零件在机器(或部件)中的作用、要求和加工方法及与其他零件的装配关系,参考有关资料,确定其表面结构、尺寸公差等相关技术要求。

四、一级圆柱齿轮减速器

1. 结构分析

一级圆柱齿轮减速器主要由箱体、传动零件(齿轮)、轴承、传动轴及其附件组成。如图 6-3-1 所示,其箱体采用分离式,沿两轴线平面分为上箱体和下箱体,两者采用螺栓连接,便于拆装。为了保证箱体上安装轴承和端盖的孔的形状正确,两零件上的孔需配合在一起加工;装配时,它们之间采用两圆锥销定位,锥销孔钻成通孔,便于拔销。下箱体底部为油池,内装机油,供齿轮润滑;齿轮和轴承采用飞溅润滑方式,油面高度通过油标观察。通气塞的作用为排放箱体内的挥发气体,拆去视孔盖可检查齿轮磨损情况或加油。油池底部应有斜度,放油螺塞用于清洗、放油,其螺孔应低于油池底面,以便油池内机油可放尽。箱体前后对称,两啮合齿轮安置在该对称平面上,轴承和端盖对称分布在齿轮的两侧,如图 6-3-13 所示。箱体的左、右两侧有 4 个成钩状的加强肋板,其作用为起吊、运输。

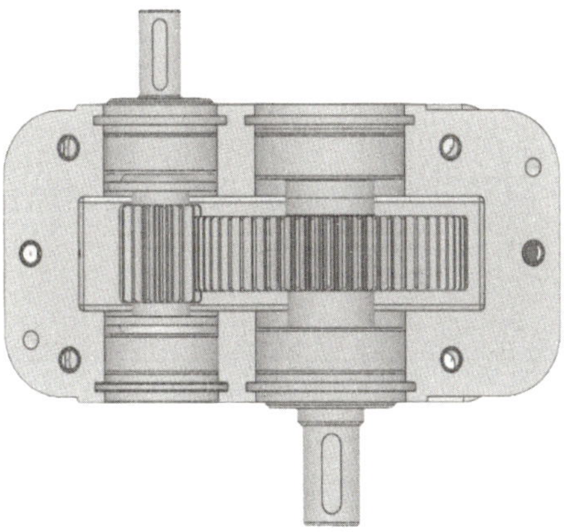

图 6-3-13　一级圆柱齿轮减速器结构分析(下箱体部分)

2. 工作原理

一级圆柱齿轮减速器是通过装在箱体内的一对啮合齿轮的转动,将动力从一轴传递至另一轴,从而实现降低转速,增大转矩的。原动机的输出转速从齿轮轴输入后,齿轮轴与大齿轮啮合传动,从而使动力由大齿轮的传动轴输出,由于大齿轮的齿数比齿轮轴大,故大齿轮的转速比齿轮轴小,从而起到减速的作用。

【任务实施】

一、绘图准备

在画装配图之前,对现有资料进行整理和分析,进一步了解一级圆柱齿轮减速器的用途、性能、结构特点及各组成部分的相互位置和装配关系,勾画其完整形状。

一级圆柱齿轮减速器三维模型文件

二、图形分析

根据装配图的视图选择原则，确定一级圆柱齿轮减速器装配图的表达方案。首先主视图应符合工作位置原则，重点表达外形结构，同时对右侧螺栓连接及油标结构采用了局部剖视图，这样不但可表达两处的装配连接关系，同时对箱体右侧和底部的壁厚亦进行了表达，而且油面高度及大齿轮的浸油情况也一目了然；对左侧圆锥销连接及放油螺塞连接采用了局部剖视图，表达这两处的装配、连接关系；对顶部通气装置采用了局部剖视图，表达各零件的装配、连接关系。

左视图可采用外形视图或局部剖视图，主要表达其外部轮廓，并在视图中作两处局部剖视图，表达安装孔结构，以便于标注安装尺寸；以及表达螺栓连接。

俯视图采用沿上箱体和下箱体结合面剖切的画法，重点表达两轴的装配关系、零件间的相互位置、齿轮的啮合情况等，同时显示螺栓孔、锥销孔的位置等。

三、图形绘制

绘制一级圆柱减速器装配图

1. 完善视图布局

利用中望 3D 软件对一级圆柱齿轮减速器进行二维装配图的前期视图处理，如图 6-3-14 所示。

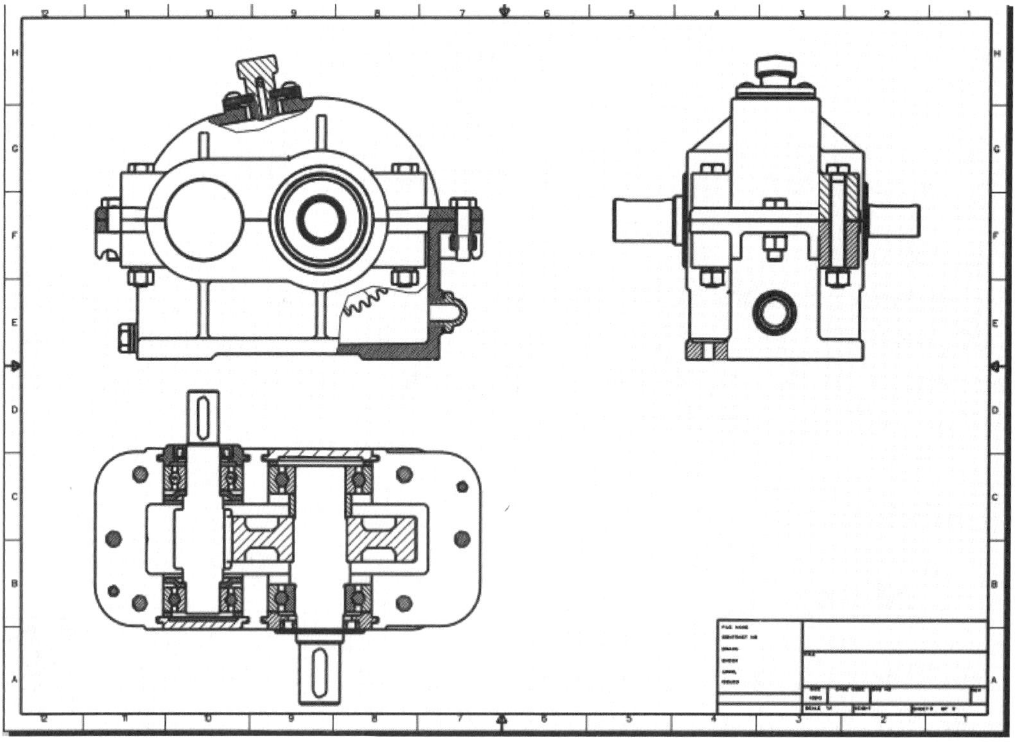

图 6-3-14　二维装配图

（1）进入装配 2D 界面

打开一级圆柱齿轮减速器 3D 装配图，单击工具栏上“2D 工程图”图标，或在空白处右击，在弹出的菜单栏中选择“2D 工程图”选项［图 6-3-15（a）］，系统弹出“选择模板”对话框，模板选择“A2_H(ANSI)”图幅［图 6-3-15（b）］，单击“确定”按钮进入装配 2D 界面。

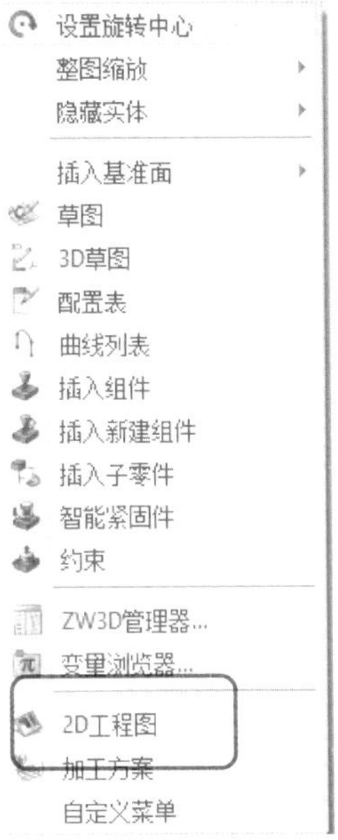

(a)

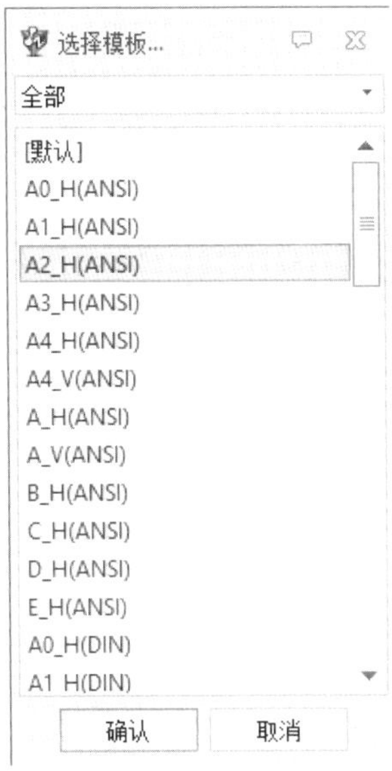

(b)

图 6-3-15　进入 2D 工程图

（2）完成投影视图

在弹出的“标准”对话框中选择“一级圆柱齿轮减速器”，视图选择“后视图”（图 6-3-16），放置在图幅左上角的位置，单击“确定”按钮得到后视图，如图 6-3-17 所示，在“投影”对话框中选择“第一视角”（图 6-3-18），同时向右、向下平移拖动后视图，依次得到后视图的投影视图，如图 6-3-19 所示。

（3）简化三视图

双击“后视图”的黄色边界，系统弹出“视图属性”对话框（图 6-3-20），可对该视图属性进行设置，单击“显示消隐线”图标，取消消隐线的显示；单击“显示中心线”图标，取消中心线的显示，单击“确定”按钮，然后对“后视图”的投影视图重复上述操作，可得到简化后的三视图，如图 6-3-21 所示。

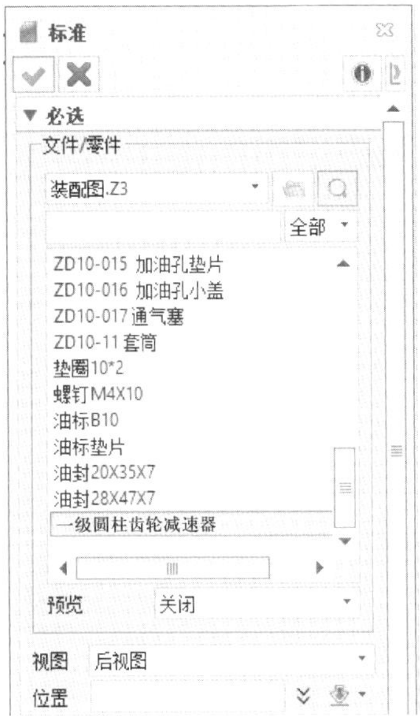

图 6-3-16　“标准”对话框

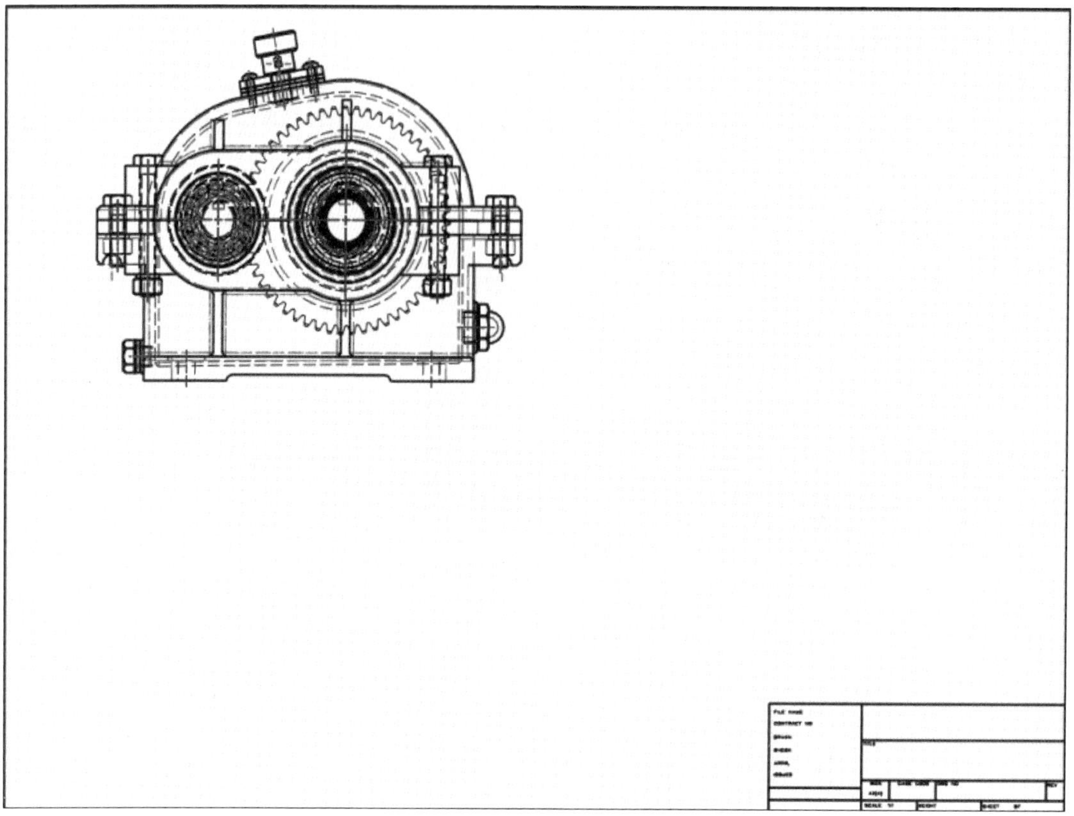

图 6-3-17 后视图的摆放

图 6-3-18 “投影”对话框

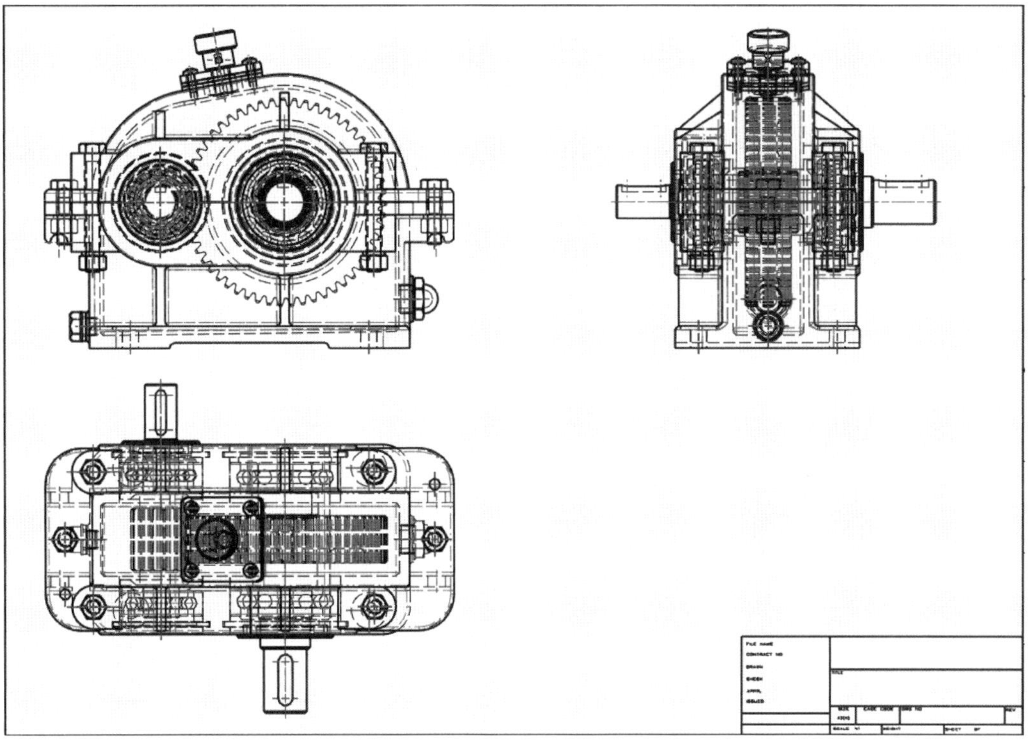

图 6-3-19　三视图

图 6-3-20　“视图属性”对话框

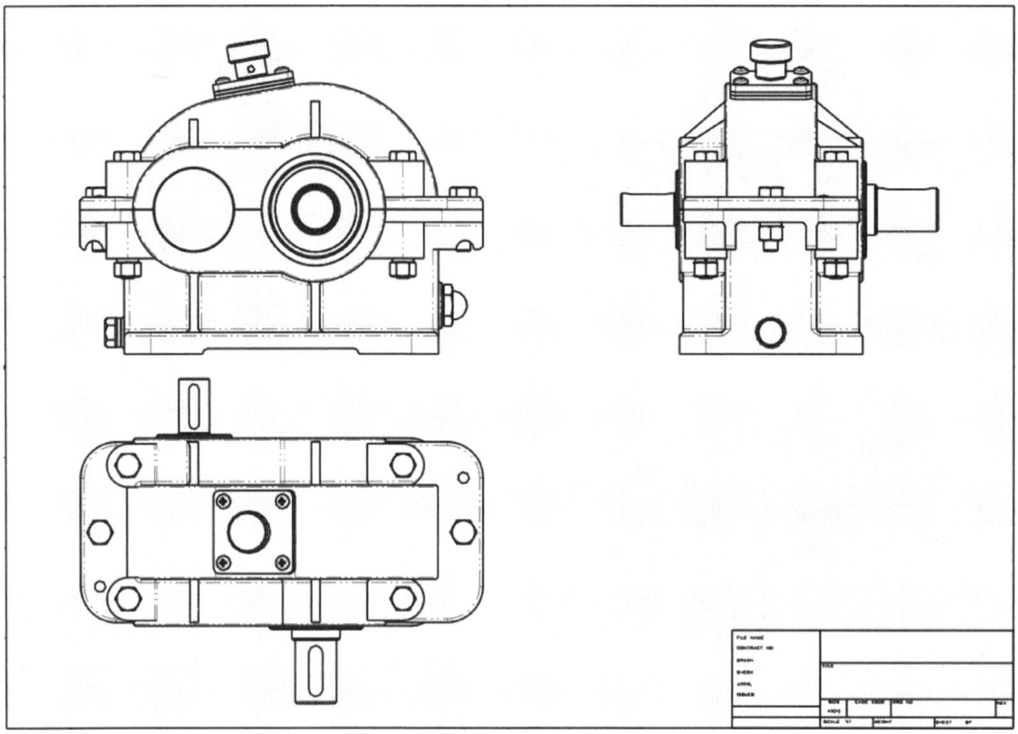

图 6-3-21　简化后的三视图

（4）局部剖视图

1）完成主视图中的局部剖视图。单击工具栏“局部剖”图标，系统弹出“局部剖”对话框。基础视图选择主视图，边界选择“多段线”边界后框选最左侧圆锥销连接区域，深度选择“点”，同时选择深度点为左视图中心轴线位置（图 6-3-22），单击“确定”按钮后圆锥销连接区域的装配关系将显示在图纸上（图 6-3-23）。按照上述操作，依次完成顶部通气装置（图 6-3-24）、右侧螺栓连接及箱体结构（图 6-3-25）、底部左侧放油螺塞（图 6-3-26）的局部剖视图。

图 6-3-22　局部剖操作界面

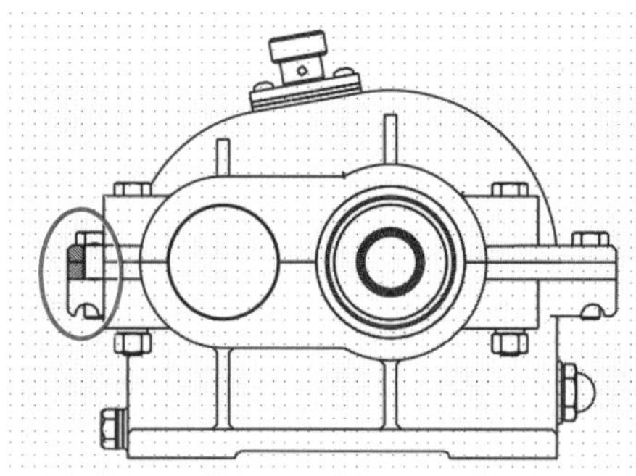

图 6-3-23　圆锥销连接区域

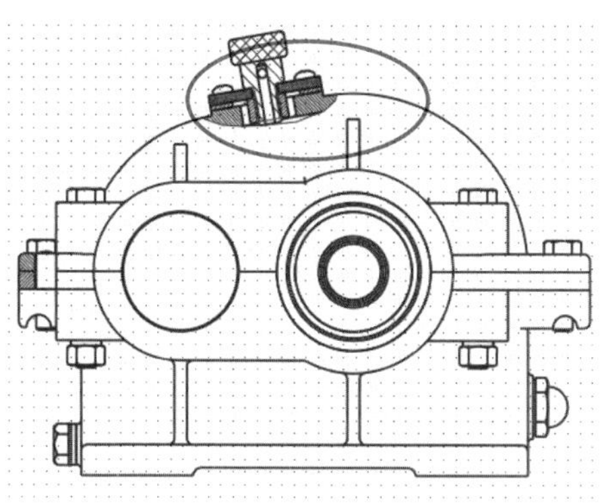

图 6-3-24　通气装置区域

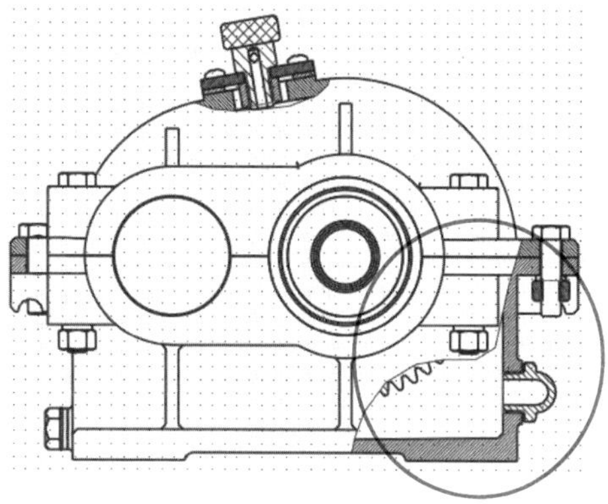

图 6-3-25　螺栓连接及箱体结构区域

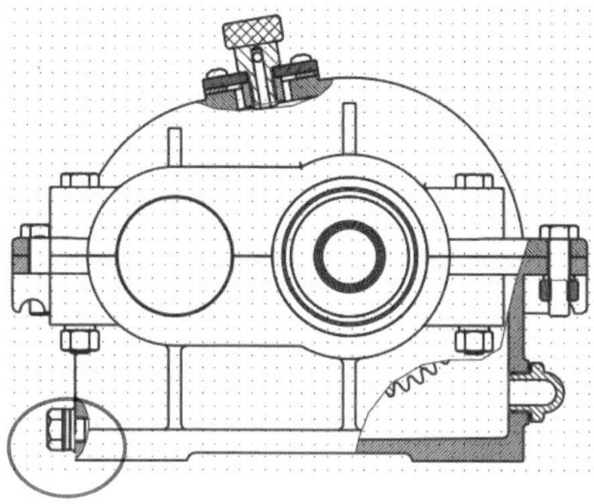

图 6-3-26　放油螺塞区域

2）完成左视图中的局部剖视图。

安装孔的局部剖。单击工具栏“局部剖”图标，系统弹出“局部剖”对话框。基础视图选择左视图，边界选择“多段线”边界后框选底部左侧安装孔区域，深度选择“剖平面”，深度视图选择俯视图（图 6-3-27），选择深度点为俯视图中安装孔的位置（图 6-3-28），单击“确定”按钮后，安装孔的局部剖视图如图 6-3-29 所示。

螺栓台的局部剖。单击工具栏“局部剖”图标，系统弹出“局部剖”对话框。基础视图选择左视图，边界选择“矩形”边界后框选左侧螺栓台区域，深度选择“剖平面”，深度视图选择主视图（图 6-3-30），选择深度点为主视图中螺栓台的位置（图 6-3-31），单击“确定”按钮后，螺栓台的局部剖视图如图 6-3-32 所示。

图 6-3-27　“局部剖”对话框

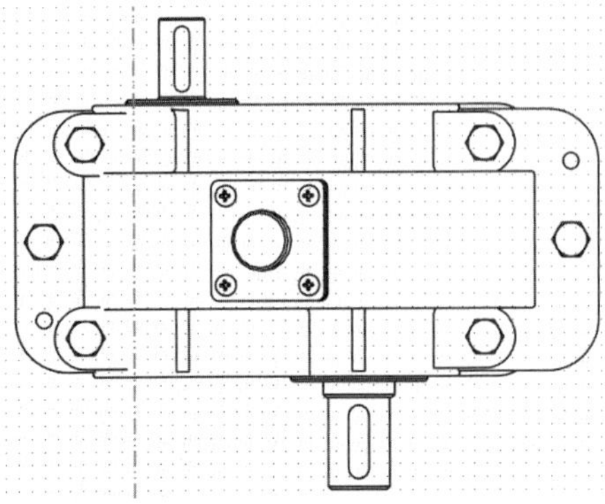

图 6-3-28　深度点位置选择

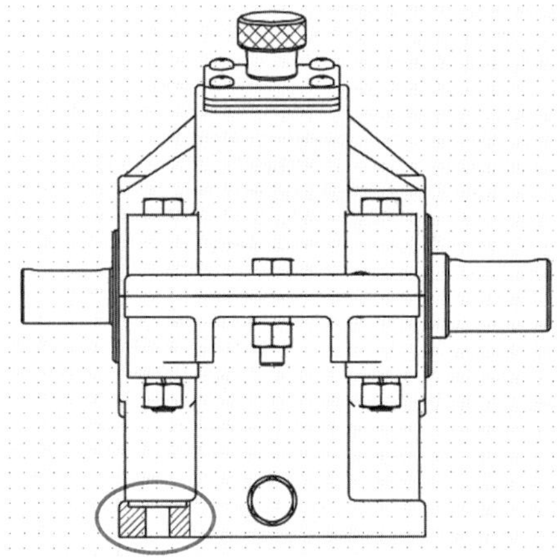

图 6-3-29　安装孔区域

图 6-3-30　“局部剖”对话框

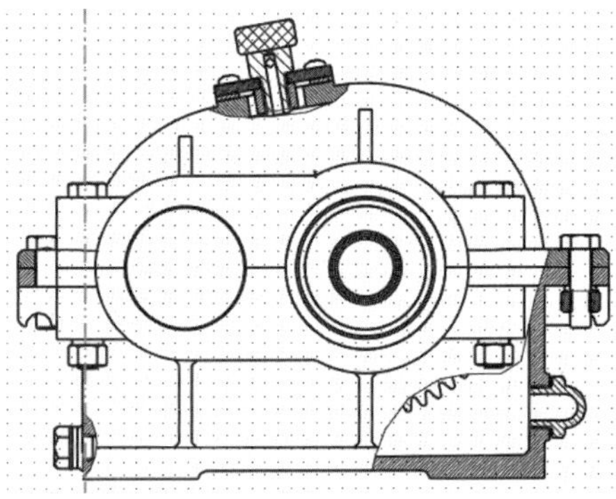

图 6-3-31　深度点位置选择

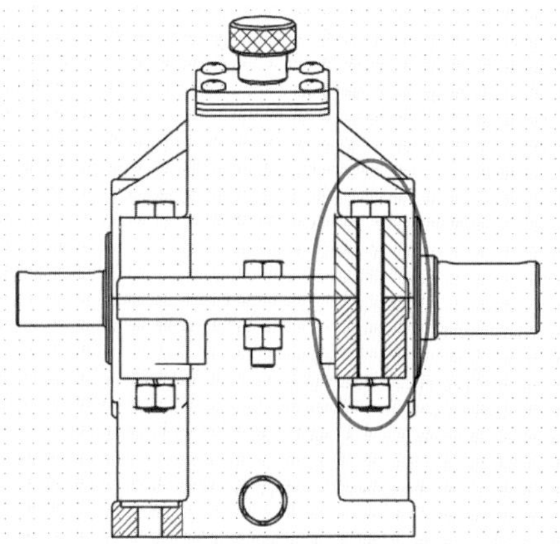

图 6-3-32　螺栓台区域

3）完成俯视图中的局部剖视图。

单击工具栏“局部剖”图标，系统弹出“局部剖”对话框。基础视图选择俯视图，边界选择“矩形”边界后框选左侧圆锥销区域，深度选择“点”，同时选择深度点为主视图中心轴线位置（图 6–3–33），单击“确定”按钮后齿轮的啮合情况将显示在图纸上，如图 6–3–34 所示；同理显示滚动轴承的内部结构，如图 6–3–35 所示。

图 6–3–33　“局部剖”对话框

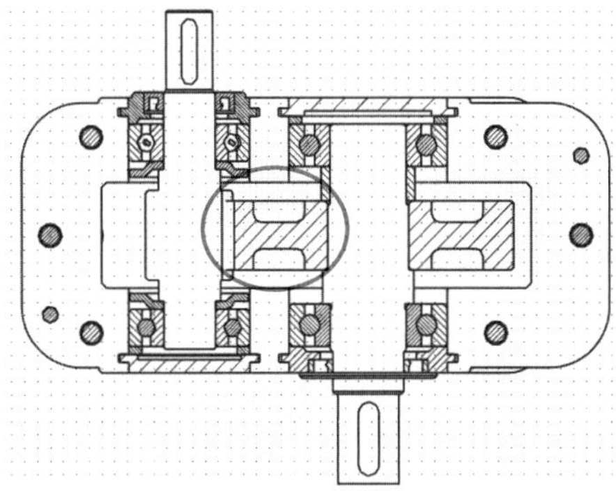

图 6–3–34　齿轮啮合区域

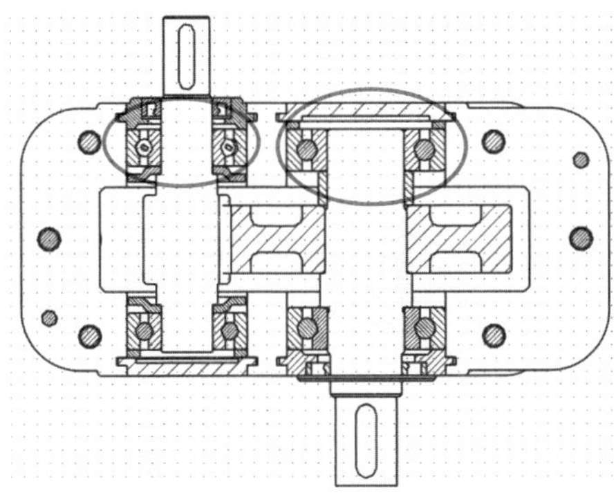

图 6–3–35　滚动轴承区域

（5）图形的格式输出

单击“文件”工具栏→“输出”，选择输出的目录，文件名称输入“一级圆柱齿轮减速器”，保存类型选择“DWG/DXF File(*.dwg;*.dxf)”格式，单击“输出”按钮，再单击“确定”按钮完成图形输出，如图 6–3–36 所示。通过上述操作，完成前期视图处理，接下来更加细化的处理需要在中望机械 CAD 中进行。

2. 绘制装配图

1）打开中望机械 CAD，单击“打开”图标，选择中望 3D 软件输出的“一级圆柱齿轮减速器 .dwg”文件，单击“打开”按钮，图形出现在绘图区域，如图 6–3–37 所示。

图 6-3-36 图形的格式输出

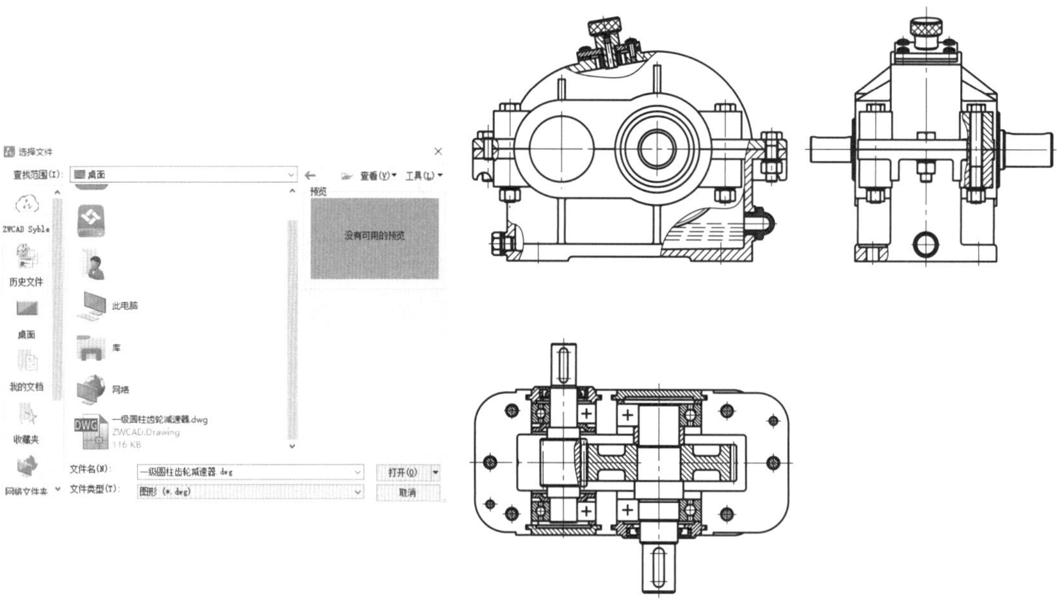

图 6-3-37 “一级圆柱齿轮减速器 .dwg” 文件

2）选择菜单栏的“机械”→“图纸”→“图幅设置”或输入“TF”，系统弹出“图幅设置”对话框，选择图幅大小为“A1”，其他选项可不作更改，选择默认设置，也可针对图形不同摆放位置进行绘图比例设置，设置完成后单击“确定”按钮，将弹出的图幅放置在合适位置，如图 6-3-38 所示。

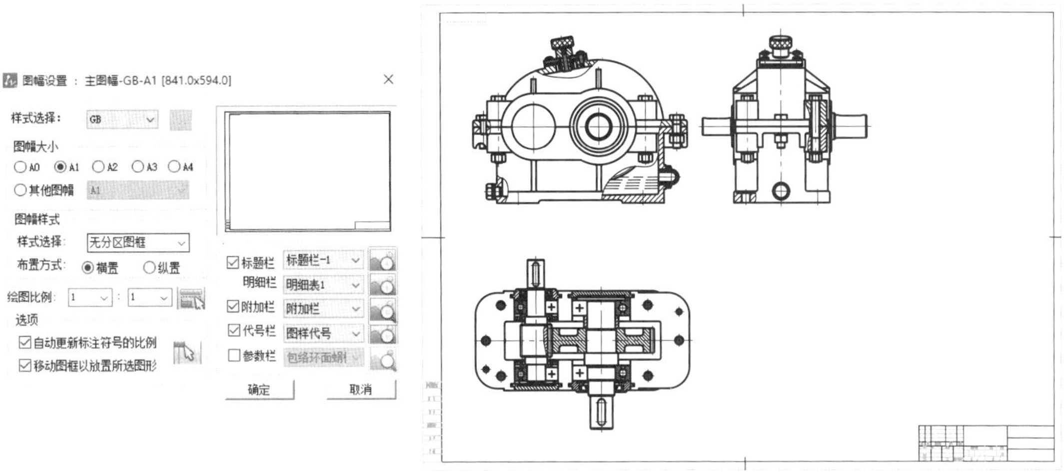

图 6-3-38 设置图幅

3）添加图幅后会激活图层，单击“图层特性管理器”图标，系统弹出“图层特性管理器”对话框，分别将“1 轮廓实线层”“5 剖面线层”“7 标注层”等图层的线宽设置成符合机械制图国家标准，设置完成后的图层如图 6-3-39 所示。

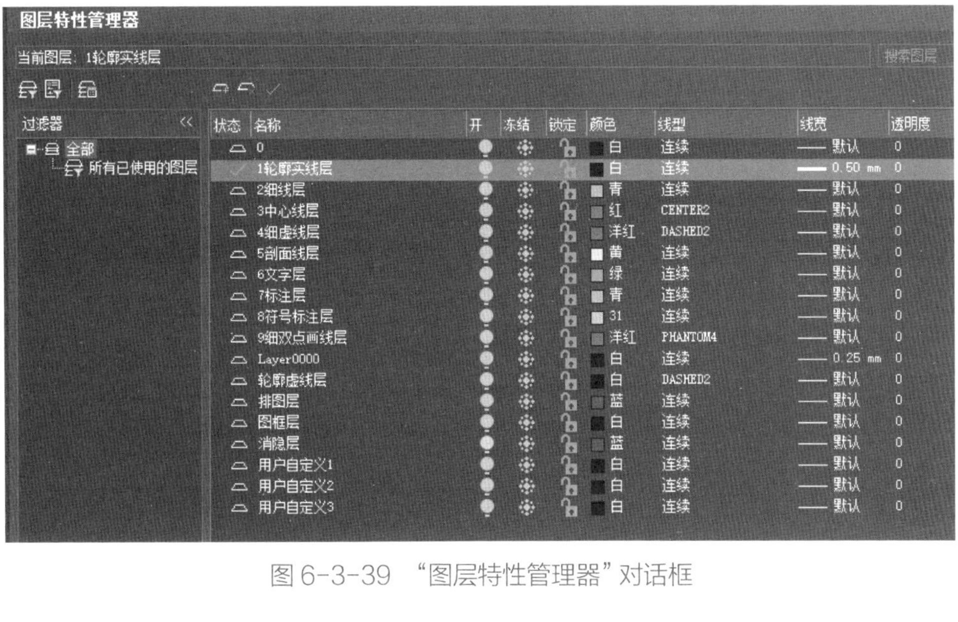

图 6-3-39 “图层特性管理器”对话框

4）根据图形的显示情况，删除轮廓粗实线、中心线、剖面线之外的其他线段，同时调整图形的合理性，删除消隐线，如图 6-3-40 所示。

5）选中部分图形轮廓线，右击鼠标，在快捷菜单中选择“选择类似对象”选项，中望机械 CAD 会自动识别与该图层线段一致的线段，对于未选中的线段需手动进行选取，选取线段后单击“图层特性管理器”图标或输入“1”，将选定线型归入“1 轮廓实线层”，并在上部属性栏中将颜色控制、线宽控制及线型控制都选择为随层，如图 6-3-41 所示。

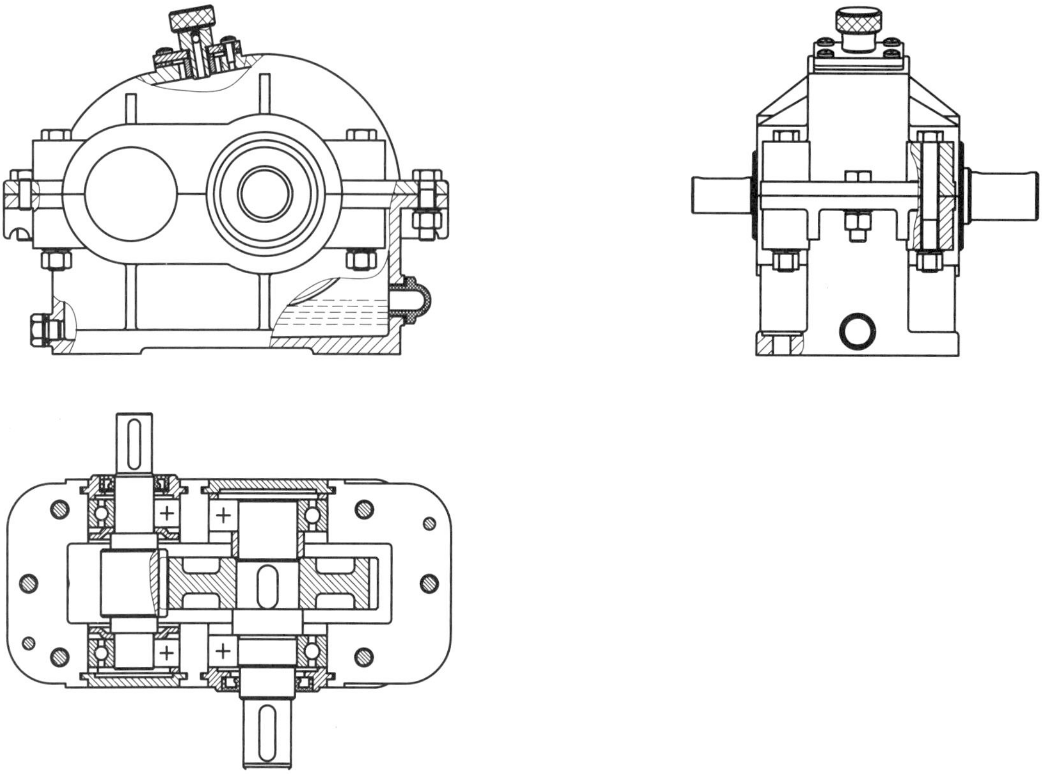

图 6-3-40　去除多余线段

图 6-3-41　设置轮廓线线型

6）单击“中心线”图标 或输入“ZX”，绘制传动轴、齿轮轴的轴线，齿轮、螺栓、轴承、通气塞等对称零件的中心线，如图 6-3-42 所示。

7）绘制齿轮啮合图，可参考图 6-3-6 所示圆柱齿轮啮合的画法绘制剖视图中齿轮齿顶圆、分度圆及齿根圆对应的线段，并完成齿轮啮合处的线型处理，如图 6-3-43 所示。

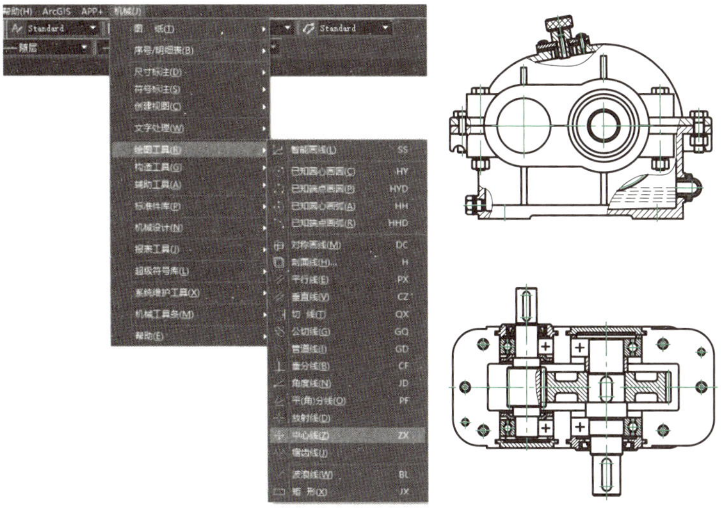

图 6-3-42　绘制中心线

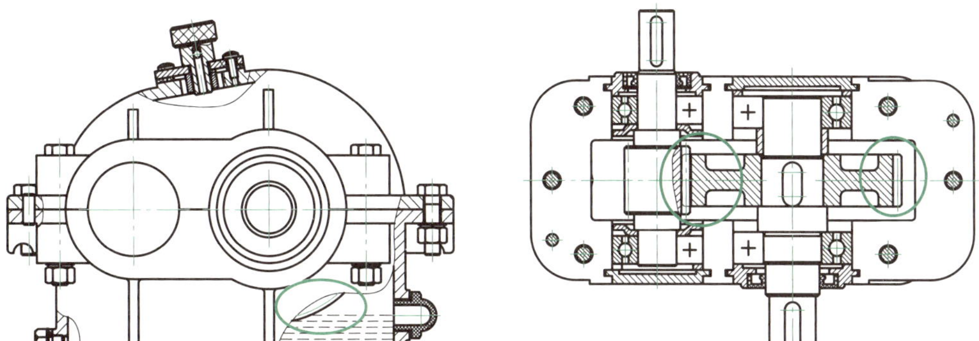

图 6-3-43　齿轮啮合图

8）绘制传动轴上的键槽。根据 3D 视图明细表可知传动轴上有一 10×8×22 的普通平键键槽，根据位置关系，在俯视图中画出键槽投影，如图 6-3-44 所示。

9）选中图形中剖切区域，选定区域后单击“图层特性管理器”图标或输入“5”，将选定线型归入“5 剖面线层”，并在上部属性栏中将颜色控制、线宽控制及线型控制都选择为随层，如图 6-3-45 所示。

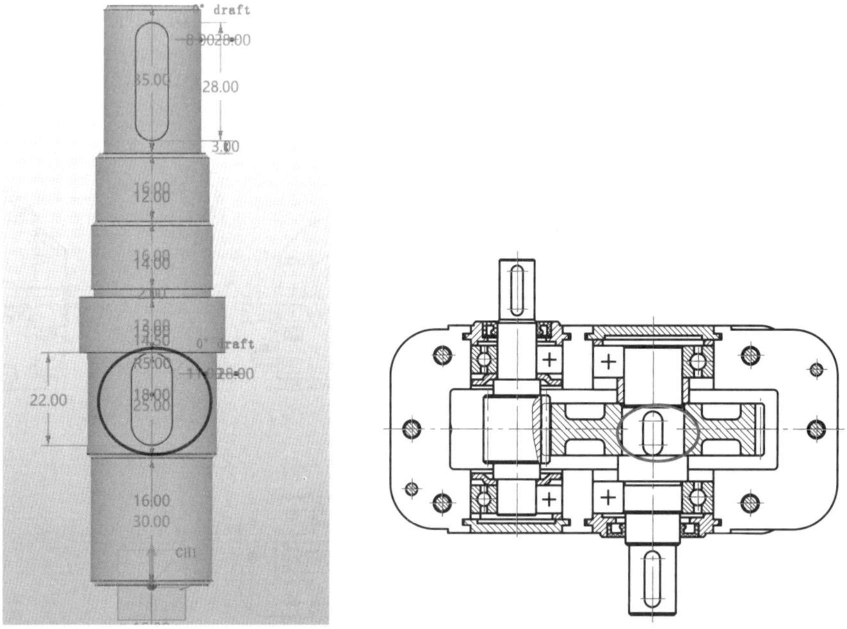

图 6-3-44　绘制传动轴上的键槽

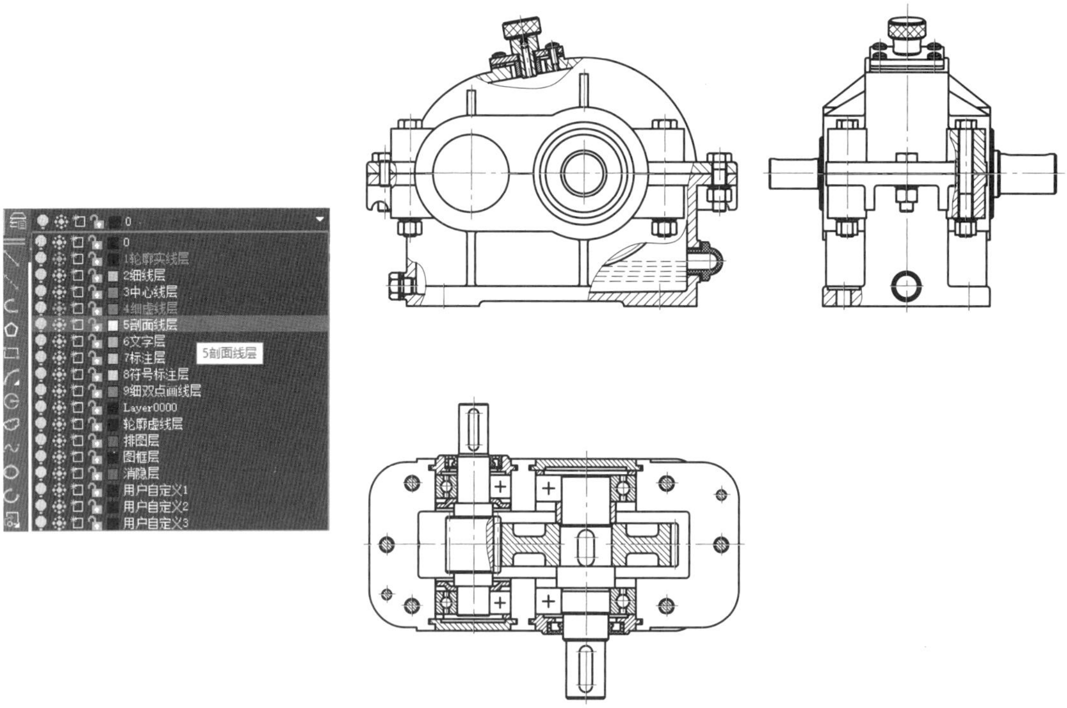

图 6-3-45　绘制剖面线

四、尺寸标注

1）选择菜单栏的“机械”→“尺寸标注”→“智能标注”或输入“D”，对图形中5类尺寸进行标注，即性能（规格）尺寸、装配尺寸、总体尺寸、安装尺寸及其他重要尺寸，标注后图形如图6-3-46所示。

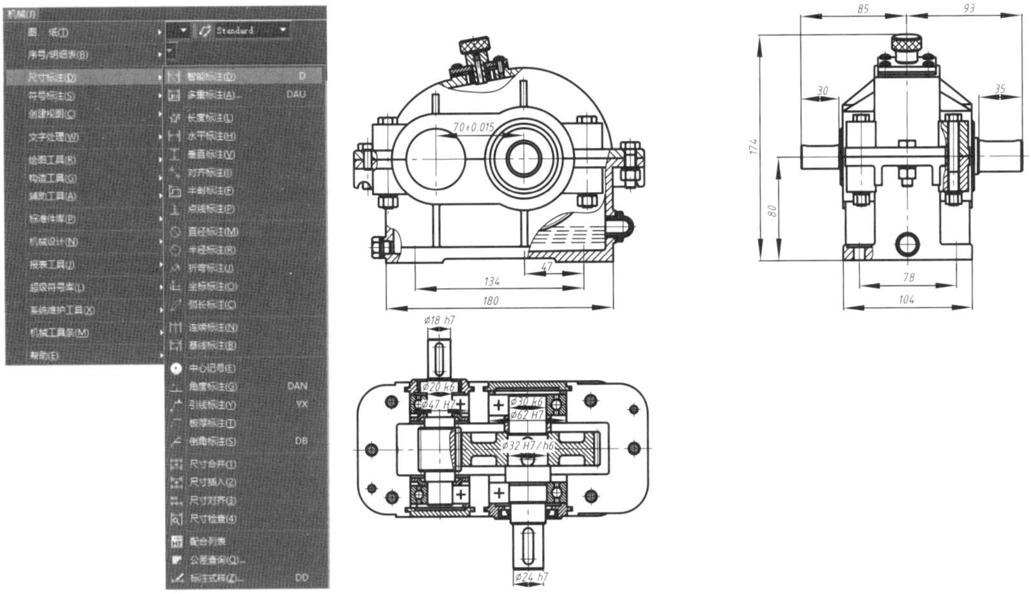

图6-3-46　尺寸标注

2）选择菜单栏的“机械”→“序号/明细表”→“标注序号”或输入“XH”，系统弹出“引出序号”对话框，类型和内容选择“直线型”，序号内容中序号填入“1”，数量为“1”；其他选项中勾选“序号自动调整”和“填写明细表内容”复选框，单击“确定”按钮完成设置如图6-3-47所示。

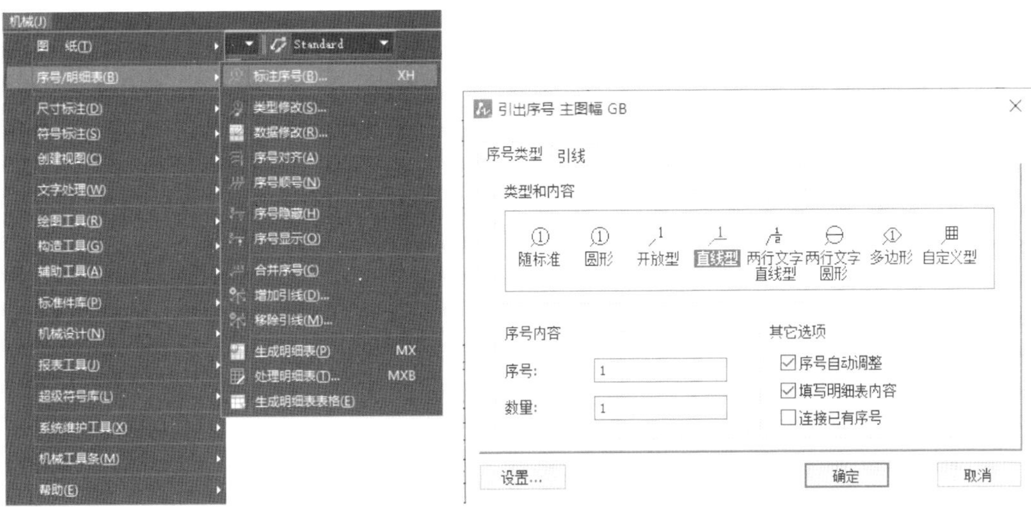

图6-3-47　设置序号格式

3）序号设置完成后，出现提示："选择要附着的对象或引出点"，如图 6-3-48 所示，单击图中合适位置作为序号引出点，拖动序号到合适区域后，填写对应的序号、代号、名称、数量、材料、备注等信息，最终序号明细信息如图 6-3-49 所示。

4）选择菜单栏的"机械"→"序号 / 明细表"→"生产明细表"或输入"MX"，命令栏出现提示"请指定生成界线点"，选择软件默认位置单击，生成明细栏（明细表）。

5）填写标题栏。双击标题栏，依次填写单位、图样名称、图样代号、日期等重要信息。

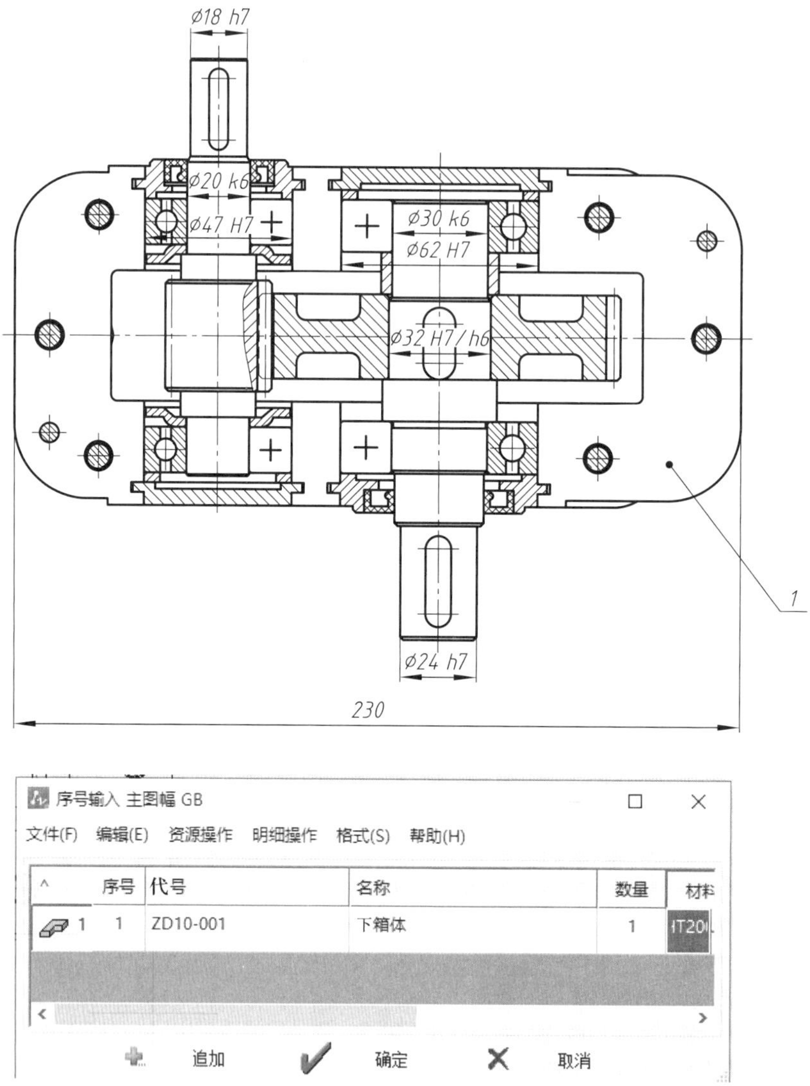

图 6-3-48　完善序号信息

序号	代号	名称	数量	材料	备注
1	ZD10-001	下箱体	1	HT200	
2	ZD10-002	大齿轮	1	40Cr	m=2，z=55
3	GB/T 276—2013	滚动轴承 6206	2		
4	ZD10-003	传动轴	1	40Cr	
5	GB/T 13871.1—2022	唇形密封圈	1		B28 47
6	ZD10-004	传动轴透盖	1	HT200	
7	ZD10-005	齿轮轴端盖	1	HT200	
8	ZD10-006	齿轮轴	1	40Cr	m=2，z=15
9	GB/T 276—2013	滚动轴承 6204	2		
10	ZD10-007	齿轮轴调整环	1	45	
11	ZD10-008	挡油环	2	Q235	
12	ZD10-009	螺塞	1	45	
13	ZD10-018	垫圈10	2	石棉	
14	GB/T 13871.1—2022	唇形密封圈	1		B20 35
15	ZD10-010	齿轮轴透盖	1	HT200	
16	ZD10-011	传动轴端盖	1	HT200	
17	ZD10-012	套筒	1	45	
18	GB/T 1096—2003	键10×8×22	1		
19	ZD10-013	传动轴调整环	1	45	
20	GB/T 3452.1—2005	O形密封圈16×2.65	1		
21	JB/T 7941.2—1995	圆形油标B10	1		
22	GB/T 41—2016	螺母M8	6		
23	GB/T 93—1987	弹簧垫圈8	6		
24	GB/T 97.1—2002	垫圈8	6		
25	GB/T 5780—2016	螺栓M8×30	2		
26	ZD10-014	上箱体	1	HT200	
27	ZD10-015	视孔盖垫片	1	石棉	
28	ZD10-016	视孔盖	1	Q235	
29	GB/T 41—2016	螺母M10	1		
30	ZD10-017	通气塞	1	45	
31	GB/T 818—2016	螺钉M4×10	4		
32	GB/T 5780—2016	螺栓M8×65	4		
33	GB/T 117—2000	圆锥销6×15	2		

图 6-3-49　序号明细信息

6）完善技术要求。选择菜单栏的“机械”→“文字处理”→“技术要求”或输入“TJ”，填写一级圆柱齿轮减速器技术要求，如图 6-3-50 所示。图 6-3-51 所示为一级圆柱齿轮减速器装配图。

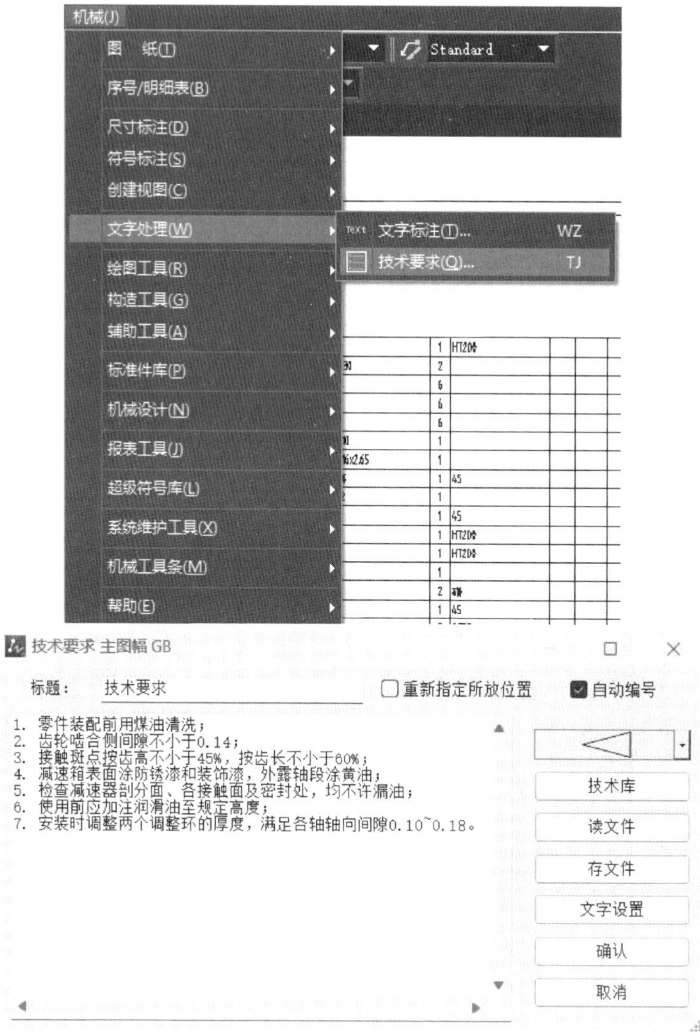

图 6-3-50 填写技术要求

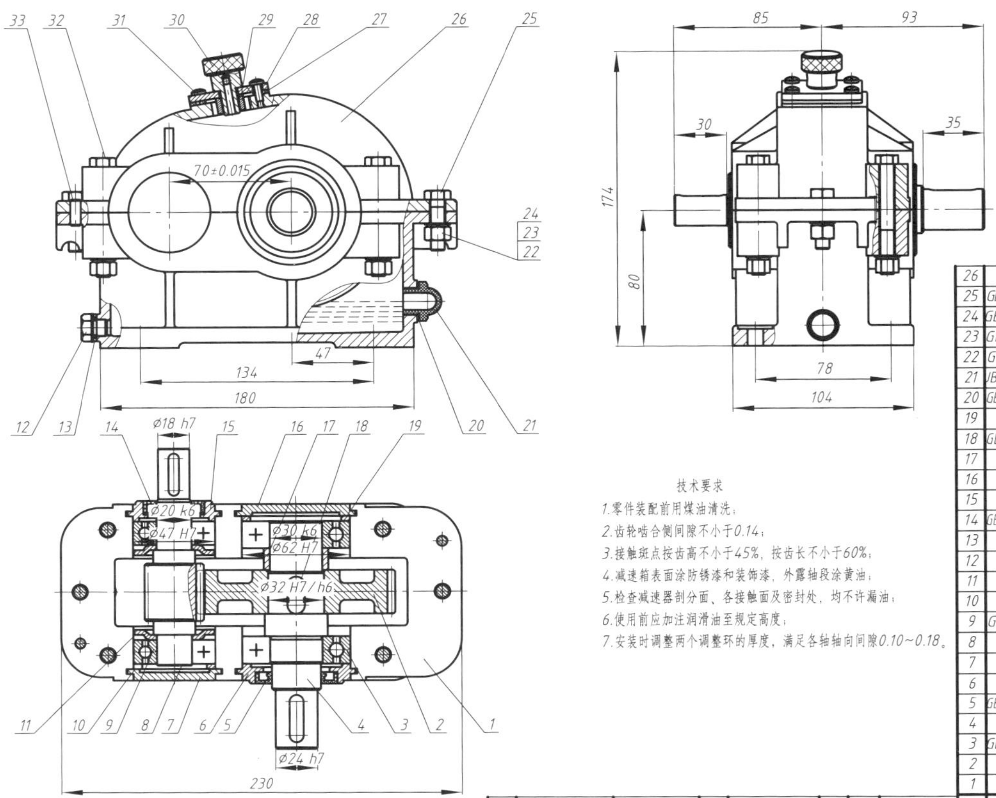

技术要求

1.零件装配前用煤油清洗；
2.齿轮啮合侧间隙不小于0.14；
3.接触斑点按齿高不小于45%，按齿长不小于60%；
4.减速箱表面涂防锈漆和装饰漆，外露轴段涂黄油；
5.检查减速器剖分面、各接触面及密封处，均不许漏油；
6.使用前应加注润滑油至规定高度；
7.安装时调整两个调整环的厚度，满足各轴轴向间隙0.10~0.18。

序号	图号	名称	数量	材料	单件重量	总计重量	备注
33	GB/T 117 2000	圆锥销6×15	2				
32	GB/T 5780-2016	螺栓M8×65	4				
31	GB/T 818-2016	螺钉M4×10	4				
30	ZD10-017	通气塞	1	45			
29	GB/T 41	螺母M10	1				
28	ZD10-016	视孔盖	1	Q235			
27	ZD10-015	视孔盖垫片	1	石棉			
26	ZD10-014	上箱体	1	HT200			
25	GB/T 5780-2016	螺栓M8×30	2				
24	GB/T 97.1-2002	垫圈8	6				
23	GB/T 93-1987	弹性垫圈8	6				
22	GB/T 41-2016	螺母M8	6				
21	JB/T 7941.2-1995	圆形油标B10	1				
20	GB/T 34521-2005	O形密封圈16×2.65	1				
19	ZD10-013	传动轴调整环	1	45			
18	GB/T 1096-2003	键10×8×22	1				
17	ZD10-012	套筒	1	45			
16	ZD10-011	传动轴端盖	1	HT200			
15	ZD10-010	齿轮轴透盖	1	HT200			
14	GB/T 13871.1-2022	唇形密封圈	1				B20 35
13	ZD10-018	垫圈10	2	石棉			
12	ZD10-009	螺塞	1	45			
11	ZD10-008	挡油环	2	Q235			
10	ZD10-007	齿轮轴调整环	1	45			
9	GB/T 276-2013	滚动轴承6204	2				
8	ZD10-006	齿轮轴	1	40Cr			m=2，Z=15
7	ZD10-005	齿轮轴端盖	1	HT200			
6	ZD10-004	传动轴透盖	1	HT200			
5	GB/T 13871.1-2022	唇形密封圈	1				B28 47
4	ZD10-003	传动轴	1	40Cr			
3	GB/T 276-2013	滚动轴承6206	2				
2	ZD10-002	大齿轮	1	40Cr			m=2，Z=55
1	ZD10-001	下箱体	1	HT200			

标记	处数	更改文件号	签字	日期	图样标记	重量	比例	一级圆柱齿轮减速器
设计		标准化					1:1.5	ZD10-000
审核								
工艺		日期			共 页		第 1 页	

一级圆柱齿轮减速器装配图

图 6-3-51 一级圆柱齿轮减速器装配图

【任务总结】

通过案例实操与练习，完成一级圆柱齿轮减速器装配图绘制，掌握装配图绘图步骤及要点。明确装配体的投影布局，合理剖切视图，从而表达装配体的工作原理、装配关系，并按国家标准完善尺寸标注，零、部件序号和明细栏编写，掌握图层管理、标注序号、生成明细栏的操作与运用，能够利用中望机械 CAD 快捷键高效绘图。

【任务检测】

读图 6-3-51 所示一级圆柱齿轮减速器装配图并填空。

1）左视图中螺栓连接区域是________视图，可以通过中望 3D 软件中________命令制作，在中望机械 CAD 中需要通过________指令优化。

2）图中 $\phi 62$ H7 的含义是________________________，其上极限尺寸是________，下极限尺寸是________。

3）图中 $\phi 32$ H7/h6 是________制，属________配合，孔的公差带代号是________，上极限尺寸是________，下极限尺寸是________；轴的公差带代号是________，上极限尺寸是________，下极限尺寸是________。

4）查找资料解释箱体材料 HT200 的含义：________________________；

挡油环材料 Q235 的含义：________________________。

【任务评价】

任务评价标准

序号	评价内容	分数	自评分	互评分	教师评分
1	前期视处理	10			
2	视图投影	10			
3	局部剖视图	10			
4	格式输出	10			
5	图层管理	10			
6	齿轮啮合的画法	10			
7	序号与明细栏	10			
8	尺寸标注	10			
9	任务检测	10			
10	课堂表现	10			
总分		100			
综合评价（自评分 ×20%+ 互评分 ×30%+ 教师评分 ×50%）					

附　录

附录 A　螺纹

附表 1　普通螺纹牙型、直径与螺距系列（摘自 GB/T 192—2003、GB/T 193—2003）

mm

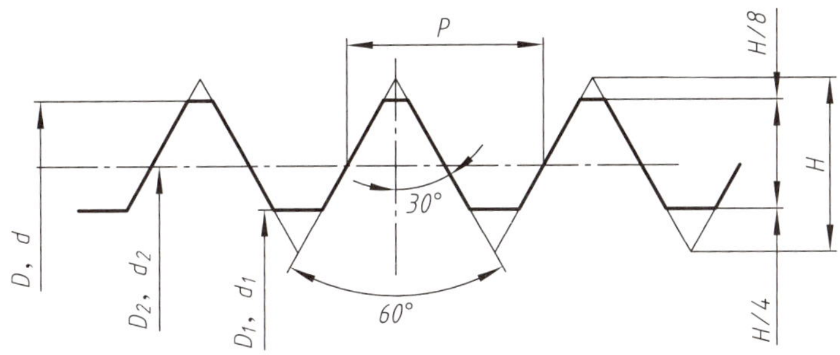

D—内螺纹基本大径（公称直径）；
d—外螺纹基本大径（公称直径）；
D_2—内螺纹基本中径；
d_2—外螺纹基本中径；
D_1—内螺纹基本小径；
d_1—外螺纹基本小径；
P—螺距；
H—原始三角形高度

标记示例：

M12（粗牙普通外螺纹、公称直径 d=12 mm、中径及大径公差带代号均为 6 g、中等旋合长度组、右旋）

M12×1-LH（细牙普通内螺纹、公称直径 D=12 mm、螺距 P=1 mm、中径及大径公差带代号均为 6H、中等旋合长度组、左旋）

公称直径 ***D*、*d***			螺距 ***P***	
第一系列	第二系列	第三系列	粗牙	细牙
	3.5		0.6	0.35
4			0.7	0.5
	4.5		0.75	0.5
5			0.8	0.5
		5.5		0.5
6			1	0.75

续表

公称直径 D、d			螺距 P	
第一系列	第二系列	第三系列	粗牙	细牙
	7		1	0.75
8			1.25	1、0.75
		9	1.25	1、0.75
10			1.5	1.25、1、0.75
		11	1.5	1.5、1、0.75
12			1.75	1.25、1
	14		2	1.5、1.25、1
		15		1.5、1
16			2	1.5、1
		17		1.5、1
	18		2.5	2、1.5、1
20			2.5	2、1.5、1
	22		2.5	
24			3	2、1.5、1
		25		
		26		1.5
	27		3	2、1.5、1
		28		2、1.5、1
30			3.5	(3)、2、1.5、1
		32		2、1.5
	33		3.5	(3)、2、1.5
		35		1.5
36			4	3、2、1.5
		38		1.5

注：M14×1.25 仅用于火花塞；M35×1.5 仅用于滚动轴承锁紧螺母。

附表2 梯形螺纹直径与螺距系列（摘自 GB/T 5796.2—2022、GB/T 5796.3—2022）

mm

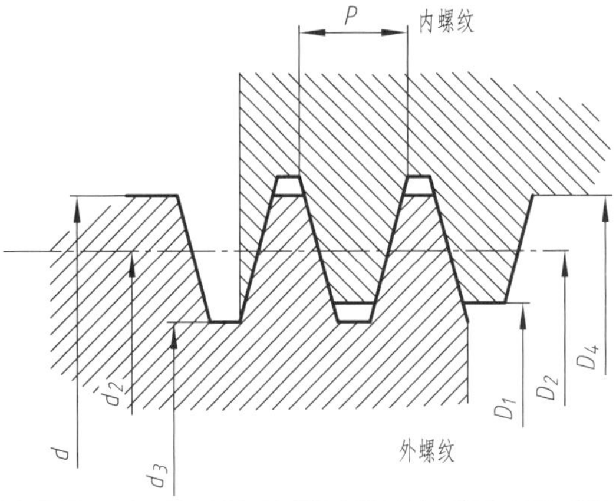

标记示例：

Tr 36×12（P6）-LH（梯形螺纹，公称直径 d=36 mm，导程 P_n=12 mm，螺距 P=6 mm，双线左旋）

公称直径 d		螺距	中径	大径	小径		公称直径 d		螺距	中径	大径	小径	
第一系列	第二系列	P	$d_2=D_2$	D_4	d_3	D_1	第一系列	第二系列	P	$d_2=D_2$	D_4	d_3	D_1
8		1.5	7.250	8.300	6.200	6.500		26	3	24.500	26.500	22.500	23.000
	9	1.5	8.250	9.300	7.200	7.500			5	23.500	26.500	20.500	21.000
		2	8.000	9.500	6.500	7.000			8	22.000	27.000	17.000	18.000
10		1.5	9.250	10.300	8.200	8.500	28		3	26.500	28.500	24.500	25.000
		2	9.000	10.500	7.500	8.000			5	25.500	28.500	22.500	23.000
	11	2	10.000	11.500	8.500	9.000			8	24.000	29.000	19.000	20.000
		3	9.500	11.500	7.500	8.000		30	3	28.500	30.500	26.500	27.000
12		2	11.000	12.500	9.500	10.000			6	27.000	31.000	23.000	24.000
		3	10.500	12.500	8.500	9.000			10	25.000	31.000	19.000	20.000
	14	2	13.000	14.500	11.500	12.000	32		3	30.500	32.500	28.500	29.000
		3	12.500	14.500	10.500	11.000			6	29.000	33.000	25.000	26.000
16		2	15.000	16.500	13.500	14.000			10	27.000	33.000	21.000	22.000
		4	14.000	16.500	11.500	12.000		34	3	32.500	34.500	30.500	31.000
	18	2	17.000	18.500	15.500	16.000			6	31.000	35.000	27.000	28.000
		4	16.000	18.500	13.500	14.000			10	29.000	35.000	23.000	24.000
20		2	19.000	20.500	17.500	18.000	36		3	34.500	36.500	32.500	33.000
		4	18.000	20.500	15.500	16.000			6	33.000	37.000	29.000	30.000
	22	3	20.500	22.500	18.500	19.000			10	31.000	37.000	25.000	26.000
		5	19.500	22.500	16.500	17.000		38	3	36.500	38.500	34.500	35.000
		8	18.000	23.000	13.000	14.000			7	34.500	39.000	30.000	31.000
24		3	22.500	24.500	20.500	21.000			10	33.000	39.000	27.000	28.000
		5	21.500	24.500	18.500	19.000	40		3	38.500	40.500	36.500	37.0000
		8	20.000	25.000	15.000	16.000			7	38.500	41.000	32.000	33.000

附表 3　55° 密封管螺纹（摘自 GB/T 7306.1—2000）　　mm

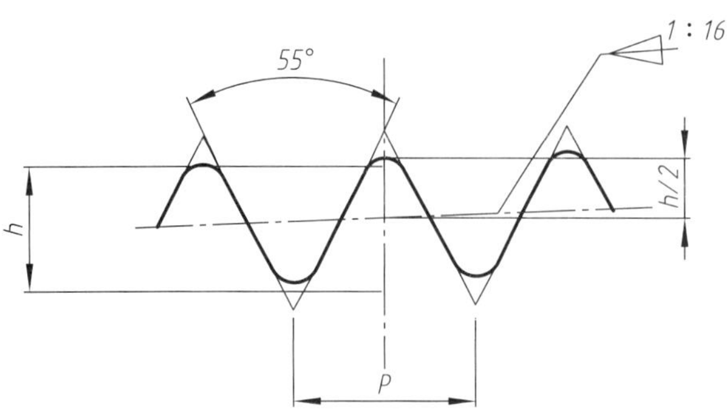

标记示例：

$1\frac{1}{2}$ 圆锥内螺纹：Rc $1\frac{1}{2}$；

圆锥内螺纹与圆锥外螺纹的配合：Rc/R_2 $1\frac{1}{2}$；

$1\frac{1}{2}$ 圆柱内螺纹：Rp $1\frac{1}{2}$；

圆柱内螺纹与圆锥外螺纹的配合：Rp/R_1 $1\frac{1}{2}$；

$1\frac{1}{2}$ 圆锥外螺纹：R_1 $1\frac{1}{2}$；

$1\frac{1}{2}$ 圆锥外螺纹，左旋：R_1 $1\frac{1}{2}$-LH

尺寸代号	每 25.4 mm 内的牙数 n	螺距 P	牙高 h	基准平面上的基本直径			基准距离	外螺纹有效螺纹长度不小于
				大径（基准直径）$d=D$	中径 $d_2=D_2$	小径 $d_1=D_1$		
1/16	28	0.907	0.851	7.723	7.142	6.561	4.0	6.5
1/8	28	0.907	0.851	9.728	9.147	8.566	4.0	6.5
1/4	19	1.337	0.856	13.157	12.301	11.445	6.0	9.7
3/8	19	1.337	0.856	16.662	15.806	14.950	6.4	10.1
1/2	14	1.814	1.162	20.955	19.793	18.631	8.2	13.2
3/4	14	1.814	1.162	26.441	25.279	24.117	9.5	14.5
1	11	2.309	1.479	33.249	31.770	30.291	10.4	16.8
$1\frac{1}{4}$	11	2.309	1.479	41.910	40.431	38.952	12.7	19.1
$1\frac{1}{2}$	11	2.309	1.479	47.803	46.324	44.845	12.7	19.1
2	11	2.309	1.479	59.614	58.135	56.656	15.9	23.4
$2\frac{1}{2}$	11	2.309	1.479	75.184	73.705	72.226	17.5	26.7
3	11	2.309	1.479	87.884	86.405	84.926	20.6	29.8
4	11	2.309	1.479	113.030	111.531	110.072	25.4	35.8
5	11	2.309	1.479	138.430	136.951	135.472	28.6	40.1

附表 4　55° 非密封管螺纹（摘自 GB /T 7307—2001）　　mm

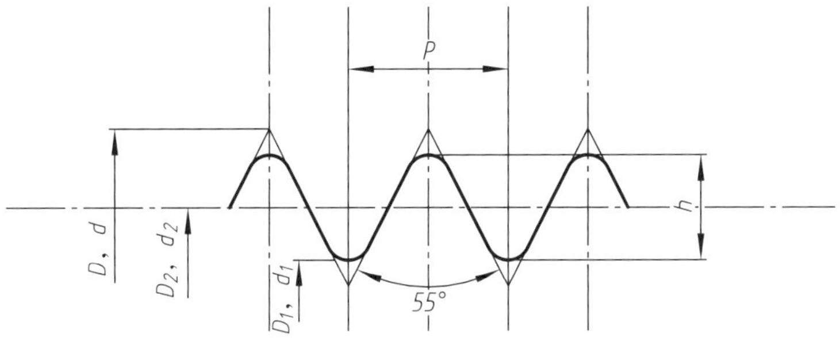

标记示例：

内、外螺纹的装配标记：G $1\frac{1}{2}$ A；

$1\frac{1}{2}$ 内螺纹：G $1\frac{1}{2}$；

$1\frac{1}{2}$ A 级外螺纹：G $1\frac{1}{2}$ A；

$1\frac{1}{2}$ B 级外螺纹，左旋：G $1\frac{1}{2}$ B-LH

尺寸代号	每 25.4 mm 内的牙数 n	螺距 P	牙高 h	基面上的基本直径		
				大径 $d=D$	中径 $d_2=D_2$	小径 $d_1=D_1$
$\frac{1}{16}$	28	0.907	0.851	7.323	7.142	6.561
$\frac{1}{8}$	28	0.907	0.851	9.728	9.147	8.566
$\frac{1}{4}$	19	1.337	0.856	13.157	12.301	11.445
$\frac{3}{8}$	19	1.337	0.856	16.662	15.806	14.950
$\frac{1}{2}$	14	1.814	1.162	20.955	19.793	18.631
$\frac{5}{8}$	14	1.814	1.162	22.911	21.749	20.587
$\frac{3}{4}$	14	1.814	1.162	26.441	25.279	24.117
$\frac{7}{8}$	14	1.814	1.162	30.201	29.039	27.877
1	11	2.309	1.479	33.249	31.770	30.291
$1\frac{1}{8}$	11	2.309	1.479	37.897	36.418	34.939
$1\frac{1}{4}$	11	2.309	1.479	41.910	40.431	38.952
$1\frac{1}{2}$	11	2.309	1.479	47.803	48.324	44.845
$1\frac{3}{4}$	11	2.309	1.479	53.746	52.267	50.788
2	11	2.309	1.479	59.614	58.135	56.656
$2\frac{1}{4}$	11	2.309	1.479	65.710	64.231	62.752
$2\frac{1}{2}$	11	2.309	1.479	75.184	73.705	72.226
$2\frac{3}{4}$	11	2.309	1.479	81.534	80.055	78.576
3	11	2.309	1.479	87.884	86.405	84.926
$3\frac{1}{2}$	11	2.309	1.479	100.330	98.351	97.372
4	11	2.309	1.479	113.030	111.531	110.072
$4\frac{1}{2}$	11	2.309	1.479	138.430	135.951	136.472

附录B 常用标准件

附表 5 六角头螺栓（摘自 GB /T 5780—2016、GB/T 5781—2016） mm

六角头螺栓—C 级（摘自 GB/T 5780—2016）

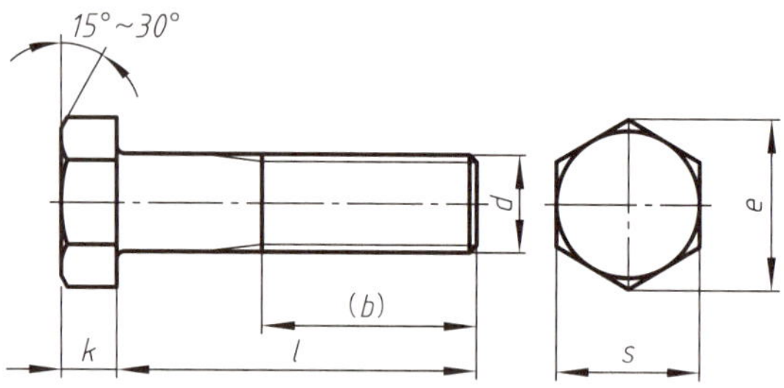

六角头螺栓—全螺纹—C 级（摘自 GB/T 5781—2016）

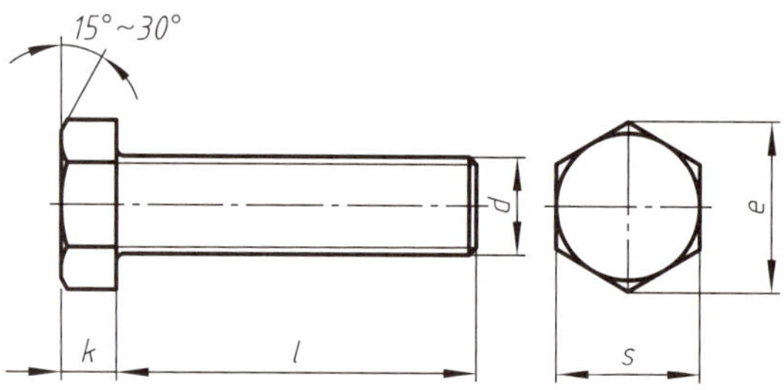

标记示例：

螺栓 GB/T 5781 M12 × 80

（螺纹规格为 M12、公称长度 l=80 mm、右旋、性能等级为 4.8 级、不经表面处理、全螺纹、产品等级为 C 级的六角头螺栓）

螺纹规格 d		M5	M6	M8	M10	M12	M16	M20	M24	M30	M36	M42
$b_{参考}$	$l \leqslant 125$	16	18	22	26	30	38	46	54	66	—	—
	$125<l \leqslant 200$	22	24	28	32	36	44	52	60	72	84	96
	$l>200$	35	37	41	45	49	57	65	73	85	97	109
$k_{公称}$		3.5	4.0	5.3	6.4	7.5	10	12.5	15	18.7	22.5	26
s_{max}		8	10	13	16	18	24	30	36	46	55	65
e_{min}		8.63	10.89	14.2	17.59	19.85	26.17	32.95	39.6	50.85	60.79	72.3
d_{smax}		5.48	6.48	8.58	10.58	12.7	16.7	20.84	24.84	30.84	37.0	43.0
$l_{范围}$	GB/T 5780	25 ~ 50	30 ~ 60	40 ~ 80	45 ~ 100	55 ~ 120	65 ~ 160	80 ~ 200	100 ~ 240	120 ~ 300	140 ~ 360	180 ~ 420
	GB/T 5781	10 ~ 50	12 ~ 60	16 ~ 80	20 ~ 100	25 ~ 120	30 ~ 160	40 ~ 200	50 ~ 240	60 ~ 300	70 ~ 360	80 ~ 420
$l_{系列}$		10、12、16、20 ~ 50（5 进位）、（55）、60（65）、70 ~ 160（10 进位）、180、220 ~ 500（20 进位）										

注：1. 尽可能不采用括号内的规格。

2. 螺纹公差：8 g（GB/T 5780—2016）、6 g（GB/T 5781—2016）；性能等级：4.6、4.8；产品等级：C。

附表 6　1 型六角螺母（摘自 GB/T 6170—2015、GB/T 6171—2016、GB/T 41—2016）

mm

1 型六角螺母—A、B 级（摘自 GB/T 6170-2015）　1 型六角螺母—细牙—A、B 级（摘自 GB/T 6171—2016）　1 型六角螺母—C 级（摘自 GB/T 41—2016）

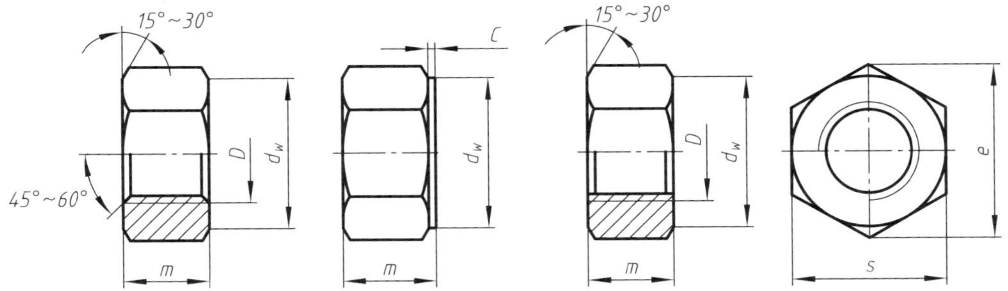

A、B 级　　C 级

标记示例：

螺母　GB/T 41　M12（螺纹规格为 M12、性能等级为 5 级、不经表面处理、产品等级为 C 级的 1 型六角螺母）

螺母　GB/T 6171　M24 × 2（螺纹规格为 M24 × 2、性能等级为 10 级、不经表面处理、产品等级为 B 级的 1 型细牙六角螺母）

螺纹规格	*D*	M4	M5	M6	M8	M10	M12	M16	M20	M24	M30	M36	M42	M48
	D × *P*	—	—	—	M8 × 1	M10 × 1	M12 × 1.5	M16 × 1.5	M20 × 1.5	M24 × 2	M30 × 2	M36 × 3	M42 × 3	M48 × 3
c_{max}		0.4	0.5		0.6			0.8					1	
s_{max}		7	8	10	13	16	18	24	30	36	46	55	65	75
e_{min}	A、B 级	7.66	8.79	11.05	14.38	17.77	20.03	26.75	32.95	39.55	50.85	60.79	72.30	82.60
	C 级	—	8.63	10.89	14.20	17.59	19.85	26.17						
m_{max}	A、B 级	3.20	4.70	5.20	6.80	8.40	10.80	14.80	18.00	21.50	25.60	31.00	34.00	38.00
	C 级	—	5.60	6.40	7.90	9.50	12.20	15.90	19.00	22.30	26.40	31.90	34.90	38.90
d_{wmin}	A、B 级	5.90	6.90	8.90	11.60	14.60	16.60	22.50	27.70	33.20	42.80	51.10	60.60	69.50
	C 级	—	6.70	8.70	11.50	14.50	16.50	22.00						

注：1. *P*—螺距。

2. A 级用于 $D \leqslant 16$ 的螺母；B 级用于 $D>16$ 的螺母；C 级用于 $D \geqslant 5$ 的螺母。

3. 螺纹公差：A、B 级为 6H，C 级为 7H；性能等级：A、B 级为 6、8、10 级，C 级为 4、5 级。

附表 7　双头螺柱（摘自 GB/T 897～900—1998）　mm

$b_m=1d$（GB/T 897—1998）；$b_m=1.25d$（GB/T 898—1998）；$b_m=1.5d$（GB/T 899—1998）；$b_m=2d$（GB/T 900—1998）

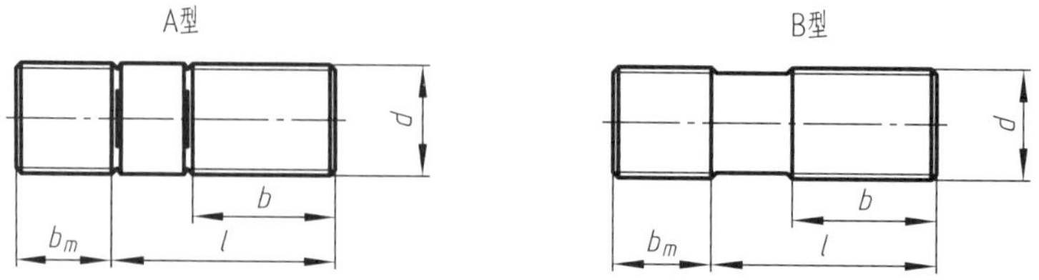

标记示例：

螺柱　GB/T 900　M10×50（两端均为粗牙普通螺纹、d=10 mm、l=50 mm、性能等级为 4.8 级、不经表面处理、B 型、$b_m=2d$ 的双头螺柱）

螺柱　GB/T 900　A M10-M10×1×50（旋入端为粗牙普通螺纹，紧固端为螺距 P=1 mm 的细牙普通螺纹，d=10 mm、l=50 mm、性能等级为 4.8 级、不经表面处理、A 型、$b_m=2d$ 的双头螺柱）

螺纹规格 d	b_m（旋入端长度）				l/b（螺柱长度/紧固端长度）
	GB/T 897	GB/T 898	GB/T 899	GB/T 900	
M4	—	—	6	8	16～22/8　25～40/14
M5	5	6	8	10	16～22/10　25～50/16
M6	6	8	10	12	20～22/10　25～30/14　32～75/18
M8	8	10	12	16	20～22/12　25～30/16　32～90/22
M10	10	12	15	20	25～28/14　30～38/16　40～120/26　130/32
M12	12	15	18	24	25～30/16　32～40/20　45～120/30　130～180/36
M16	16	20	24	32	30～38/20　40～55/30　60～120/38　130～200/44

续表

螺纹规格 d	b_m（旋入端长度）				l/b（螺柱长度/紧固端长度）
	GB/T 897	GB/T 898	GB/T 899	GB/T 900	
M20	20	25	30	40	$\frac{35 \sim 40}{25}$ $\frac{45 \sim 65}{35}$ $\frac{70 \sim 120}{46}$ $\frac{130 \sim 200}{52}$
（M24）	24	30	36	48	$\frac{45 \sim 50}{30}$ $\frac{55 \sim 75}{45}$ $\frac{80 \sim 120}{54}$ $\frac{130 \sim 200}{60}$
（M30）	30	38	45	60	$\frac{60 \sim 65}{40}$ $\frac{70 \sim 90}{50}$ $\frac{95 \sim 120}{66}$ $\frac{130 \sim 200}{72}$ $\frac{210 \sim 250}{85}$
M36	36	45	54	72	$\frac{65 \sim 75}{45}$ $\frac{80 \sim 110}{60}$ $\frac{120}{78}$ $\frac{130 \sim 200}{84}$ $\frac{210 \sim 300}{97}$
M42	42	52	63	84	$\frac{70 \sim 80}{50}$ $\frac{85 \sim 110}{70}$ $\frac{120}{90}$ $\frac{130 \sim 200}{96}$ $\frac{210 \sim 300}{109}$
M48	48	60	72	96	$\frac{80 \sim 90}{60}$ $\frac{95 \sim 110}{80}$ $\frac{120}{102}$ $\frac{130 \sim 200}{108}$ $\frac{210 \sim 300}{121}$
l 系列	12、(14)、16、(18)、20、(22)、25、(28)、30、(32)、35、(38)、40、45、50、(55)、60、(65)、70、(75)、80、(85)、90、(95)、100 ~ 260（10 进位）、280、300				

注：1. 尽可能不采用括号内的规格。

2. $b_m=1d$ 一般用于钢对钢；$b_m=(1.25 \sim 1.50)d$ 一般用于钢对铸铁；$b_m=2d$ 一般用于钢对铝合金。

附表 8　螺钉（摘自 GB/T 67～69—2016）

mm

开槽盘头螺钉
（摘自 GB/T 67—2016）

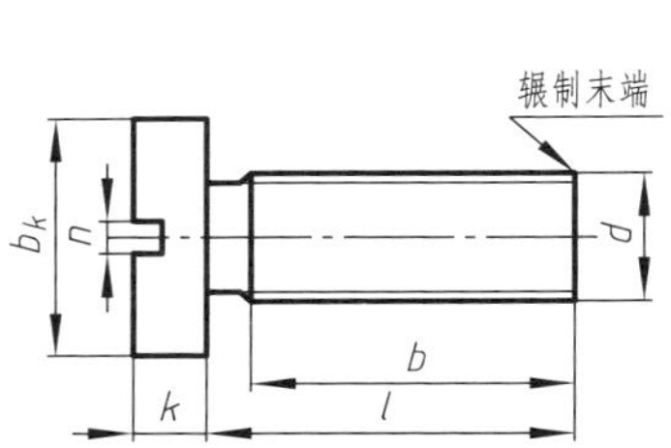

开槽沉头螺钉
（摘自 GB/T 68—2016）

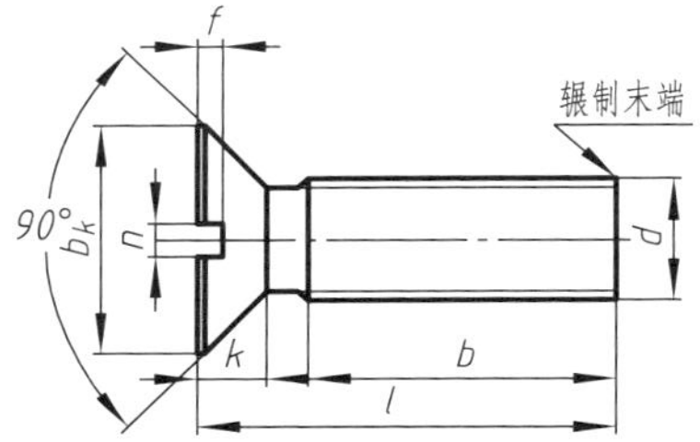

开槽半沉头螺钉
（摘自 GB/T 69—2016）

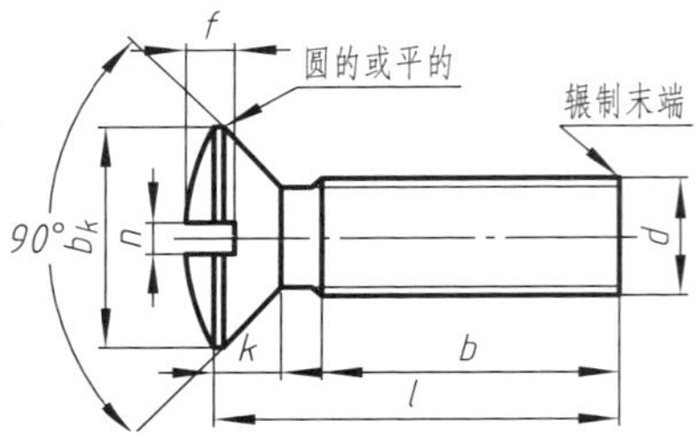

标记示例：

螺钉　GB/T67　M5 × 20（螺纹规格为 M5、l=20 mm、性能等级为 4.8 级、不经表面处理的开槽盘头螺钉）

螺纹规格 d	P	b_{min}	n 公称	r_f	f	k_{max}		d_{kmax}		t_{min}			$l_{范围}$		全螺纹时最大长度	
				GB/T 69	GB/T 69	GB/T 67	GB/T 68 GB/69	GB/T 67	GB/T 68 GB/T 69	GB/T 67	GB/T 68	GB/T 69	GB/T 67	GB/T 68 GB/T 69	GB/T 67	GB/T 68 GB/T 69
M2	0.4	25	0.5	4	0.5	1.30	1.2	4	3.8	0.5	0.4	0.8	2.5～20	3～20	30	
M3	0.5		0.8	6	0.7	1.80	1.65	5.6	5.5	0.7	0.6	1.2	4～30	5～30		
M4	0.7	38	1.2	9.5	1	2.40	2.7	8	8.4	1	1	1.6	5～40	6～40	40	45
M5	0.8				1.2	3.00		9.5	9.3	1.2	1.1	2	6～50	8～50		
M6	1		1.6	12	1.4	3.60	3.3	12	11.3	1.4	1.2	2.4	8～60	8～60		
M8	1.25		2	16.5	2	4.80	4.65	16	15.8	1.9	1.8	3.2	10～80			
M10	1.5		2.5	19.5	2.3	6.00	5	20	18.3	2.4	2	3.8	12～80			
$l_{系列}$	2、2.5、3、4、5、6、8、10、12、(14)、16、20～50(5 进位)、(55)、60、(65)、70、(75)、80															

注：螺纹公差：6 g；性能等级：4.8、5.8；产品等级：A

附表9 内六角圆柱头螺钉（摘自 GB/T 70.1—2008） mm

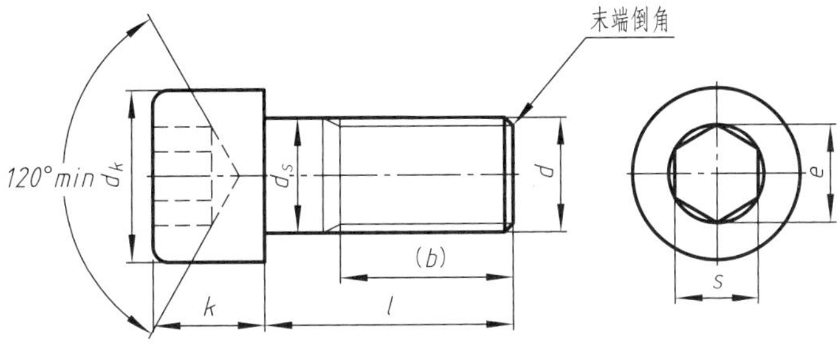

标记示例：

螺钉 GB/T 70.1 M5×20（螺纹规格为 M5、公称长度 l=20 mm、性能等级为 8.8 级、表面氧化的 A 级内六角圆柱头螺钉）

螺纹规格 d		M4	M5	M6	M8	M10	M12	M（14）	M16	M20	M24	M30	M36
螺距 P		0.7	0.8	1	1.25	1.5	1.75	2	2	2.5	3	3.5	4
$b_{参考}$		20	22	24	28	32	36	40	44	52	60	72	84
d_{kmax}	光滑头部	7.00	8.50	10.00	13.00	16.00	18.00	21.00	24.00	30.00	36.00	45.00	54.00
	滚花头部	7.22	8.72	10.22	13.27	16.27	18.27	21.33	24.33	30.33	36.39	45.39	54.46
k_{max}		4	5	6	8	10	12	14	16	20	24	30	36
t_{min}		2	2.5	3	4	5	6	7	8	10	12	15.5	19
$S_{公称}$		3	4	5	6	8	10	12	14	17	19	22	27
e_{min}		3.443	4.583	5.723	6.863	9.149	11.429	13.716	15.996	19.437	21.734	25.154	30.854
d_{smax}		4	5	6	8	10	12	14	16	20	24	30	36
$l_{范围}$		6～40	8～50	10～60	12～80	16～100	20～120	25～140	25～160	30～200	40～200	45～200	55～200
全螺纹时最大长度		25	25	30	35	40	45	55	55	65	80	90	100
$l_{系列}$		6、8、10、12、16、20～50（5 进位）、55、60、65、70～160（10 进位）180、200											

注：1. 尽可能不采用括号内的规格。

2. 性能等级：8.8、12.9。

3. 螺纹公差：性能等级 8.8 级时为 6 g，12.9 时为 5 g、6 g。

4. 产品等级：A 级。

附表 10　垫圈（摘自 GB/T 97.1—2002、GB/T 97.2—2002、GB/T 95—2002）

mm

平垫圈—A 级（摘自 GB/T 97.1—2002）

平垫圈—倒角型—A 级（摘自 GB/T 97.2—2002）

平垫圈—C 级（摘自 GB/T 95—2002）

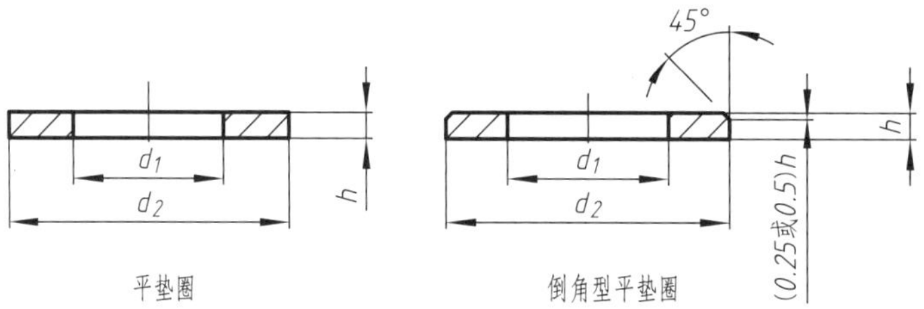

标记示例：

垫圈　GB/T 97.2　8（标准系列、公称规格为 8 mm、由钢制造的硬度等级为 200HV 级、不经表面处理、产品等级为 A 级的倒角型平垫圈）

垫圈　GB/T 95　8（标准系列、公称规格为 8 mm、硬度等级为 100HV 级、不经表面处理、产品等级为 C 级的平垫圈）

公称规格（螺纹大径 *d*）	标准系列								
	GB/T 95（C 级）			GB/T 97.1（A 级）			GB/T 97.2（A 级）		
	d_{1min}	d_{2min}	h	d_{1min}	d_{2min}	h	d_{1min}	d_{2min}	h
4	4.5	9	0.8	4.3	9	0.8	—	—	—
5	5.5	10	1	5.3	10	1	5.3	10	1
6	6.6	12	1.6	6.4	12	1.6	6.4	12	1.6
8	9	16		8.4	16		8.4	16	
10	11	20	2	10.5	20	2	10.5	20	2
12	13.5	24	2.5	13	24	2.5	13	24	2.5
16	17.5	30	3	17	30	3	17	30	3
20	22	37		21	37		21	37	
24	26	44	4	25	44	4	25	44	4
30	33	56		31	56		31	56	
36	39	66	5	37	66	5	37	66	5

注：1. A 级适用于精装配系列，C 级适用于中等装配系列。

2. C 级平垫圈没有 $Ra3.2$ μm 和去毛刺的要求。

附表 11　标准型弹簧垫圈（摘自 GB/T 93—1987）　mm

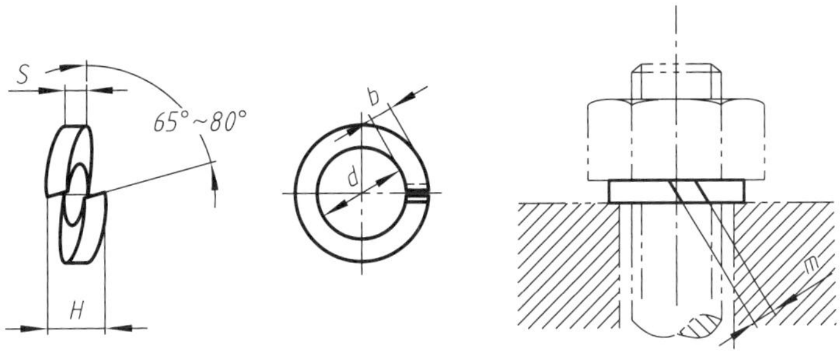

标记示例：

垫圈　GB/T 93　10（公称规格为 10 mm、材料为 65 Mn、表面氧化的标准型弹簧垫圈）

公称规格	4	5	6	8	10	12	16	20	24	30	36	42	48
d_{min}	4.1	5.1	6.1	8.1	10.2	12.2	16.2	20.2	24.5	30.5	36.5	42.5	48.5
$S=b_{公称}$	1.1	1.3	1.6	2.1	2.6	3.1	4.1	5	6	7.5	9	10.5	12
$m\leqslant$	0.55	0.65	0.8	1.05	1.3	1.55	2.05	2.5	3	3.75	4.5	5.25	6
H_{max}	2.75	3.25	4	5.25	6.5	7.75	10.25	12.5	15	18.75	22.5	26.25	30

注：m 应大于零。

附表 12　圆柱销（不淬硬钢和奥氏体不锈钢）（摘自 GB/T 119.1—2000）　mm

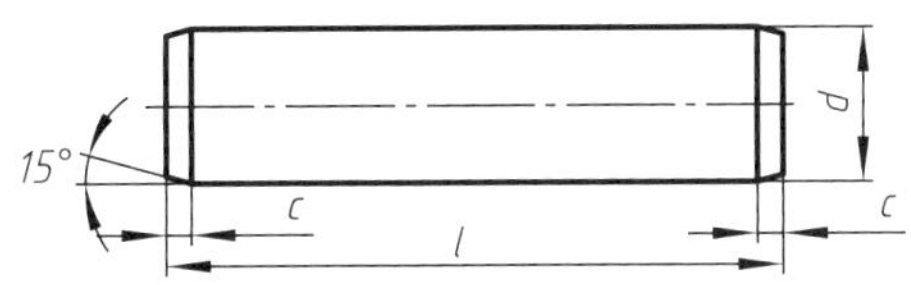

标记示例：

销　GB/T 119.1　6m6×30（公称直径 d=6 mm，公差为 m6、公称长度 l=30 mm、材料为钢、不经淬火、不经表面处理的圆柱销）

销　GB/T 119.1　10m6×30–A1（公称直径 d=10 mm，公差为 m6、公称长度 l=30 mm、材料为 A1 组奥氏体不锈钢、表面简单处理的圆柱销）

d（公称）m6/h8	2	3	4	5	6	8	10	12	16	20	25
$c\approx$	0.35	0.5	0.63	0.8	1.2	1.6	2.0	2.5	3.0	3.5	4.0
$l_{范围}$	6～20	8～30	8～40	10～50	12～60	14～80	18～95	22～140	26～180	35～200	50～200
$l_{系列}$（公称）	6～32（2 进位）、35～100（5 进位）、120～200（20 进位）										

附表 13 圆锥销（摘自 GB/T 117—2000）

mm

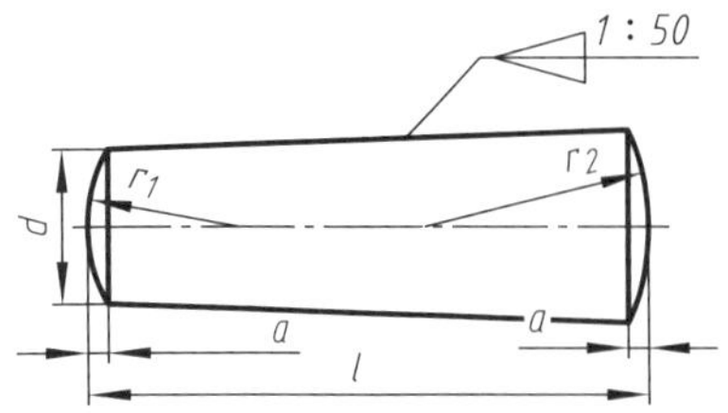

A 型（磨削）：锥面表面粗糙度 $Ra0.8\ \mu m$

B 型（切削或冷镦）：锥面表面粗糙度 $Ra3.2\ \mu m$

标记示例：

销 GB/T 117 10 × 60（公称直径 d=10 mm、公称长度 l=60 mm、材料为 35 钢、热处理硬度 28 ~ 38HRC、表面氧化处理的 A 型圆锥销）

$d_{公称}$	2	2.5	3	4	5	6	8	10	12	16	20	25
$a\approx$	0.25	0.3	0.4	0.5	0.63	0.8	1.0	1.2	1.6	2.0	2.5	3.0
$l_{范围}$	10 ~ 35	10 ~ 35	12 ~ 45	14 ~ 55	18 ~ 60	22 ~ 90	22 ~ 120	26 ~ 160	32 ~ 180	40 ~ 200	45 ~ 200	50 ~ 200
$l_{系列}$	10 ~ 32（2 进位）、35 ~ 100（5 进位）、120 ~ 200（20 进位）											

附表 14 普通平键及键槽各部分尺寸（摘自 GB/T 1095—2003、GB/T 1096—2003）

mm

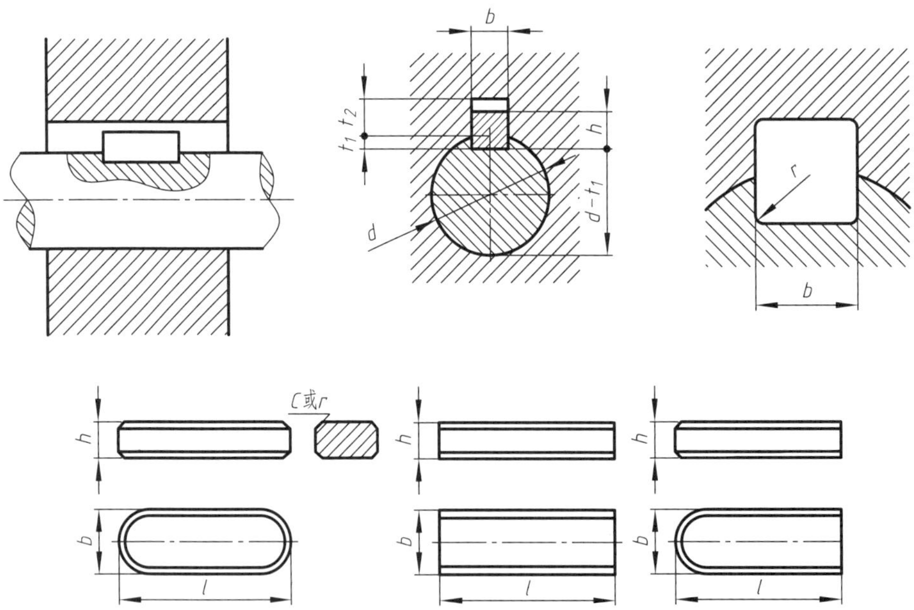

A 型　　B 型　　C 型

标记示例：

GB/T 1096 键 16 × 10 × 100（普通 A 型平键、b=16 mm、h=10 mm、L=100 mm）

GB/T 1096 键 B16 × 10 × 100（普通 B 型平键、b=16 mm、h=10 mm、L=100 mm）

GB/T 1096 键 C16 × 10 × 100（普通 C 型平键、b=16 mm、h=10 mm、L=100 mm）

续表

键		键槽											
键尺寸 $b\times h$ (h8)(h11)	长度 L (h14)	宽度 b						深度				半径 r	
		基本尺寸	极限偏差					轴 t_1		毂 t_2			
			松连接		正常连接		紧密连接	基本尺寸	极限偏差	基本尺寸	极限偏差		
			轴 H9	毂 D10	轴 N9	毂 JS9	轴和毂 P9					min	max
4×4	8～45	4	+0.030 0	+0.078 +0.030	0 −0.030	±0.015	−0.012 −0.042	2.5	+0.1 0	1.8	+0.1 0	0.08	0.16
5×5	10～56	5						3.0		2.3		0.16	0.25
6×6	14～70	6						3.5		2.8			
8×7	18～90	8	+0.036 0	+0.098 +0.040	0 −0.036	±0.018	−0.015 −0.051	4.0	+0.2 0	3.3	+0.2 0		
10×8	22～110	10						5.0		3.3		0.25	0.40
12×8	28～140	12	+0.043 0	+0.120 +0.050	0 −0.043	±0.0215	−0.018 −0.061	5.0		3.3			
14×9	36～160	14						5.5		3.8			
16×10	45～180	16						6.0		4.3			
18×11	50～200	18						7.0		4.4			
20×12	56～220	20	+0.052 0	+0.149 +0.065	0 −0.052	±0.026	−0.022 −0.074	7.5		4.9		0.40	0.60
22×14	63～250	22						9.0		5.4			
25×14	70～280	25						9.0		5.4			
28×16	80～320	28						10		6.4			

注：L 系列：8～22（2进位）、25、28、32、36、40、45、50、56、63、70、80、90、100、110、125、140、160、180、200、220、250、280、320。

附表 15 滚动轴承（摘自 GB/T 276—2013、GB/T 297—2015、GB/T 301—2015） mm

深沟球轴承（摘自 GB/T 276—2013）

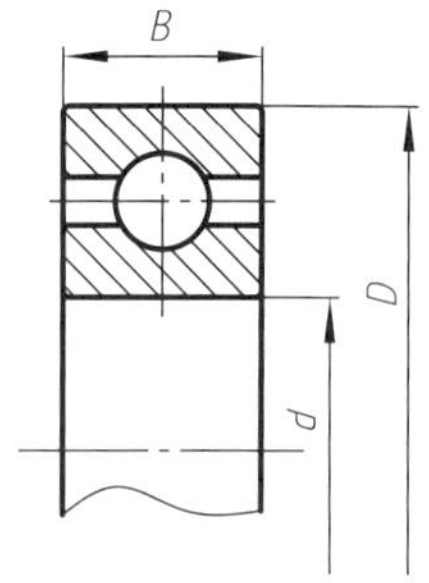

标记示例：

滚动轴承 6310 GB/T 276—2013

圆锥滚子轴承（摘自 GB/T 297—2015）

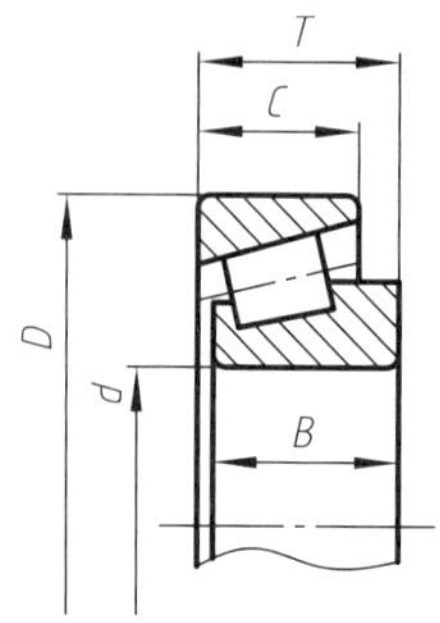

标记示例：

滚动轴承 30212 GB/T 297—2015

推力球轴承（摘自 GB/T 301—2015）

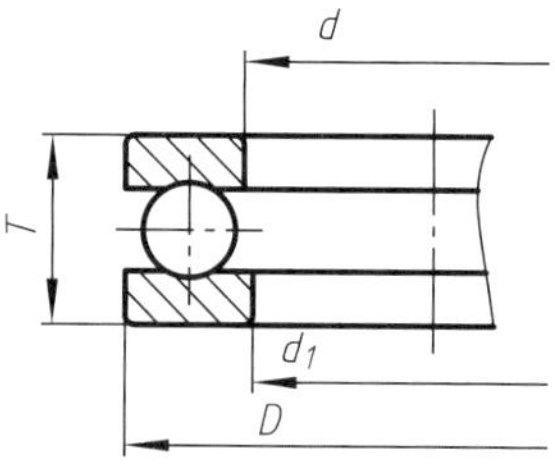

标记示例：

滚动轴承 51305 GB/T 301—2015

轴承型号	尺寸/mm		
	d	*D*	*B*
尺寸系列（0）2			
6202	15	35	11
6203	17	40	12
6204	20	47	14
6205	25	52	15
6206	30	62	16
6207	35	72	17
6208	40	80	18
6209	45	85	19
6210	50	90	20
6211	55	100	21
6212	60	110	22
尺寸系列（0）3			
6302	15	42	13
6303	17	47	14
6304	20	52	15
6305	25	62	17
6306	30	72	19
6307	35	80	21
6308	40	90	23
6309	45	100	25
6310	50	110	27
6311	55	120	29
6312	60	130	31

轴承型号	尺寸/mm				
	d	*D*	*B*	*C*	*T*
尺寸系列 02					
30203	17	40	12	11	13.25
30204	20	47	14	12	15.25
30205	25	52	15	13	16.25
30206	30	62	16	14	17.25
30207	35	72	17	15	18.25
30208	40	80	18	16	19.75
30209	45	85	19	16	20.75
30210	50	90	20	17	21.75
30211	55	100	21	18	22.75
30212	60	110	22	19	23.75
30213	65	120	23	20	24.75
尺寸系列 03					
30302	15	42	13	11	14.25
30303	17	47	14	12	15.25
30304	20	52	15	13	16.25
30305	25	62	17	15	18.25
30306	30	72	19	16	20.75
30307	35	80	21	18	22.75
30308	40	90	23	20	25.25
30309	45	100	25	22	27.25
30310	50	110	27	23	29.25
30311	55	120	29	25	31.50
30312	60	130	31	26	33.50

轴承型号	尺寸/mm			
	d	*D*	*T*	d_1
尺寸系列 12				
51202	15	32	12	17
51203	17	35	12	19
51204	20	40	14	22
51205	25	47	15	27
51206	30	52	16	32
51207	35	62	18	37
51208	40	68	19	42
51209	45	73	20	47
51210	50	78	22	52
51211	55	90	25	57
51212	60	95	26	62
尺寸系列 13				
51304	20	47	18	22
51305	25	52	18	27
51306	30	60	21	32
51307	35	68	24	37
51308	40	78	26	42
51309	45	85	28	47
51310	50	95	31	52
51311	55	105	35	57
51312	60	110	35	62
51313	65	115	36	67
51314	70	125	40	72

注：圆括号中的尺寸系列代号在轴承代号中省略。

附录 C 常用的极限与偏差

附表 16 标准公差数值（摘自 GB/T 1800.1—2020）

公称尺寸 / mm		标准公差等级																	
		IT1	**IT2**	**IT3**	**IT4**	**IT5**	**IT6**	**IT7**	**IT8**	**IT9**	**IT10**	**IT11**	**IT12**	**IT13**	**IT14**	**IT15**	**IT16**	**IT17**	**IT18**
大于	至	标准公差值																	
		μm											mm						
—	3	0.8	1.2	2	3	4	6	10	14	25	40	60	0.1	0.14	0.25	0.4	0.6	1	1.4
3	6	1	1.5	2.5	4	5	8	12	18	30	48	75	0.12	0.18	0.3	0.48	0.75	1.2	1.8
6	10	1	1.5	2.5	4	6	9	15	22	36	58	90	0.15	0.22	0.36	0.58	0.9	1.5	2.2
10	18	1.2	2	3	5	8	11	18	27	43	70	110	0.18	0.27	0.43	0.7	1.1	1.8	2.7
18	30	1.5	2.5	4	6	9	13	21	33	52	84	130	0.21	0.33	0.52	0.84	1.3	2.1	3.3
30	50	1.5	2.5	4	7	11	16	25	39	62	100	160	0.25	0.39	0.62	1	1.6	2.5	3.9
50	80	2	3	5	8	13	19	30	46	74	120	190	0.3	0.46	0.74	1.2	1.9	3	4.6
80	120	2.5	4	6	10	15	22	35	54	87	140	220	0.35	0.54	0.87	1.4	2.2	3.5	5.4
120	180	3.5	5	8	12	18	25	40	63	100	160	250	0.4	0.63	1	1.6	2.5	4	6.3
180	250	4.5	7	10	14	20	29	46	72	115	185	290	0.46	0.72	1.15	1.85	2.9	4.6	7.2
250	315	6	8	12	16	23	32	52	81	130	210	320	0.52	0.81	1.3	2.1	3.2	5.2	8.1
315	400	7	9	13	18	25	36	57	89	140	230	360	0.57	0.89	1.4	2.3	3.6	5.7	8.9
400	500	8	10	15	20	27	40	63	97	155	250	400	0.63	0.97	1.55	2.5	4	6.3	9.7
500	630	9	11	16	22	32	44	70	110	175	280	440	0.7	1.1	1.75	2.8	4.4	7	11
630	800	10	13	18	25	36	50	80	125	200	320	500	0.8	1.25	2	3.2	5	8	12.5
800	1 000	11	15	21	28	40	56	90	140	230	360	560	0.9	1.4	2.3	3.6	5.6	9	14
1 000	1 250	13	18	24	33	47	66	105	165	260	420	660	1.05	1.65	2.6	4.2	6.6	10.5	16.5
1 250	1 600	15	21	29	39	55	78	125	195	310	500	780	1.25	1.95	3.1	5	7.8	12.5	19.5
1 600	2 000	18	25	35	46	65	92	150	230	370	600	920	1.5	2.3	3.7	6	9.2	15	23
2 000	2 500	22	30	41	55	78	110	175	280	440	700	1 100	1.75	2.8	4.4	7	11	17.5	28
2 500	3 150	26	36	50	68	96	135	210	330	540	800	1 350	2.1	3.3	5.4	8.6	13.5	21	33

附表17 轴的常用公差带及其极限偏差

公称尺寸/mm		a	b	c	d	e	f	g	h						
大于	至	11	11	11	9	8	7	6	5	6	7	8	9	10	11
—	3	−270 −330	−140 −200	−60 −120	−20 −45	−14 −28	−6 −16	−2 −8	0 −4	0 −6	0 −10	0 −14	0 −25	0 −40	0 −60
3	6	−270 −345	−140 −215	−70 −145	−30 −60	−20 −38	−10 −22	−4 −12	0 −5	0 −8	0 −15	0 −22	0 −30	0 −48	0 −75
6	10	−280 −370	−150 −240	−80 −170	−40 −76	−25 −47	−13 −28	−5 −14	0 −6	0 −9	0 −15	0 −22	0 −36	0 −58	0 −90
10	14	−290 −400	−150 −260	−95 −205	−50 −93	−32 −59	−16 −34	−6 −17	0 −8	0 −11	0 −18	0 −27	0 −43	0 −70	0 −110
14	18														
18	24	−300 −430	−160 −290	−110 −240	−65 −117	−40 −73	−20 −41	−7 −20	0 −9	0 −13	0 −21	0 −33	0 −52	0 −84	0 −130
24	30														
30	40	−310 −470	−170 −330	−120 −280	−80 −142	−50 −59	−25 −50	−9 −25	0 −11	0 −16	0 −25	0 −39	0 −62	0 −100	0 −160
40	50	−320 −480	−180 −340	−130 −290											
50	65	−340 −530	−190 −380	−140 −330	−100 −174	−60 −106	−30 −60	−10 −29	0 −13	0 −19	0 −30	0 −46	0 −74	0 −120	0 −190
65	80	−360 −550	−200 −390	−150 −340											
80	100	−380 −600	−220 −440	−170 −390	−120 −207	−72 −126	−36 −71	−12 −34	0 −15	0 −22	0 −35	0 −54	0 −87	0 −140	0 −220
100	120	−410 −630	−240 −460	−180 −400											

（摘自 GB/T 1800.2—2020）　　μm

	js	k	m	n	p	r	s	t	u	v	x	y	z
12	**6**	**6**	**6**	**6**	**6**	**6**	**6**	**6**	**6**	**6**	**6**	**6**	**6**
0 −100	± 3	+6 0	+8 +2	+10 +4	+12 +6	+16 +10	+20 +14	—	+24 +18	—	+26 +20	—	+32 +26
0 −120	± 4	+9 +1	+12 +4	+16 +8	+20 +12	+23 +15	+27 +19	—	+31 +23	—	+36 +28	—	+43 +35
0 −150	± 4.5	+10 +1	+15 +6	+19 +10	+24 +15	+28 +19	+32 +23	—	+37 +28	—	+43 +34	—	+51 +42
0 −180	± 5.5	+12 +1	+18 +7	+23 +12	+29 +18	+34 +23	+39 +28	—	+44 +33	—	+51 +40	—	+61 +50
										+50 +39	+56 +45	—	+71 +60
0 −210	± 6.5	+15 +2	+21 +8	+28 +15	+35 +22	+41 +28	+48 +35	—	+54 +41	+60 +47	+67 +54	+76 +63	+86 +73
								+54 +41	+61 +58	+68 +55	+77 +64	+88 +75	+101 +88
0 −250	± 8	+18 +2	+25 +9	+33 +17	+42 +26	+50 +34	+59 +43	+64 +48	+76 +60	+81 +68	+96 +80	+110 +94	+128 +112
								+70 +54	+86 +70	+97 +81	+113 +97	+130 +114	+152 +136
0 −300	± 9.5	+21 +2	+30 +11	+39 +20	+51 +32	+60 +41	+72 +53	+85 +66	+106 +87	+121 +120	+141 +122	+163 +144	+191 +172
						+62 +43	+78 +59	+94 +75	+121 +102	+139 +120	+165 +146	+193 +174	+229 +210
0 −350	± 11	+25 +3	+35 +13	+45 +23	+59 +37	+73 +51	+93 +71	+113 +91	+146 +124	+168 +146	+200 +178	+236 +214	+280 +258
						+76 +54	+101 +79	+126 +104	+166 +144	+194 +172	+232 +210	+276 +254	+332 +310

公称尺寸/mm		a	b	c	d	e	f	g	h						
大于	至	11	11	11	9	8	7	6	5	6	7	8	9	10	11
120	140	-460 -710	-260 -510	-200 -450											
140	160	-520 -770	-280 -530	-210 -460	-145 -245	-85 -148	-43 -83	-14 -39	0 -18	0 -25	0 -40	0 -63	0 -100	0 -160	0 -250
160	180	-580 -830	-310 -560	-230 -480											
180	220	-660 -950	-340 -630	-240 -530											
200	225	-740 -1 030	-380 -670	-260 -550	-170 -285	-100 -172	-50 -96	-15 -44	0 -20	0 -29	0 -46	0 -72	0 -115	0 -185	0 -290
225	250	-820 -1 110	-420 -710	-280 -570											
250	280	-920 -1 240	-480 -800	-300 -620	-190 -320	-110 -191	-56 -108	-17 -49	0 -23	0 -32	0 -52	0 -81	0 -130	0 -210	0 -320
280	315	-1 050 -1 370	-540 -860	-330 -650											
315	355	-1 200 -1 560	-600 -960	-360 -720	-210 -350	-125 -214	-62 -119	-18 -54	0 -25	0 -36	0 -57	0 -89	0 -140	0 -230	0 -360
335	400	-1 350 -1 710	-680 -1 040	-400 -760											
400	450	-1 500 -1 900	-760 -1 160	-440 -840	-230 -385	-135 -232	-68 -131	-20 -60	0 -27	0 -40	0 -63	0 -97	0 -155	0 -250	0 -400
450	500	-1 650 -2 050	-840 -1 240	-480 -880											

续表

	js	k	m	n	p	r	s	t	u	v	x	y	z
12	**6**	**6**	**6**	**6**	**6**	**6**	**6**	**6**	**6**	**6**	**6**	**6**	**6**
0 −400	± 12.5	+28 +3	+40 +15	+52 +27	+68 +43	+88 +63	+117 +92	+147 +122	+195 +170	+227 +202	+273 +248	+325 +300	+390 +365
						+90 +65	+125 +100	+159 +134	+215 +190	+253 +228	+305 +280	+365 +340	+440 +415
						+93 +68	+133 +108	+171 +146	+235 +210	+277 +252	+335 +310	+405 +380	+490 +465
0 −460	± 14.5	+33 +4	+46 +17	+60 +31	+79 +50	+106 +77	+151 +122	+195 +166	+265 +236	+313 +281	+379 +350	+454 +425	+459 +520
						+109 +80	+159 +130	+209 +180	+287 +258	+339 +310	+414 +385	+499 +470	+604 +575
						+113 +84	+169 +140	+225 +196	+313 +284	+369 +340	+454 +425	+549 +520	+669 +640
0 −520	± 16	+36 +4	+52 +20	+66 +34	+88 +56	+126 +94	+190 +158	+250 +218	+347 +315	+417 +385	+507 +475	+612 +580	+742 +710
						+150 +114	+244 +208	+330 +294	+471 +435	+566 +530	+696 +660	+856 +820	+1 036 +1 000
0 −570	± 18	+40 +4	+57 +21	+73 +37	+98 +62	+144 +108	+226 +190	+304 +268	+426 +390	+511 +475	+626 +590	+766 +730	+936 +900
						+150 +114	+244 +208	+330 +294	+471 +435	+566 +530	+696 +660	+856 +820	+1 036 +1 000
0 −630	± 20	+45 +5	+63 +23	+80 +40	+108 +68	+166 +126	+272 +232	+370 +330	+530 +490	+635 +595	+780 +740	+960 +920	+1 140 +1 100
						+172 +132	+292 +252	+400 +360	+580 +540	+700 +660	+860 +820	+1 040 +1 000	+1 290 +1 250

附表 18　孔的常用公差带及其极限偏差

公称尺寸 / mm		A	B	C	D	E	F	G	H						
大于	至	11	11	11	9	8	8	7	6	7	8	9	10	11
—	3	+330 +270	+200 +140	+120 +60	+45 +20	+28 +14	+20 +6	+12 +2	+6 0	+10 0	+14 0	+25 0	+40 0	+60 0
3	6	+345 +270	+215 +140	+145 +70	+60 +30	+38 +20	+28 +10	+16 +4	+8 0	+12 0	+18 0	+30 0	+48 0	+75 0
6	10	+370 +280	+240 +150	+170 +80	+76 +40	+47 +25	+35 +13	+20 +5	+9 0	+15 0	+22 0	+36 0	+58 0	+90 0
10	14	+400 +290	+260 +150	+205 +95	+93 +50	+59 +32	+43 +16	+24 +6	+11 0	+18 0	+27 0	+43 0	+70 0	+110 0
14	18													
18	24	+430 +300	+290 +160	+240 +110	+117 +65	+73 +40	+53 +20	+28 +7	+13 0	+21 0	+33 0	+52 0	+84 0	+130 0
24	30													
30	40	+470 +310	+330 +170	+280 +120	+142 +80	+89 +50	+64 +25	+34 +9	+16 0	+25 0	+39 0	+62 0	+100 0	+160 0
40	50	+480 +320	+340 +180	+290 +130										
50	65	+530 +340	+380 +190	+330 +140	+174 +100	+106 +60	+76 +30	+40 +10	+19 0	+30 0	+46 0	+74 0	+120 0	+190 0
65	80	+550 +360	+390 +200	+340 +150										
80	100	+600 +380	+440 +220	+390 +170	+207 +120	+125 +72	+90 +36	+47 +12	+22 0	+35 0	+54 0	+87 0	+140 0	+220 0
100	120	+630 +410	+460 +240	+400 +180										

（摘自 GB/T 1800.2—2020） μm

	JS		K			M	N		P		R	S	T	U
12	**6**	**7**	**6**	**7**	**8**	**7**	**6**	**7**	**6**	**7**	**7**	**7**	**7**	**7**
+100 0	± 3	± 5	0 -6	0 -10	0 -14	-2 -12	-4 -10	-4 -14	-6 -12	-6 -16	-10 -20	-14 -24	—	-18 -28
+120 0	± 4	± 6	+2 -6	+3 -9	+5 -13	0 -12	-5 -13	-4 -16	-9 -17	-8 -20	-11 -23	-15 -27	—	-19 -31
+150 0	± 4.5	± 7	+2 -7	+5 -10	+6 -16	0 -15	-7 -16	-4 -19	-12 21	-9 -24	-13 -28	-17 -32	—	-22 -37
+180 0	± 5.5	± 9	+2 -11	+6 -15	+10 -19	0 -18	-9 -20	-5 -23	-15 -26	-11 -29	-16 -34	-21 -39	—	-26 -44
+210 0	± 6.5	± 10	+2 -11	+6 -15	+10 -21	0 -21	-11 -24	-7 -28	-18 -31	-14 -35	-20 -41	-27 -48	—	-33 -54
													-33 -54	-40 -61
+250 0	± 8	± 12	+3 -13	+7 -18	+12 -27	0 -25	-12 -18	-8 -33	-21 -37	-17 -42	-25 -50	-34 -59	—	-33 -54
													-33 -54	-40 -61
+300 0	± 9.5	± 15	+4 -15	+9 -21	+14 -32	0 -30	-14 -33	-9 -39	-26 -45	-21 -51	-30 -60	-42 -72	-55 -85	-76 -106
											-32 -62	-48 -78	-64 -94	-91 -121
+350 0	± 11	± 17	+4 -18	+10 -25	+16 -38	0 -35	-16 -38	-10 -45	-30 -52	-24 -59	-38 -73	-58 -93	-78 -113	-111 -146
											-41 -76	-66 -101	-91 -126	-131 -166

公称尺寸/mm		A	B	C	D	E	F	G	H					
大于	至	11	11	11	9	8	8	7	6	7	8	9	10	11
120	140	+710 +460	+510 +260	+450 +200										
140	160	+770 +520	+530 +280	+460 +210	+245 +145	+148 +85	+106 +43	+54 +14	+25 0	+40 0	+63 0	+100 0	+160 0	+250 0
160	180	+830 +580	+560 +310	+480 +230										
180	220	+950 +660	+630 +340	+530 +240										
200	225	+1 030 +740	+670 +380	+550 +260	+285 +170	+172 +100	+122 +50	+61 +15	+29 0	+46 0	+72 0	+115 0	+185 0	+290 0
225	250	+1 110 +820	+710 +420	+570 +280										
250	280	+1 240 +920	+800 +480	+620 +300	+320 +190	+191 +110	+137 +56	+69 +17	+32 0	+52 0	+81 0	+130 0	+210 0	+320 0
280	315	+1 370 +1 050	+860 +540	+650 +330										
315	355	+1 560 +1 200	+960 +600	+720 +360	+350 +210	+214 +125	+151 +62	+75 +18	+36 0	+57 0	+89 0	+140 0	+230 0	+360 0
335	400	+1 710 +1 350	+1 040 +680	+760 +400										
400	450	+1 900 +1 500	+1 160 +760	+840 +440	+385 +230	+232 +135	+165 +68	+83 +20	+40 0	+63 0	+97 0	+155 0	+250 0	+400 0
450	500	+2 050 +1 650	+1 240 +840	+880 +480										

续表

	JS		K			M	N		P		R	S	T	U
12	6	7	6	7	8	7	6	7	6	7	7	7	7	7
+400 0	± 12.5	± 20	+4 −21	+12 −28	+20 −43	0 −40	−20 −45	−12 −52	−36 −61	−28 −68	−48 −88	−77 −117	−107 −147	−155 −195
											−50 −90	−85 −125	−119 −159	−175 −215
											−53 −93	−93 −133	−131 −171	−195 −235
+460 0	± 14.5	± 23	+5 −25	+13 −33	+22 −50	0 −46	−22 −51	−14 −60	−41 −70	−33 −79	−60 −106	−105 −151	−149 −195	−219 −265
											−63 −109	−113 −159	−163 −209	−241 −287
											−67 −113	−123 −169	−179 −225	−267 −313
+520 0	± 16	± 26	+5 −27	+16 −36	+25 −56	0 −52	−25 −57	−14 −66	−47 −79	−36 −88	−74 −126	−138 −190	−198 −250	−295 −347
											−78 −130	−150 −202	−220 −272	−330 −382
+570 0	± 18	± 28	+7 −29	+17 −29	+28 −61	0 −57	−26 −62	−16 −73	−51 −87	−41 −98	−87 −144	−169 −226	−247 −304	−369 −426
											−93 −150	−187 −244	−273 −330	−414 −471
+630 0	± 20	± 31	+8 −32	+18 −45	+29 −68	0 −63	−27 −67	−17 −80	−55 −93	−45 −108	−103 −166	−209 −272	−307 −370	−467 −530
											−109 −172	−229 −292	−337 −400	−517 −580

附表 19　基孔制配合的优先配合（摘自 GB/T 1800.1—2020）

基准孔	轴公差带代号																	
	间隙配合							过渡配合				过盈配合						
H6						g5	h5	js5	k5	m5		n5	p5					
H7					f6	g6	h6	js6	k6	m6	n6		p6	r6	s6	t6	u6	x6
H8				e7	f7		h7	js7	k7	m7					s7		u7	
			d8	e8	f8		h8											
H9			d8	e8	f8		h8											
H10	b9	c9	d9	e9			h9											
H11	b11	c11	d10				h10											

注：彩色方框中的配合代号为优先配合。

附表 20　基轴制配合的优先配合（摘自 GB/T 1800.1—2020）

基准轴	孔公差带代号																	
	间隙配合							过渡配合				过盈配合						
h5						G6	H6	JS6	K6	M6		N6	P6					
h6					F7	G7	H7	JS7	K7	M7	N7		P7	R7	S7	T7	U7	X7
h7				E8	F8		H8											
h8			D9	E9	F9		H9											
h9				E8	F8		H8											
			D9	E9	F9		H9											
	B11	C10	D10				H10											

注：彩色方框中的配合代号为优先配合。

附录 D　常用的零件结构要素

附表 21　零件倒圆与倒角（摘自 GB/T 6403.4—2008）

mm

内角倒圆　外角倒圆　外角倒角　内角倒角

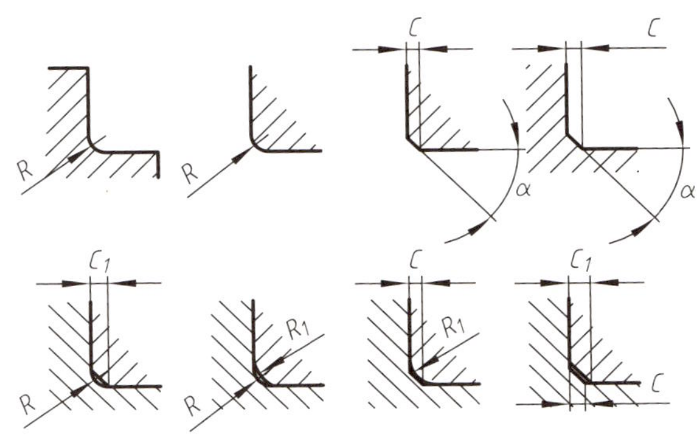

$C_1>R$　$R_1>R$　$C_1<R$　$C_1>C$

ϕ	~3	>3 ~ 6	>6 ~ 10	>10 ~ 18	>18 ~ 30	>30 ~ 50	>50 ~ 80	>80 ~ 120	>120 ~ 180
C 或 R	0.2	0.4	0.6	0.8	1.0	1.6	2.0	2.5	3.0
ϕ	>180 ~ 250	>250 ~ 320	>320 ~ 400	>400 ~ 500	>500 ~ 630	>630 ~ 800	>800 ~ 1 000	>1 000 ~ 12 500	>1 250 ~ 1 600
C 或 R	4.0	5.0	6.0	8.0	10	12	16	20	25

注：α 一般选取 45°。

附表 22　螺纹紧固件通孔及沉孔尺寸

mm

螺纹规格 d			M4	M5	M6	M8	M10	M12	M16	M18	M20	M24	M30	M36
通孔尺寸 d_1			4.5	5.5	6.6	9	11	13.5	17.5	20	22	26	33	39
GB/T 152.3—1988 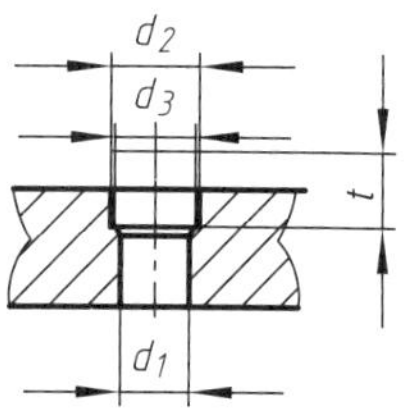	用于内六圆角柱头螺钉	d_2	8	10	11	15	18	20	26	—	33	40	48	57
		t	4.6	5.7	6.8	9	11	13	17.5	—	21.5	25.5	32	38
		d_3	—	—	—	—	—	16	20	—	24	28	36	42
	用于开槽圆柱头螺钉	d_2	8	10	11	15	18	20	26	—	33	—	—	—
		t	3.2	4	4.7	6	7.0	8.0	10.5	—	12.5	—	—	—
		d_3	—	—	—	—	—	16	20	—	24	—	—	—
GB/T 152.4—1988 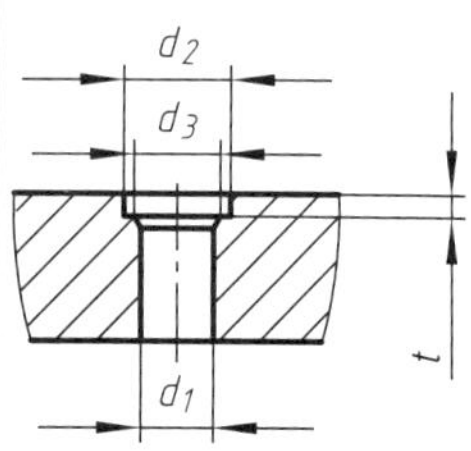	用于六角头螺栓及六角螺母	d_2	10	11	13	18	22	26	33	36	40	48	61	71
		t	只要能制出与通孔 d_1 的轴线垂直的圆平面											
		d_3	—	—	—	—	—	14	20	22	24	28	36	42
螺纹规格 d			M1.6	M2	M2.5	M3	M3.5	M4	M5	M6	M8	M10	—	—
GB/T 152.2—2014 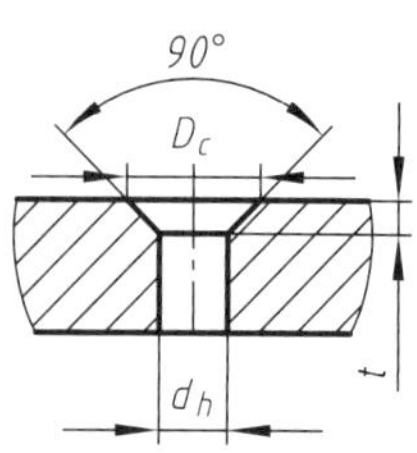	用于沉头及半沉头螺钉	d_{hmin}	1.8	2.4	2.9	3.4	3.9	4.5	5.5	6.6	9	11	—	—
		D_{cmin}	3.6	4.4	5.5	6.3	8.2	9.4	10.4	12.6	17.3	20	—	—
		$t\approx$	0.95	1.05	1.35	1.55	2.25	2.55	2.58	3.13	4.28	4.65	—	—

附表 23 普通螺纹退刀槽和倒角（摘自 GB/T 3—1997） mm

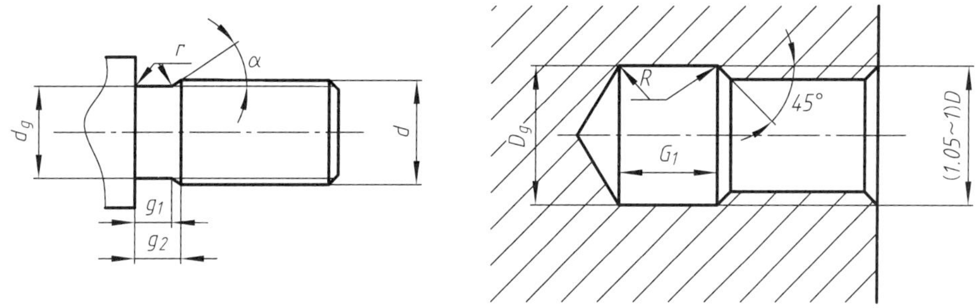

螺距 P	外螺纹				内螺纹			
	g_{2max}	g_{1min}	d_g	$r\approx$	G_1 一般	G_1 短的	D_g	$R\approx$
0.5	1.5	0.8	d-0.8	0.2	2	1	D+0.3	0.2
0.6	1.8	0.9	d-1	0.4	2.4	1.2		0.3
0.7	2.1	1.1	d-1.1		2.8	1.4		0.4
0.75	2.25	1.2	d-1.2		3	1.5		
0.8	2.4	1.3	d-1.3		3.2	1.6		
1	3	1.6	d-1.6	0.6	4	2	D+0.5	0.5
1.25	3.75	2	d-2		5	2.5		0.6
1.5	4.5	2.5	d-2.3	0.8	6	3		0.8
1.75	5.25	3	d-2.6	1	7	3.5		0.9
2	6	3.4	d-3		8	4		1
2.5	7.5	4.4	d-3.6	1.2	10	5		1.2
3	9	5.2	d-4.4	1.6	12	6		1.5
3.5	10.5	6.2	d-5		14	7		1.8
4	12	7	d-5.7	2	16	8		2
4.5	13.5	8	d-6.4	2.5	18	9		2.2
5	15	9	d-7		20	10		2.5
5.5	17.5	11	d-7.7	3.2	22	11		2.8
6	18	11	d-8.3		24	12		3
参考值	≈3P	—	—	—	=4P	=2P	—	≈0.5P

注：d、D 为螺纹公称直径，短退刀槽仅在结构受限时使用。

参考文献

[1] 胡建生. 机械制图：多学时[M]. 5版. 北京：机械工业出版社，2023.
[2] 成大先. 机械设计手册[M]. 6版. 北京：化学工业出版社，2017.
[3] 闻邦椿. 机械设计手册[M]. 6版. 北京：机械工业出版社，2018.
[4] 王其昌，翁民玲，常小芳. 机械制图[M]. 5版. 北京：机械工业出版社，2018.
[5] 郑爱云. 机械制图[M]. 北京：机械工业出版社，2017.

读者意见反馈

为收集对教材的意见建议，进一步完善教材编写并做好服务工作，读者可将对本教材的意见建议通过如下渠道反馈至我社。

咨询电话　400-810-0598

反馈邮箱　gjdzfwb@pub.hep.cn

通信地址　北京市朝阳区惠新东街4号富盛大厦1座
　　　　　高等教育出版社总编辑办公室

邮政编码　100029

授课教师如需获得本书配套教辅资源，请登录“高等教育出版社产品信息检索系统”（https://xuanshu.hep.com.cn/）搜索下载，首次使用本系统的用户，请先进行注册并完成教师资格认证。